Die Stadt der Zukunft

University – Society – Industry

Beiträge zum lebensbegleitenden
Lernen und Wissenstransfer

herausgegeben vom
Postgraduate Center der Universität Wien

Band 4

Judith Fritz, Nino Tomaschek (Hrsg.)

Die Stadt der Zukunft

Aktuelle Trends und zukünftige Herausforderungen

Waxmann 2015
Münster · New York

Bibliografische Informationen der Deutschen Nationalbibliothek
Die Deutsche Nationalbibliothek verzeichnet diese Publikation in der
Deutschen Nationalbibliografie; detaillierte bibliografische Daten sind
im Internet über http://dnb.d-nb.de abrufbar.

University Society Industry, Band 4

ISSN 2194-9530
Print-ISBN   978-3-8309-3276-5
E-Book-ISBN   978-3-8309-8276-0

© Waxmann Verlag GmbH, 2015
www.waxmann.com
info@waxmann.com

Umschlaggestaltung: Anne Breitenbach, Münster
Umschlagbild: © Iakov Kalinin – istockphoto.com
Satz: Stoddart Satz- und Layoutservice, Münster
Druck: Hubert & Co., Göttingen

Gedruckt auf alterungsbeständigem Papier,
säurefrei gemäß ISO 9706

Inhalt

III Perspektiven für Wien

Vorwort

Judith Fritz und Nino Tomaschek

Das vom Postgraduate Center der Universität Wien initiierte Projekt „University Meets Industry" (uniMind) verfolgt das Ziel, Wissenschaft und Praxis zu vernetzen und durch den Austausch von Wissen und Erfahrung einen Beitrag zu einer positiven wirtschaftlichen und gesellschaftlichen Weiterentwicklung zu leisten. Interaktiv gestaltete Workshops und interdisziplinäre Lectures bieten WissenschaftlerInnen und Personen aus Unternehmen und öffentlichen Institutionen einen Raum für kooperatives Lernen und fördern gezielt die Entstehung eines Netzwerks zwischen Universität und Unternehmen. Mit dieser Öffnung verstärkt die Universität Wien ihr gesellschaftliches Engagement und unterstützt durch den Transfer universitären Wissens die nachhaltige Entwicklung hin zu einer fortschrittlichen Wissensgesellschaft und innovationsbereiten Unternehmenskultur.

uniMind gestaltet Wissenstransfer als wechselseitigen Austauschprozess, von dem alle Beteiligten profitieren: PraktikerInnen gewinnen Impulse für ihr organisationales Handeln, Studierende und WissenschaftlerInnen wiederum erhalten einen stärkeren Bezug zu aktuellen Herausforderungen aus der Praxis und können daraus neue Forschungsthemen generieren. Das niederschwellige Vernetzungsangebot, die hohe Diversität der involvierten Personen, deren Perspektivenvielfalt und die Zusammenarbeit an konkreten Fällen aus der Praxis bergen ein hohes Potenzial, kreative Lösungen für aktuelle Problemstellungen zu entwickeln und gemeinsam ein Stück weiter zu denken.

Die Stadt als Ort wirtschaftlicher und sozialer Innovation stand im Zentrum des vierten Projektjahres zum Thema „Die Stadt der Zukunft". Aus der Perspektive unterschiedlicher Disziplinen widmeten wir uns Wandlungs- und Veränderungsprozessen in urbanen Gesellschaften, diskutierten Herausforderungen und Chancen einer altersfreundlichen Stadt und eruierten ökonomische Entwicklungstrends, die sich schon heute nachzeichnen lassen. Mit der vorliegenden Publikation möchten wir die interdisziplinäre Beschäftigung mit dem Thema vorantreiben und einen Beitrag zu einer hochaktuellen wissenschaftlichen Diskussion leisten.

An dieser Stelle bedanken wir uns ganz ausdrücklich bei unseren Projektpartnern, dem Bundesministerium für Wissenschaft, Forschung und Wirtschaft, der Industriellenvereinigung Wien und der Wirtschaftskammer Wien. Sie begleiten „University Meets Industry" seit dem Projektstart 2012 und machen das Projekt durch ihre großzügige Förderung möglich. Darüber hinaus gilt unser besonderer Dank der Dienstleistungseinrichtung Forschungsservice und Nachwuchsförderung der Universität Wien, mit der wir in enger Kooperation stehen.

Zudem möchten wir allen Beteiligten dieses gelungenen Projektjahres herzlich danken: den WorkshopleiterInnen Heinz Faßmann, Yvonne Franz, Robert Musil, Peter Mayerhofer, Franz Kolland und Rosa Diektmüller sowie Manuela Baccarini und Helmut Hlavacs und seinem Team für die ausgezeichneten Lectures. Für die Publikation gilt unser besonderer Dank allen AutorInnen, die Einblicke in ihre herausragenden Forschungsleistungen geben und die Diskussion über die Städte unserer Zukunft ein Stück reicher machen. Zuletzt ein ganz ausdrückliches Dankeschön dem Waxmann Verlag, allen voran Mareen Anders, und Marisa Tasser für das großartige Lektorat und die tolle Zusammenarbeit.

„University Meets Industry" wurde von der UNESCO-Kommission als UN-Dekaden-Projekt „Bildung für nachhaltige Entwicklung" ausgezeichnet. Die Auszeichnung erfolgt für Projekte, die einen Beitrag zur Profilierung einer nachhaltigen Bildungsarbeit leisten und dabei alle drei Nachhaltigkeitsdimensionen – Ökonomie, Ökologie und Soziales – gemeinsam berücksichtigen.

Ausgezeichnet von der
Österreichischen UNESCO-Kommission

Die Stadt der Zukunft
Aktuelle Trends und zukünftige Herausforderungen

Judith Fritz und Nino Tomaschek

Das 20. Jahrhundert war geprägt von einer rasanten Verstädterung. Städte gewannen als Orte sozialer und technischer Innovationen an Bedeutung und entwickelten sich zur Triebfeder gesellschaftlicher Umbrüche. Heute sind Städte die zentralen Knotenpunkte der modernen Welt. Als Orte verdichteter Vielfalt und Unterschiedlichkeit sind sie Zentren wirtschaftlichen Handelns, politischer Veränderung und gesellschaftlicher Diversität. Doch mitnichten lässt sich von Stadt als unhinterfragte Größe sprechen. Heterogenität und Veränderlichkeit sind jene Parameter, die bei jeder Beschäftigung mit Urbanität augenscheinlich werden.

Der vierte Band der Reihe „University – Society – Industry" diskutiert das Thema „Die Stadt der Zukunft" aus unterschiedlichen Perspektiven. Um eine möglichst hohe Perspektivenvielfalt zu erlangen, integriert der Sammelband ebenso Beiträge von WissenschaftlerInnen aus unterschiedlichen Forschungsbereichen wie von PraktikerInnen mit engem Bezug zur Wissenschaft. Die Breite der behandelten Themen spiegelt die Interdisziplinarität des Projekts „University Meets Industry" wider, das eine Brücke zwischen Universitäten, Unternehmen, gesellschaftlichen Institutionen und zivilgesellschaftlichen Akteuren schlägt.

Thematisch gliedert der Band 16 Beiträge in drei Abschnitte. Der erste Teil der Publikation vereint unter dem Titel „Städte neu denken" Beiträge von Autorinnen und Autoren, die dazu anregen, einen gänzlich neuen Blick auf urbane Räume und mit ihnen verbundene Assoziationen zu werfen. Ausgehend von der Annahme, dass die Art des Denkens damit verbundene Praktiken und Handlungen prägt, initiieren sie neue Zugänge zur Beschäftigung mit Städten.

Johanna Rolshoven nimmt die Perspektive des sozialräumlichen Handelns als Ausgangspunkt und stellt das Konzept der „Offenen Stadt" als Ort einer offenen Gesellschaft vor. In Abgrenzung zu historischen Entwürfen und Konzepten, die versuchten, zukunftsweisende Weichen für Städte zu stellen, präsentiert sie das Konzept der Offenen Stadt als „demokratisch geerdete Utopie", das die Stadt als Rechtsraum, Sozialraum und Wirtschaftsraum fasst und die Voraussetzung für Vermischung, Emanzipation und Partizipation schafft.

Bezug nehmend auf Charles Taylors „Modern Social Imaginaries" beschreibt *Johannes Suitner* „Urban Imaginaries" (im Sinne kollektiver Vorstellungswelten) als unverzichtbare Größe, um Stadtentwicklung verstehen zu können. Erst wenn Imaginierungen von Städten reflektiert und explizit gemacht werden, so seine Argumentation, können Stadtplanung, -forschung und -entwicklung jene Handlungsfelder ausmachen, in denen die großen Herausforderungen und Entwicklungschancen einer Stadt der Zukunft liegen.

Andreas Voigt stellt in seinem Beitrag planungstheoretische Grundlagen für eine nachhaltige Stadt- und Raumentwicklung zur Diskussion. Nachhaltigkeit als Leitbild der Raumnutzung setzt grundlegende Veränderungen im Umgang mit Ressourcen voraus. Orientiert an Erkenntnissen der Systemtheorie schlägt er Leitwerte vor, die als Prüfkriterien eine nachhaltige Entwicklung anregen können.

Christof Isopp und *Roland Gruber* richten den Blick über Stadtgrenzen hinaus und begeben sich auf die Suche nach der „Urbanität in Dorfformat". Auf Basis umfangreicher Projekterfahrungen (*Zukunftsorte, Creative Village, vor ort ideenwerkstatt, LandLuft*) beschäftigen sie sich mit den Möglichkeiten, urbane Qualitäten in ländlichen Umgebungen zu etablieren und dadurch rurale Standorte zu stärken. Am Beispiel innovativer Gemeinden und mit Blick auf Best-Practice-Beispiele diskutieren sie Impulse, die Veränderungen in Gang setzen können und präsentieren Handlungsansätze, wie das scheinbare Gegensatzpaar Stadt/Land neu gedacht werden kann.

Der zweite Teil des Buches befasst sich mit städtischen Trends und Entwicklungslinien. Die Autorinnen und Autoren ziehen Bilanz über bislang geführte Diskussionen, greifen urbane Phänomene auf und beschreiben zukünftige Entwicklungen, die sich bereits heute nachzeichnen lassen.

Henning Nuissl und *Dirk Heinrichs* wenden sich in ihrem Beitrag informellen Siedlungen, sogenannten Slums, zu. Sie geben einen Überblick über Probleme und Herausforderungen, die üblicherweise mit dem Phänomen der Slums assoziiert werden und nehmen auf der Suche nach Lösungsansätzen unterschiedliche Akteursperspektiven ein. Schließlich diskutieren sie konkrete städtebauliche und politische Strategien zur Aufwertung von Slums und verdeutlichen die Vielschichtigkeit einer kontrovers geführten Debatte.

Annegret Haase fragt in ihrem Beitrag nach den Ursachen von Schrumpfung und Reurbanisierung als zwei gegenläufigen Entwicklungspfaden, die europäische Großstädte seit einigen Jahrzehnten gleichermaßen vor große Herausforderungen stellen. Unter Bezugnahme auf Beispiele unterschiedlicher europäischer Regionen analysiert sie Auswirkungen dieser Prozesse auf verschiedene Bereiche des städtischen Lebens, präsentiert aktuelle Entwicklungstrends und diskutiert zukünftige Herausforderungen.

Nenad Buzjak, Yvonne Franz und *Martina Jakovčić* beschäftigen sich in ihrem Beitrag mit der Neu- bzw. Umgestaltung städtischer Brach- und Freiflächen. Sie argumentieren, dass diese Räume Resultat von wirtschaftlichen und politischen Strukturveränderungen sind, die eine große stadtplanerische Herausforderung aber zugleich auch Möglichkeitsräume darstellen. Am Beispiel ausgewählter Viertel in den beiden europäischen Hauptstädten Wien und Zagreb erarbeiten sie in vergleichender Perspektive Rahmenbedingungen, Ursachen und Potenziale dieser neu zu gestaltenden städtischen Räume.

Rudolf Giffinger und *Gudrun Haindlmaier* greifen in ihrem Beitrag die seit einigen Jahren rege geführte Smart-City-Diskussion auf und fragen, welches Stadtverständnis diesem Konzept zugrunde liegt. Ausgehend von einer kritischen Betrachtung einer IKT-dominierten, auf technische Entwicklungen fokussierten Stadtentwicklung plädieren sie für ein Smart-City-Verständnis, das Stadtentwicklung auf Basis kollektiver Lernprozesse und partizipativer Steuerungsansätze ins Zentrum rückt. Am Beispiel des EU-geförderten Projekts PLEEC zeigen sie, wie unter Einbeziehung lokaler Expertise und Partizipation städtische Innovationspotenziale bemessen und konkrete Handlungsfelder für eine gezielte Stadtplanung ausgemacht werden können.

Um die steigende Komplexität globaler Entwicklungen sowie deren Einfluss auf Städte abzubilden, kommen vermehrt Städterankings zum Einsatz. *Herbert Hemis* kritisiert auf Basis zweier Forschungsprojekte jene Indikatoren, die als Grundlage für entsprechende Rankings herangezogen werden. Neben den Grenzen der Aussagequalität verdeutlicht er aber auch Potenziale und Chancen von Indikatorensystemen für die Stadtentwicklung.

Im dritten Teil der Publikation gerät der urbane Raum Wien in den Fokus. Aus Perspektive unterschiedlicher Disziplinen wird die Stadt ebenso wie ihr Umland analysiert und die Auswirkungen unterschiedlicher Entwicklungen im konkreten Raum bewertet.

Peter Mayerhofer und *Robert Musil* gehen in ihrem Beitrag der Frage nach, wie sich die urbane Ökonomie Wiens auf Grundlage des wirtschaftlichen Strukturwandels der vergangenen Jahrzehnte entwickeln wird. Aufbauend auf einer umfassenden Darstellung aktueller Daten zur Wiener Stadtwirtschaft zeigen sie mögliche zukünftige Entwicklungspfade auf und präsentieren Zukunftsbilder für das Jahr 2030. Diese entstanden im Rahmen des uniMind|Workshops *„Städtische Ökonomie als Wachstumsmotor? Trends und Herausforderungen"* auf Basis der Szenariotechnik in Zusammenarbeit mit rund 20 ExpertInnen aus Wissenschaft und Praxis.

Heinz Faßmann und *Yvonne Franz* diskutieren die Konzepte der sozialen Mischung und sozialen Durchmischung als planungspolitische Strategien, um Segregationsprozessen in Städten entgegenzuwirken. Sie geben Einblick in die internationale akademische Diskussion der beiden Konzepte und stellen dieser eine Analyse von Alltagspraktiken beteiligter Akteure (Stadtverwaltung und BewohnerInnen) gegenüber. Am Beispiel eines in Wien lokalisierten Forschungsprojekts verdeutlichen sie die Diskrepanz zwischen dem konzeptuellen Planungsanspruch und der realen Alltagswelt in soziodemographisch durchmischten Stadtteilen.

Wien ist als wachsende Stadt mit steigender Diversität und daraus resultierenden erweiterten Nutzungsansprüchen an den öffentlichen Raum konfrontiert. *Udo Häberlin* gibt in seinem Beitrag Einblick in die Wiener Planungspraxis und stellt die Funktions- und Sozialraumanalyse als eine Erhebungsmethode vor, die es erlaubt, die vielfältigen Ansprüche an den urbanen Raum sichtbar zu machen und auch die „leisen Stimmen" zu hören.

Wolfgang Hesoun thematisiert in seinem Beitrag die Wertschöpfungskraft von Industriebetrieben. Am Beispiel Wiens beschreibt er den engen Konnex zwischen urbaner und industrieller Entwicklung, diskutiert positive Effekte, die von Industrieunternehmen ausgehen können, und formuliert Anforderungen an zukunftsorientierte Städte aus industriepolitischer Sicht.

Wien ist die größte Universitätsstadt des deutschsprachigen Raums mit zahlreichen Hochschulstandorten und Forschungsinstituten. *Robert T. Kogler* und *Alexander Van der Bellen* diskutieren in ihrem Beitrag die wirtschaftliche und gesellschaftliche Bedeutung der Universitäten und Fachhochschulen für die Stadt Wien und argumentieren, dass diese maßgeblich dazu beitragen, Wien zu einer Metropole zu machen. Zugleich kritisieren sie, dass die Stadt wenig tut, um die Wahrnehmung als Zentrum für Forschung und tertiäre Ausbildung zu verbessern und nennen konkrete Schritte, die zur wechselseitigen Stärkung der Beziehung zwischen der Stadt Wien und ihren Universitäten gesetzt werden können.

Walter Rohn wendet sich Wien als Kulturstadt der Zukunft zu und beschreibt am Beispiel dreier am Stadtrand gelegener Gemeindebezirke, wie eine dezentral organisierte Kulturstadt aussehen kann. Bezug nehmend auf den Ansatz des „Cultural Urbanism" analysiert er die Wirkung von Kunst- und Kulturprojekten als

Katalysatoren für Stadtentwicklung und beschreibt Kulturinitiativen als Impulsgeber für kulturelle, städtebauliche, wirtschaftliche und soziale Entwicklungen in peripheren Stadtteilen. Schließlich vollzieht er einen gedanklichen Zeitsprung und zeichnet eine zukünftige Imagination von Wien als dezentraler Kulturstadt.

Abschließend analysieren *Peter Görgl* und *Elisabeth Gruber* Zusammenhänge, Kooperationen und Abhängigkeiten zwischen der wachsenden Stadt Wien und ihren Umlandgemeinden. Sie betrachten rückblickend die Entwicklung seit den 1960er Jahren, definieren planerische Anforderungen und stellen konkrete Maßnahmen vor, um eine neuartige kooperative Planungskultur für die Wiener Stadtregion zu etablieren.

Wir bedanken uns herzlich bei allen Autorinnen und Autoren für ihre Bereitschaft, an diesem Sammelband mitzuwirken, Einblick in ihre aktuellen Forschungsprojekte zu geben und ihre täglich geforderte Expertise zu teilen. Ihr Engagement ermöglicht diese Publikation und die weiterführende Diskussion zu den Städten unserer Zukunft über das uniMind|Projektjahr hinaus.

I
Städte neu denken

Für eine Offene Stadt

Stadtentwicklung zwischen Fortschritt und Trägheit

Johanna Rolshoven

> *„Erwartung, Hoffnung, Intention auf noch ungewordene Möglichkeit: das ist nicht nur ein Grundzug des menschlichen Bewußtseins, sondern, konkret berichtigt und erfaßt, eine Grundbestimmung innerhalb der objektiven Wirklichkeit insgesamt."* (Ernst Bloch)

Wer über die Zukunft der Stadt nachdenkt, muss seinen Standpunkt erklären. Kleine Perspektivwechsel erzeugen große Unterschiede, denn Stadt ist ein historisch gewachsener, hoch komplexer Lebensraum, den man von vielen Seiten her betrachten kann: aus der Perspektive der Politik und staatlicher Institutionen, der Architektur, Raumordnung und Planung, von Unternehmen, Betrieben und Geschäften, des Verkehrswesens, von Ressourcen und Naturraum. Diese Bereiche spiegeln die Aufgaben einer Stadt und gewährleisten ihr Funktionieren: Sie kooperieren oder konfligieren miteinander, wenn sie konkret in Verwaltung, Gestaltung und Entwicklung der Stadt umgesetzt werden. Ziel der Akteure dieser Funktionen, der „Stadtmaschinisten", ist die Ermöglichung von Wohnen und Versorgung, Arbeit und Ausbildung, Erholung und Kultur der Stadtbevölkerung, der Schutz des kulturellen Erbes, der Umwelt und der Ressourcen im Rahmen von zukunftsfähigen Entscheidungen.

Die Kulturanthropologie, vor deren Hintergrund die nachfolgend vertretene Sicht auf Stadt geworfen wird, ist eine empirische Kulturwissenschaft. Sie ermöglicht und fordert eine Perspektive, die selten in die Etagen der Macher und Entscheider gelangt. Sie befasst sich mit dem Alltag und den Lebenswelten der StadtbewohnerInnen – aller StadtbewohnerInnen! Für sie ist die Stadt – um eine viel zitierte Formulierung von Heinrich Mann (1921) aufzunehmen – eine „Menschenwerkstatt", ein Laboratorium voller Reagenzien, in denen es brodelt und die gesellschaftliche Entwicklungen ankündigen, die wir analysieren können. Kultur aus der Perspektive der handelnden Menschen zu beschreiben, bedeutet dabei, an den Widersprüchen des Alltags anzusetzen. Diese Widersprüche verweisen bei näherem Hinsehen auf grundsätzliche Probleme der Gesellschaft.

Die Probleme der Gegenwart sind die Herausforderungen der Zukunft

Jede Zukunft ist die Gegenwart ihrer Vergangenheit und als solche nicht wirklich neu. Das klingt unerwartet, da wir etwas anderes, vielleicht das ganz Neue, erhoffen. Im historischen Rückblick jedoch offenbart sich die Gewissheit, dass sich gesellschaftliche Entwicklungen, die sich an Baubeständen, Gesellschaftsordnungen und individuellen Biografien ablesen lassen, langsam vollziehen und dabei stets an bereits Gedachtem, Gewusstem, Geschriebenem oder Konzipiertem anknüpfen. Zukunft stellen wir uns als Traum oder als Schrecken vor. An ihr haftet der

Mythos des Unbekannten, des Vielversprechenden oder Utopischen, aber sie ist – je nach historischer Situation, in der man sich befindet – auch angstbesetzt, stellt sich als Schreckensszenario dar, als Untergang. In einer rationalen Tradition der Aufklärung wohnt der Zukunft in der Moderne ein evolutionäres Moment inne: als innovative Überwindung einer (noch) unzulänglichen Gegenwart, als fortwährende Verbesserung der Lebensverhältnisse. Mit den Dramen des 20. Jahrhunderts sind solche Vorstellungen brüchig geworden. Die Barbarei von Faschismus, Krieg und Menschenrechtsverletzungen führt den Preis vor Augen, mit dem Rückschritte in einem als progressiv vorgestellten „Prozeß der Zivilisation" (Norbert Elias, 1997) verknüpft sind. Die aktuelle weltpolitische Lage zeigt, dass wir um diese Rückschritte auch heute nicht herumkommen. Vielleicht ist es gerade diese Mischung aus Trägheit und Fortschritt, aus der das Realistische erwächst: eine machbare und lebbare Gesellschaft, die zeitgenössische Entwicklungen immer besser zu schultern vermag.

Städte sind Lebensräume für Menschen. Städte bilden Gesellschaft ab. Sie sind von heterogenen Menschengruppen bevölkert, die sich nach Alter und Geschlecht, nach sozialer und kultureller Herkunft unterscheiden. Zu den Strukturmerkmalen einer Stadt zählen folglich Vielfalt und Differenz, Geschichtlichkeit und Heterogenität; sie sind es, die Urbanität als spezifisch städtische Lebensweise ausmachen (Wirth, 1938). Die Menschen bevölkern den öffentlichen Raum in ihren Alltagsbewegungen und nutzen ihn entsprechend verschieden. Dabei handelt es sich um eine grundsätzlich konfliktuelle Situation. In der Regel sind die gesellschaftlich einflussreichsten Gruppen raumbestimmend, weil sie Anspruch auf die legitimen Nutzungen von Stadtraum erheben. Raumrechte sind schichten- und geschlechtsspezifisch verteilt und historisch geprägt. Schwächeren Gruppen in der Gesellschaft wird der prominente Zugang zur Bühne der Öffentlichkeit leicht verwehrt – durch explizite und implizite Regeln. Sie ergreifen weniger das Wort, in der Regel tun es – wenn überhaupt – andere für sie, bisweilen ohne so rechte Kenntnis ihrer Lebenswelten. Der öffentliche Raum war und ist daher ein Politikum. In ihm offenbaren sich Machtstrukturen und -ambitionen, Reklamationen von Teilhabe ebenso wie Manifestationen des Ausschlusses.

Die Alltagswelten der StadtbewohnerInnen sind von den historischen Bedingungsfeldern und aktuellen Herausforderungen bestimmt, die für die Gegenwart maßgeblich sind. Die Emanzipationsbewegungen der Moderne wirken in die Mentalitäten der Gegenwart hinein, die sich an Selbstbestimmung und Eigenraumgestaltung orientieren. Die ersehnte Befreiung aus dem Zwang traditionaler Ordnungen mündete in eine individualisierte Gesellschaft, deren Ausdrucksvielfalt einen neuen Ruf nach Sicherheit auslöst und deren Orientierungslosigkeit das Bedürfnis nach Ordnung weckt. Der Übergang von einer Produktions- zu einer Dienstleistungsgesellschaft führt zum Abbau von Arbeitsplätzen. Die wachsende Ökonomisierung und Profitorientierung stellt den Sozialstaat in Frage und verringert die für diesen notwendige Trennung zwischen Politik und Wirtschaft. Die technischen und sozialen Mobilitätsmöglichkeiten der späten Moderne akzelerieren die kulturelle Durchmischung der westlichen Gesellschaften – die Balance zwischen Möglichkeiten und Zumutungen muss erst noch gefunden werden. Die Folgen liegen nicht nur im Abbau sozialer Sicherheiten und Werke, einer wachsenden Arbeitslosigkeit und Disparität zwischen Arm und Reich, sondern auch in der schleichenden Hinnahme des Abbaus von Grundrechten und von Ausgrenzungen aller Art sowie in neuen

Empfänglichkeiten für Rassismen im Alltag wie Antisemitismus, Antiislamismus und Antiziganismus.

Das sind die sich abzeichnenden, nicht geringen Problemlagen der Gegenwart. Dabei darf nicht vergessen werden, dass das bauliche, wirtschaftliche und soziale Gepräge der heutigen Städte in der westlichen und nördlichen Welt auf den Errungenschaften einer demokratischen Rechtsordnung und Wohlstandsgesellschaft gründet. Im Vergleich zu den großen sozialen, wirtschaftlichen und ökologischen Problemen der Megacities auf der südlichen und östlichen Hemisphäre geht es den Menschen hier gut. Unbestritten verdankt sich dieser Wohlstand Kolonisierungsprozessen. Die Ausbeutung von Menschen und Ressourcen legte den Grundstein für das wirtschaftliche Prosperieren des Westens. Den Zement dazu lieferten ebenso religionsimmanent wie naturwissenschaftlich oder anthropologisch argumentierende Ideologien, die die gleichsam Gott gegebene, „natürliche" Vormachtstellung einer Menschengruppe über die andere legitimierten. Heute wird die Gesellschaft von den Hypotheken der Kolonisierung und Ressourcenausbeutung des globalen Südens ebenso eingeholt wie von den Grausamkeiten des Imperialismus und der Kreuzzüge der Vergangenheit, auf die Jihad und IS-Terror als Formen des Aufbegehrens und späte Antworten reagieren.

Ohne Vergangenheit ist Zukunft nicht zu haben

Die langfristigen Wirkungen historischer Prozesse schlagen sich in der baulichen Stadtgestalt, in den gesellschaftlichen Repräsentationen und Ereignissen sowie in den Mentalitäten nieder. Lässt sich Stadtentwicklung dahingehend beeinflussen, dass sie präventiv Problemlagen und akuten Gefahren zuvorkommt? Der Blick auf Entwürfe und Konzepte in der Vergangenheit, die versucht haben, zukunftsweisende Weichen für Städte zu stellen, zwingt als Antwort auf diese Frage zu einem „Jein". Welche Realitäten und Ideale zeichnen sich hier ab, die den Lebensraum Stadt für die Herausforderungen der Zukunft befähigen?

Auf die lebensräumliche Enge, den Schmutz, die Krankheitsgefahr, Wasser- und Luftverschmutzung, die Ressourcenausbeutung und soziale Not der Menschen in den von Zuwanderung überbordenden Städten der Industriemoderne hat die Gesellschaft in einer konfliktreichen Entwicklung mit sozialen und baulichen Maßnahmen und diese sichernden Gesetzeswerken reagiert. Die zukunftsweisenden und sozialutopischen Prinzipien der sozialen Gerechtigkeit und Gesundheit, der Nachhaltigkeit und des menschenwürdigen Wohnens und Arbeitens können in den sozialreformerischen und philanthropischen Werken des 18. und 19. Jahrhunderts nachgelesen werden, prominent in dem noch immer aktuellen sozialphilosophischen Werk von Karl Marx und Friedrich Engels. Auf ihnen fußen auch die modernen Ideen des Städtebaus, wie sie beispielsweise der Schweizer Architekt Le Corbusier und der von ihm gegründete CIAM (Congrès International de l'Architecture Moderne) 1933 in der Charta von Athen niedergelegt haben. Ihre visionären Realisierungen – etwa der Wiener Gemeindebau, die Sowjetmoderne, die Siedlungen der Berliner Moderne seit den 1920er Jahren oder auch die utopisch anmutenden neuen Stadtgründungen im Frankreich der 1960er bis 1980er Jahre – mussten sich an den sozialen, finanziellen und räumlichen Wirklichkeiten einer sich dynamisch entwickelnden Gesellschaft reiben. Der „Traum vom neuen Menschen in der neuen Stadt" (Pichler, 1994b, S. 14), das Funktionale, Saubere und Praktische stehen für die Befreiung von der Vergangenheit und die Neuerfindung der Gegenwart und waren Antworten auf schmerzliche Erfahrungen in autoritären Staaten. Die vielfach allzu schnell erbauten „Monument(e) der Moderne" (Pichler, 1994a, S. 10) nahmen den idealen Menschen als Planungsgröße zum Ausgangspunkt: die ideale Familie oder die ideale Hausfrau, für die man die ideale Küche entworfen hat (Rolshoven, 2005). Sie alle entsprechen eben nicht so ganz den realen Menschen, welche sich gegebene Raumordnungen stets aneignen. Dennoch waren (und sind) die als „Wohnmaschinen" verleumdeten Gebäude von Nahem betrachtet besser als ihr Ruf. Ihre Kritik ist zum Lehrstück für die jeweils nächste Generation des Zukunftsweisenden geworden.

Stadtkonzepte als Zeitspiegel

An planungsleitenden Überbauten wie der Charta von Athen lassen sich zeitspezifische gesellschaftliche Herausforderungen und selbst gestellte Zukunftsaufgaben ablesen. Bis heute formulieren StadtspezialistInnen sachdienliche, aber auch kritikbedürftige Konzepte der Stadtbetrachtung, die über bestimmte Zeiträume die Stadtdiskurse in vielen Bereichen bestimmen. Meist sind diese Entwürfe empirisch wenig durchdrungen. Ihnen fehlt ein informierter Menschenblick, der sich auf die lebens- und alltagsweltliche Augenhöhe (Lang, 2000) zur Stadtbevölkerung in ihrer kulturellen, sozialen und demographischen Breite begibt. Sie bilden zwar gesellschaftliche Zeitfragen ab, die sich zu bestimmten Zeitpunkten als Probleme stellen, aber man gewinnt auch den Eindruck, dass viele WissenschaftlerInnen, PolitikerInnen und Planer vor allem jene Seite des Stadtgeschehens in den Blick nehmen, die sie selbst als Statusgruppe am meisten interessiert. Wenn man Wien, Berlin oder Paris – oder auch, auf der Ebene der Mittelstädte (Schmidt-Lauber, 2010), Graz, Turku oder Padua – nach allen Seiten hin durchläuft und dabei die Ränder nicht ausspart, dann stellt man fest, dass die meisten der sich ergebenden Ansichten, Situationen und Eindrücke in der aktuellen Stadtliteratur kaum thematisiert werden. Diese sieht lediglich, was sie weiß, sie sieht nicht, was sie nicht sehen will, und sie sieht nicht, was sie nicht kennt.

Manche Stadtkonzepte sind sehr erfolgreich, andere wiederum eher im Hintergrund. Prominent ist das der Europäischen Stadt, das die Stadt der Gegenwart als (natürliches) historisches Entwicklungsmodell begreift, das sich vor dem Hintergrund der politischen, wirtschaftlichen, sozialen und gebauten Geschichte von Kernstädten in Europa ergeben hat. Ein anderes Konzept lenkt die Aufmerksamkeit auf die sogenannte Zwischenstadt: auf die planerischen und sozialen Folgen der Agglomerationsentwicklung. Es richtet den Blick auf konstruktive Entwicklungen in den Agglomerationsräumen, die zu wichtigen Orten der gesellschaftlichen Integration geworden sind. Befasst man sich empirisch und akteurszentriert mit solchen Raumkonzepten, so stößt man auf interessante gesellschaftsrelevante Entwicklungen, die einmal optimistisch, ein andermal eher pessimistisch stimmen. Wer etwa die Genese der Europäischen Stadt als Entwicklung zur Moderne am Beispiel der Sanierungspolitiken betrachtet, trifft hier weniger auf politisch und ökonomisch vorbildliche Funktionen eines umfriedeten Rechtsraumes und architektonisch imposanten Kulturraumes, als welcher die Europäische Stadt üblicherweise imaginiert wird, sondern vielmehr auf Genealogien der Ausgrenzung und Denunzierung der Unterschichten.

Ein Konzept, das weniger in die Vergangenheit weist, wie die Europäische Stadt, und weniger an tatsächlichen Gegenwartsprozessen orientiert ist, wie die Zwischenstadt, sondern die Zukunft in den Blick nimmt, ist das Konzept einer Offenen Stadt. Offenheit als Parameter der Stadtentwicklung wird seit vielen Jahrzehnten immer wieder in Architektur und Planung ebenso wie in den Sozial- und Kulturwissenschaften aufgegriffen. Die Offene Stadt ist eine machbare und demokratisch geerdete Utopie, welche die Stadt als Rechtsraum, als Sozialraum und Wirtschaftsraum vor dem Hintergrund ökologisch motivierter Umweltszenarien entwirft.

Topografische und soziale Raumbereinigungen

Die Offene Stadt versteht sich als Gegenmodell zu den gesellschaftlichen Schließungen der postfordistischen Sauberkeits-, Ordnungs- und Sicherheitsgesellschaft der Gegenwart. Diese sogenannten SOS-Politiken (Rolshoven, 2010) generieren seit Ende der 1990er Jahre sowohl harmlose als auch schwerwiegende Verordnungen, die von Verboten reichen, Kaugummis oder Zigarettenstummel auf den Boden zu werfen, sich zu küssen oder an öffentlichen Orten zu telefonieren, bis hin zu strafrechtlichen Ahndungen von zivilrechtlichen Vergehen, die in Persönlichkeitsrechte eingreifen, demokratische Grundrechte revidieren oder Menschenrechten zuwider laufen. Die Übergänge vom Harmlosen oder Sinnvollen zum Problematischen oder Ungesetzlichen sind hier bisweilen fließend. Nehmen wir das Beispiel der zahlreichen Anti-Littering-Kampagnen, die seit Ende der 1990er Jahre in europäischen Städten auf der Agenda stehen. Hier treffen wir einerseits auf rationale Abfallentsorgungsmaßnahmen, auf ökologisch sinnvolle Sensibilisierungen, spielerische Sauberkeitsaktionen, Ästhetisierungen von Abfalleimern u.ä.m., anderseits auf kriegerisch anmutende Kampagnen, die von „Müllpatrouillen" oder „Waste Sheriffs" überwacht werden und weit mehr umfassen als der erste Augenschein der notwendigen und im übrigen auch lukrativen Abfallentsorgung (Wagner, 2010) unserer „Wegwerfgesellschaft" freigibt. Wir können hier einen Übergriff der Sachebene auf die Menschenebene beobachten, wenn Maßnahmen zur Reinigung des öffentlichen Stadtraumes durch den Arbeitseinsatz Straffälliger, Erwerbsloser oder Asylbewerber getragen werden oder als „unästhetisch" und störend wahrgenommene Personen oder Gruppen aus dem öffentlich Raum weggewiesen werden (Rolshoven, 2008). Parallel gebiert die „Sicherheitsgesellschaft" (Foucault, 1994; Eisch-Angus, 2012) parapolizeiliche Stadtpatrouillen wie Wach- und Sicherheitsdienste oder Ordnungswachen, die in manchen Städten das Polizeikontingent übersteigen – allesamt Privatisierungen, die das für eine Demokratie konstitutive staatliche Gewaltmonopol aufweichen. Im zivilen Kontext arbeiten sie Hand in Hand mit (nicht immer legalen) Ordnungsdispositiven wie Video- oder Ultraschallüberwachungssystemen. Wendet sich der zivile Rechtskontext in einen militärischen – etwa im Falle einer Anti-Regierungsdemonstration (Rabinowitz, 2014) oder eines Terroraktes – werden harmlose Ordnungswachen, freundliche Gendarmen und die im Dienste des Bürgers hilfsbereite Streifenpolizei dem Militärrecht unterstellt, bewaffnet und mit Schießbefehlen ausgestattet. Der Pariser Terroranschlag im Januar 2015 – der französische Präsident hat unmittelbar darauffolgend mit dem *plan vigipirate* den nationalen Notstand ausgerufen – veranschaulicht die Effizienz dieses staatlichen Sicherheitsdispositivs.

Die Sauberkeits-, Ordnungs- und Sicherheitspolitiken in den europäischen Städten lassen sich vor allem in den Innenstädten beobachten, in die das Gros der öffentlichen Mittel fließt, während Randbezirke vernachlässigt werden. Sie stehen stellvertretend für Prozesse der sozialen Schließung, weil sie Randgruppen denunzieren, kriminalisieren und hinter ethisch, sozial, rechtlich und politisch in den westlichen Nachkriegsdemokratien bereits Erreichtes zurückfallen. Die SOS-Politik produziert nicht selten paradoxe Situationen, wenn sie sich gegen Zugewanderte, Arme oder Jugendliche richtet, die in sozialer Unsicherheit leben, während sich die durch sie verunsichert gebende Bevölkerung meist auf der sicheren Seite der Gesellschaft situiert. Ängste, die PassantInnen gegenüber Gruppen wie beispielsweise BettlerInnen entwickeln und die aktuell durch politische und mediale Diskurse verstärkt werden, sind nicht selten Auslöser für die breite politische Lancierung einer zunehmend restriktiven Sicherheitspolitik.

Der zeitgenössischen Konjunktur der Idee von einer „sauberen Stadt" liegt nicht nur eine pragmatische Aufmerksamkeit für Müll und Abfall zugrunde, sondern auch ein mentalitätsgeschichtliches Erbe, das den ästhetischen Imperativ transportiert, der die legitimen Stadtbewohner als Teil des Erscheinungsbildes einer Stadt betrachtet. Die Nachwirkungen aus dem 19. Jahrhundert reichen bis in die Gegenwart hinein, mit der Botschaft, dass eine schmutzige Stadt eine lasterhafte, eine kriminelle, eine ansteckende Stadt ist. Die Quellen zur Stadtentwicklung im 19. Jahrhundert belegen diese Verknüpfung von Topographie und Moral (Corbin, 1992) im öffentlichen stadtbürgerlichen Bewusstsein. Die Moderne empfiehlt sich damit als ein Ordnungsprozess, zu dessen Stütze die städtische Sanierung wird. Diese Entwicklung vollzieht sich schleichend bis hinein in die Gegenwart. Sie drückt ihren Zweifel an der Integrationsfähigkeit der Städte aus und wenn man sie in den Blick nimmt, dringt man in das Herz der aktuellen globalen gesellschaftlichen Transformationsprozesse: Hier haben wir es mit gespaltenen Arbeitsmärkten zu tun, mit „exzessiven sozialräumlichen Verteilung(en) von Reichtums- und Armutskulturen", mit der „Ausweitung der informellen Ökonomie" und mit wirtschaftlichen Standortkonkurrenzen der Städte, die innerstädtische Gentrifizierungsprozesse nach sich ziehen. Die soziale Polarisierung städtischer Räume geht einher mit einer „Marginalisierung all jener Gruppen, die in der Repräsentation des ökonomischen Zentrums als globale und zukunftssichere Wachstumsmaschine nicht vorkommen" (Berking, 2002, S. 14ff.) und stigmatisiert Menschen – durchaus höhnisch – zu „Wachstumsverlierern".

Die verschiedenen Städte reagieren auf diese sozialpolitischen Probleme unterschiedlich. Aktuelle städtische Leitbilder, die politisches Handeln rahmen, reichen von einer repressiven Null-Toleranz-Politik bis hin zu dialogischen Diskursen, die Multikulturalität und Öffnung als eine Politik des sozialen Zusammenhalts, der Kohäsion und Solidarität verstehen. Während in einigen europäischen Städten sozial verträgliche Maßnahmen ausgehandelt werden, die hinter den Raumkonflikten stehende soziale Probleme erkennen und mittelfristig zu lösen versuchen, praktizieren andere eine restriktive Verbotspolitik, indem sie unliebsame Minderheiten aus den Stadtzentren vertreiben und bestehende Sozialpolitiken abbauen.

Offene Gesellschaft – Öffentlichkeit – Offene Stadt

Wäre nun eine stadtentwicklungspolitische Steuerung sozialer Schließungsprozesse durch Öffnung denkbar? Der Begriff der Offenheit hat viele und zunächst freundliche Konnotationen: von einem alltagsnahem Verständnis der Offenheit für Anderes, Fremdes, Neues im Denken und Handeln bis hin zu wissenschaftlichen und politischen Verständnisebenen, von denen hier einige angedeutet werden sollen, um die vielfältigen Bedeutungsdimensionen der Offenheit für die Stadt der Zukunft nutzbar zu machen.

Eingangs wurde gesagt, dass Stadt und Gesellschaft einander bedingen. Entsprechend lässt sich auch Offenheit als deren Strukturmerkmal in seiner Wechselwirkung begreifen. Von einer Offenen Gesellschaft spricht man vor allem in Bezug auf den gouvernementalen Neubau der europäischen Nachkriegsgesellschaft nach 1945. Der Begriff wurde in diesem Sinne nachhaltig durch den österreichischen Philosophen Karl Popper geprägt. Sein Buch „Die offene Gesellschaft und ihre Feinde" (Popper, 1945) entwirft unter dem unmittelbaren Eindruck des totalitären Faschismus, dessen Gewalt auch Poppers Biografie und Familie betroffen hatte, die Vision einer offenen säkularen Gesellschaft, die durch die liberale politische Staatsform der Demokratie repräsentiert wird und sich an den Prinzipien der Gleichheit, der Meinungs- und der Versammlungsfreiheit orientiert. Poppers offene Gesellschaft ist zutiefst antinationalistisch und begreift den von scharfen Grenzen umfassten und durch diese geregelten Nationalstaat als Mutterboden für Ausschluss und Diskriminierung. Demokratie, basierend auf den nach dem Vorbild der Menschenrechte formulierten Grundrechten, erscheint damit als conditio sine qua non einer Offenen Stadt. Dieses Verständnis geht Hand in Hand mit der grundlegenden Definition des öffentlichen Raumes als Rechtsraum. Die bürgerliche Ideologie weist ihn als einen politischen Raum aus, der durch die städtische Öffentlichkeit repräsentiert wird (Habermas, 1990): ein Raum der politischen Wahlfreiheit und der Meinungsfreiheit. Dieses auch in der Gegenwartsgesellschaft verankerte Verständnis von Öffentlichkeit entpuppt sich bei näherer Betrachtung als Ideologie und Mythos zugleich. Dem ihm innewohnenden Freiheitsgedanken liegt de facto ein Machtraum zugrunde, in dem nicht alle StadtbewohnerInnen gleiche Rechte haben. Er wird von den bürgerlich-nationalen Werten und Regeln der dominierenden Gesellschaftsgruppen getragen und durch eine staatliche, gesetzlich und polizeilich regulierte Ordnung bestimmt.

Dass der Öffentlichkeitsbegriff gegenwärtig wieder breit diskutiert wird, mag angesichts der neueren stadtrechtlichen Beschneidungen für die Bevölkerung kein Zufall sein. Der öffentliche Raum spielt in jeder Stadt eine Schlüsselrolle als Begegnungsort. Er ist die sichtbare Bühne des Stadtlebens, ein Ort der Kommunikation und Auseinandersetzung, an dem sich gesellschaftliche Veränderungen abzeichnen und in dem sich unterschiedliche Interessenlagen manifestieren. Spiro Kostof hatte den öffentlichen Raum als „Gesicht einer Stadt" bezeichnet (1993), in dessen Zügen man lesen kann. Als „weicher Standortfaktor" und Aushängeschild einer Stadt gewinnt er an wirtschaftlicher Bedeutung und die Stadtregierungen nutzen seine „ästhetische Verwertbarkeit" (Meister, 2007, S. 28). Sie prädikatisieren die Stadtzentren als bedeutungsvolle historische Orte, um die Lebensqualität und Reputation der Stadt hervorzuheben und damit Investoren, potente SteuerzahlerInnen

und TouristInnen anzuziehen. Eine individualisierte kulturell und sozial durchmischte Bevölkerung nutzt den öffentlichen Raum mit jeweils ganz unterschiedlichen Interessen als Aufenthaltsort. Hier finden nicht nur friedliche Begegnungen
statt; er ist auch ein Zankapfel, der für konfliktuelle Polarisierungen steht, die
sich besonders dort zuspitzen, wo die am meisten verunsicherten und gefährde-
ten Menschen, die sich eine Konsumorientierung nicht leisten können, auf die
Ästhetisierungsbedürfnisse von Wohlhabenderen treffen und Anstoß erregen.

Der Öffentlichkeitsbegriff steht in enger Verbindung mit dem Gedanken der
Offenen Stadt als Ort einer Offenen Gesellschaft. Der Begriff der „Offene(n) Stadt"
selbst jedoch – das sei am Rande erwähnt – weist ursprünglich in eine andere
Richtung: Er ist terminus technicus des Militärrechts. Die Erklärung einer Stadt zur
„Offenen Stadt" in einer Situation des Krieges kommt einer Kapitulation gleich, die
verhindern soll, dass wertvolle Architektur und Kunst durch feindliche Angreifer zer-
stört werden. Roberto Rossellini setzte mit seinem Film „Rom, offene Stadt" (1945)
diesem Begriffsverständnis ein Denkmal. Zu einem positiv konnotierten Begriff der
modernen Stadtentwicklung hat ihn als eine der ersten die amerikanische Urbanistin
Jane Jacobs ausgedeutet. Ihr 1961 erschienenes Werk „The Death and Life of the
Great American Cities" hat zahlreiche Konzepte und Auseinandersetzungen in
Architektur, Planung und Soziologie angeregt. Eine synthetisierende Darstellung und
empirische Begründung dieser unterschiedlichen Ansätze und Arbeitsbereiche ist in-
spirierend und lohnend (Jacobs, 1961).

Als *empowering concept* (Rienits, 2008) der Architektur ist die Offene Stadt
ein Konstrukt, das zukunftsweisende Qualitäten einer idealen Stadt benennt, in der
der gebaute Raum die strukturelle Disposition für Vermischung, Emanzipation und
Partizipation ermöglicht (Rienits, Stigler & Christiaanse, 2010). Der amerikanische
Soziologe Richard Sennett, der die zunehmende Abhängigkeit der Städte von über-
lokalen Wirtschaftsinteressen und ihre Überregulierung kritisiert, hält eine gewisse
Unordnung für die zentrale Bedingung von Urbanität (Sennet, 2006). Seine visio-
näre Figur einer Offenen Stadt ist interessant und kritisch, aber auch seltsam men-
schenfern: Bewohner und Bewohnerinnen, die die Stadt auf ihren täglichen Wegen
und in ihren Handlungen und Kommunikationsakten erst eigentlich herstellen, werden in Architekturkonzepten selten mitgedacht. Dem entgegen haben vor allem
Vertreter der Stadtsoziologie die Offene Stadt als *Stadt für ihre BewohnerInnen* beschrieben: Als Konfiguration unterschiedlicher sozialer und kultureller Gruppen erscheint sie als ein bewegliches, historisch-dynamisches Gebilde (Ipsen, 1999; Sansot,
2000). Ihre strukturelle Voraussetzung sei, so Detlev Ipsen, die Herausbildung einer
politisch gestützten Metakultur. Darunter kann man sich einen konsensuellen dritten Raum vorstellen, in dem sich alle StadtbewohnerInnen wiederfinden: „Die interkulturelle Kommunikation wird erleichtert, wenn sich die Mitglieder der einzelnen
kulturellen Gruppen auf etwas Gemeinsames beziehen können": „gemeinsam geteilte Bilder (images) und Orte, die sich mit diesen Bildern verbinden" (Ipsen, 1999,
S. 100). Dabei kann es sich um ein Einvernehmen über gemeinsame geteilte Regeln
und Werte handeln, wie beispielsweise Toleranz und Freiheit, oder um gemeinsam
genutzte Orte und Bauten, wie Parks, Plätze, Kultur- oder Bildungseinrichtungen.
Vor allem Nischen, Brachen und Ränder als Räume, deren Nutzung sich ökonomisch
überlebt hat, sind hier von zentraler Bedeutung, da sie „einer geringen formalen

Regulierung unterliegen" (Häußermann & Ipsen, 2004, S. 6), sodass man sich hier mit eigenen Raumnutzungen einschreiben kann.

Stadtbürgerschaft, Partizipation und ökologischer Fußabdruck

Eine Voraussetzung dafür, dass ein dritter Raum als Metakultur funktioniert, ist seine politische und diskursive Unterstützung durch die repräsentativen Akteure einer Stadt, wie Politiker, Intellektuelle, Kultur- und Medienschaffende. Sie können das Thema der Offenen Stadt zu einem immanenten Teil der Stadtentwicklung machen. Der amerikanische Raumplaner John Friedmann (2002) schreibt, dass das Thema der Offenen Stadt zu einem ständigen stadtpolitischen Diskurs werden müsse, der die BewohnerInnen zum Mitdenken und zu Mitverantwortung einlädt. Auch er postuliert die Offene Stadt als Gegendiskurs zu den starken Schließungstendenzen, die sich in amerikanischen Städten in der Folge der terroristischen Anschläge „9/11" beobachten ließen: „Wenn wir die Welt aussperren und die Stadt abriegeln, dann schließen wir uns im Gefängnis unserer eigenen Ängste ein." (Friedmann, 2002, S. 282). Mit *Open City* bezeichnet er die gastfreundliche Stadt, die zuwandernde Menschen und Gäste willkommen heißt und allen StadtbewohnerInnen gleiche Rechte gewährt. Politische Maßnahmen zu ihrer Realisierung sind zum einen die BürgerInnenbeteiligung zur Stärkung von Identität und Position des Einzelnen als Voraussetzung für die individuelle Übernahme von Raumverantwortung. Auf der Grundlage einer „Stadtbürgerschaft" werden politische Partizipation, das Recht auf Zugang zum öffentlichen Raum, das Recht auf öffentliche Unterstützung sowie die Gleichheit aller StadtbewohnerInnen geregelt. (Friedmann, 2002, S. 285) Das Modell der Stadtbürgerschaft erfordert eine breite „Debatte über öffentliche und private Bürgertugenden" (Friedmann, 2002, S. 286). Auch sie ist Element einer Metakultur, in der das Leitbild der Offenheit in seiner konfliktuellen Ambivalenz einer steten und anhaltenden Auseinandersetzung bedarf.

Ein zweites Merkmal der Offenen Stadt ist Friedman zufolge ein ausgewogener ökologischer Fußabdruck als „Indikator für die ökologischen Auswirkungen des urbanen Lebens" und als „materielle Grundlage der Vision von der Offenen Stadt". Jede/r könne und dürfe nur so viel an Ressourcen verbrauchen, wie nachwachsen oder nachproduziert werden kann. (Friedmann, 2002, S. 283f.) Da die terroristische Bedrohung Amerikas und Europas auch als eine Folge des Ungleichgewichtes in der globalen Ressourcenverteilung und der Missachtung von Klimagerechtigkeit interpretiert werden muss, erklärt er die Offene Stadt zu einem Ort ressourcenschonender Maßnahmen (Friedmann, 2002, S. 284).

Die offene Stadt als „lebbare Stadt"

Städte sind Gemeinwesen mit komplexen Aufgaben, die vor den Herausforderungen einer jeweiligen Epoche stehen. Sie sind Labore, in denen experimentiert und ausprobiert wird, was in Zukunft „gesellschaftsfähig" ist: Es geht um zeitgemäße Lebens- und Wohnformen, um Ökonomien und Politiken, um Gesundheit und Sozialverträglichkeit. In Städten wird das Zusammenleben unterschiedlicher

Menschen ausprobiert und ausgehandelt: zwischen Geschlechtern, Generationen und sozialen Schichten, zwischen Einheimischen und Fremden, aber auch ganz allgemein zwischen einander Fremden. Offenheit bedeutet Zulassen, Akzeptanz und Einübung von Aushandlungsprozessen als einem grundsätzlichen Dispositiv von Stadt. Der Diskurs über die Offene Stadt lädt dazu ein, die Stadt als einen von Vielen geteilten Lebensraum zu begreifen, das einem selbst Fremde aushalten zu lernen und diese Verstörung nicht mit Bedrohung zu verwechseln, deren Ursachen auf einer globalen Ebene zu suchen sind.

KulturanthropologInnen, die sich mit den Öffnungs- und Schließungsszenarien in den Städten der Gegenwart befasst haben, fokussieren diese lebensweltliche Perspektive, in der die lokale Bedeutung des öffentlichen Raumes für die BewohnerInnen und global induzierte strukturelle Entwicklungen zusammenfallen. Sie orientieren sich an dem Begriff einer lebenswerten Stadt als einem Orientierungsszenario, das die sozialen und gebauten Räume als Lebens- und Identitätsräume anerkennt und sie aus der Perspektive der Menschen wahrnimmt und respektiert (Katschnig-Fasch, 2001, S. 134). Diese Perspektive betrachtet Zuwanderung und kulturelle Fremdheit als ein Ferment und als metakulturelles Element einer Offenen Stadt im Sinne Ipsens. Eine „heterogene und offene Kultur als zentrale urbane Ressource" verwahre sich, so Wolfgang Kaschuba, gegen alltägliche Diskriminierungen (Kaschuba, 2010, S. 21). „Wer Stadt in ihrer Offenheit begreift", so schreibt er, muss sich an „sozialer Heterogenität, kultureller Vielfalt und symbolischer Vielsprachigkeit" orientieren (Kaschuba, 2005, S. 10).

(Zu-)Wanderung war seit jeher Merkmal und Grundlage der europäischen Stadt. Menschenzuzug und Raumnot hatten zum Abriss der mittelalterlichen Stadtmauern geführt, die die Wehrhaftigkeit der Stadt nach außen und den Schutz nach innen gewährleisteten und symbolisierten. Die bauliche und soziale Öffnung der Städte des 19. Jahrhunderts stellt sich – im Rückblick besehen – als unumgänglicher Zivilisationsschritt auf dem Weg in die Moderne dar. Die Vervielfältigung und Durchmischung der Stadtbevölkerung bedeutete eine Internationalisierung und Mobilisierung von Menschen, Kapitalien, Ressourcen, verschieden-kulturellen Werteregistern und Know-how, die Entwicklung und Wohlstand der europäischen (und Übersee-)Städte den Weg bereitet haben.

Kulturelle Vielfalt und soziale Heterogenität, der „Transfer von Arbeitskraft und Wissen" sind ihre „ökonomischen und kulturellen Potenziale" (Kaschuba, 2005, S. 24f.). Das Leitmotiv der Fremdheit als Ferment von Kultur durchdringt alle großen historischen Erzählungen, die Enzyklopädien, Monographien und Schulbücher füllen. „Denn nur das freie Zusammenspiel von Bewegung, Veränderung und Fremdheit schafft als Charakteristikum urbanen Lebens jene kulturelle und soziale Spannung, aus der in der Tat ‚Kreatives' entsteht: die Fähigkeit zu neuen kulturellen Entwürfen, Bewegungen und Synthesen." (Kaschuba, 2005, S. 32)

Die politische Befürwortung einer offenen europäischen Einwanderungspolitik ist daher die Basis für eine offene Stadtgesellschaft, in der Migration nicht einseitig als Belastung, sondern als – für die Erneuerung der Gesellschaft notwendige – Ressource betrachtet wird (Yildiz, 2013; Metz-Göckel, Kalwa & Münst, 2010). Das Aushalten von Fremdheiten vielfältiger Natur ist Teil der Urbanität, des städtischen Lebensstils und bedarf ständiger Lern- und Aushandlungsprozesse. Differenz als Leitkategorie von Urbanität ist die Bedingung der Offenen Stadt und der/die Fremde die Schlüsselfigur der modernen globalisierten und kosmopolitischen Netzwerkgesellschaft. Nur die Erfahrung der Differenz ermöglicht Dialog (Katschnig-Fasch, 2001, S. 135).

Die Städte der Spätmoderne bergen die Möglichkeit zu Offenheit: Sie beruht auf einem „kulturellen Pluralismus der Lebensstile" vor dem Hintergrund eines relativ hohen Lebensstandards der westlichen Welt (Kaschuba, 2005, S. 35). Sie basiert auf demokratischen Grundrechten, die mit sozialen Bewegungen – als Korrektiv einer offenen Gesellschaft – auf dem Weg in die Moderne erkämpft wurden und die nach wie vor verteidigt werden müssen. Wenn die Städte ihre demokratische Disposition zu Offenheit durch legislative Maßnahmen sowie durch diskursive, räumliche und soziale Schließungen aufs Spiel setzen, dann schränken sie nicht nur bestehende Grundrechte ein, sondern sie verlieren auch „ihre wichtigsten Ressourcen: die freie Bewegung von Menschen und Ideen, die besondere Atmosphäre urbaner Räume, die Fähigkeit" zu Nähe und Distanz zugleich (Kaschuba, 2005, S. 32). Wenn sich der Staat aus seiner Verantwortung für *alle* StadtbewohnerInnen zurückzieht, kommt es zur „Auflösung des öffentlichen Raumes und der sozialen Beziehungen" (Wacquant, 2007, S. 20). Viele Wohnsiedlungen an den Rändern der großen Städte sind zu geschlossenen monosozialen und monokulturellen Quartieren geworden, in denen Deregulierungen vielfältiger Natur ihren Lauf nehmen (Wacquant, 2007, S. 24). Soziale Isolierung, Entsicherung und Entmischung stehlen vor allem Jugendlichen die Zukunft. Sie führen zu einer Entpazifizierung des Alltags, da sich ein System im System ohne Anbindung nach außen herausbildet, das nicht mehr in der Lage ist, Perspektiven zu produzieren.

Da capo: Offene Stadt!

Die Offene Stadt proklamiert menschengerechte und umweltbewusste Lebensräume. Sie ist, unter Berücksichtigung einer Architektur und Stadtplanung auf Augenhöhe, auch planbar. Die Rolle der Politik ist es, zur Herausbildung einer Metakultur beizutragen, die die gastfreundliche Stadt befördert, Ängsten Aufklärung entgegen gesetzt und Toleranzdiskurse unterstützt. Die Realisierung einer Sozialen Stadt über das Modell der Stadtbürgerschaft setzt die Offene Stadt im Sinne einer fortgeschrittenen demokratischen Gesellschaft um:

> Die offene Stadt ist kulturell und sozial gesehen pluralistisch, sie ist keineswegs konfliktfrei [...]. Aber die Bewohner haben das Ziel, ihre Konflikte zu regulieren. Die offene Stadt ist ein bewusstes Projekt der Bürger und der Politik. Sie fußt auf gemeinsamen Überzeugungen sehr allgemeiner Art, insbesondere auch auf der Anerkennung der kulturellen Eigenständigkeit der jeweiligen pluralen Kulturen einer Stadt und auf der Herausbildung von Regeln und Routinen, die das Aushandeln von Konflikten ermöglichen. (Häußermann & Ipsen, 2005, S. 5)

Offenheit als eine individuelle Disposition der Toleranz, des Respektes und der Neugier wird einerseits über eine Sozialisation und Wertediskussion des Miteinander gelernt und erfahren und andererseits über die Rechtsgleichheit und soziale

Sicherheit als strukturelle Voraussetzungen der individuellen kognitiven und physischen Sicherheit garantiert.

Kulturanthropologische Stadtforschungen an urbanen Brennpunkten differenzieren aktuelle Sicherheitsdiskurse (Rolshoven & Klengel, 2014). Nicht Angst und Überforderung bestimmen den Alltag in durchmischten Stadtvierteln, sondern aktive Umgangsweisen und Aushandlungsprozesse um Raumnutzungen und heterogene Bedürfnisse. Sie bestimmen die Normalität einer Stadt. Raumkonflikte und Störfelder sind alltäglich und anstrengend. Sensible Sozialpolitiken und dialogisch orientierte Diskurse, die auf die Alltagsrealitäten verändernd einwirken, unterstützen den schwierigen Alltag und bedürfen vielfältiger Kooperationen mit der Stadtbevölkerung. Wir brauchen in jeder Stadt eine kritische Masse an vielsprachigen stadtpolitischen AkteurInnen und engagierten StadtbürgerInnen wie KünstlerInnen, PolitikerInnen, WissenschaftlerInnen, MuseumsmacherInnen, Müttern und Vätern, UnternehmerInnen, empörten Jugendlichen, Medien, SozialarbeiterInnen und JuristInnen, die nicht nachlassen, für eine kritische Haltung zu sensibilisieren und dort zu Aushandlungsprozessen aufzufordern, wo harsche menschenunwürdige und ungesetzliche Regulierungen als allzu einfache Problemlösungen angeboten werden. Die offene Stadt der Zukunft wurzelt in der Zuwanderungsgesellschaft der Gegenwart. Die Stadt der Gegenwart muss die Probleme der Gegenwart in steter Balance zwischen Empowerment und Limitierung schultern, ohne sich ihnen zu „ergeben".

Literatur

Behr, M., Dienesch, S., Kury, A. & Rolshoven, J. (Hrsg.). (2015). *Offene Stadt. Konzepte für urbane Zwischenräume*. Graz: Pustet.

Berking, H. (2002). Global Village oder urbane Globalität? Städte im Globalisierungsdiskurs. In H. Berking & R. Faber (Hrsg.), *Städte im Globalisierungsdiskurs* (S. 11–25). Würzburg: Königshausen und Neumann.

Berking, H. & Faber, R. (Hrsg.). (2002). *Städte im Globalisierungsdiskurs*. Würzburg: Königshausen und Neumann.

Blum, E. (1995a). Wem gehört die Stadt? Stadt und Städtebau im Umbruch. In E. Blum (Hrsg.), *Wem gehört die Stadt? Armut und Obdachlosigkeit in den Metropolen* (S. 19–50). Basel: Lenos.

Blum, E. (Hrsg.). (1995b). *Wem gehört die Stadt? Armut und Obdachlosigkeit in den Metropolen*. Basel: Lenos.

Bornberg, R., Habermann-Nieße, K. & Zibell, B. (Hrsg.). (2009). *Gestaltungsraum Europäische StadtRegion*. Frankfurt/M.: Peter Lang.

Corbin, A. (1992). *Pesthauch und Blütenduft. Eine Geschichte des Geruchs*. Berlin: Wagenbach.

Deutsches Institut für Urbanistik (Hrsg.). (2002). *Die soziale Stadt*. Berlin: Deutsches Institut für Urbanistik. Verfügbar unter: http://www.google.at/url?sa=t&rct=j&q=&esrc=s&source=web&cd=25&ved=0CDQQFjAEOBQ&url=http%3A%2F%2Fedoc.difu.de%2Fedoc.php%3Fid%3D012AVITE&ei=yJgSVbLeAYHTUerWg9gN&usg=AFQjCNHn-u3NwceGxqpDR0pQu5s1Qg5gvQ [14.03.2015].

Egli, W. & Tomkowiak, I. (Hrsg.). (2008). *Intimität*. Zürich: Chronos.

Eisch-Angus, K. (2012). Tägliche Verunsicherung: Übersetzungsprozesse zwischen Alltagserfahrung und neuen Sicherheitsdiskursen. In A. Keinz, K. Schönberger & V. Wolff (Hrsg.), *Kulturelle Übersetzungen* (S. 198–222). Berlin: Reimer.

Elias, N. (1997). *Über den Prozeß der Zivilisation. Soziogenetische und psychogenetische Untersuchungen.* Frankfurt/M.: Suhrkamp.

Foucault, M. (1994). *Überwachen und Strafen. Die Geburt des Gefängnisses.* Frankfurt/M.: Suhrkamp.

Friedmann, J. (2002). Stadt in Angst oder Offene Stadt? In Deutsches Institut für Urbanistik (Hrsg.), *Die soziale Stadt* (S. 282–295). Berlin: Deutsches Institut für Urbanistik. Verfügbar unter: http://www.google.at/url?sa=t&rct=j&q=&esrc=s&source=web& cd=25&ved=0CDQQFjAEOBQ&url=http%3A%2F%2Fedoc.difu.de%2Fedoc.php%3F id%3D012AVITE&ei=yJgSVbLeAYHTUerWg9gN&usg=AFQjCNHn-u3NwceGxqp- DR0pQu5s1Qg5gvQ [14.03.2015].

Grosch, N. & Zinn-Thomas, S. (Hrsg.). (2010). *Fremdheit – Migration – Musik. Kulturwissenschaftliche Essays für Max Matter.* Münster: Waxmann.

Habermas, J. (1990). *Strukturwandel der Öffentlichkeit. Untersuchungen zu einer Kategorie der bürgerlichen Gesellschaft.* Frankfurt/M.: Suhrkamp.

Häußermann, H. (2001). Die europäische Stadt. *Leviathan, 29,* 237–255.

Häußermann, H. & Ipsen, D. (2004). *Die Produktivkraft kultureller Komplexität. Migration und die Perspektiven der Städte.* Verfügbar unter: http://www.kommunale-info.de/ index.html?/infothek/2328.asp [14.03.2015].

Hellmayr, N. & Pichler, I. (Hrsg.). (1994). *Experiment Stadt. Die französischen Villes Nouvelles zwischen Projekt und Bild.* Graz: Haus der Architektur.

Hengartner, T., Kokot, W. & Wildner, K. (Hrsg.). (2000). *Kulturwissenschaftliche Stadtforschung.* Berlin: Reimer.

Ipsen, D. (2009). Die sozialräumlichen Bedingungen der offenen Stadt – eine theoretische Skizze. In R. Bornberg, K. Habermann-Nieße & B. Zibell (Hrsg.), *Gestaltungsraum Europäische StadtRegion* (S. 97–110). Frankfurt/M.: Peter Lang.

Jacobs, J. (1961). *The Death and Life of the Great American Cities.* New York: Random House.

Jäger, C. & Schütz, E. (Hrsg.). (1994). *Glänzender Asphalt. Berlin im Feuilleton der Weimarer Republik.* Berlin: Fannei & Walz.

Kaschuba, W. (2005). Urbanität und Identität zeitgenössischer europäischer Städte. In Wüstenrot-Stiftung (Hrsg.), *Urbanität und Identität zeitgenössischer europäischer Städte* (S. 8–29). Ludwigsburg.

Kaschuba, W. (2010). Offene Städte! In N. Grosch & S. Zinn-Thomas (Hrsg.), *Fremdheit – Migration – Musik. Kulturwissenschaftliche Essays für Max Matter* (S. 13–23). Münster: Waxmann.

Katschnig-Fasch, E. (2001). Im Wirbel städtischer Raumzeiten. In K. Wilhelm & G. Langebrinck (Hrsg.), *City-Lights* (S. 120–139). Wien: Böhlau.

Keinz, A., Schönberger, K. & Wolff, V. (Hrsg.). (2012). *Kulturelle Übersetzungen.* Berlin: Reimer.

Kostof, S. (1993). *Das Gesicht der Stadt. Geschichte städtischer Vielfalt.* Frankfurt/M.: Campus.

Lang, B. (2000). Zur Ethnographie der Stadtplanung. Die planerische Perspektive auf die Stadt. In T. Hengartner, W. Kokot & K. Wildner (Hrsg.), *Kulturwissenschaftliche Stadtforschung* (S. 55–68). Berlin: Reimer.

Langreiter, N., Rolshoven, J., Steidl, M. & Haider, M. (Hrsg.). (2010). *bricolage 6: SOS – Sauberkeit Ordnung Sicherheit in der Stadt.* Innsbruck: innsbruck university press.

Le Corbusier (1962). *An die Studenten – Die «Charte d' Athènes».* Hamburg: Rowohlt.

Lenger, F. & Tenfelde, K. (Hrsg.). (2006). *Die europäische Stadt im 20. Jahrhundert. Wahrnehmung – Entwicklung – Erosion*. Köln: Böhlau.

Mann, H. (1994). Berlin. In C. Jäger & E. Schütz (Hrsg.), *Glänzender Asphalt. Berlin im Feuilleton der Weimarer Republik* (S. 13–19). Berlin: Fannei & Walz.

Meister, H. (2007). *Fotografische Notizen zur kulturwissenschaftlichen Stadt- und Raumforschung. Der Hamburger Hauptbahnhof*. Magisterarbeit, Universität Hamburg.

Metz-Göckel, S., Kalwa, D. & Münst, A.S. (2010). *Migration als Ressource. Zur Pendelmigration polnischer Frauen in Privathaushalte der Bundesrepublik*. Opladen: Barbara Budrich.

Pichler, I. (1994a). Einleitung. In N. Hellmayr & I. Pichler (Hrsg.), *Experiment Stadt. Die französischen Villes Nouvelles zwischen Projekt und Bild* (S. 9–13). Graz: Haus der Architektur.

Pichler, I. (1994b). Der große Entwurf: eine polyzentrische Ordnung für eine „anarchische" Peripherie. In N. Hellmayr & I. Pichler (Hrsg.), *Experiment Stadt. Die französischen Villes Nouvelles zwischen Projekt und Bild* (S. 14–17). Graz: Haus der Architektur.

Popper, K. (1957). *Die offene Gesellschaft und ihre Feinde* (2 Bde.). München: Francke.

Rabinowitz, D. (2014). Resistance and the City. *History and Anthropology, 25*(4), 472–487.

Rienits, T. (2008). Open City. Workbook. In *Workshop 4th International Architecture Biennale Rotterdam 17./18. July 2008* (S. 25–34). Zürich.

Rienits, T., Stigler, J. & Christiaanse, K. (Hrsg.). (2010). *Open City_Designing Coexitence*. Amsterdam: SUN.

Rolshoven, J. (2005). Die Küche, das unbekannte Wesen. In K. Spechtenhauser (Hrsg.), *Die Küche* (Edition Wohnen) **(S. 19–15)**. Basel: Birkhäuser.

Rolshoven, J. (2008). Die Wegweisung: Züchtigung des Anstößigen oder Die Europäische Stadt als Ort der Sauberkeit, Ordnung und Sicherheit. In W. Egli & I. Tomkowiak (Hrsg.), *Intimität* (S. 35–38). Zürich: Chronos.

Rolshoven, J. (2010). SOS: neue Regierungsweisen oder Save Our Souls – ein Hilferuf der Schönen Neuen Stadt. In N. Langreiter, J. Rolshoven, M. Steidl & M. Haider (Hrsg.), *bricolage 6: SOS – Sauberkeit Ordnung Sicherheit in der Stadt* (S. 23–25). Innsbruck: innsbruck university press (= Innsbrucker Zeitschrift für Europäische Ethnologie).

Rolshoven, J. (2014). Die Sicherheiten einer offenen Stadt. *dérive, 57*, 21–26.

Rolshoven, J. & Klengel, R. (Hrsg.). (2014). *Offene Stadt. Nischen, Perspektiven, Möglichkeitsräume*. Graz: Institut für Volkskunde und Kulturanthropologie.

Sansot, P. (2000). *Narbonne, ville ouverte*. Narbonne: Fata Morgana.

Schmidt-Lauber, B. (Hrsg.). (2010). *Mittelstadt. Urbanes Leben jenseits der Metropole*. Frankfurt/M.: Campus.

Sennett, R. (2006). *The Open City*. Verfügbar unter: http://esteticartografias07.files.word press.com/2008/07/berlin_richard_sennett_2006-the_open_city1.pdf [03.04.2015].

Siebel, W. (Hrsg.). (2004). *Die europäische Stadt*. Frankfurt/M.: Suhrkamp.

Sieverts, T. (1997). *Zwischenstadt zwischen Ort und Welt, Raum und Zeit, Stadt und Land*. Braunschweig/Wiesbaden: Friedrich Viebeck & Sohn.

Spechtenhauser, K. (Hrsg.). (2005). *Die Küche* (Edition Wohnen). Basel: Birkhäuser.

Wacquant, L. (2007). Entzivilisierung und Dämonisierung. Die Neuauflage des Ghettos des schwarzen Amerika. *dérive, 28*, 20–29.

Wagner, A. (Hrsg.). (2010). *Abfallmoderne. Zu den Schmutzrändern der Kultur*. Graz: grazer edition.

Wilhelm, K. & Langebrinck, G. (Hrsg.). (2001). *City-Lights*. Wien: Böhlau.

Wirth, L. (1938). Urbanism as a Way of Life. *American Journal of Sociology, 44*(1), 1–24.

Wüstenrot-Stiftung (Hrsg.). (2005). *Urbanität und Identität zeitgenössischer europäischer Städte*. Ludwigsburg.

Yildiz, E. (2013). *Die weltoffene Stadt. Wie Migration Globalisierung zum urbanen Alltag macht*. Bielefeld: transkript.

Urban Imaginaries: Vorstellungswelten moderner Städte

Johannes Suitner

Imaginaries sind gesellschaftlich anerkannte, meist simplifizierte Vorstellungen komplexer sozialer Gebilde, etwa „Wirtschaft", „Kultur", oder „Stadt". Der politische Philosoph Charles Taylor etwa arbeitet anhand einer historischen Analyse in eindrucksvoller Weise die Imaginierungen der westlichen modernen Gesellschaft heraus. Taylor beschreibt Wirtschaft, Öffentlichkeit, eine souveräne Gesellschaft und ihre Ordnung als prägende Charakteristika der modernen Welt. Nun ist es kein weiter Denkschritt, die Übersetzung von modernen Gesellschaften auf unsere modernen Städte zu wagen und sich zu fragen, wie diese unsere Vorstellung von Stadt beeinflussen.

Ich erachte Taylors *Modern Social Imaginaries* daher als analog bedeutsam für unsere abstrahierte, womöglich unhinterfragte Vorstellung von Stadt und Stadtentwicklung. Derartige *Urban Imaginaries* sind eine unverzichtbare Größe um Stadtentwicklung verstehen zu können. Sie sind die Grundpfeiler des Selbstverständnisses, das wir an den Tag legen, wenn wir von Städten, ihrer Steuerbarkeit und ihrer möglichen Zukunft sprechen.

1.   Stadt imaginieren – eine Einführung

Wenn ich mich gemeinsam mit Studierenden den vielfältigen Theorien von Stadt und Stadtentwicklung zu nähern versuche, beginne ich gerne mit einem kleinen Experiment. Ich bitte sie sich die letzte Stadt, die sie besucht haben, in Erinnerung zu rufen. Die Studierenden mögen sich vorstellen, noch einmal einen Spaziergang durch diese Stadt zu machen – an jene Orte zu gehen, die sie im positiven oder negativen Sinn beeindruckt haben – und vor ihrem geistigen Auge festzuhalten, was sie sehen. Dieses Experiment möchte ich jetzt auch mit Ihnen machen. Stellen Sie sich eine beliebige Stadt vor – vielleicht die, in der Sie zuletzt auf Urlaub waren. Woran erinnern Sie sich, welche Bilder erzeugt das in Ihrem Kopf, und was ist das für Sie Bezeichnende an dieser Stadt? Mehr noch, was macht den Ort in Ihren Augen überhaupt zur Stadt?

Ohne Frage werden viele eine europäische (Haupt-)Stadt gewählt haben und durch deren touristisches Zentrum geschlendert sein. Ebenso werden den meisten imposante Bauwerke in Erinnerung geblieben sein, die die Straßenzüge säumen und die visuellen Eindrücke von diesem Ort prägen. Vielleicht sind es aber auch öffentliche Plätze und die Vielzahl an Menschen, die diese beleben und durch ihre Handlungen definieren. Und womöglich sind es gar die Erzählungen von Bekannten oder die Narrative aus Büchern, Zeitungen, dem Internet und Fernsehen, die Ihre Impressionen von den besonderen Orten färben. Denken wir etwa an Wien, fallen uns bestimmt die repräsentative Ringstraße, das bauliche Erbe der Inneren Stadt, die Gründerzeitviertel und vielleicht auch der Gürtel, die U-Bahn und die Donauinsel ein. Spazieren wir im Geist durch das Museumsquartier, sehen wir dort an einem sonnigen Tag eine Heerschar an jungen Menschen, die mit Buch, iPad, oder einer

Dose Bier die „Enzis", die charakteristischen Stadtmöbel, besetzen und damit diesen halböffentlichen Raum erst zu dem machen, was er ist. Und versuchen wir uns Wien auf einer abstrakten Ebene vorzustellen, kommt uns womöglich die stilisierte Skyline mit Stephansdom, Riesenrad und Donauturm in den Sinn, das Narrativ vom Roten Wien, der sozialen Stadt, ihrer hohen Lebensqualität und ihrem besonderen kulturellen Repertoire. Wenn Ihre Assoziationen auch nur im Entferntesten diese Form angenommen haben, ist das Experiment geglückt.

Es ist der Versuch ad hoc zu erschließen, was wir kollektiv als bezeichnend für unsere heutigen modernen Städte erachten. In den meisten Fällen sind die kognitiven Verknüpfungen auch der unterschiedlichsten Orte mit dem Sujet „Stadt" nämlich sehr ähnlich. Tatsächlich können wir gar nicht anders als das Urbane, die moderne Gesellschaft und die sie umgebenden städtischen Umwelten in immer ähnlicher Weise zu denken. Bestimmend dafür sind die zugrundeliegenden *Imaginaries* (Çinar & Bender, 2007). Imaginaries, das sind die vereinfachten kognitiven Vorstellungswelten, die in unser aller Köpfen verankert sind. Sie erlauben es erst, so komplexe und schier ungreifbare Gebilde wie „Stadt" und „Gesellschaft" oder etwa „Kultur" und „Ökonomie" vorstellbar, greifbar und letztlich auch verhandelbar zu machen (vgl. Jessop, 2004).

Diese Imaginierungen erachte ich als immens wichtig für unser Tun als Individuen und als Teil einer Gesellschaft. Die abstrahierten Vorstellungen von „Stadt" etwa, die wir offenbar alle in ähnlicher Form haben, beeinflussen nicht nur, wie wir Städte sehen, sondern auch unsere Vorstellung ihrer möglichen Entwicklung, sprich die Visionen potenzieller Städte der Zukunft. Die *Urban Imaginaries*, die vor unserem geistigen Auge auftauchen, wenn wir an beliebige Städte denken, sind nicht nur Teil unserer notgedrungen vereinfachten gedanklichen Vorstellung einer komplexen, schwer greifbaren Sache. Sie sind in der Tat prägendes Element der modernen Städte von heute, wie uns etwa der politische Philosoph Charles Taylor (2004) erklärt. Aus diesem Grund ist es unverzichtbar für die Vorhaben von Wissenschaft und Forschung sowie Politik und Praxis, diese Prägungen moderner Städte und ihrer Entwicklung zu explizieren. Nicht nur, weil *Urban Imaginaries* ein guter Anknüpfungspunkt sind, um einer breiten Öffentlichkeit zu vermitteln, was unsere modernen Städte auszeichnet, wie wir sie begreifen und uns ihnen etwa in der Stadtforschung nähern können. Sie sind wichtig, um zu verstehen, auf welchen Ebenen heute sinnvollerweise Stadtpolitik und räumliche Planungspraxis in die Entwicklung moderner Städte eingreifen können (und müssen). In diesem Sinn sind sie auch bedeutend, um erkennen zu können, ob in derlei politischen Entscheidungsprozessen als grundlegend erachtete Werthaltungen wie Gleichheit und Gerechtigkeit und die Rechte und Pflichten einer Gesellschaft geachtet oder gezielt unterwandert werden. Und nicht zuletzt sind die *Urban Imaginaries*, die ich an dieser Stelle vorstellen möchte, ein möglicher Ausgangspunkt konkreter Überlegungen zu den Herausforderungen unserer Städte der Zukunft.

Im Folgenden gehe ich daher kurz auf die Herkunft des Begriffs ein und erkläre, in welchen zwei Formen das *Imaginary* für Stadtforschung und -planung heute bedeutend ist. Anschließend widme ich mich ausführlicher den Ausführungen des politischen Philosophen Charles Taylor, der in eindrucksvoller Weise die Imaginierungen der westlichen modernen Gesellschaft beschreibt. In Analogie dazu versuche ich die Prägungen unserer urbanen Gesellschaften auf die Prägungen moderner Städte umzulegen, um zu zeigen, welche Ideen essentiell sind für unser heutiges Konzept von Stadt. Gleichzeitig gehe ich aber auch darauf ein, dass zum Zweck der Durchsetzung individueller Macht- und Profitinteressen gezielt Imaginierungen von Stadt, Gesellschaft, Raum und Ort konstruiert werden – eine kaum zu überschätzende Problematik aus Sicht der kritischen Forschung, Stadtpolitik und urbanen Praxis. Auf Grundlage dieser Erkenntnisse über die *Urban Imaginaries* der modernen Stadt diskutiere ich abschließend, auf welchen Ebenen sich für die Entwicklung unserer Städte der Zukunft vermutlich die großen Herausforderungen als auch Gestaltungsmöglichkeiten ergeben.

2. Der Imaginary-Begriff in den Wissenschaften

Imaginaries sind Vorstellungswelten im Kopf. Allerdings sind sie mehr als nur individuelle kognitive Interpretationen der uns umgebenden Umwelt. Sie sind kollektive, also in weiten Teilen einer Gesellschaft als wahr und richtig empfundene, idealisierte Bilder davon, wie unsere Welt funktioniert. Einfachstes Beispiel eines solchen *Imaginary* ist die vielzitierte Vorstellung von Märkten als Treffpunkt von Angebot und Nachfrage. Natürlich ist uns klar, dass Märkte historisch gewachsene Strukturen aufweisen, dass sie politisch legitimiert und reguliert werden müssen, dass Angebot und Nachfrage jeweils in Abhängigkeiten zu Akteurskonstellationen, Kulturen und bestimmten Interessenslagen stehen und dass es unterschiedlich institutionalisierte Plattformen des Handels gibt (vgl. Logan & Molotch, 1987). Warum also abstrahieren wir trotz besseren Wissens ein so vielschichtiges Gebilde wie Märkte zu derart reduktionistischen Idealvorstellungen? Weil es, so erklären uns die Untersuchungen zu diesen *Imaginaries*, in unserer menschlichen Natur liegt, die uns umgebenden Dinge zu idealisieren, zu abstrahieren und zu reduzieren, um sie für unseren Alltag verständlich und nutzbar zu machen (vgl. Taylor, 2004; Strauss, 2006). Letztlich sind derart simplifizierte Imaginierungen also notwendige Instrumente menschlicher Interaktion und Kommunikation. Jessop (2004) erklärt das solcherart, dass in einer zunehmend von Komplexität geprägten Gesellschaft die Kommunikation zwischen unterschiedlichsten Akteuren sowie politisches Handeln und Entscheiden nur mehr möglich sind, *weil* die Grundlage der Diskussion und Interaktion derlei unhinterfragte Vorstellungswelten sind. Beispielsweise fußen die Schaffung und der Zusammenhalt von Governance-Strukturen, politischen Netzwerken, aber auch Gemeinschaft und Identität seiner Auffassung nach auf derartigen Imaginierungen zu verhandelnder Bereiche (ebd.). Wird etwa in Wien über Kulturpolitik verhandelt, gibt es ein unhinterfragtes Selbstverständnis darüber, was die lokale Kultur Wiens auszeichnet, welche Rolle sie für den Standort spielt und was letztlich Teil dieser Kultur ist und was nicht (vgl. Suitner, 2015). Wird auf transnationaler Ebene über Auswege aus der Krise beraten, gibt es kaum Kritik an den neoliberalen wirtschaftspolitischen Ansätzen, die diese ausgelöst haben, weil diese Politiken unter den handelnden Akteuren in einer wettbewerbsorientierten, globalisierten Welt als alternativlos gelten (vgl. Jessop, 2013).

Autor/inn/en aus diversen Disziplinen haben sich dem Konzept der *Imaginaries* bereits angenommen, um diese zu entlarven und die Gründe für ihre Existenz zu verstehen. Wenngleich der disziplinäre Kontext ein anderer ist als jener der

Stadtforschung oder Stadtpolitik, weil er weiter gefasst und abstrakter ist, betrachte ich ihn dennoch als wichtig für die Diskussion um die Stadt der Zukunft. Die Anthropologin Claudia Strauss (2006) etwa gibt einen hilfreichen Überblick über die Genealogie des Begriffs und seine Verwendung bei unterschiedlichen Autor/inn/en. Bei Castoriadis, einem Sozialtheoretiker, Ökonomen und Psychoanalytiker, steht das *Imaginary für den Ethos – die eine Gruppe einenden (Wert-)Haltungen, oder „[...] a society's shared, unifying core conceptions. "* (Strauss, 2006, S. 324) Diese in Anlehnung an die Anthropologie erstellte Konzeption ist die grundlegendste Definition eines *Imaginary*, muss sich allerdings der Kritik stellen so zu tun, als gäbe es innerhalb einer Gruppe immer nur den einen unhinterfragten Ethos. Anders findet das Konzept in der Psychoanalyse bei Lacan Anwendung, der das Imaginierte als eine individuelle, verschleierte Wahrnehmung einer für ihn existenten objektiven Realität ansieht. Dieses *Imaginary* sei entscheidendes Bindeglied zwischen Individuum und Gesellschaft, aber eben für jede/n Einzelne/n unterschiedlich und daher keine von mehreren geteilte, unhinterfragte Vorstellung, so Strauss (ebd.). Anders gehen die Politikwissenschaften mit dem Konzept um. Der wohl bekannteste Vertreter des Begriffs, der Politikwissenschaftler Benedict Anderson, erläutert sein Verständnis von *Imaginaries* anhand des sich im 18. Jahrhundert ausbreitenden Konzepts der Nation. Für Anderson steht die Entstehung von Nationalstaaten in enger Verbindung mit der wachsenden Bedeutung von Printmedien. Diese würden ein Gefühl der Zugehörigkeit zu einer, wie er es nennt, imaginierten Gemeinschaft – einem Volk – suggerieren, das sich in seiner Sprache, Identität, Kultur und Gesinnung von anderen abhebt (Strauss, 2006; Çinar & Bender, 2007). Beeinflusst von Andersons Ausführungen nähert sich der politische Philosoph Charles Taylor seiner Interpretation des *Imaginary* an, wobei er von Imaginierungen im Plural, also mehreren parallel existierenden, womöglich auch konkurrierenden Vorstellungswelten ausgeht. Taylor entwickelt die Idee, es gäbe bestimmte Imaginierungen der modernen westlichen Gesellschaft – quasi ein unhinterfragtes Wertegefüge, das charakteristisch für unsere Epoche und unsere Art des Zusammenlebens ist. Er geht davon aus, dass wir unser Handeln implizit wie explizit auf diese zugrundeliegenden Imaginierungen davon, „wie unsere Gesellschaft nun mal funktioniert", stützen. Diese Vorstellungswelten der Moderne lassen sich laut Taylor aus der geschichtlichen Entwicklung der westlichen Welt herleiten. Er bezieht sich dabei insbesondere auf den Prozess der Säkularisierung, den Bedeutungsgewinn der (Natur-) Wissenschaften, die bürgerlichen Revolutionen und die Ökonomisierung der breiten Masse, die alle dazu beigetragen haben, dass wir die Funktionsweisen und Organisation unserer Gesellschaften heute in dieser Form als selbstverständlich erachten (Taylor, 2004; Strauss, 2006).

Imaginierungen des *Urbanen* werden erstmals von Çinar & Bender (2007) explizit thematisiert. In Anlehnung an Andersons *Imagined Communities* behandeln sie beispielhaft die aus anthropologischer Sicht entscheidenden Einflüsse auf unsere Vorstellungswelten moderner Städte. Dieser ohnehin nicht auf die westliche Welt beschränkte Einblick wird bei Huyssen (2008) noch um diverse Fallstudien erweitert und untermauert damit, dass in einer globalisierten Welt auch „die anderen Städte" in ähnlicher Weise imaginiert werden bzw. unsere westlichen Imaginierungen mitprägen. Dabei lassen sich ungeachtet der Vielfalt an Beispielen drei unterschiedliche

Blickrichtungen auf die Konstitution von *Urban Imaginaries* moderner Städte richten, die aus verschiedenen raumtheoretischen Paradigmen erwachsen.

Zum Einen entstehen die Imaginierungen des Urbanen aus *kulturellen Praktiken*, etwa welche Personen(gruppen) zu welcher Tageszeit und in welcher Regelmäßigkeit öffentliche Plätze nützen, zu welchem Zweck und wie sie diese dadurch mit Bedeutung belegen – sie koproduzieren und determinieren. Dies entspricht einer phänomenologischen Betrachtungsweise räumlicher Prozesse, wie sie insbesondere Lefebvre geprägt hat (vgl. etwa Cresswell, 2004; Schmid, 2008). Gleichsam sind unsere Vorstellungswelten des Städtischen aber abhängig von den öffentlichen Diskursen, die Bedeutungszuweisungen machen, die als Regulationsmechanismen fungieren und damit erst bestimmte Praktiken ermöglichen bzw. verbieten – etwa weil bestimmte Handlungen als moralisch verwerflich dargestellt werden oder nicht den dominanten Traditionen, Normen und Wertegefügen entsprechen. Hierbei stehen also die semiotische, linguistische und symbolische Dimension und die Mechanismen diskursiver Konstruktion von Raum im Vordergrund (Glasze & Mattissek, 2009; Glasze & Wullweber, 2014). Letztlich sind die Imaginierungen geprägt von unserer *gebauten Umwelt*, auf die wir uns häufig zuerst beziehen, wenn wir von „Stadt" sprechen. Dieser im klassischen Sinn der physischen Geographie absolute Raum ist nicht nur steingewordene Ideologie, Macht und Kultur. Er beeinflusst auch massiv unsere Handlungen und Handlungsmöglichkeiten im Alltag ebenso wie unsere Vorstellungen möglicher urbaner Zukünfte (vgl. Cresswell, 2004; Breckner, 2014).

Es sind also sowohl bestimmte (tradierte) Handlungen und Verhaltensweisen, die wir als „die Kultur" eines Orts bezeichnen würden, als auch wie diese Orte kommuniziert werden, und nicht zuletzt ihr physisches Erscheinungsbild, die allesamt die Vorstellungswelten unserer modernen Städte prägen. Gehen wir nun wie etwa Taylor (2004), Jessop (2004) und Huyssen (2008) davon aus, dass solche *Imaginaries* unser aller Tun implizit mitbestimmen, weil sie die unhinterfragten kollektiven Identitäten unserer Gesellschaften sind, müssen wir uns diese Imaginierungen bewusst machen, sie reflektieren und ihre Hegemonie in Frage stellen. Erst dann lässt sich ein ernsthafter Diskurs über unsere Städte der Zukunft führen.

3. Charles Taylor und die „Modern Social Imaginaries"

Um den Kern unserer Vorstellungswelten moderner Städte zu erschließen, müssen wir an dieser Stelle einen Schritt zurück machen und uns für einen Augenblick wieder von den Imaginierungen des Urbanen verabschieden. Zuvor ist es notwendig, sich mit jener so vielversprechenden Theoretisierung über die moderne westliche Gesellschaft des politischen Philosophen Charles Taylor auseinanderzusetzen (vgl. Taylor, 2004), die sich wie keine zweite auf unsere Imaginierungen moderner Städte übersetzen lässt.

Ausgangspunkt von Taylors Abhandlung ist eine der großen Fragen der heutigen Sozialwissenschaften: Was zeichnet die Moderne aus, wie lässt sie sich definieren und interpretieren und wie gehen wir mit der Tatsache um, dass dieses allumfassende Konstrukt doch zu unvollkommen ist, um heute noch alle sozialen Tatbestände zu beschreiben und zu erklären? Bruno Latour, bedeutender Vertreter der Wissenschafts- und Techniksoziologie, geht sogar so weit zu konstatieren, wir seien gar nie modern gewesen, denn: *„Die Moderne kommt in so vielen Bedeutungen daher, wie es Denker und Journalisten gibt."* (Latour, 2008, S. 18) In ähnlicher Weise behauptet daher auch Taylor, um die großen Fragen und Herausforderungen sowie Widersprüche einer westlichen Moderne zu erkennen, müsse zuerst unser Selbstverständnis einer solchen Moderne erkannt werden. Und dieses Selbstverständnis, so seine These, habe sich im Lauf der Geschichte in *Imaginaries* verfestigt, die wir heute naturgemäß als Grundpfeiler der Organisation unserer Gesellschaft erachten (Taylor, 2004, S. 1f.). Demnach sind *Imaginaries* bei Taylor etwas Notwendiges, weil sie die Praktiken einer Gesellschaft mit Sinn erfüllen und damit erst bestimmte Handlungen und Entwicklungen ermöglichen: *„Das Imaginary ist das allgemeine Verständnis, das gemeinsame Praktiken ermöglicht und diese weithin legitimiert."* (Taylor, 2004, S. 23, Übersetzung des Autors) Mehr noch: *„Wir haben ein Gefühl, wie die Dinge üblicherweise laufen, aber das ist eng verzahnt mit einer Vorstellung davon, wie die Dinge laufen sollten."* (Taylor, 2004, S. 24, Übersetzung des Autors) Das macht *Imaginaries* zugleich zu gewichtigen Einflussgrößen unserer möglichen Entwicklung, weil diese Vorstellungswelten wie implizite Regelwerke zu strukturierenden Elementen künftiger Entwicklungspfade werden.

In „Modern Social Imaginaries" erklärt Charles Taylor auf sehr überzeugende Weise, dass es eine Reihe solcher kollektiver Imaginierungen unserer modernen westlichen Gesellschaft gibt, die alle unhinterfragt unser Tun bestimmen und unser Selbstverständnis von Gesellschaft und Gemeinschaft prägen. Diese lassen sich über eine geschichtliche Betrachtung des Übergangs zur Moderne herleiten, der eine sich ändernde Moralvorstellung und in Verbindung damit einen Wandel der gesellschaftlichen Ordnung mit sich zieht (vgl. Taylor, 2004, S. 3ff.). Taylor sieht in den historischen Ereignissen, Diskursen und folgenden gesellschaftspolitischen Veränderungen des 17. und 18. Jahrhunderts eine Abkehr von der bis dahin üblichen hierarchischen Gesellschaft, in der Gott und der Herrscher ganz oben und die Rechtelosen ganz unten stehen. Die Charakteristika der frühmodernen Gesellschaftsordnung, die sich zu dieser Zeit etabliert, sind für ihn Ausgangspunkt der Herausbildung unserer *Modern Social Imaginaries* (ebd.). Vorneweg steht das Verhältnis von Individuum und Gesellschaft. Dieses Verhältnis ist von grundlegender Bedeutung für das moderne Zusammenleben – auch heute noch. Wir nehmen uns als selbstbestimmte Individuen wahr, sehen es gleichzeitig aber als selbstverständlich an, eine Rolle in der Gesellschaft zu übernehmen, die für ihr Funktionieren, ihren Erhalt und ihre Entwicklung von Bedeutung ist: *„The basic normative principle is, indeed, that the members of society serv eeachother's needs, help each other, in short, behave like the rational and sociable creatures they are."* (Taylor, 2004, S. 12) Gleichzeitig bietet uns diese Gesellschaft Identität und ein Gefühl von Gemeinschaft, das für das Individuum ebenso wichtig ist. Somit besteht kein Zweifel mehr an der wechselseitigen Abhängigkeit zwischen dem Einzelnen und den Vielen. Diese neue gesellschaftliche Ordnung zeichnet sich in den Augen Taylors über ein besonderes Ziel aus: die Sicherstellung von Freiheit und Wohlstand, die ihren Ausdruck in der Festlegung von Rechten und Pflichten für alle findet. Dieser Aspekt wird letztlich durch ein drittes Kriterium, das Prinzip der Gleichheit aller Menschen, erst wirksam und bedeutungsvoll für unsere heutige Interpretation von Gesellschaft: *„These rights, this freedom, this mutual benefit is to be secured to all participants equally."* (Taylor, 2004, S. 22)

Diese neuen Moralvorstellungen sind bei Taylor allerdings nur Grundlage für das heutige Selbstverständnis einer modernen Gesellschaft. Einen weiteren Meilenstein auf diesem Weg stellt die Veränderung der sozialen Einbettung des Individuums in die Gemeinschaft dar – mehr noch, das sich weitgehend durchsetzende Bewusstsein des Individuums, seiner Identität und seiner gedanklichen und Handlungsfreiheit. Denn, so der Autor, in der Vormoderne war es Menschen ausschließlich möglich innerhalb eines scheinbar transzendenten Rahmens zu handeln, der unabhängig ihres Tuns existierte und durch den Einzelnen auch nicht zu verändern war: *„People act within a framework that exists prior to and independent of their action."* (Taylor, 2004, S. 93) Als Auslöser für eine Abkehr von dieser Starre erachtet Taylor insbesondere den Bedeutungsverlust des Spirituellen sowie eine Hinwendung zum Faktischen. Entscheidenden Einfluss haben dabei seines Erachtens zwei historische Prozesse: Einerseits ist dies die Reformationsbewegung und ihr Versuch, den Entwurf einer friedlichen, geordneten und arbeitsamen Gesellschaft zu verwirklichen. Ebenso bedeutsam ist der zur selben Zeit wachsende Einfluss der Naturwissenschaften und ihrer Errungenschaften. Beide erlauben plötzlich Neuinterpretationen oder gar Infragestellungen der bis dato unantastbaren Spannungsfelder Mensch/Natur, Mensch/Gott, Wissenschaft/Gesellschaft und Gemeinschaft/Individuum. Gerade Letzteres ist wichtig für die Durchsetzung einer neuen Gesellschaftsordnung: *„[W]hat I propose here is the idea that our first self-understanding was deeply embedded in society. [...] Only later did we come to conceive of ourselves as free individuals first. This was not just a revolution in our neutral view of ourselves, but involved a profound change in our moral world"* (Taylor, 2004, S. 64f.). Dass also jede/r Einzelne nicht nur Teil der Gemeinschaft und ihrer Moralvorstellungen sein muss, sondern zugleich die Freiheit besitzt einen eigenen Blick auf die Dinge, eine eigene, freie Meinung und damit eine individuelle Identität und Werthaltung zu entwickeln, ist bezeichnend für moderne Gesellschaften, wie wir sie heute kennen.

Aufbauend auf den neuen Moralvorstellungen und Prinzipien gesellschaftlicher Ordnung entsteht nun eine der wesentlichen Imaginierungen der westlichen Moderne: *die Ökonomie als objektive Realität*. Wie Taylor veranschaulicht, fußt die moderne Gesellschaftsordnung auf der Idee einer *Commercial Society*: *„[H]umans are engaged in an exchange of services. The fundamental model seems to be what we have come to call an economy."* (Taylor, 2004, S. 71) Das Verständnis des Austauschs von (Dienst-) Leistungen zwischen Individuen einer Gesellschaft stellt also die Grundlage für das Entstehen eines Selbstverständnisses von modernen Gesellschaften als Ökonomien dar. In ihrer Entstehungsgeschichte wird die Idee einer umfassenden Ökonomisierung der Gesellschaft gepriesen als friedliche Passion, die als Ersatz für die überbordende Zahl unfriedlicher Auseinandersetzungen sinnvoll erscheint. Wichtig ist in diesem Zusammenhang die sich durchsetzende Vorstellung, die etwa auch Adam Smith vertrat, die Marktwirtschaft sei ein in sich geschlossenes System, das unabhängig vom politischen System existieren und deshalb ein Gegengewicht zu diesem darstellen könne: *„[T]he first big shift [...] consists in our coming to see of society as an economy, an interlocking set of activities of production, exchange, and consumption, which form a system with its own laws and its own dynamics."* (Taylor, 2004, S. 76) Wie Taylor erläutert, sei beispielsweise auch Kant überzeugt gewesen, dass die Ökonomisierung der Gesellschaft diese langfristig von Gewalt und Kriegen erlösen würde (Taylor, 2004, S. 75). Dass dem nicht so ist, weil das ökonomische genau wie das politische System von Interessen durchsetzt ist, steht für Taylor aber außer Frage (Taylor, 2004, S. 71). Trotzdem, das sei angemerkt, ist auch heute der Mainstream überzeugt von der Ideologiefreiheit wirtschaftlicher Systeme ökonomischer Prozesse, wenngleich eine Reihe kritischer Analysen auf das Gegenteil verweist (vgl. etwa Jessop & Oosterlynck, 2008; Best & Paterson, 2010; Jessop, 2013). Worauf Taylor also hinaus will, ist, dass die Vorstellung, jede/r Einzelne sei Teil eines ökonomischen Systems, kein gottgegebener Umstand ist, sondern ein wesentliches Kriterium der westlichen Moderne, das sich in dieser Form erst in den letzten 300 Jahren entwickelt und verfestigt hat.

Eine zweite Imaginierung, der nicht minder viel Bedeutung beizumessen ist, ist jene einer allgemeinen Öffentlichkeit: *„The economic was perhaps the first dimension of civil society to achieve an identity independent from the polity. But it was followed shortly afterwards by the public sphere."* (Taylor, 2004, S. 83) Diese öffentliche Sphäre erweist sich als wichtig, weil sie einer Zivilgesellschaft erstmals den Raum zur Verhandlung gesellschaftlicher Normen, Werte und Ziele bietet, und das außerhalb einer institutionalisierten Politik. *„The public sphere is a common space in which the members of society are deemed to meet through a variety of media: print, electronic, and also face-to-face encounters; to discuss matters of common interest; and thus to be able to form a common mind about these."* (ebd.) Für „die breite Masse" ist dieser Umstand von immenser Bedeutung, weil sich die Agenden und Entscheidungen der politischen Sphäre erstmals an den öffentlichen Diskursen und Wertegefügen messen lassen müssen. Somit erhält Zivilgesellschaft ernsthaften politischen Einfluss, weil die politische Sphäre nun vermehrt von der Legitimation in der allgemeinen Öffentlichkeit abhängt. Dabei bezieht sich Taylor auf die Habermas'sche Theoretisierung einer Öffentlichkeit, die idealtypisch ebenso wie die Ökonomie unabhängig von der politischen Sphäre existiert (Taylor, 2004, S. 84ff.). Dem müssen jene Theorien entgegengesetzt werden, die konträrer Meinung sind und speziell im Kontext des Urbanen Öffentlichkeit als einen zutiefst politisch determinierten Bereich erachten, der von Macht und Ideologie durchsetzt ist (vgl. etwa Forester, 1982; Madanipour, 2003; Flyvbjerg, 1998; 2002). Trotzdem erweisen sich die Etablierung einer solchen Öffentlichkeit, ihre Bedeutung für Identität, Diskurs und Entwicklung einer Gesellschaft und die Selbstverständlichkeit ihrer Existenz als ein weiteres Wesensmerkmal der Moderne.

Es ist nur naheliegend, dass Taylor in diesem Zusammenhang auch das *Spannungsfeld zwischen privat und öffentlich* thematisiert. Mit der öffentlichen Sphäre entwickelt sich ein Gegengewicht zu jener des privaten Eigentums und Besitzes, das aus der Ökonomisierung der Gesellschaft herrührt, und den intimen Bereichen Heim und Familie (Taylor, 2004, S. 101). Wie zuvor beschrieben, entsteht mit der Idee einer allgemeinen Öffentlichkeit eine Plattform gemeinschaftlicher Meinungs- und Identitätsbildung. Gleichzeitig bewirkt die sich durchsetzende Vorstellungswelt einer Gesellschaft als ökonomisches System eine noch nie dagewesene Individualisierung, die in der Rolle des privaten ökonomischen Akteurs Ausdruck findet. Mit besonderer Deutlichkeit wird also sichtbar, dass sich in der modernen Gesellschaft Vorstellungen von Privatheit und Öffentlichkeit herausbilden, die es in dieser Form zuvor nicht gegeben hatte. Und obwohl sie aus dem Bedürfnis der strikten Trennung von politischem, familiärem und ökonomischem Leben resultieren, laufen sie aufgrund der Rollenvielfalt erst recht in den individuellen Lebenswelten wieder zusammen (ebd.).

Aus dem *Imaginary* einer kollektiven Öffentlichkeit erklärt sich nun für Taylor auch die Etablierung des heutigen Selbstverständnisses eines *souveränen Volks*. Lokales kollektives Handeln, so der Autor, erwächst aus der öffentlichen Sphäre und stattet eine zivile Gesellschaft erstmals mit großer Macht gegenüber der politischen Sphäre aus (Taylor, 2004, S. 83, 116). Diese frühmodernen Entwicklungen sind deshalb wichtig, weil sie die Grundlage für die großen bürgerlichen Revolutionen bilden, die letztlich Volkssouveränität einforderten. Allerdings, das zeigt die Geschichte, war auch danach die Frage nach der bestmöglichen Form der Institutionalisierung dieser Idee noch lange umkämpft. In den Augen des Philosophen Taylor stellt das Ergebnis den letzten großen Baustein im Selbstverständnis unserer modernen westlichen Gesellschaft dar: das Ideal einer *egalitären, demokratischen Gesellschaft*. Damit kommt er auf die Gesellschaftsordnung zurück, die er zur Grundlage seiner Ausführungen über die westliche Moderne macht. Die prämoderne Ära war geprägt durch eine unveränderbare hierarchische Ordnung voller individueller Abhängigkeitsketten von den jeweils übergeordneten Individuen – Vasallentum, Patronage oder das Patriarchat der Familie (Taylor, 2004, S. 144). Aufgrund der zuvor beschriebenen historischen Ereignisse erscheint diese Ordnung aber mehr und mehr als überkommen. Das neue Ideal gesellschaftlicher Organisation ist das einer *Direct Access Society* – einer horizontalen Gesellschaftsordnung, in der jede/r Bürger/in in gleicher Entfernung zum Zentrum steht (Taylor, 2004, S. 155ff.). Diese neue Ordnung erwächst auch aus der mühsamen Emanzipation einer Zivilgesellschaft von den Normen und Diskursen einer kleinen Elite. Maßgeblich dafür sind die Imaginierungen einer öffentlichen Sphäre, in der alle gleichberechtigt zu Diskursen beitragen können, einer Marktwirtschaft, in der sich Marktakteure auf gleicher Augenhöhe gegenübertreten, und ein moderner Staat, der durch eine zivile Gesellschaft legitimiert ist und das Grundprinzip der Gleichheit aller Bürger/innen hochhält (Taylor, 2004, S. 159f.).

Damit komplettiert sich für Taylor das Gesamtbild der Imaginierungen moderner westlicher Gesellschaften: eine hierarchiefreie Ordnung, die auf dem Prinzip der Gleichheit beruht, wo Individualismus und Gemeinschaft keinen Widerspruch mehr darstellen und die politische, ökonomische und öffentliche Sphäre die unumstößlichen Säulen dieses Selbstverständnisses darstellen. Diese Vorstellungswelten wollen wir nun auf den urbanen Raum zu übertragen versuchen.

4. Urban Imaginaries als Vorstellungswelten moderner Städte

„Cities are civilization." – Stadt ist Ausdruck von Gesellschaft, bekräftigen die Stadtforscher LeGates & Stout (2007, S. 13). Legen wir der Stadtforschung und -planung dieses Verständnis zugrunde, ist es kein weiter Schritt von den Imaginierungen moderner Gesellschaften zu den Imaginierungen moderner Städte. Denken wir noch einmal zurück an das eingangs gemachte Experiment. Wenn wir die Eindrücke sammeln, die bei den Stadtspaziergängen im Kopf übrig bleiben, weil wir sie als echt, typisch oder bezeichnend erachten, wird deutlich, dass wir alle ähnliche Dinge für bedeutsam halten und ähnliche Assoziationen zu „Stadt" haben. Wir können also er-

kennen, welche Charakteristika für uns die Prägungen moderner Städte ausmachen. An diesem Punkt kommen Taylors Ausführungen ins Spiel. Denn die *Modern Social Imaginaries* beschreiben in einer besonderen Klarheit auch den Wesenskern moderner westlicher Städte.

Beginnen wir, wie Taylor, mit den neuen Moralvorstellungen, die unserer gesellschaftlichen Ordnung zugrunde liegen. Hier fällt die Übersetzung auf Städte leicht. Die Sicherung von Freiheit und Wohlstand ist nämlich nicht nur gesellschaftliches Ziel, sondern findet explizit Ausdruck in der Organisation dieser Gesellschaft in Städten. Schon früh in der Geschichte fungiert Stadt als Gegenentwurf zu Natur und ihren Zwängen (Eckardt & Nyström, 2009). Städte haben einen Ruf als sichere Orte. Zudem sind Stadtbürger/innen mit besonderen Rechten ausgestattet, woher auch der Ausspruch „Stadtluft macht frei" rührt. Diese historisch im Mittelalter anzusiedelnden Entwicklungen haben noch bis heute Einfluss auf unser Selbstverständnis von Stadt, sind aber noch kein Produkt der Moderne. Was allerdings mit der Moderne in Städten Einzug hält und diese maßgeblich beeinflusst, ist das Prinzip der Gleichheit, das bei Taylor in der Vorstellung einer horizontalen Gesellschaft Ausdruck findet. Die *Direct Access Society*, in der jede/r in gleicher Entfernung zu Staat, Macht und Herrschaft steht, ermöglicht es jedem von uns in gleicher Form Einfluss auf Entscheidungsprozesse zu nehmen. Dieses Ideal drückt sich ganz deutlich im heutigen Paradigma einer kommunikativen und partizipativen Politik aus, in der die Beteiligung einer lokalen Bevölkerung an der politischen Entscheidungsfindung eine Handlungsmaxime ist (Schneider, 1997). Die wahrscheinlich deutlichste Materialisierung dieser Vorstellung von Gleichheit ist jedoch die Morphologie, also die räumliche Struktur unserer Städte. Diese liegt zwar gerade in europäischen Städten oft weit in der vormodernen Ära begründet. Der Umgang der Stadtplanung mit den jüngeren Wachstums- und Transformationsprozessen des urbanen Raums hat aber die typischerweise monozentrisch organisierte europäische Stadt weiter verfestigt. Denn das im stadtplanerischen Selbstverständnis verankerte Modell konzentrisch um eine Altstadt angeordneter Ringe mit nach außen hin abnehmender Dichte und Bedeutung entspricht ebendieser Imaginierung einer horizontalen Gesellschaft (Hall, 1998). Hier ist nicht nur die Entfernung vom Zentrum der Gesellschaft im übertragenen Sinn, sondern auch jene vom Stadtzentrum als wichtigstem Repräsentationsraum dieser Gesellschaft im räumlichen Sinn gleich.

Aber das Prinzip der Gleichheit manifestiert sich in der modernen Stadt auch noch an anderer Stelle, wie Hall (ebd.) beschreibt. In seinen Augen ist es insbesondere die funktionale Architektur eines modernen Städtebaus, der das Prinzip der Gleichheit in seine Arbeit aufgenommen hat, ebenso wie die fordistische Ökonomie, die durch Massenproduktion und Massenkonsum zur gesellschaftlichen Nivellierung beiträgt. Dazu kommt eine Politik gleichmäßiger Mittelverteilung – unabhängig von räumlichen Vorzügen. Ähnliche Kriterien, die dieses Prinzip in der Stadt der Moderne sichtbar machen, formuliert auch Harvey (1990). So beschreibt er die Städte der fordistischen Moderne als ökonomisch homogen und von Wohlfahrtszielen geprägt. Er sieht die Architektur, den Städtebau und die Planung der Moderne als durchzogen von ethischen Prinzipien der gleichmäßigen Verfügbarkeit und des gleichberechtigten Zugangs zu Infrastrukturen. Erst in den letzten Dekaden zeichnet sich eine unter dem fragwürdigen Titel „Postmoderne" subsumierte Ablösung dieser Prinzipien durch ästhetische Kriterien wie Exklusivität und Image ab, die an der Moralvorstellung der Gleichheit rütteln.

Ähnlich offensichtlich lässt sich die Interpretation unserer Gesellschaft als Ökonomie auf Städte umlegen. Denn das Verständnis von Stadt als Markt und ökonomischer Prozess ist keineswegs neu. Eine Reihe an Stadtforscher/inne/n hat sich über Jahrzehnte intensiv mit jenen wirtschaftlichen Faktoren und Prozessen auseinandergesetzt, die bezeichnend für Stadt sind. *„[C]ities are primary economic organs. "*, schließt etwa die amerikanisch-kanadische Autorin Jane Jacobs (1969, S. 6) schon sehr früh. Der Wirtschaftsgeograph Ash Amin (2010) fasst das besondere Vermögen moderner Städte als Ökonomien sehr schlüssig zusammen. Die hohe Angebotsdichte an Kapital, Arbeit und Wissen verschafft ihnen einen Wettbewerbsvorteil. Städte sind Gravitationszentren des Informationszeitalters, deren Vorteil die räumliche Nähe von Akteuren in einer ansonsten entgrenzten Welt ist. Dazu kommen enge Beziehungsgeflechte unterschiedlichster Individuen, die sich auf das soziale Kapital und Prozesse sozialer und ökonomischer Innovation positiv auswirken.

In all den Auseinandersetzungen bleibt die von Taylor elaborierte Imaginierung einer Gesellschaft als Wirtschaftssystem allerdings unangefochtene Argumentationsgrundlage. Tatsächlich ist der analytische Blick auf urbane Räume zumeist geprägt von dieser Vorstellung von Gesellschaft als ökonomisches System. Dahinter verbirgt sich die Haltung, Städte seien zu allererst Ausdruck ebendieser ökonomischen Prozesse – beginnend mit dem antiken Marktplatz, der den Ort des Handels von Gütern und Dienstleistungen bildet, über die Arbeitsteilung, die in die räumliche Trennung unterschiedlicher Funktionen mündet, bis hin zu den Größenvorteilen industrieller Produktion, die sich in städtebaulicher Verdichtung und globaler Konzentration von Produktionsstandorten zeigen (vgl. Jacobs, 1969; Sennett, 2008). Nicht umsonst sind Kosten- und Zeiteffizienz in der Organisation von Städten, etwa bei der Entwicklung von Verkehrssystemen, zu entscheidenden Kriterien avanciert. Sie verdeutlichen, dass urbane Räume in hohem Maß nach ökonomischen Prinzipien gedacht und geplant werden. In all den genannten Fällen sind also Veränderungen des „Wirtschaftssystems Gesellschaft" auch Einflussfaktoren der Transformation des „Wirtschaftssystems Stadt". Besonders spannend für die Stadtforschung und -planung bei der Interpretation von Stadt als Ökonomie ist aber der Zusammenhang wirtschaftlicher *Interessen* mit urbanen Transformationsprozessen, also wie – plakativ gesprochen – die Kapitalinteressen Einzelner städtische Veränderung beeinflussen können. (vgl. hierzu etwa Logan & Molotch, 1987 oder Best & Paterson, 2010). Harvey verdeutlicht das in seinem Oeuvre mehrfach: *„Capital accumulation and the production of urbanization go hand in hand. "* (Harvey, 1989 zitiert in Allmendinger, 2002, S. 74). Plötzlich ist Stadt also nicht mehr nur Ausdruck einer Gesellschaft, die sich als Ökonomie versteht, sondern wird selbst zum Produkt. Bestes Beispiel dafür sind die seit den 1980ern allerorts entstehenden Bürogroßprojekte global agierender Konzerne, deren typischerweise ikonische Hochhausarchitektur gleichzeitig Investment und Image ist (Best & Paterson, 2010; Grubbauer, 2011). Spätestens an diesem Punkt lässt sich die ohnehin von Taylor kritisch beäugte idealtypische Trennung zwischen Ökonomie und dem Politischen nicht mehr aufrechterhalten – ein entscheidender Punkt für die Städte der Zukunft.

Die öffentliche Sphäre, dritter Aspekt der *Modern Social Imaginaries*, ist ebenso bedeutungsvoll für moderne Städte. Stadt ist zweifellos Repräsentationsraum von

Gesellschaft – ihren Identitäten, Normen und Werten, Traditionen und Kulturen. So verkörpern etwa historische Gebäude wie Kirchen und Herrschaftssitze und öffentliche Orte wie Alleen und Plätze eine bestimmte lokale Geschichte und Kultur. Sie sind Ausdruck bestimmter Wertesysteme und Repräsentationen einer prägenden, wenn auch vielleicht vergangenen Gesellschaftsordnung. Verständlicherweise ist aber nicht immer unumstritten, wessen Belange, Narrative und Idealvorstellungen dabei repräsentiert werden und ob die Entscheidungen darüber in irgendeiner Weise demokratischen Prinzipien Rechnung getragen haben (vgl. Gupta & Ferguson, 1997; Dzudzek, Reuber & Strüver, 2011). An dieser Stelle wird Taylors Argument schlagend. Mit der Abkehr vom Spirituellen, dem Bedeutungsgewinn des Individuums und seiner dadurch wachsenden Diskursfähigkeit beginnt sich jene allgemeine Öffentlichkeit zu etablieren, die eine stärkere Demokratisierung dieser Repräsentationen erstmals ermöglicht. Die von einer dominanten politischen Elite bestimmten Repräsentationen müssen sich ab nun an einem öffentlichen Interesse messen lassen. Aufgrund dieses Spannungsverhältnisses wird Stadt auch häufig als Ort der besonderen Herausforderungen, aber auch der besonderen Möglichkeiten der gesellschaftlichen Entwicklung interpretiert (vgl. Miles, 2007). Denn im Urbanen treffen diverse Konfliktlinien zwischen genau diesen unterschiedlichen Werthaltungen, Lebenswelten und Zukunftsvisionen in ausgeprägtester Form aufeinander – etwa zwischen staatlichen, ökonomischen und zivilgesellschaftlichen Anschauungen und Zielsetzungen (Schneider, 1997).

Plattform und Austragungsort dieser Konflikte um die Repräsentation der eigenen Identität und Kultur ist zumeist der öffentliche Raum der Stadt. Konsequenterweise muss an dieser Stelle also eine Auseinandersetzung mit Stadt als Treffpunkt von privat und öffentlich folgen, wie sie auch Taylor thematisiert. Nirgendwo sonst offenbart sich dieses Spannungsfeld so deutlich, ist sein Einfluss auf die Entwicklung so wichtig wie in unseren modernen Städten. Stadt ist gleichsam Ausdruck von privatem Eigentum und der allgemeinen Öffentlichkeit einer Gesellschaft (Madanipour, 2003). Politik und Planung machen es sich daher in der aktiven Entwicklung von Stadt seit jeher zur Aufgabe, zwischen dem Grundrecht auf Eigentum und übergeordneten öffentlichen Interessen zu vermitteln und abzuwägen (Albers, 2008; Schneider, 1997). Dass darin eine der großen Herausforderungen moderner Städte liegt, ist unumstritten. Allerdings ist es auch genau an derartigen Schnittstellen gesellschaftlicher Interaktion und planerisch-politischer Aushandlungsprozesse, wo ökonomische und soziale Innovation zuerst entstehen. Das zeigt sich am deutlichsten an der zunehmenden Amalgamierung von privat und öffentlich im urbanen Raum – etwa in der vermehrten Entstehung halböffentlicher Räume oder dem Aufkommen von *Sharing*-Konzepten und einem neuen Fokus auf urbane Allgemeingüter, die sogenannten *Urban Commons*.

Stadt ist aber nicht nur Repräsentationsraum von Kultur und Geschichte, politischer und ökonomischer Macht, oder sozialen Normen und Praktiken, sondern in gleicher Weise Ort des Ausdrucks einer Zivilgesellschaft und ihrer stetigen Emanzipation von den etablierten Wertvorstellungen der Eliten (Mouffe, 2007; Swyngedouw, 2011). Darin verkörpert Stadt also auch die abschließende Imaginierung – jene eines souveränen Volks. Dieses Ideal schlägt sich nicht nur in den Verfassungen nieder, die Volkssouveränität zum unumstößlichen Prinzip erklären. Es zeigt sich insbesondere in Städten, wenn sich zivilgesellschaftlicher Protest etwa gegenüber politischen Entscheidungen, elitären Diskursen oder etablierten ökonomischen Prozessen formiert (ebd.). In diesem Moment vereint Stadt in sich alle der bei Taylor beschriebenen *Imaginaries*. Sie ist Ausdruck einer politischen Sphäre, die Staat und Macht repräsentiert, einer öffentlichen Sphäre des Diskurses und der Kritik sowie eines Selbstverständnisses als zusammenhängendes ökonomisches System, in dem das Handeln der einen die anderen beeinflusst. Die Auseinandersetzung resultiert aus unterschiedlichen Interpretationen der modernen Moralvorstellungen und wie diese etwa politische Entscheidungen beeinflussen sollten. Dass der Konflikt nun in dieser Form – etwa durch Streik oder Demonstration – zum Ausdruck kommen kann, liegt im Selbstverständnis der modernen Gesellschaftsordnung begründet. Die für derlei Protest notwendige Formierung ziviler *Gemeinschaft* fußt nämlich auf dem *Modern Social Imaginary*, das uns vermittelt, die Einzelnen seien jederzeit auch Teil eines souveränen Volks – eben einer Gemeinschaft (Taylor, 2004). Ziviles Engagement, welcher Form auch immer, erwächst also genau aus dieser modernen Imaginierung der Individuen, die zwar selbstbestimmt sind und einen eigenen Willen haben, sich aber gleichzeitig als Teil einer Gemeinschaft verstehen, durch deren Zusammenschluss Größeres möglich wird. Nun, da also deutlich geworden ist, in welcher Weise sich Taylors *Imaginaries* auf moderne Städte umlegen lassen, bleibt die Frage, was wir aus dieser Analogie für Stadtpolitik, -forschung und -planung mitnehmen können.

5. Urban Imaginaries und die Zukunft der Stadt?

Warum ist es für Stadtpolitik, -forschung und -planung nun wichtig, das Konzept der *Imaginaries* in die eigene Arbeit aufzunehmen? Ebenso könnten wir die Abhandlungen zu den Imaginierungen der westlichen Moderne einfach als Teil unserer Geschichte und Kultur zur Kenntnis nehmen und wieder zum *business as usual* übergehen. Doch aus einer Reihe an Gründen sind die *Urban Imaginaries* für diese Disziplinen unverzichtbar. Zum Ersten ist das Konzept der Vorstellungswelten auch weiterhin eine sinnvolle Abstrahierung, um die Grundpfeiler unseres weithin gültigen Verständnisses von Stadt zu explizieren und einer breiten Öffentlichkeit zu vermitteln. Zum Zweiten ist es eine hilfreiche „Brille", um im Kontext von Stadt bestimmte Entwicklungen nachvollziehen zu können und weiters um möglichen Pfadabhängigkeiten, Machtinteressen und Ungerechtigkeiten der Entwicklung auf den Grund zu gehen. Und zum Dritten können wir aus dem heute gültigen Selbstverständnis von Stadt jene Handlungsfelder ableiten, an denen sich die Zukunft unserer Städte vermutlich entscheidet. Während ich Ersteres in den vorangegangenen Kapiteln aufzuzeigen versucht habe, möchte ich den zweiten Aspekt an dieser Stelle andiskutieren.

Bei Taylor ist das *Imaginary* sowohl eine analytische Größe als auch eine normative Vorstellung. Die Imaginierungen unserer modernen westlichen Gesellschaft, die der Autor beschreibt, sind einerseits ein idealisiertes Konzept, das es uns ermöglicht, das Selbstverständnis unserer Gesellschaft offenzulegen, zu hinterfragen und weiterzuentwickeln. Gleichzeitig macht Taylor deutlich, dass diese Imaginierungen auf einer langen Geschichte beruhen, die politisch und kulturell geprägt ist und damit die Form eines Wertegerüsts angenommen hat, an dem rational nicht zu rütteln ist. Es hat unhinterfragte Geltung für unser alltägliches Handeln, ist also zutiefst normativ und politisch. Gerade dieser Aspekt ist entscheidend. Denn wir können in der Praxis vermehrt beobachten, dass solche unhinterfragten, simplifizierten Imaginierungen auch zur Durchsetzung kurzfristiger Macht- und Profitinteressen Einzelner genutzt oder gar erst konstruiert werden: *„[W]hat we imagine can be something new, constructive, opening new possibilities, or it can be purely fictitious, perhaps dangerously false."* (Taylor, 2004, S. 183)

In diesem Zusammenhang ist es wichtig zu verstehen, dass Taylor in seinen Ausführungen die drei Sphären der modernen Gesellschaft – Politik, Ökonomie und Öffentlichkeit – als idealtypisch voneinander unabhängige Säulen unserer modernen Gesellschaftsordnung interpretiert. Nun mag diese Vorstellung aus der historischen Analyse als Erklärung für die Etablierung dieser drei Gesellschaftsbereiche dienen, lässt sich aber bei einer konkreten Auseinandersetzung mit unseren modernen Städten nicht aufrechterhalten. Die politische Ökonomie etwa interpretiert Stadt und Raum als umkämpfte Größen, die in Abhängigkeit von Deutungs- und Entscheidungsmacht von bestimmten Akteuren und Akteursgruppen determiniert werden. Sie geht davon aus, dass bei diesen „Kämpfen" um Stadt und Raum die Sphären Öffentlichkeit und Ökonomie alles andere als unabhängig vom Politischen sind (vgl. etwa Logan & Molotch, 1987; Mouffe, 2007; Best & Paterson, 2010). Tatsächlich sind es gerade diese beiden Bereiche, die überaus deutlich zum Vorschein bringen, wie das Politische die Konstitution und Entwicklung von Stadt und Raum beeinflusst. Die Etablierung bestimmter simplifizierter Vorstellungswelten spielt dabei eine wichtige Rolle zur Durchsetzung von Einzelinteressen, wie vielfache Beispiele der letzten Zeit zeigen. Jessop (2004) etwa beschreibt, wie und zu wessen Gunsten der Begriff der wissensbasierten Ökonomie zum *Imaginary*, zum unhinterfragten Dogma regionaler Wirtschaftsstrategien avancieren konnte. Grubbauer (2001) verdeutlicht, wie Bürohochhausarchitektur in Wien die Imaginierung eines globalen Wirtschaftsstandorts unterstützt. Best und Paterson (2010) decken das ungleiche Verhältnis der zwei Londoner *Imaginaries* – multikulturelle Gesellschaft und globale Finanzdienstleistungen – anhand des Branding eines globalen Konzerns auf. Und Suitner (2015) beschreibt, wie ein verkürztes Kulturverständnis das *Imaginary* der „Kulturstadt Wien" prägt und damit elitäre Planungsinteressen unterstützt.

Hier zeigt sich eindeutig, dass *Imaginaries* nicht nur idealisierte, gemeinschaftliche Werthaltungen unserer Gesellschaft, sondern auch Instrumente zur Durchsetzung individueller Interessen sein können. Gleichsam brauchen wir aber derartige Imaginierungen, weil sie fruchtbarer Boden für Identität und Gemeinschaft sein können. Letztlich sind sie unverzichtbar, weil sie es uns erlauben, so komplexe Dinge wie Wirtschaft, Wissenschaft, Innovation, Kultur oder eben Stadt überhaupt verbal diskutieren zu können. Nur durch die gezielte Reduktion werden diese komplexen Gebilde für uns überhaupt vorstell- und gestaltbar. Genau das birgt für Stadtpolitik, -forschung und -planung aber die große Herausforderung, die in den reduktionistischen Imaginierungen ausgeblendeten Aspekte nicht auch in der realen Stadtentwicklung zu ignorieren, sondern diese zu erforschen, explizit hervorzuheben und damit eine Stadt der Zukunft zu ermöglichen, die sich auch weiterhin der Vorstellung gleichberechtigter Bürger/innen und einer horizontalen Gesellschaft verpflichtet fühlt.

Unsere kollektiven Vorstellungswelten des Städtischen sind aber zugleich auch Indikatoren für eine Reihe an Handlungsfeldern, in denen die großen Herausforderungen, aber auch Entwicklungschancen einer Stadt der Zukunft verborgen liegen, etwa im Kontext der Moralvorstellungen und des modernen Grundprinzips der Gleichheit. Gleichheit heißt in der Entwicklung von Städten nicht nur im juristischen Sinn alle mit gleichen Rechten und Pflichten auszustatten, wenn es um individuelle Handlungsmöglichkeiten oder gemeinschaftliche Verhaltensregeln im urbanen Raum geht. Gleichheit bedeutet auch die gleichberechtigte Teilhabe an räumlichen Entwicklungsprozessen – etwa bei der Entstehung eines neuen Stadtentwicklungsgebiets. Der Grundsatz impliziert aber auch Teilhabe am Entscheidungsprozess selbst. Und dazu ist es notwendig, die Diskursfähigkeit Einzelner und ihre individuellen Möglichkeiten zur Artikulation von Interessen, Bedürfnissen und Wünschen mit zu bedenken. Vereinfacht gesagt, Bürger/innen müssen an unterschiedlichen Punkten abgeholt werden. Erst dadurch werden gleiche Grundlagen für die gleichberechtigte Teilhabe am städtischen Leben geschaffen. Daher wird es künftig wichtig sein, das Prinzip der Partizipation, wie es sich momentan in Politik und Planung gestaltet, weiterzudenken und weiterzuentwickeln. Das bedeutet allerdings auch, dass die Emanzipation von Einzelnen oder ganzen Gruppen von den normativen planerischen Zielsetzungen einer Stadt möglich sein muss, sodass diese Akteure nicht mehr marginalisiert werden.

Gleichsam gilt es, Städte in neuer Weise als Ökonomien zu interpretieren. In einer Zeit, in der das Urbane zum Ausdruck einer entgrenzten Welt und gesellschaftlicher Differenz geworden ist, wird es zunehmend schwieriger, abgegrenzte Territorien über ökonomisches Kapital zu definieren und damit als in sich geschlossene Systeme zu interpretieren. Daher spielen – das ist sicher keine neue Erkenntnis – soziales und kulturelles Kapital vermehrt eine wichtige Rolle für die Weiterentwicklung urbaner Ökonomien (vgl. etwa Bourdieu, 1986; Miles, 2007). In diesem Sinn sollten wir nach Wegen suchen, die die Möglichkeiten vielfältiger Gesellschaften zur Produktion von Wohlstand nutzen. Um das zu ermöglichen, muss die Teilhabe am ökonomischen Prozess „Stadt" aber künftig auch über andere Formen – eben diese soziale und kulturelle Produktion – hergestellt und gesichert werden. Die Produktion von Identität und Gemeinschaft oder die Repräsentation kultureller Differenz im öffentlichen Raum sind genauso wertvolle Aspekte lebenswerter städtischer Räume wie die klassische Güter- und Dienstleistungsproduktion im engeren Sinn.

Eine große Frage der modernen Stadt der Zukunft ist sicherlich auch, wie sich eine allgemeine Öffentlichkeit verändern wird. Sie findet ja explizit Ausdruck im öffentlichen Raum der Stadt – seien es die physischen Straßen und Plätze, eine virtuelle, digitale Öffentlichkeit oder das imaginierte Kollektiv, die Gemeinschaft. Sie alle werden in Hinkunft noch umkämpfter sein als bisher. Diese öffentlichen Räume können aber auch zum Symbol einer Weiterentwicklung der Moderne werden – nämlich dann, wenn wir die angesprochene Emanzipation von geltenden Normen auch als eine der besonderen Fähigkeiten der Stadt der Moderne begreifen. Damit rückt die politische Komponente von Stadt und Raum in den Vordergrund. Und so stellt sich die Frage, welche Rolle dem Politischen in den Städten der Zukunft noch zugebilligt wird. Diese Kritik schwingt in aktuellen stadttheoretischen Diskursen mit, die eingehend die Dichotomie zwischen Demokratie und Technokratie thematisieren – etwa im Kontext allgegenwärtiger *Smart-City*-Strategien (vgl. etwa Greenfield, 2013).

Ohne Frage ist die Ablösung des Politischen durch eine post-politische Ära, in der Elitennetzwerke nur mehr technische Lösungen für politische Fragen anbieten, demokratiepolitisch fragwürdig und damit auch für moderne Städte als Ausdruck demokratischer Prinzipien problematisch. Wenn etwa Crouch (2004) von einer postpolitischen Gesellschaft spricht, ist das eine äußerst ernstzunehmende Kritik an der Verfassung der modernen Gesellschaft. Die Kritik lautet, dass die öffentliche Sphäre unterwandert wird, weil die von ihr „überwachte" politische Sphäre und ihre Entscheidungsmacht zunehmend von der ökonomischen abgelöst wird. Welche Möglichkeiten einer zivilen Gesellschaft nun zur „Überwachung" der ökonomischen Sphäre zur Verfügung stehen, das ist eine Frage, deren Antwort sich gerade erst in unseren Städten zu entwickeln beginnt. Sicher ist jedoch, dass in diesem Spannungsfeld eine der großen Herausforderungen gesellschaftlicher (und gleichermaßen urbaner) Entwicklung der Zukunft liegt. Wie kann eine an sich mit großer Macht ausgestattete, aber fragmentierte Zivilgesellschaft den wachsenden Einfluss der ökonomischen Sphäre auf die politische mitgestalten bzw. zum eigenen Vorteil nutzen? Und wie können sich derart ausdifferenzierte urbane Gesellschaften noch als Gemeinschaft mit kollektiven Interessen imaginieren?

All diesen Fragen in den grundlegenden Handlungsfeldern moderner Städte ist aber gemein, dass sie aus den Imaginierungen einer *westlichen* Moderne resultieren. Zum Ende macht Taylor aber noch auf einen Aspekt aufmerksam, den ich auch nicht unerwähnt lassen möchte: dass die westliche Moderne nur eines von mehreren möglichen Modellen der Organisation von Gesellschaft ist (Taylor, 2004). Das verdeutlichen auch die vielversprechenden Ansätze der postkolonialen Theorie, die „die Moderne" und ihre Art der Definition und Trennung etwa von Gesellschaft, Wirtschaft und Wissenschaft als geografisch, historisch und kulturell sehr spezifisch erachten (vgl. Nayak & Jeffrey, 2011, S. 258f.). Daher wäre es mehr als vermessen, das Modell einer westlichen Moderne und, analog dazu, westlicher moderner Städte als paradigmatisch anzusehen und gegenüber jedem Einfluss von außen zu verteidigen oder gar anderen aufzuzwingen. Das entspräche ebenso wenig dem Ideal einer aufgeschlossenen Gesellschaft, die nach dem Prinzip der Gleichheit aufgebaut ist, wie dem Anspruch, sich als Gesellschaft konsequent weiterentwickeln zu wollen. Stattdessen sollten wir andere Gesellschaftsentwürfe mit ihren Moralvorstellungen, Imaginierungen und Idealen der stadträumlichen Organisation als Denkanstoß ernst nehmen, um von ihnen für unsere Entwicklung der Stadt der Zukunft zu lernen.

Literatur

Albers, G. (2008). *Stadtplanung, Eine illustrierte Einführung*. Darmstadt: Primus Verlag.
Allmendinger, P. (2002). *Planning theory*. Basingstoke: Palgrave Macmillan.
Amin, A. (2010). The economic base of contemporary cities. In G. Bridge & S. Watson (Hrsg.), *The Blackwell City Reader* (S. 60–71). Malden, MA: Blackwell.
Best, J. & Paterson, M. (2010). *Cultural political economy*. Oxon/New York: Routledge.
Bridge, G. & Watson, S. (Hrsg.). (2010). *The Blackwell City Reader*. Malden, MA: Blackwell.
Bourdieu, P. (1986). The forms of capital. In J. Richardson (Hrsg.), *Handbook of theory and research for the sociology of education* (S. 46–58). New York: Greenwood.

Breckner, I. (2014). „Raum" im Spektrum der Stadt- und Regionalplanung. In J. Oßenbrügge & A. Vogelpohl (Hrsg.), *Theorien in der Raum- und Stadtforschung* (S. 68–76). Münster: Verlag Westfälisches Dampfboot.

Brenner, M. (Hrsg.). (2013). *Beyond the global economic crisis: economics, politics and settlement.* Cheltenham: Edward Elgar.

Çinar, A. & Bender, T. (Hrsg.). (2007). *Urban imaginaries: Locating the modern city.* Minneapolis/London: University of Minnesota Press.

Cresswell, T. (2004). *Place. A short introduction.* Malden: Blackwell.

Crouch, C. (2004). *Postdemokratie.* Frankfurt/M.: Suhrkamp.

Dzudzek, I., Reuber, P. & Strüver, A. (Hrsg.). (2011). *Die Politik der räumlichen Repräsentation.* Berlin: LIT Verlag.

Eckardt, F. & Nyström, L. (Hrsg.). (2009). *Culture and the city.* Berlin: BWV Berliner Wissenschaftsverlag.

Flyvbjerg, B. (1998). Habermas and Foucault: thinkers for civil society? *The British Journal of Sociology, 49*(2), 210–233.

Flyvbjerg, B. (2002). Bringing power to planning research: one researcher's praxis story. *Journal of Planning Education and Research, 21,* 353–366.

Forester, J. (1982). Planning in the face of power. *Journal of the American Planning Association., 48*(1), 67–80.

Glasze, G. & Mattissek, A. (Hrsg.). (2009). *Handbuch Diskurs und Raum. Theorien und Methoden für die Humangeographie sowie die sozial- und kulturwissenschaftliche Raumforschung.* Bielefeld: transcript.

Glasze, G. & Wullweber, J. (2014). Räume sind politisch! Die Perspektive der Diskurs- und Hegemonietheorie. In J. Oßenbrügge & A. Vogelpohl (Hrsg.), *Theorien in der Raum- und Stadtforschung* (S. 234–250). Münster: Verlag Westfälisches Dampfboot.

Goonewardena, K., Kipfer, S., Milgrom, R. & Schmid, C. (Hrsg.). (2008). *Space, difference, everyday life. Reading Henri Lefebvre.* New York/London: Routledge.

Greenfield, A. (2013). *Against the Smart City.* New York: Do Projects.

Grubbauer, M. (2011). *Die vorgestellte Stadt. Globale Büroarchitektur, Stadtmarketing und politischer Wandel in Wien.* Bielefeld: transcript.

Gupta, A. & Ferguson, J. (Hrsg.). (1997). *Culture, power, place. Explorations in critical anthropology.* Durham/London: Duke University Press.

Hall, T. (1998). *Urban geography.* London: Routledge.

Harvey, D. (1990). *The condition of postmodernity. An enquiry into the origins of cultural change.* Cambridge/Oxford: Blackwell.

Huyssen, A. (Hrsg.). (2008). *Other cities, other worlds: Urban imaginaries in a globalizing age.* Durham: Duke University Press.

Jacobs, J. (1969). *The economy of cities.* New York: Vintage Books.

Jessop, B. (2004). Critical semiotic analysis and cultural political economy. *Critical discourse studies, 1*(1), 1–16.

Jessop, B. (2013). Recovered imaginaries, imagined recoveries: a cultural political economy of crisis construals and crisis-management in the North Atlantic Financial Crisis. In M. Brenner (Hrsg.), *Beyond the global economic crisis: economics, politics and settlement* (S. 234–254). Cheltenham: Edward Elgar.

Jessop, B. & Oosterlynck, S. (2008). Cultural political economy: on making the cultural turn withoutfalling into soft economic sociology. *Geoforum, 39*(3), 1155–1169.

Latour, B. (2008). *Wir sind nie modern gewesen. Der Versuch einer symmetrischen Anthropologie.* Berlin: Suhrkamp.

LeGates, R.T. & Stout, F. (Hrsg.). (2007). *The city reader.* London/New York: Routledge.

Logan, J.R. & Molotch, H.L. (1987). *Urban fortunes. The political economy of place.* Berkeley/Los Angeles: University of California Press.

Madanipour, A. (2003). Marginale öffentliche Räume in europäischen Städten. *disP – The Planning Review, 39*(155), 4–17.

Miles, M. (2007). *Cities and cultures*. New York/London: Routledge.

Mouffe, C. (2007). *Über das Politische. Wider die kosmopolitische Illusion*. Frankfurt/M.: Suhrkamp.

Nayak, A. & Jeffrey, A. (2011). *Geographical thought. An introduction to ideas in human geography*. Harlow: Pearson Education Limited.

Oßenbrügge, J. & Vogelpohl, A. (Hrsg.). (2014). *Theorien in der Raum- und Stadtforschung*. Münster: Verlag Westfälisches Dampfboot.

Richardson, J. (Hrsg.). (1986). *Handbook of theory and research for the sociology of education*. New York: Greenwood.

Schmid, C. (2008). Henri Lefebvre's theory of the production of space. Towards a three-dimensional dialectic. In K. Goonewardena, S. Kipfer, R. Milgrom & C. Schmid (Hrsg.), *Space, difference, everyday life. Reading Henri Lefebvre* (S. 27–45). New York/London: Routledge.

Schneider, H. (1997). *Stadtentwicklung als politischer Prozess. Stadtentwicklungsstrategien in Heidelberg, Wuppertal, Dresden und Trier*. Opladen: Leske + Budrich.

Sennett, R. (2008). *Handwerk*. Berlin: Berlin Verlag.

Strauss, C. (2006). The imaginary. *Anthropological Theory, 6*(3), 322–344.

Suitner, J. (2015). *Imagineering cultural Vienna. On the semiotic regulation of Vienna's urban culture-led transformation*. Bielefeld: transcript.

Swyngedouw, E. (2011). *Designing the post-political city and the insurgent polis* (Civic City Cahier Series, Bd. 5). London: Bedford Press.

Taylor, C. (2004). *Modern social imaginaries*. Durham/London: Duke University Press.

Nachhaltige Stadt- und Raumentwicklung

Andreas Voigt

In diesem Beitrag werden zunächst planungstheoretische Grundlagen für eine nachhaltige Stadt- und Raumentwicklung dargelegt und anhand ausgewählter Erkenntnisse der Systemtheorie Leitwerte für eine nachhaltige Entwicklung zur Diskussion gestellt. Ein weiterer mit nachhaltiger Raumentwicklung vernetzter Schwerpunkt liegt in einer strategischen „Innenentwicklung" der Stadt- und Siedlungssysteme im Verbund mit einer „Energie-Raumplanung" begleitet durch raumbezogene Simulation. Bei der Gestaltung und Illustration des Beitrages wird auf praxisnahe Forschungsleistungen am Fachbereich Örtliche Raumplanung und im Stadtraumsimulationslabor (*simlab*), Department für Raumplanung der Technischen Universität Wien, zurückgegriffen.

1.   Planungstheoretische Grundlagen

> *„Alles Leben ist Problemlösen. "*
> (Popper, 1996)

Planerinnen und Planer sind stets aufs Neue mit komplexen, gesellschaftlich relevanten, raum- und zeitbezogenen Problemstellungen – zumeist im Kontext vielfältiger Interessen der Nutzerinnen und Nutzer und Akteure der Raumentwicklung – konfrontiert. Dazu zählen beispielhaft der Umgang mit dem Klimawandel und dem demografischen Wandel, die Sicherung der Energieversorgung, der Nahversorgung und Naherholung, die Gewährleistung einer raumverträglichen Mobilität. Komplexe Probleme sind schwierige, ungelöste Fragestellungen, mit anderen Worten „*komplexe Schwerpunktaufgaben*" (Scholl, 1995), die bereits anliegen oder beim Versuch, weit in die Zukunft zu blicken, in ihren Umrissen erkennbar und somit (zumindest teilweise) vermeidbar sein könnten. Die präzise und wohl begründete Formulierung der Problemstellungen muss am Beginn der Planungsprozesse stehen: Planungsentscheidungen haben weitreichende Wirkungen bezogen auf die Inanspruchnahme von Ressourcen wie Grund und Boden oder Energie. Einmal getroffene Entscheidungen wirken sich in besonderer Weise auf damit verbundene Investitionen und Folgekosten aus, beispielhaft für die Herstellung von Infrastrukturen und Siedlungen und nachfolgende Betriebskosten. Umsicht und Sorgfalt sind daher insbesondere in frühen Phasen von Planungsprozessen erforderlich, um schwerwiegende und folgenreiche Planungsfehler nach Möglichkeit zu vermeiden. Planung erfordert einen mitunter langwierigen und aufwändigen Prozess der Gewinnung von Übersicht zu allen bereits anliegenden oder möglicherweise vermeidbaren Problemstellungen. Dies ist verbunden mit der schrittweisen Überlagerung und behutsamen Integration häufig widersprüchlicher Problemsichten und Problemformulierungen und einer begründeten, raum-, zeit- und akteursbezogenen Schwerpunktsetzung: Aufgrund beschränkter und knapper Ressourcen für Planungsprozesse (Personal, Zeit, Budget) können nicht alle Probleme gleichzeitig bearbeitet werden. Besondere Umsicht in frühen Phasen der Planungsprozesse lohnt sich erfahrungsgemäß in späteren Phasen.

Bei der Bearbeitung der Probleme benutzen Planerinnen und Planer stets einen *„Planungsansatz"* – bezogen *„auf die Art und Weise, wie wir Dinge der uns umgebenden Alltagswelt betrachten, gedanklich bearbeiten und dieses Arbeitsergebnis via Planung umsetzen"* (Schönwandt & Voigt, 2005, S. 772). Die sorgfältige Wahl eines geeigneten Planungsansatzes – verbunden mit dem bewussten Wechsel zu einem möglicherweise besser geeigneten –, die Kultivierung eines neuen Planungsansatzes, das kreative „Entwerfen" und begründete „Verwerfen" der Lösungsvorschläge sind für eine effektive und effiziente Lösung der Probleme bedeutsam. Der bewusst gestaltete erkenntnisgewinnende Dialog zwischen den Akteuren der *„Alltags-"* und der *„Planungswelt"* (vgl. Schönwandt, 1999, S. 30; Schönwandt & Jung, 2005, S. 795) kann als Schlüssel zur erfolgreichen Gestaltung problembasierter und lösungsorientierter Planungsprozesse, die als gesellschaftliche Lernprozesse verstanden werden können, begriffen werden. Raumplanung erfordert gleichermaßen Gestaltungskompetenz bezogen auf Planungsprozesse und damit verbundene raum-, zeit- und akteursbezogene Konzepte, die mittels *„Sprache"* und *„Zeichen"* (vgl. Schönwandt & Wasel, 1997, S. 1031) in der Form von „Karten" und „Plänen" Bezug zur Wirklichkeit, zu konkreten *„Gegenständen"* und *„Ereignissen"* nehmen (Schönwandt & Wasel, 1997, S. 1031). Diese Konzepte enthalten als *„Träger unseres Wissens"* (Schönwandt & Wasel, 1997, S. 1037) konkrete *„Anleitungen"* (Schönwandt, 1999, S. 31), die nach Diskussions- und Verständigungsprozessen zu konkreten *„Eingriffen"* (Schönwandt, 1999, S. 32) führen sollen, sie programmieren Handlungen, welche Probleme lösen oder vermeiden sollen. Die Konzeption der Handlungen umschließt beispielhaft auch Entscheidungen, Teilräume als strategische Raumreserven für heute noch nicht bekannte und definierte Zwecke zu bewahren, gänzlich oder weitgehend von menschlicher Nutzung freizuhalten, Teilräume in ihrem Entwicklungszustand zu bewahren oder in ihrer Entwicklungsdynamik zu beruhigen. Raumplanung ist als handlungsbezogene Disziplin *praxis*bezogen.

Komplexe Problemstellungen erfordern zumeist die Arbeit in trans- oder interdisziplinär zusammengesetzten Teams oder darüber hinaus in zeitlich parallel organisierten Teams, um in überschaubarer Zeit und zumeist in mehreren Schritten und rhythmisierten Planungsphasen passende Lösungen zu konzipieren und in einem demokratischen Prozess praktikable Lösungswege auszuwählen. Mit dem sogenannten *„Wiener Modell"* (Freisitzer & Maurer, 1985) und dem darauf aufbauenden informellen Verfahren *„Testplanung"* (Scholl, 2011) liegen dazu praxisbewährte Vorgehensweisen vor.

Die Komplexität der Fragestellungen zwingt zu vertretbarer Reduzierung ihrer Komplexität mittels Modellbildung, um ihre Bearbeitung überhaupt zu ermöglichen. Methoden der raumbezogenen Simulation sind hilfreich, um auf Basis simulationsfähiger Modelle Lösungen für konkrete Problemstellungen zu erkunden und zur Diskussion stellen zu können. Problemkern, Modell- und Simulationszweck sind dabei untrennbar verbunden. Raumbezogene Modelle und Simulationen möglicher Lösungswege und -varianten für komplexe Problemstellungen müssen in besonderer Weise anschaulich sein, um zur Bewusstseinsbildung bei allen an Planungsprozessen zu beteiligenden Akteuren der Planungs- und vor allem auch der Alltagswelt wirksam beitragen zu können. Die Kultivierung und weitere Entwicklung „bildgebender"

Verfahren stellt sich in diesem Zusammenhang als besondere Herausforderung. Diese sollen gleichermaßen Überblick und Einblick in Problemstellungen und Ausblick in mögliche „Zukünfte" der Lebens- und Siedlungsräume gewähren. Zweckmäßige Kombinationen aus teils traditionsreichen Techniken (z.B. Skizzen, Zeichnungen, Maßstabsmodelle) im Verbund mit neueren digital gestützten Techniken (z.B. 3D-stereoskopische, dynamische Computersimulationen) und deren Integration in zweckmäßige Simulationsumgebungen („Simulationslabore"), welche möglichst in Echtzeit und benutzbar durch Teams das Experimentieren mit raum- und zeitbezogenen Gedanken befördern, können als programmatischer Ansatz formuliert werden. Die bestehenden Errungenschaften der Medizinwissenschaften bei bildgebenden Verfahren können als Anregung und Ansporn für Raumplanung dienen.

Die Bearbeitung komplexer Problemstellungen erfordert gleichermaßen Raum-, Zeit- und Akteursbezug (und damit den Bezug zur Organisation der Planung). Raumplanung ist daher mit der Konzeption von Strategien, verstanden als *„Richtschnüre in die Zukunft"* (Scholl, 2005, S. 1122), unmittelbar verbunden. Der Raumbezug erfordert eine multiskalare Betrachtung der Probleme und möglichen Lösungen auf allen Maßstabsebenen, somit auf globaler, regionaler und lokaler Ebene. Der Zeitbezug zwingt zur gleichzeitigen Betrachtung der kurz-, mittel- und langfristigen Auswirkungen der zu treffenden Entscheidungen und der damit zu verbindenden Handlungen. Handlungen können ohne Zuordnung zu konkreten Akteuren nicht wirksam werden. Der Organisation der Planung (vgl. Scholl, 1995), insbesondere auch auf den Ebenen der Gebietskörperschaften (beispielhaft für Europa und Österreich: Europäische Union, Republik Österreich, österreichische Bundesländer und Gemeinden) im Verbund mit nichtstaatlichen Organisationen und privaten Akteuren der Raumentwicklung ist daher besonderes Augenmerk zuzuwenden.

Die dauerhafte Sicherung der Existenz menschlicher Lebens- und Siedlungsräume, deren nachhaltige und somit zukunftsfähige Gestaltung und die Gewährleistung einer möglichst hohen Lebensqualität können als gemeinsames und vermutlich gesamtgesellschaftlich konsensfähiges Leitbild begriffen werden.

2.   Leitbild „Nachhaltigkeit"

Die nach wie vor steigende Inanspruchnahme von Grund und Boden für räumliche Infrastrukturen und Siedlungen und der anhaltende Verbrauch nicht erneuerbarer Ressourcen hat die raumordnungs- und umweltpolitische Diskussion der letzten Jahrzehnte wesentlich beeinflusst. Ansätze für den Umgang mit dieser Problematik können unter dem Begriff einer nachhaltigen Entwicklung (*sustainable development*) zusammengefasst werden. Deren Bedeutung wurde bei der UN-Konferenz für Umwelt und Entwicklung 1992 in Rio de Janeiro bekräftigt und für die kommunale Ebene in der Charta von Aalbourg 1994 festgehalten. Das Konzept einer nachhaltigen Entwicklung und Raumnutzung soll die Verbesserung der ökonomischen und sozialen Lebensbedingungen der Menschen mit der langfristigen Sicherung der natürlichen Lebensgrundlagen in Einklang bringen. Entsprechend dem nach Gro Harlem Brundtland benannten Bericht der Vereinten Nationen des Jahres 1987 kann Nachhaltigkeit als eine Form der menschlichen Bedürfnisbefriedigung, welche die Entwicklung zukünftiger Generationen nicht beeinträchtigt, definiert werden

(*„Sustainable development seeks to meet the needs and aspirations of the present without compromising the ability to meet those of the future.*" World Commission, 1987, S. 40). Nachhaltigkeit als Leitbild setzt tiefgreifende Veränderungen im Umgang der Menschen mit der Nutzung natürlicher und menschlicher Ressourcen voraus. Dies betrifft alle Menschen, und dementsprechend groß ist die Zahl der wissenschaftlichen Disziplinen, die sich mit nachhaltiger Raumnutzung befassen. Der entscheidende Erkenntnisfortschritt, der mit dem Konzept „Nachhaltigkeit" erreicht worden ist, liegt in der Einsicht, dass ökologische, ökonomische und soziale Entwicklung – unter Berücksichtigung der jeweiligen kulturellen Bezüge – nicht voneinander abgekoppelt und gegeneinander ausgespielt werden dürfen (vgl. Voigt, 2005, S. 97).

Die Erkenntnisse der Systemtheorie ermöglichen auf Basis sogenannter „*Leitwerte*" (Bossel, 1998a; b) eine differenzierte Betrachtung des Konzeptes „Nachhaltigkeit". Diese Leitwerte gründen auf elementaren Eigenschaften der Systemumwelten:

> Ein System kann in seiner Umwelt nur existieren und gedeihen, wenn seine Struktur und seine Funktion dieser Umwelt angepasst sind. Wenn ein System in seiner Umwelt erfolgreich sein soll, müssen die besonderen Merkmale dieser Umwelt sich in seiner Struktur widerspiegeln. [...] Systemumwelten dieser Erde sind von sechs fundamentalen Umwelteigenschaften gekennzeichnet: ‚Normalzustand der Umwelt, Ressourcenknappheit, Umweltvielfalt, Umweltunsicherheit, Umweltwandel, andere Systeme'. (Bossel, 1998a, S. 107f.)

Als Antworten auf diese grundlegenden Umwelteigenschaften haben natürliche Systeme (Lebewesen) koevolutiv Eigenschaften entwickelt, an denen sich Systeme allgemein in Bezug auf nachhaltige Entwicklung orientieren müssen, um in ihren Umwelten dauerhaft bestehen zu können, und die daher als „*Leitwerte*" definiert werden können (Bossel, 1998a, S. 106ff., 114; Bossel, 1998b, S. 10f.; Rienesl & Voigt, 1998, S. 16):

Die Leitwerte „*Existenz und Versorgung, Reproduktion*" sind von besonderer Bedeutung, weil hier das unmittelbare „Überleben" eines Teilsystems oder Gesamtsystems im aktuellen Umweltzustand zu betrachten ist. Mit dem Leitwert „*Wirksamkeit*" wird vermittelt, in welcher Form ein Teilsystem mit dem Umweltzustand knappe Ressourcen umzugehen in der Lage ist und welchen Beitrag es dabei zur Überlebensfähigkeit des Gesamtsystems leistet. „*Handlungsfreiheit*" spricht vor allem jene Fähigkeiten an, sich in einer vielfältigen Umwelt zurechtzufinden, z.B. durch die Ausbildung vieler Teilsysteme. Mit „*Sicherheit*" ist die Fähigkeit gemeint, sich auf ständig schwankende und unvorhersehbare Bedingungen rasch einstellen zu können. Der Leitwert „*Wandlungsfähigkeit*" umfasst die vielfältigen Möglichkeiten der Teilsysteme oder des Gesamtsystems, gewisse Parameter oder ihre Struktur so zu verändern, dass zu neuen Anforderungen dauerhafte neue Lösungen gefunden werden können. Unter „*Koexistenz*" wird die notwendige Berücksichtigung anderer Teilsysteme verstanden, die Verhaltensänderungen bewirken können. Um der Besonderheit der Ausstattung empfindungsfähiger Wesen Rechnung tragen zu können, wird als weiterer Leitwert „*Psychische Bedürfnisse*" (vgl. Max-Neef, 1991) ergänzt. Sie sind deshalb als Leitwert zu berücksichtigen, weil bei empfindungsfähigen

Wesen das Wohlbefinden eine zentrale Rolle spielt. Hier geht es vor allem um die Güte der Beiträge einzelner Teilsysteme zum individuellen Wohlbefinden. Ein *„ethisches Leitprinzip"* berücksichtigt die Charakteristik der Systeme mit Bewusstsein (vgl. Bossel, 1998a, S. 114; Voigt, 2005, S. 99ff.).

In der Praxis sollen die kurz vorgestellten Leitwerte in erster Linie als Prüfkriterien für die Auswahl jener Indikatoren dienen, die eine nachhaltige Entwicklung signalisieren können (weiterführend: Bossel, 1998a, S. 138, 144f.). Eine Bewertung erfolgt anhand der Einschätzung der Möglichkeit zur dauerhaften Gewährleistung jener erfolgreichen Eigenschaften der Teilsysteme in ihren Umwelten. Es ist daher in der Bestimmung der Indikatoren für nachhaltige Entwicklung sowohl der Bezug zum Teilsystem als auch zum Gesamtsystem herzustellen.

Die Erkenntnisse für Systeme gelten sinngemäß für Städte, Siedlungen und Siedlungssysteme, die als Gefüge von Teilsystemen betrachtet werden können, namentlich ein *„Ressourcen- und Umweltsystem, Sozialsystem, Wirtschaftssystem, Infrastruktursystem, Organisationssystem"* und ein *„Bewusstseinssystem"* (vgl. Ricica & Voigt, 1998, Bd. 1, S. 38f. basierend auf Bossel, 1998a, S. 140f.). Eine strategische *„Innenentwicklung"* (vgl. Scholl, 2007a) unserer Lebensräume kann als wesentlicher Beitrag zur Umsetzung einer nachhaltigen Raumentwicklung betrachtet werden. Zentrale Herausforderung ist die Gestaltung der Nahtstellen und des Zusammenspiels der Teilsysteme, die Ermöglichung von Synergien und die Koevolution der Teilsysteme im Gesamtsystem „Raum". Dies ist mit einer verstärkten Integration und Koordination der Infrastruktur-, Siedlungs- und Raumentwicklung auf allen Maßstabsebenen und in allen Zeitbezügen verbunden. Ein Schlüssel zur nachhaltigen Entwicklung ist die Verstärkung der Bewusstseinsbildung bei allen am Planungsprozess Mitwirkenden und Beteiligten, bei Bedarf die Anpassung und Änderung des menschlichen Verhaltens, die präzise Bezugnahme zu Gegebenheiten (beispielhaft Klima, Topografie, Besonnung, Naturgefahren) und Entwicklungen (beispielhaft Klimawandel, demografischer Wandel) der Systemumwelt, die präzise Standortwahl für definierte Nutzungen, die zweckmäßige Differenzierung und Mischung der Raumfunktionen und Nutzungen (vgl. Mayerhofer, Voigt & Walchhofer, 2009), die Integration und Entwicklung von Techniken und Technologien und die Schaffung der organisatorischen und normativen Rahmenbedingungen.

3. Strategische Innenentwicklung der Siedlungsräume und Energie-Raumplanung

Die „Innenentwicklung" (vgl. Scholl, 2007a; Maurer, 2007; Reiss-Schmidt, 2007) der Raum- und Siedlungsstrukturen ist als radikale Abkehr von einer Entwicklung „nach außen" zu betrachten. Im Zentrum stehen die systematische Erneuerung und Transformation bestehender Stadtlandschaften. Dies ist verbunden mit einem Ringen um eine Nachverdichtung der Qualitäten auf allen Planungs- und Maßstabsebenen und einer zu verstärkenden Koordination der Entwicklung der Landschaft, der räumlichen Infrastrukturen, der öffentlichen Räume, Bebauungs- und Siedlungsstrukturen. Dies erfordert eine systematische Erkundung und Aktivierung der Potenziale der Innenentwicklung und strategische Vorgehensweisen, die räumliche, zeitliche und planungsorganisatorische Aspekte sowie den Bezug zu den Akteuren der Raumentwicklung gleichermaßen im Auge behalten. Die skizzierten *„Leitwerte"* (Bossel, 1998a; b) im Verbund mit entsprechenden Indikatoren könnten dabei Orientierung und Hilfestellung bieten. Korrespondierende Leitbilder und damit zu verbindende Strategien, wie z.B. *„Stadt der kurzen Wege"*, *„Ecocity"* (Gaffron, Huismans & Skala, 2005; 2008) oder *„Smart City"*, unterstützen die erforderlichen Denk- und Planungsprozesse. Die Rahmenstrategie „Smart City Wien" benennt beispielhaft folgende Leitziele: *„Größtmögliche Ressourcenschonung, ‚Innovation Leader' durch Spitzenforschung, starke Wirtschaft und Bildung, Lebensqualität auf höchstem Niveau sichern"* (MA 18, 2014).

Die Darlegung der Kosten für die Herstellung und den Betrieb der Siedlungsräume und erforderlichen Infrastrukturen und des jeweiligen Energiebedarfes durch möglichst klare Zahlen könnten einen weiteren Beitrag zu Bewusstseinsbildung, gesellschaftlicher Diskussion und individueller Verhaltensänderung in Richtung einer nachhaltigen Siedlungs- und Raumentwicklung leisten. Die dauerhafte Finanzierbarkeit der Siedlungssysteme und die Deckung des Energiebedarfes durch erneuerbare Energieträger auf stabilem oder reduziertem Energiebedarfsniveau können als wesentliche Zielsetzungen formuliert werden.

Die Erreichung der Zielsetzungen einer nachhaltigen Stadt- und Raumentwicklung könnte durch eine verstärkte „Energie-Raumplanung", die sich im Interesse der Planungs- und Rechtssicherheit sowohl bewährter formeller Verfahren und Instrumente der Örtlichen Raumplanung und Stadtentwicklungsplanung, der Regional- und Landesplanung bedient als auch innovativ informelle Verfahren und Instrumente entwickelt, im Verbund mit der kurz skizzierten Strategie „Innenentwicklung" ermöglicht werden.

Nachfolgend werden zur Illustration ausgewählte Beispiele für eine bildhafte Simulationsunterstützung der Innenentwicklung und Energie-Raumplanung dargestellt.

Abb. 1: TU Wien (2011–2013), Forschungsprojekt „ENUR" (*„Energie im Urbanen Raum"*), Modul „Simulation, räumliche Prozesse", Modellierung des Energiebedarfs (HWB) und Ermittlung der Schwerpunkträume für eine energetische Sanierung und Erneuerung auf Basis von Rasterzellen, Forschungslaborraum Wien/Penzing. Siehe auch http://enur.project.tuwien.ac.at/.

Abb. 2: TU Wien (2011–2013), Forschungsprojekt „ENUR" (*„Energie im Urbanen Raum"*), Modul „Simulation, räumliche Prozesse", Modellierung des Energiebedarfs (HWB) und Ermittlung der Schwerpunkträume für eine energetische Sanierung und Erneuerung auf Baublock- und Gebäudeebene, Forschungslaborraum Wien/Penzing. Siehe auch http://enur.project.tuwien.ac.at/.

Abb. 3: High Performance Computing Center Stuttgart (HLRS), TU Wien, Stadtraumsimulationslabor (*simlab*): Interaktive Simulation in Echtzeit. Siehe auch http://simlab.
tuwien.ac.at/.

Die konsequente Weiterentwicklung „bildgebender" Verfahren für eine nachhaltige Stadt- und Raumentwicklung für alle Planungsphasen – verbunden mit der
Versprachlichung der korrespondierenden raumbezogenen Analysen und Konzepte
und der Darlegung der wesentlichen Zahlen, insbesondere der Kosten und des
Energiebedarfs der Siedlungs- und Raumentwicklung – stellt sich als komplexe me-
thodische Herausforderung.

Literatur

Akademie für Raumforschung und Landesplanung (ARL) (Hrsg.). (2005). *Handwörterbuch der Raumordnung*. Hannover.

Albers, G. (2005). Stadtentwicklungsplanung. In Akademie für Raumforschung und Landesplanung (ARL) (Hrsg.), *Handwörterbuch der Raumordnung* (S. 1067–1071). Hannover.

Bossel, H. (1998a). *Globale Wende – Wege zu einem gesellschaftlichen und ökologischen
Strukturwandel*. München: Droemer.

Bossel, H. (1998b). Erkundung nachhaltiger Zukunftspfade. In MA 22 – Umweltschutz
(Hrsg.), *Wasserspuren. Nachhaltige Zukunftspfade* (S. 6–13). Wien: Magistrat der
Stadt Wien.

Freisitzer, K. & Maurer, J. (Hrsg.). (1985). *Das Wiener Modell, Erfahrungen mit innovativer Stadtplanung – Empirische Befunde aus einem Grossprojekt*. Wien: Compress-
Verlag.

Gaffron, P., Huismans, G. & Skala, F. (Hrsg.). (2005). *Ecocity, Book 1. A better place to
live*. Wien: Facultas.

Gaffron, P., Huismans, G. & Skala, F. (Hrsg.). (2008). *Ecocity, Book 2. How To Make It Happen*. Wien: Facultas.

Internationales Doktorandenkolleg Forschungslabor Raum (Hrsg.). (2012). *Forschungslabor Raum. Das Logbuch*. Berlin: Jovis Verlag.

Linzer, H., Mayerhofer, R., Voigt, A. & Walchhofer, H.P. (2013). Qualitätskriterien energieautarker Siedlungsstrukturen. In MA 18 – Stadtentwicklung und Stadtplanung (Hrsg.), *Wissensplattform Stadtentwicklung. Stadt und Hochschule im Dialog* (S. 102–103). Wien: Magistrat der Stadt Wien.

MA 18 – Stadtentwicklung und Stadtplanung (Hrsg.). (2013). *Wissensplattform Stadtentwicklung. Stadt und Hochschule im Dialog*. Wien: Magistrat der Stadt Wien.

MA 18 – Stadtentwicklung und Stadtplanung (Hrsg.). (2014). *Smart City Wien. Rahmenstrategie*. Wien: Magistrat der Stadt Wien.

MA 22 – Umweltschutzabteilung (Hrsg.). (1998). *Wasserspuren. Nachhaltige Zukunftspfade*. Wien: Magistrat der Stadt Wien.

MA 22 – Umweltschutzabteilung (Hrsg.). (2007). *Wiener Umwelt. Vision, Leitlinien, Ziele*. Wien: Magistrat der Stadt Wien.

Markelin, A. & Fahle, B. (1979). *Umweltsimulation. Sensorische Simulation im Städtebau* (Schriftenreihe 11 des Städtebaulichen Instituts der Universität Stuttgart). Stuttgart.

Maurer, J. (2005). Planerische Strategien und Taktiken. In Akademie für Raumforschung und Landesplanung (ARL) (Hrsg.), *Handwörterbuch der Raumordnung* (S. 758–764). Hannover.

Maurer, J. (2007). Innenentwicklung: Eine theoretische Annäherung. In B. Scholl (Hrsg.), *Stadtgespräche* (S. 5–11). Zürich: Institut für Raum- und Landschaftsentwicklung, ETH Zürich.

Max-Neef, M.A. (1991). *Human Scale Development*. New York/London: Apex Press.

Mayerhofer, R., Voigt, A. & Walchhofer, H.P. (2009). Perspektiven und Konzept für die Entwicklung des regionalen Siedlungsraumes. In I. Wieshofer (Hrsg.), *REGIO@ Positionen der Forschung zum regionalen Raum* (S. 60–70). Wien: Österreichischer Kunst- und Kulturverlag.

Popper, K.R. (1996). *Alles Leben ist Problemlösen: Über Erkenntnis, Geschichte und Politik*. München/Zürich: Piper.

Reiss-Schmidt, S. (2007). Wachstum nach innen. Das Beispiel München: Nachhaltige Stadtentwicklung zwischen Wandel und Identität. In B. Scholl (Hrsg.), *Stadtgespräche* (S. 45–54). Zürich: Institut für Raum- und Landschaftsentwicklung, ETH Zürich.

Ricica, K. & Voigt, A. (Hrsg.). (1998). *Raumverträglichkeit als Beitrag zur nachhaltigen Raumnutzung* (Leitfaden herausgegeben im Auftrag der MA 22 – Umweltschutz. 3 Bände). Wien: Österreichischer Kunst- und Kulturverlag.

Rienesl, J. & Voigt, A. (1998). Raumverträglichkeit als Beitrag zur nachhaltigen Raumnutzung. In MA 22 – Umweltschutz (Hrsg.), *Wasserspuren. Nachhaltige Zukunftspfade* (S. 13–17). Wien: Magistrat der Stadt Wien.

Scholl, B. (1995). *Aktionsplanung. Zur Behandlung komplexer Schwerpunktaufgaben in der Raumplanung*. Zürich: Vdf Hochschulverlag der ETH Zürich.

Scholl, B. (2005). Strategische Planung. In Akademie für Raumforschung und Landesplanung (ARL) (Hrsg.), *Handwörterbuch der Raumordnung* (S. 1122–1129). Hannover.

Scholl, B. (2007a). Innenentwicklung vor Aussenentwicklung! In B. Scholl (Hrsg.), *Stadtgespräche* (S. 3–4). Zürich: Institut für Raum- und Landschaftsentwicklung, ETH Zürich.

Scholl, B. (Hrsg.). (2007b). *Stadtgespräche*. Zürich: Institut für Raum- und Landschaftsentwicklung, ETH Zürich.

Scholl, B. (2011). Die Methode der Testplanung. Exemplarische Veranschaulichung für die Auswahl und den Einsatz von Methoden in Klärungsprozessen. In Akademie für Raumforschung und Landesplanung (ARL) (Hrsg.), *Grundriss der Raumordnung und Raumentwicklung* (S. 330–346). Hannover.

Schönwandt, W. & Wasel, P. (1997). Das semiotische Dreieck – ein gedankliches Werkzeug beim Planen. *Bauwelt, 88*(19), 1028–1042 (Teil I); *Bauwelt, 88*(20), 1118–1130 (Teil II).

Schönwandt, W. (1999). Grundriß einer Planungstheorie der ,dritten Generation'. *DISP 136/137*, 25–35.

Schönwandt, W. & Jung, W. (2005). Planungstheorie. In Akademie für Raumforschung und Landesplanung (ARL) (Hrsg.), *Handwörterbuch der Raumordnung* (S. 789–797). Hannover.

Schönwandt, W. & Voigt, A. (2005). Planungsansätze. In Akademie für Raumforschung und Landesplanung (ARL) (Hrsg.), *Handwörterbuch der Raumordnung* (S. 769–776). Hannover.

Schönwandt, W., Voermanek, K., Utz, J., Grunau, J. & Hemberger, C. (2013). *Komplexe Probleme lösen. Ein Handbuch.* Berlin: Jovis Verlag.

Signer, R. (2012). Das Bild geht der Idee voraus. Von Bildern in der Raumplanung. In Internationales Doktorandenkolleg Forschungslabor Raum (Hrsg.), *Forschungslabor Raum. Das Logbuch* (S. 51–69). Berlin: Jovis Verlag.

Voigt, A. (2005). *Raumbezogene Simulation und Örtliche Raumplanung. Wege zu einem (stadt-)raumbezogenen Qualitätsmanagement.* Wien: Österreichischer Kunst- und Kulturverlag.

Voigt, A. (2012). Planungswelt trifft Alltagswelt. In Internationales Doktorandenkolleg Forschungslabor Raum (Hrsg.), *Forschungslabor Raum. Das Logbuch* (S. 131–137). Berlin: Jovis Verlag.

Widmann, H. (Hrsg.). (2012). *Smart City. Wiener Know-How aus Wissenschaft und Forschung.* Wien: Schmid Verlag.

Wieshofer, I. (Hrsg.). (2009). *REGIO@ Positionen der Forschung zum regionalen Raum.* Wien: Österreichischer Kunst- und Kulturverlag.

World Commission on Environment and Development (Hrsg.). (1987). *Our Common Future.* Oxford/New York.

Die Urbanität außerhalb der Stadt

Christof Isopp und Roland Gruber

Sich außerhalb der Städte auf die Suche nach dem Städtischen zu machen, könnte man von vorneherein als hoffnungsloses Unterfangen abtun. Und selbst wenn man, wie wir, davon ausgeht, dass es im ländlichen Raum das Urbane gibt, warum sollte man es gerade dort suchen, wenn für viele die positivste Eigenschaft des Landes ist, eine „Nicht-Stadt" zu sein? Warum sollte also jemand auf die Idee kommen, sich mit der „Urbanität im Dorf" beschäftigen zu wollen?

Gesamtgesellschaftlich bekommt die Suche Sinn, wenn man den „ländlichen Raum" als lebendigen Kulturraum erhalten will, wenn eine Gesellschaft davon überzeugt ist, dass die Dualität Stadt-Land ein wichtiger Baustein für eine hohe Lebensqualität ihrer Menschen oder ein unverzichtbarer Teil ihrer Identität ist. Aus rein ökonomischer Sicht mag es nämlich durchaus sinnvoll sein, das eine oder andere Dorf einfach „zuzusperren".

Wenn man dem ländlichen Raum also diese Bedeutung zumisst, wird man nicht ignorieren können, dass es in Österreich in vielen Gegenden eine beträchtliche „Landflucht" gibt, dass sich also viele Menschen auf der Suche nach dem Städtischen auf den Weg in die Ballungsräume machen.

Die Anziehungskraft des Urbanen

Worin besteht es aber nun, dieses „Städtische", das so anziehend ist? Der Arbeits- oder Studienplatz, den man in der Herkunftsregion nicht gefunden hat, lassen sich als Motivationen in die Stadt zu ziehen, leicht nachvollziehen – ein vielfältiges kulturelles Angebot bei den auf diesem Gebiet Begeisterten auch.

Warum bleibt aber das Freiberufler-Pärchen in der Stadt – wo doch beide Partner Ein-Personen-Unternehmen sind, die für ihren Job nur einen Laptop und ein Telefon brauchen und die nach dem Studium und der Geburt ihrer zwei Kinder schon lange die Sehnsucht nach dem Land beschäftigt? Reicht die Abwesenheit des Cafés, in dem man einmal in der Woche mehr oder weniger zufällig die Leute trifft, die „gleich ticken", als Argument gegen die „Stadtflucht"? Für manche, ja.

Für andere mag die Frage eines solchen Treffpunkts wiederum eine völlig untergeordnete Rolle spielen. Es gibt ihn nicht, den Norm-Lebensstil oder den Norm-Bedarf, den ein Planer heranziehen könnte, um das Norm-Dorf zu entwerfen, das eine Anziehungskraft auf jeden ausübt. Der Wettbewerbsvorteil der großen Stadt ist ihr breites Angebot, das sie ganz unterschiedlichen Menschen mit den unterschiedlichsten Lebensvorstellungen unterbreiten kann. Das Angebot an großen Städten ist in unserem Kulturraum allerdings beschränkt. Die Vielfalt unterschiedlichster Dörfer wiederum ist riesig. Jedes für sich kann aufgrund seiner Größe und anderer Gegebenheiten nur ein bestimmtes Spektrum der Angebotspalette für die Bedürfnisse unserer heterogenen Gesellschaft abdecken, manche Aspekte dieser Palette aber vielleicht besonders gut. Bestimmte Dörfer werden also bestimmte Menschen besonders anziehen, während sie für andere völlig uninteressant sind.

Urbanität, wie wir sie verstehen, ist nicht notwendigerweise ein Merkmal des „Siedlungsraums Stadt". Urbanität entsteht aus unserer Sicht durch das konzentrierte Auftreten bestimmter Faktoren – das durch städtische Strukturen sicher begünstigt wird, das aber ebenso im ländlichen Raum zu finden ist. Gemeint sind Faktoren wie die räumliche Konzentration von Aktivität und Infrastruktur (Dichte) oder das Vorhandensein von „mehr als einer" Option auf so unterschiedlichen Ebenen wie Kultur, Bildung oder Arbeitsplatzangebot. Bedarfsgerechte öffentliche Verkehrsnetze gehören ebenso dazu wie eine gewisse „kritische Menge" an Talenten auf unterschiedlichen Gebieten oder ein „tolerantes Klima".

Es ist, wie gesagt, natürlich keine sinnvolle Strategie für ein Dorf, die großen Städte im Standortwettbewerb auf dem Feld der Vielfalt schlagen zu wollen. Sich auf bestimmte Aspekte von Urbanität zu konzentrieren und damit eine bestimmte Zielgruppe an potenziellen BewohnerInnen anzusprechen, ist aber durchaus erfolgsversprechend. Man wird sich „am Dorf" in jedem Fall mit der Sehnsucht nach solchen urbanen Faktoren beschäftigen müssen, denn durch sie gehen dem ländlichen Raum vor allem die weltoffenen, mobilen, gut ausgebildeten und sehr oft jungen BewohnerInnen verloren – die Menschen, die er für seine Zukunftsfähigkeit brauchen wird.

Viele von ihnen könnte man der sogenannten „kreativen Klasse" zuordnen. So gesehen, steht die Landflucht auch im Zusammenhang mit „The Rise of the Creative Class", die Richard Florida in seinem gleichnamigen Buch beschrieben hat (Florida, 2002). Mit dieser „kreativen Klasse" meint er nicht nur die in den klassischen Kreativ-Berufen tätigen – die Architekten, Werber oder Designer. Er meint alle, die geistig/schöpferisch tätig sind: den Ingenieur genauso wie die Steuerberaterin oder den Pädagogen. In seinem Buch beschreibt Florida, wie die Bedeutung dieser „Klasse" ständig zunimmt und welche Anziehungskraft die Städte auf sie ausüben.

Den meisten fallen wahrscheinlich auf Anhieb Dörfer ein, deren Erscheinungsbilder von der Landwirtschaft oder dem Tourismus geprägt sind. Es fällt wahrscheinlich auch nicht schwer, sich einige Gemeinden aus dem ländlichen Raum in Erinnerung zu rufen, die man eindeutig mit Industrie oder Gewerbe in Verbindung bringt. Die von der kreativen Klasse dominierten Dörfer kommen einem aber nicht so schnell in den Sinn (auch wenn einige vielleicht um die Ecke liegen). Wenn die Zukunft der kreativen Klasse gehört und wenn sie tatsächlich eine urbane „Klasse" ist, scheint das eine weitere Bestätigung dafür zu sein, dass die Zukunft in den Städten liegt. Vielleicht ist das aber auch nur ein Argument dafür, Dörfer in einigen Aspekten etwas urbaner zu machen.

Die Rolle der drei T

Richard Florida meint, es sind „drei Ts" – Technologie, Talente und Toleranz –, die Mitglieder der kreativen Klasse dazu motivieren, einen bestimmten Ort als Wohn- oder Arbeitsumfeld zu wählen. Für diese Zielgruppe sind diese drei Ts also Standortfaktoren, deren Vorhandensein auch eine bestimmte (ländliche) Gemeinde attraktiver machen als eine andere. Aus unserer Sicht sind die drei Ts vor allem aber auch drei wichtige Kenngrößen für den „Urbanitätsgrad" eines bestimmten Kontextes.

Das erste T steht für Technologie. Eine bestimmte technische Ausstattung ist für viele ein wichtiger Baustein zu dem Lebensstandard, den sie sich für sich wünschen – das Erreichen eines bestimmten technischen Standards ist daher eine Grundbedingung für die Wahl ihres Wohnortes. Nun ist aber schon der Anschluss an das Kanal- oder Trinkwassernetz durchaus nicht an jedem Ort des ländlichen Raums eine Selbstverständlichkeit, der gute Anschluss an ein Nah- oder Fernverkehrsnetz schon gar nicht. Das Vorhandensein eines Breitband-Netzes wäre wiederum eine der Grundvoraussetzungen, um an einem Ort bestimmte Berufe überhaupt ausüben zu können.

Das „technologische T" in ausreichendem Maße bereitzustellen, gehört zu den grundlegenden Aufgaben der Kommunen, was allerdings aufgrund der in der Regel knappen finanziellen Ressourcen nicht einfach zu bewerkstelligen ist. Immerhin kann man bei diesem T aber die Aufgabenbereiche einigermaßen klar abgrenzen und für sie Budget- und Terminpläne aufstellen – all das ist bei den beiden folgenden Ts nicht unbedingt der Fall.

Während das erste T in den Bereich der „harten Standortfaktoren" fällt, könnte man die beiden weiteren in den der „weichen Faktoren" einordnen. Bei ihnen stehen nämlich die Menschen in den Gemeinden und gesellschaftliche Grundhaltungen im Zentrum.

Beim zweiten T geht es also um die „Talente". Angelehnt an den Spruch „Wo Tauben sind, fliegen Tauben zu", kann man im Fall der Talente, der kreativen Köpfe, der auf bestimmten Gebieten Kompetenten oder Engagierten beobachten, dass dort, wo sich eine kritische Masse solcher Menschen sichtbar konzentriert, immer wieder weitere dazukommen. Das kann man an der Entwicklung bestimmter Viertel in Berlin genauso ablesen wie an der von Ottensheim in Oberösterreich. In diese Gemeinde in der Nähe von Linz zogen Querdenker aus den unterschiedlichsten Bereichen. Ihre Aktivitäten zogen immer wieder neue Kreativschaffende an. Diese Leute bauten den kreativen Humus auf, auf dem immer wieder neue außergewöhnliche Projekte gedeihen konnten, die den Ort dann noch attraktiver für die „kreative Klasse" machten: „Wo Tauben sind...".

Mit dem dritten T beginnt das Wort „Toleranz". Gemeint ist hier die Offenheit gegenüber dem Fremden, dem Neuen oder dem „nicht Normalen". Es geht hier um einen Aspekt einer Gemeinde-Kultur, dessen Entwicklung mitunter über einen langen Zeitraum geschehen ist und der selbst innerhalb einer Region von Dorf zu Dorf unterschiedlich ausgeprägt sein kann. So kommt es zu Aussagen wie der des Unternehmers aus Munderfing im Innviertel, der auf die Frage, warum er sich gerade in dieser Gemeinde angesiedelt habe, meinte: „In anderen Gemeinden der Region sahen sie in mir den Spinner, in Munderfing den Innovator."

Der Umgang mit dem Fremden mag in alten Handelsstädten eine andere Tradition haben als beispielsweise in manchen abgelegenen Bergdörfern. Andererseits zeigt das Beispiel von Kals am Großglockner, das schon immer Bergsteiger aus aller Welt angezogen hat und dessen Bergführer in alle Welt reisten, dass Weltoffenheit überall zu Hause sein kann. Und man kann sich in weiterer Folge fragen, ob es Zufall ist, dass ausgerechnet hier vor einigen Jahren ein Ortskern entstanden ist, der von hochmodernen Bauten geprägt ist, die sich wie selbstverständlich in das Gefüge des alten Dorfes einfügen und gleichzeitig von einer Aufgeschlossenheit gegenüber dem Neuen zeugen.

Standortfaktor Urbanität

Wenn die drei Ts nun also die Standortfaktoren sind, die einen Ort für die *Creative Class* attraktiv machen, wenn das Ziel ist, ländliche Gemeinden als zukunftsfähige Lebensumgebungen zu erhalten und wenn schließlich die Impulse der kreativen Klasse ein wichtiger Baustein zur Zukunftsfähigkeit einer Kommune sind: Wie kann ich dafür sorgen, dass die drei Ts in „ausreichendem Maße" in meiner Gemeinde vorhanden sind?

In dieser Frage stecken für viele engagierte Menschen aus Gemeindepolitik und -verwaltung gleich mehrere Herausforderungen. Während man recht gut quantifizieren kann, wie viele Kilometer Kanalnetz man idealerweise in einer Gemeinde zu einem bestimmten Zeitpunkt braucht, lässt sich nur sehr schwer sagen, wie viele Talente ich irgendwo konzentrieren muss oder ob das Klima „ausreichend tolerant" ist, um eine Kommune für bestimmte Leute attraktiv zu machen. Was „ausreichend" ist, bestimmt die Zielgruppe.

Das Kanalnetz ist ein bis in die Details planbares Projekt, das mit einem klaren Maßnahmen-, Termin- und Kostenplan unterlegt werden kann. Das Bemühen um Talente und Toleranz ist ein ständiger, an die aktuellen Gegebenheiten anzupassender Prozess mit unklarem Ausgang.

Und für die Politik besonders wichtig: Während beim Kanalnetz den BürgerInnen der Gemeinde verhältnismäßig einfach vermittelbar ist, warum man tut, was man tut und ein Ergebnis relativ schnell sichtbar und messbar ist, ist es wesentlich aufwändiger, den Sinn des Kümmerns um und des Investierens in weiche Standortfaktoren zu kommunizieren – zumal es kein definiertes Ende dieses Tuns gibt (maximal das einzelner Projekte). Dass Teile der ohnehin knappen Gemeindebudgets in Maßnahmen zur Förderung der „nichttechnologischen" Ts fließen sollen, dass man gewissermaßen in eine „Teil-Urbanisierung" eines Dorfes investiert, stößt vielfach auf Widerstand.

Akupunktur versus Masterplan

Mit den Maßnahmen A bis F den Urbanisierungsgrad X von Gemeinde Y bis zum Jahr Z erreichen: Das wäre der Aufbau von Masterplänen zur Attraktivierung von Standorten im ländlichen Raum, den sich einige Entscheidungsträger möglicherweise wünschen. Wir glauben allerdings, dass ein solcher Plan kein Instrument ist, mit dem man sinnvoll arbeiten kann. Das Entstehen ländlicher Urbanität kann man fördern, aber in kein Schema pressen. Es braucht den Mut, Entwicklungen anzustoßen und das Engagement, die wirkungsvollen weiterzuverfolgen. Es braucht aber auch Fehlertoleranz und die Bereitschaft, die Projekte, die nicht aufgegangen sind, in Würde zu begraben. Das sind keine sehr beliebten Vorgangsweisen in einem Kontext, wo Planbarkeit, Sicherheit oder Evaluierbarkeit eine große Rolle spielen.

Den Masterplan, der in diesem Bereich der Dorfentwicklung eine Garantie abgeben kann, dass mit bestimmten Maßnahmen eine bestimmte Wirkung erzielt werden kann, gibt es also nicht. Das mag für viele unbefriedigend sein. Noch unbefriedigender ist es aber, ohne selbst aktiv werden zu können, zu beobachten, wie die Städte aus den Nähten platzen und wie sich vielleicht die eigene Region mehr und mehr leert. Wenn man dem also nicht tatenlos zusehen möchte, wird man akzeptieren müssen, dass es Patentrezepte, die auf die kleine wie auf die große, auf die zentrale und wie auf die abgelegene, auf die touristisch und wie auf die industriell geprägte Gemeinde anwendbar sind, nicht gibt. Pläne zur Stärkung der weichen Standortfaktoren können keine starren bis zu einem definierten Projektende unveränderten Gebilde sein. Es geht hierbei mehr um die Gestaltung von Prozessen und ihr ständiges Anpassen an aktuelle Gegebenheiten als um das Einhalten von Planvorgaben über viele Jahre hinweg. Das Puzzle, dessen „richtiges" Ergebnis von vorne herein feststeht und das erst vollständig ist, wenn das letzte Teil an seinem Platz liegt (und das ab diesem Zeitpunkt auch nicht weiterentwickelt werden kann), ist keine sinnvolle Analogie zu (Urbanitäts-)Entwicklungsprozessen in Gemeinden. Die passendere Analogie kommt aus dem Bereich der Akupunktur: An den richtigen Stellen werden Nadelstiche gesetzt, die eine Wirkung entfalten, die man wiederum durch weitere Nadelstiche verstärkt – und so fort.

Das ist eine anspruchsvolle und mitunter auch sehr anstrengende Tätigkeit, die einerseits eine gewisse Erfahrung voraussetzt, weil man wissen muss, an welchen Stellen Maßnahmen eine Wirkung entfalten können und die andererseits hohe Aufmerksamkeit erfordert, weil man erkennen sollte, wo als nächstes ein Impuls notwendig sein könnte. Kein Wunder, dass man sich in diesem Bereich der Gemeindeentwicklung oft die Patentrezepte herbeisehnt, die einem das Leben erleichtern könnten.

Ein einfaches *Copy-Paste* funktioniert aber leider nicht. Was in einer Gemeinde großartig funktioniert hat, kann in einer anderen von vorne herein zum Scheitern verurteilt sein. Sehr wohl aber macht es Sinn, gute Beispiele zu studieren, interessante Gemeinden zu besuchen und sich mit den ProtagonistInnen erfolgreicher Projekte auszutauschen – über die Erfolgsfaktoren genauso wie über die Stolpersteine.

Durch das Befassen mit erfolgreichen Beispielen vermeidet man nicht nur, dass eine Gemeinde das Rad, das eine andere bereits erfunden hat, noch einmal völlig neu erfinden muss. Man transferiert nicht nur Know-how von einer Situation in die eigene. Erfolgreiche Beispiele aus anderen Kontexten und ihre Akteure vor den Vorhang zu holen, hat einen oft noch viel wichtigeren Effekt: nämlich die eigenen Entscheidungsträger, die eigenen engagierten BürgerInnen oder die potenziellen Investoren für Ideen zu begeistern – sie zu motivieren, sich gemeinsam für Projekte in ihren Gemeinden einzusetzen. Erfolgreiche Projekte zeigen was geht, wie es geht und was es wem bringt und machen Lust auf das Setzen erster eigener Schritte.

Nadelstiche am Weg zu dörflicher Urbanität

Um welche Art von Nadelstichen geht es nun aber beim Fördern von dörflicher Urbanität? Ein guter Beginn ist in jedem Fall das Stellen der richtigen Fragen. Es sind in der Regel die Fragen nach den Bedürfnissen der jetzigen und potenziellen zukünftigen BewohnerInnen einer Gemeinde. Das ist kein triviales Unterfangen. Denn wie erreicht man zum Beispiel diejenigen, die sich sonst nie zu Wort melden oder wie kommt man zu Antworten, die sich nicht jeder öffentlich zu äußern traut? (Das Arbeiten mit einer Zufalls-Auswahl (sogenannten BürgerInnenräten) und in vertraulichen Settings sind zum Beispiel mögliche Antworten darauf.)

Das Stellen dieser Fragen und die Erarbeitung von Lösungsideen auf Basis dieser Bedürfnisermittlung können im Alltag in einem informellen, zufällig entstandenen Setting im Wirtshaus passieren. Das war schon oft der Ausgangspunkt toller Projekte, die in der Lage waren, eine ganze Gemeinde zu begeistern und mitunter völlig zu verändern. Solche Projekte sind Glücksfälle für jede Gemeinde – aber eben Glücksfälle. Vielen Gemeinden ist bewusst, dass die Entwicklung neuer Projektideen in ihrem Kontext eher in professionell begleiteten Prozessen geschehen wird – in zeitlich abgegrenzten Prozessen oder durch den Aufbau einer Gemeindekultur des Diskutierens und permanenten Entwickelns. Solche Prozesse müssen also in der Regel von internen oder externen Begleitern punktuell oder dauerhaft moderiert werden bzw. brauchen immer wieder Impulse, um „am Laufen gehalten" zu werden. In jedem Fall braucht ein solcher Prozess finanzielle und personelle Ressourcen. Doch wie argumentiert man den Einsatz dieser Ressourcen für Prozesse, in deren Verlauf „nur Ideen" entstehen, wo es doch in der Gemeinde scheinbar so viel Wichtigeres und Aktuelleres gibt?

Denn: Wie viele PS hat eine Idee? (Eine kluge Frage eines Innviertler Amtsleiters, die das Vermittlungsproblem auf den Punkt bringt.) Wie misst man, ob so ein Prozess erfolgreich war? Wie wertvoll waren die entstandenen Ideen wirklich und haben sich die investierten Ressourcen „rentiert"? Oder waren die dabei eventuell entstandene Gesprächskultur, die Entstehung neuer Verknüpfungen in der Gemeinde oder die Bildung von Gruppen, die sich nun auf freiwilliger Basis für bestimmte Themen engagieren, schon Ergebnis genug?

Es geht hier um eine Arbeit, deren Früchte man vielleicht erst einige Wahlperioden später ernten wird. Es geht um so schwer fassbare Faktoren wie „kreative Atmosphäre" oder „tolerantes Klima", die aufgebaut werden sollen, damit ein Ort auch für kommende Generationen attraktiv bleibt. Glücklicherweise wollen aber nicht nur die meisten BürgerInnen das Beste für ihre Kinder und Enkel, es gibt auch sehr viele engagierte Menschen in Gemeindepolitik und -verwaltung, die weit in die Zukunft schauen und gut begründen können, warum man jetzt in das Entwickeln von Ideen und das Starten von Prozessen investieren muss, wenn man in zehn Jahren noch eine zukunftsfähige Gemeinde sein will.

Ein konkreter „Nadelstich" wäre beispielsweise das Bereitstellen von (Frei-)Räumen, bei denen teilweise nicht vorhersehbar ist, was sich in ihnen entwickeln wird. Ein sehr gutes Beispiel dazu stammt wiederum aus Oberösterreich, wo Martin Hollinetz und seine Kollegen die OTELOs, die Offenen Technologielabors, entwickelt haben. Gemeinden wie Ottensheim, Vorchdorf oder Gmunden stellen die Räume zur Verfügung. Die Inhalte kommen aber von den Nutzern dieser Labors. Dort werden dann Rad-Reparaturwerkstätten und „Kostnix-Läden" eingerichtet, dort wird aber auch mit 3D-Druckern und essbaren Käfern experimentiert. Nicht alles, was dort passiert, stößt auf das Verständnis der Bevölkerung. Wenn es aber gelingt, die Toleranz gegenüber dem (noch) Fremden, die Offenheit für Neues und eine Kultur des Ausprobierens zu fördern, ist viel gewonnen.

Eine weitere Strategie, um durch die Bereitstellung von Raum eine „produktive Konzentration" von Talenten zu schaffen, steht gerade am Beginn ihrer Entwicklung: das Einrichten von kleinen Coworking-Spaces im ländlichen Raum. Coworking-Spaces sind Räume, die sich meist Einzel- oder Kleinstunternehmen, oft aus der sogenannten Kreativwirtschaft, teilen. Sie verwenden dort nicht nur Raum sondern auch Ressourcen – von der Kaffeemaschine bis zum Kopierer – gemeinsam. Mitunter wird diese Kultur des Teilens auch auf ein Carsharing oder sogar den gemeinsamen Einkauf von qualitativ hochwertigen Lebensmitteln für den privaten Gebrauch ausgeweitet. Was bislang eher ein städtisches Phänomen war, wird nun punktuell auch in ländlichen Gemeinden versucht. Solche Unternehmungen setzen Experimentierfreude, Engagement und mitunter einen langen Atem voraus. Denn während städtische Coworking-Spaces mit beispielsweise 30 Mietern den Wegzug von 2 Mietern, die vielleicht sogar treibende Kräfte waren, leicht wegstecken und durch neue Akteure ersetzen können, kann das in einem kleinen ländlichen Space mit sieben Leuten schwer verkraftbar sein. Welche Dynamiken solche Räume in Gang setzen können, lässt sich heute nur teilweise sagen, da es bislang erst wenige Beispiele, und die auch nur sehr kurz, gibt.

Wenn aber, wie in Moosburg in Kärnten, ein solcher Coworking-Space mitten am zentralen Dorfplatz entsteht, in einem leerstehenden Ladenlokal mit großen Schaufenster-Scheiben, die sich zur Haltestelle richten, wo die Schulkinder auf ihren Schulbus warten, dann darf man auf viele neue Verknüpfungen hoffen: auf aktive „Coworker", die neben ihrer Kerntätigkeit auch immer wieder, z.B. durch Veranstaltungen, neue Akzente im Dorfleben setzen oder die „schrägen Ideen" für die Dorfzukunft einbringen. Auf die Signalwirkung dieses Raumangebots auf kreative Menschen, die noch Überlegen, ob sie in diese oder die Nachbargemeinde ziehen wollen. Auf die Neugier der Kinder, die sehen, dass es andere Berufe als die in ihrem unmittelbaren Lebensumfeld gibt und vieles mehr.

Bleiben wir kurz in Moosburg. Bei einer bestimmten Investition in Talente (und im besten Fall auch Toleranz) sind sich fast alle über ihre dringende Notwendigkeit einig: bei der Investition in Bildung. Schon nicht mehr so klar liegt die Sache bei der Frage der Vernetzung von Bildungsangeboten und -einrichtungen. Während in einer Stadt wie Wien praktisch alle nur erdenklichen Bildungsangebote vorhanden sind und viele davon im direkten Einflussbereich der Stadt stehen, müssen sich viele Dörfer Jahr für Jahr darum bemühen, die Schließung ihrer Schule zu verhindern, weil die notwendigen Schülerzahlen nicht mehr erreicht werden, obwohl man vielleicht schon seit Jahren mit einer einzigen Klasse für alle vier Volksschulstufen operiert. Ein hochwertiges Bildungsangebot ist aber insbesondere für junge Familien eines der wichtigsten Kriterien bei der Wahl ihres Wohnorts. Es ist also schlüssig, wenn Moosburg seine Bildungseinrichtungen und ihre Vernetzung in Form eines „Campus" in den Fokus seiner Zukunftsstrategie stellt. Wenn Kindergarten, Volksschule und Hauptschule mit ihren unterschiedlichen Trägern (gemeinnützige Organisation, Gemeinde und Land) in Zukunft zusammenarbeiten, die Übergänge von einer Einrichtung auf die andere bewusst gestalten und Ressourcen und Räume gemeinsam nutzen, dann ist im Bildungsbereich ein Kennzeichen von Urbanität, nämlich Dichte, in dieser Gemeinde stärker vorhanden als in vielen Städten. Und wenn es dann auch noch gelingt, Unternehmen oder Einrichtungen wie den vorhin erwähnten Coworking-Space in das Bildungskonzept einzubauen, dann wird der Spruch „Um ein Kind großzuziehen, braucht es ein ganzes Dorf" (der auch auf das städtische „Grätzel" angewendet werden könnte) mit Leben erfüllt.

Das mobile Land

Dichte und Mobilität sind im ländlichen Raum wahrscheinlich eines der großen Gegensatzpaare. Das Instrument, das die nicht vorhandene Infrastrukturdichte oder räumlich konzentrierte Optionenvielfalt in einem Dorf kompensiert, heißt Auto. In vielen Familien mehrfach vorhanden, wird damit das an unterschiedlichen Orten angesiedelte Bildungsangebot für die Kinder in verschiedenen Altersstufen abgefahren. Zwischen Arbeitsplatz, Handels- und Freizeiteinrichtungen liegen mitunter große Wegstrecken und das öffentliche Verkehrsnetz ist in vielen Fällen nur mangelhaft vorhanden – und wenn in manchen Gemeinden am Vormittag die Sirene der freiwilligen Feuerwehr losgeht, kommt kaum jemand mehr, weil viele Mitglieder in ihren Büros in der nahegelegenen Stadt sitzen.

Natürlich kann nicht jedes Dorf für jeden seiner BewohnerInnen den adäquaten Arbeitsplatz bieten. Auch in großen Städten sind viele Menschen bereit, eine Stunde zum Job zu „reisen" – und auch dort verstopfen zu den Stoßzeiten Autolawinen die Hauptverkehrswege. Doch in der Regel wäre dort das öffentliche Verkehrsnetz zumindest in der Theorie eine sinnvolle Alternative zum Individualverkehr. In vielen Gegenden Österreichs gibt es diese sinnvolle Alternative gar nicht – ohne die Auto-Mobilität wäre der Alltag dort in der gegenwärtigen Situation gar nicht bewältigbar.

Das Beispiel „Landbus" in Vorarlberg, mit seinen teilweise „städtisch getakteten" Fahrplänen und vollen Bussen, zeigt, dass mit dem Schaffen eines entsprechenden Bewusstseins und einem starken Engagement der öffentlichen Hand auch nachhaltigere Wege möglich sind, um ländliche Regionen durch Mobilitätsangebote attraktiv zu halten.

Das Landbusnetz umspannt eine verhältnismäßig große Region, deren Teilbereiche natürlich wieder ganz unterschiedlichen Gesetzmäßigkeiten gehorchen, mit denen man sich individuell befassen muss: Im Bregenzerwald stößt man auf andere Anforderungen als im dicht besiedelten Rheintal, das man als Ganzes eigentlich schon als Stadt betrachten könnte. Andere Beispiele wie die „Sanfte Mobilität"-Konzepte von Tourismusorten wie Hinterstoder oder Werfenweng zeigen, dass man auch auf kommunaler Ebene Lösungen erarbeiten kann, die einen nachhaltigeren Umgang mit den alltäglichen Ortswechseln in den Regionen verfolgen.

Im Standortwettbewerb der Gemeinden spielt das Mobilitätsangebot natürlich eine große Rolle: Wenn die eine Gemeinde einen Bahnhof hat und die Nachbargemeinde nur mehr einen dreimal täglich verkehrenden Bus, kann das bei der Wohn- oder Unternehmensstandort-Wahl ausschlaggebend sein.

Doch nicht nur die Mobilität im Alltag spielt im Standortwettbewerb der Gemeinden eine Rolle. Die Mobilität vieler Menschen, was ihre „Lebens-Orte" in unterschiedlichen Lebensphasen anbelangt, hat auch zugenommen. Die Bindungen an den „Herkunfts-Ort", die z.B. sozialer Natur sind, konkurrieren mit Attraktoren in anderen Orten, die vielleicht in den Bereich Urbanität gehören. Und auch hier gibt es kein Normangebot für Leute in bestimmten Lebensphasen.

Gerlind Weber und Tatjana Fischer beschreiben in ihrem Essay „Gehen oder bleiben?" sehr schön, dass es hier sogar Unterschiede im Verhalten von Männern und Frauen gibt (Weber & Fischer, 2015). Sie zeigen, dass es in vielen Regionen vor allem die jungen Frauen in ihrer dritten Lebensdekade sind, die die Energie aufbringen, „weiterzuziehen" (was in einigen Gegenden zu einem Überschuss an jungen Männern von 40 Prozent gegenüber ihren Altersgenossinnen führt!). Und auch hier sind es oft die weichen Faktoren, die unter anderem zum Ortswechsel motivieren: Wenn es z.B. zwar das männerdominierte Wirtshaus für die Abendstunden gibt, nicht aber das Café, in das man sich vielleicht als junge Mutter am Vormittag setzen möchte.

Schlüsselfaktor Dichte

Von der weitläufigen, von Einfamilienhäusern geprägten Wohngegend bis zu den Einkaufszentren beim Kreisverkehr am Ortseingang: Die Auflösung von Siedlungsräumen in monofunktionale Bereiche bedingt nicht nur die bereits thematisierte ökologisch problematische (Auto-)Mobilität, um von einem Ort des täglichen Bedarfs zum anderen zu kommen. Sie „arbeitet" auch gegen die Urbanität der Dörfer – unter anderem, indem sie immer öfter deren Ortskerne aushungert.

Die Vorstellung vom Dorfplatz, wo diejenige, die etwas am Gemeindeamt zu erledigen hat, zufällig denjenigen trifft, der für das Abendessen einkauft, woraufhin sie sich nebenan beim Dorfwirt zu einem Bier zusammensetzen, entspricht mitunter schon noch der Realität – aber immer seltener. Nicht nur weil viele Behördenkontakte im Internet abgehandelt werden können, sondern auch, weil der Supermarkt vielleicht im Niemandsland am Ortsrand der Nachbargemeinde liegt und der Wirt schon längst dem Gasthaussterben in der Region zum Opfer gefallen ist.

Dieser Idealvorstellung von hoher Aktivitätendichte in den Ortszentren und den damit verbundenen häufigen und engen sozialen Kontakten stehen vielerorts Dorfkerne gegenüber, die von Leerstand geprägt sind.

Es beginnt oft mit dem einzelnen Geschäft am Hauptplatz, das aufgibt und für das kein Nachmieter gefunden wird. Leerstehende Ladenflächen haben die unangenehme Eigenschaft, ansteckend auf ihre Nachbarschaft zu wirken. Die Frequenz am gesamten Platz verringert sich zuerst noch unmerklich, das Erscheinungsbild des Gesamtplatzes leidet, Mieten sinken, „Ramschläden" tauchen auf: Ein Kreislauf wurde in Gang gesetzt, an dessen Ende oft unbelebte Straßenzüge und Plätze stehen. Das ist kein dörfliches Phänomen, sondern auch in den Städten beobachtbar. Aber es macht einen Unterschied, ob es um einen mehr oder weniger großen Teilbereich einer Stadt geht, den die Stadt eventuell auch wieder aus einer gesteuerten oder ungesteuerten Dynamik heraus wiederbeleben kann oder um den einzigen Platz eines Dorfes.

Glücklicherweise kann man an positiven Beispielen, wie dem Zentrum von Waidhofen an der Ybbs, sehen, dass die Problematik solcher „Entdichtungs"-Prozesse vielerorts erkannt wird und dass dem bewusst entgegengewirkt wird: In diesem speziellen Fall durch planerische Maßnahmen wie die klare politische Entscheidung, keine neuen Flächen für Einkaufszentren außerhalb des Ortskerns zu widmen und durch das Unterstützen der Handelstreibenden im Zentrum – wo immer eine Behörde dazu in der Lage ist. Man hat in Waidhofen aber auch erkannt, dass planerische oder politische Maßnahmen allein nicht ausreichen. Oft ist nämlich das persönliche Gespräch über die Frage, was ein bestimmter Immobilienbesitzer braucht, um ein Ladenlokal nach längerem Leerstand wieder zu vermieten, ein viel wichtigerer Erfolgsfaktor. Solchen Dingen hat sich dort eine sozial äußerst kompetente Person über Jahre hinweg gewidmet – und nunmehr nahezu Null Prozent Leerstand im Zentrum geben den Waidhofenern Recht.

Solche Anstrengungen lohnen sich nicht nur in ökonomischer Hinsicht. Die Begegnungen in lebendigen, urbanen Räumen sind ein wesentlicher Baustoff, der eine funktionierende Gemeinde ausmacht: in öffentlichen Räumen, wie dem Dorfplatz oder halböffentlichen wie dem Gemeindeamt, dem an früherer Stelle erwähnten OTELO oder auch im Dorfgasthaus. In allen Fällen geht es darum, in diesen Räumen eine „kritische Dichte" an attraktiven Angeboten herzustellen, die die Menschen zusammenbringen, die sich hier dann begegnen können: seien das nun die Geschäfte oder Dienstleistungen am Dorfplatz, die Aktivitäten oder Werkzeuge im OTELO oder die kulturellen und kulinarischen Veranstaltungen im Gasthaus.

Wahrscheinlich ist „Dichte" überhaupt das Schlüsselwort im Zusammenhang mit der Urbanität außerhalb der Stadt. Eine „Dichte der Inhalte und Aktivitäten" wie zuvor beschrieben ist das eine. Diese steht aber in direktem Zusammenhang mit der räumlichen Dichte eines Dorfes, aber auch einer ganzen Region.

Es gibt eine Postkartenreihe der Plattform Baukultur mit dem Titel „Urlaubsgrüße aus Österreich". Mit einem Augenzwinkern wurden hier Fotomotive ausgesucht, die auf baukulturelle Missstände aufmerksam machen sollen. Auf einer Postkarte sieht man ein Luftbild des Rheintals. Während man auf der rechten Seite des Rheins die Schweiz mit dichten dörflichen Siedlungskernen, umgeben von relativ unbebautem Grünraum, sieht, erkennt man auf der österreichischen Seite deutlich das Phänomen, das wir unter dem Begriff „Zersiedelung" kennen: Das heißt, Bauten (wie die über große Gebiete verteilten und von reichlich Grundstücksfläche und den zugehörigen Hecken umgebenen freistehenden Wohnhäusern) und versiegelte Flächen, wie Straßen und Parkplätze „fressen das Land". Dadurch gehen jedoch nicht nur wertvoller Ackerboden oder Natur- und „Leerräume" verloren. Dieses räumliche Auseinanderdriften von Funktionen und Aktivitäten verändert auch die Begegnungs-Dichte und damit die Urbanität im ländlichen Raum.

Doch auch hier wird ein erhöhtes Bewusstsein für die Problematik spürbar. Die aus mehreren Ortschaften bestehende Gemeinde Zwischenwasser in Vorarlberg hat vor kurzem ihr räumliches Entwicklungskonzept mit der Beteiligung ihrer Bürgerinnen und Bürger erstellt. Wenn sie dabei auf die Verdichtung ihrer Siedlungskerne setzt und die Bauland-Widmungen außerhalb dieser Bereiche einschränkt, dann ist das nicht immer leicht erklärbar, weil Bauland-Widmungen natürlich auch Grundstückswerte vervielfachen. Zwischenwasser hat diesen Wertsteigerungen die Werte eines vielfältigen Gemeindelebens in dichten Ortskernen und von unverbautem Grünraum gegenübergestellt und sich zu diesem mutigen Schritt entschlossen.

Auch wenn das Wort Urbanität im Katalog der Argumente für dieses weitsichtige Raumordnungskonzept nicht explizit vorkommt – Zwischenwasser wird durch dieses Bekenntnis zur Dichte auch im positivsten Sinn urbaner werden.

Vielfalt und Vernetzungen

Die Dörfer, die nicht über ihren Tellerrand schauen und in erster Linie mit sich selbst beschäftigt sind, sind ein immer wieder gerne bemühtes Klischee. Doch wie soll dieses nur auf sich bezogene Dorf in unserem vernetzten Kulturraum überhaupt noch existieren? Jede Gemeinde ist selbstredend Teil regionaler und globaler Netzwerke.

Viele Gemeinden setzen im Kontext der „Urbanitäts-Merkmale" Vielfalt, Weltoffenheit und Vernetztheit besondere Schwerpunkte und integrieren sie ganz selbstverständlich in ihre Identität. Wenn die Gemeinde Nenzing mit ihrem Projekt „Sprachfreude – Nenzing spricht mehr" Mehrsprachigkeit, insbesondere bei Bürgerinnen und Bürgern mit Migrationshintergrund, fördert, dann ist das ein bewusstes Statement zu den Chancen der Vielfalt. Wenn die Gemeinde Raiding im Rahmen des „Raiding Project" eine Reihe von außergewöhnlichen Architektur-Projekten von japanischen Architekten entwerfen lässt, dann öffnet sie sich bewusst einem weit entfernten Kulturkreis und holt sich ebenso bewusst neue Impulse aus diesem Kontext. Wenn die Gemeinde Thalgau ihren gesamten Ortskern als Begegnungszone gestaltet, dann wird das, wie bei der Mariahilfer Straße in Wien, zum Gegenstand intensiver Diskussionen, ist aber auch ein Impuls für neue Vernetzungen und damit ein „Urbanitätsbaustein".

Und wenn schließlich die Gemeinde Hinterstoder zum „Landinger Sommer" lädt, dann folgen KünstlerInnen, WissenschaftlerInnen, StudentenInnen und PolitikerInnen vor allem aus dem städtischen Bereich jedes Jahr dieser Einladung. Wenn dann diese „Landinger" – dieser Kunstbegriff steht für Menschen, die ihre Lebensschwerpunkte irgendwo zwischen Stadt und Land definieren – in informellem Rahmen zu den unterschiedlichsten Themen diskutieren und arbeiten und dabei in einem intensiven Austausch mit den HinterstoderInnen stehen, dann wird die Gemeinde damit Teil eines Netzwerkes, von dem sie heute teilweise noch gar nicht abschätzen kann, in welcher Form sie davon in Zukunft noch profitieren wird. Und sie wird für eine Woche noch ein Stück urbaner als sie es ohnehin in mancher Hinsicht schon ist.

Hinterstoder, Kals, Moosburg, Munderfing, Neckenmarkt/Raiding, Nenzing, Thalgau, Waidhofen a.d. Ybbs, Werfenweng, Zwischenwasser – diese im Text als Beispiele angeführten Gemeinden setzen nicht nur Akzente bei den beschriebenen Aspekten von ländlicher Urbanität. Gemeinsam sind sie die ZUKUNFTSORTE – Die Plattform innovativer Gemeinden Österreichs.[1] Sie bilden sozusagen eine Region nicht benachbarter Gemeinden mit der Einwohnerzahl einer mittelgroßen österreichischen Stadt. Sie entwickeln Kooperationsprojekte, bei denen geografische Nachbarschaft keine Rolle spielt. Sie tauschen Know-how aus. Und sie halten gemeinsam Kontakt zu ihren „Ausheimischen" – also jenen mobilen, weltoffenen und meist jungen Menschen, die diese Gemeinden temporär oder auf Dauer verlassen haben. Die Zukunftsorte haben erkannt, dass man diese Menschen nicht zurückhalten kann. Man wird viele von ihnen auch nicht zurückgewinnen können. Aber es macht auf jeden Fall Sinn, mit ihnen in Verbindung zu bleiben, sie in das gemeinsame Netzwerk einzubinden, denn nur so wird man von ihren neuen Kompetenzen und ihren Netzwerken auch in Zukunft profitieren können. Zu diesem Zweck haben

---

1   Für weitere Informationen siehe www.zukunftsorte.at.

die Zukunftsorte 2014 sogar das Kommunalkonsulat, ihre Vertretung in Wien, eingerichtet.

Österreichische Landgemeinden mit einem Konsulat in der Bundeshauptstadt, Netzwerke bestehend aus „Stadtlern" mit Landsehnsucht und urbanen „Landlern" und ein Text wie dieser, der teilweise in einem großstädtischen Café, in einem Haus auf 1000 Metern Seehöhe und im Zug zwischen diesen beiden Orten geschrieben wurde: Orte mögen eindeutig dem städtischen bzw. ländlichen Raum zuzuordnen sein, die Trennlinien zwischen städtischem und ländlichem Leben verschwimmen jedoch an immer mehr Stellen.

Die größte deutschsprachige Online-Datenbank für Antonyme spuckt als Gegenteil von „Urbanität" den Begriff „Vulgarität" aus. Darin drückt sich eine althergebrachte Sichtweise aus, die im Städtischen das Fortschrittliche und im Ländlichen das Rückständige verortet. Sie hat jedoch in unserem kulturellen Umfeld nichts mehr mit der Lebensrealität zu tun: Weltoffenheit, Toleranz, Innovationsfreude, vernetztes Denken und Agieren sind keine Merkmale eines bestimmten Siedlungsraums. Urbanität findet in Stadt, Land und in den Räumen dazwischen statt.

Literatur

Florida, R. (2002). *The Rise of the Creative Class*. New York: Basic Books.
Isopp, C. & Gruber, R. (Hrsg.). (2015). *Das Buch vom Land*. Wien: Eigenverlag.
Weber, G. & Fischer, T. (2015). Gehen oder bleiben? In C. Isopp & R. Gruber (Hrsg.), *Das Buch vom Land* (S. 24–32). Wien: Eigenverlag.

II
Standortbestimmungen und Entwicklungstendenzen

Slums: Definitionen, Perspektiven, Handlungsansätze – ein Debattenüberblick

Henning Nuissl und Dirk Heinrichs

1. Einleitung

Heutzutage lebt mehr als die Hälfte der Menschheit in Städten – eine knappe Milliarde davon in informellen Siedlungen in Ländern des Südens, die häufig auch als Slums bezeichnet werden. Slums und die mit ihnen verbundenen prekären Lebensbedingungen sind schon lange der Gegenstand akademischer und öffentlicher Debatten. Im Mittelpunkt stand dabei meist der Wunsch, die Slums – sowie die städtebaulichen Missstände, aber auch die Lebensweisen, die mit ihnen verbunden sind – zu beseitigen. Erst in jüngerer Zeit verbreitete sich die Einsicht, dass die schiere Zahl der in Slums lebenden Menschen viel zu groß ist, als dass sich das Phänomen der Slums einfach beseitigen ließe. Deshalb hat sich die Auseinandersetzung mit den Slums dieser Welt zunehmend der Frage zugewendet, wie derartige Siedlungen schrittweise konsolidiert, aufgewertet und in die „normale" Stadt überführt werden können. Neben diesem gleichsam „interventionistischen" Zugang zum Phänomen der Slums sind Slums aber auch in vielen anderen Hinsichten Gegenstand der Aufmerksamkeit – unter anderem als Orte informeller Ökonomien mit ihren eigenen Marktlogiken, als Orte, die der Kontrolle staatlicher Institutionen weitgehend entzogen sind, und als Orte, deren „Andersartigkeit" mitunter eine beträchtliche Faszination ausübt, wie nicht zuletzt der immer populärer werdende Slumtourismus (*Slumming*) zeigt.

Slums werden also in vielerlei Weise thematisiert. Häufig wird dabei allerdings kaum hinterfragt, inwiefern sich verschiedene Slums miteinander vergleichen lassen und ob „Slum" überhaupt eine zielführende Kategorie ist, wenn es darum geht, die Lebensbedingungen von Stadtbewohnerinnen und -bewohnern praktisch zu verbessern. Daher diskutiert dieser Beitrag das Phänomen der Slums aus verschiedenen Perspektiven: Zunächst wird auf die Frage nach einer angemessenen Definition eingegangen (Abschnitt 2). Sodann wird skizziert, welche Probleme und Herausforderungen üblicherweise mit dem Phänomen der Slums assoziiert werden (Abschnitt 3). Daraufhin wird erörtert, aus welchen Akteursperspektiven Slums thematisiert werden und in welche Richtung die aus diesen Perspektiven formulierten Vorschläge zum Umgang mit Slums zielen (Abschnitt 4). Schließlich wird danach gefragt, in welcher Weise sich diese unterschiedlichen Vorschläge in praktischen städtebaulichen und politischen Strategien niederschlagen (Abschnitt 5). Ein kurzes Fazit beschließt den Beitrag (Abschnitt 6).

2. Was ist ein Slum?

Das Fremdwort „Slum" ist auch im Deutschen – vermutlich mehr noch als sein vom Duden benanntes Synonym „Elendsviertel" – ein Begriff, der starke Assoziationen hervorruft: von Armut und Elend, Verfall und Gefahr. Seit seinem ersten Auftreten in englischsprachigen Texten vom Beginn des neunzehnten Jahrhunderts ist der Begriff des Slums eindeutig negativ konnotiert, auch wenn er zunächst gar keine einheitliche Bedeutung besaß und sich in der englischen Sprache erst ab den 1820er Jahren diejenige Bedeutung des Wortes *slum* langsam herausbildete, die heutzutage nahezu weltweit bekannt ist: *„the term ‚slum‘ was used to identify the poorest quality housing and the most unsanitary conditions; a refuge for marginal activities including crime, ‚vice‘ and drug abuse [...] – a place apart from all that was decent and wholesome"* (UN-Habitat, 2003, S. 9). Obwohl die Bedeutung des Slumbegriffs – in Alltagssprache und Literatur – seit ungefähr eineinhalb Jahrhunderten feststeht, variieren die – vorzugsweise in englischer Sprache vorgenommenen – Versuche einer genaueren Definition des als Slum bezeichneten Phänomens bis heute erheblich: So werden in manchen Definitionen allein städtebauliche Aspekte bzw. Missstände als Definitionsmerkmale benannt, in anderen auch soziale und ökonomische Aspekte. Es kann festgehalten werden, dass der Begriff des Slums nach wie vor unscharf ist. In den Schwierigkeiten, eine allgemeingültige Slumdefinition zu formulieren, spiegelt sich die Vielgestaltigkeit und Heterogenität marginalisierter Stadtteile und Siedlungen wider. Die Erscheinungsformen von Slums sind mindestens ebenso mannigfaltig wie die von menschlichen Behausungen und Siedlungen überhaupt: *„Slums range from high-density, squalid central city tenements to spontaneous squatter settlements without legal recognition or rights, sprawling at the edge of cities"* (Cities Alliance, 1999, S. 1). Auch im alltäglichen Sprachgebrauch sind es zwei nicht zuletzt hinsichtlich ihrer stadträumlichen Lage sehr unterschiedliche Siedlungsformen, die mit dem Slumbegriff in Verbindung gebracht werden: zum einen übel beleumundete und heruntergekommene innerstädtische Altbaugebiete und zum anderen Hütten- bzw. Eigenbausiedlungen, wie sie sich in den Entwicklungsländern innerhalb und an den Rändern vieler Städte befinden. Nicht selten führt die informelle Siedlungsentwicklung auch zu eher bizarren städtebaulichen Situationen, in denen die „normale" bzw. formelle Stadt und Slums aufs Engste miteinander verwoben sind und die mit den genannten Erscheinungsformen von Slums nur wenig zu tun haben – etwa durch die Besiedlung der Flachdächer von mehrgeschossigen Wohngebäuden beispielsweise in Städten wie Phnom Penh und Kairo oder die informelle Bebauung des „Abstandsgrüns" zwischen den im Stile der industriellen Moderne errichteten Hochhäusern des sozialen Wohnungsbaus beispielsweise in Caracas. Schließlich sind viele Slums äußerlich nicht von traditionellen Siedlungs- und Behausungsformen (die in anderen Kontexten nicht selten sogar als touristische Attraktion gelten) zu unterscheiden – ihre Klassifizierung als Slum ist in erster Linie Ausdruck ihrer sozialen und/oder räumlichen Lage. Letzteres gilt beispielsweise für die Lehmhäuser in den armen Stadtteilen von Karachi, die Jurtensiedlungen am Rande der mongolischen Hauptstadt Ulan-Bator oder die Pfahlbauten entlang der Kanäle in Manila oder Bangkok. So ist alles in allem zu konstatieren, dass es kaum möglich ist, die Slums dieser Welt auf einen allgemeingültigen oder gar zeitlosen Begriff zu bringen (vgl. auch UN-Habitat, 2003, S. 11). Vielmehr ist wohl jeder Versuch, Slum zu definieren, letztlich dahingehend angreifbar,

– dass er der Vielschichtigkeit und der fließenden Grenzen dieses Phänomens nicht gerecht wird,

- dass die zugrundeliegenden Kriterien in den amtlichen Statistiken in der Regel nicht zuverlässig erfasst werden,
- dass es vom jeweiligen räumlichen und zeitlichen Kontext abhängig ist, was als Slum gilt und was nicht,
- dass er letztlich gleichbedeutend ist mit der Verräumlichung eines sozialen Phänomens.

Nichtsdestotrotz ist eine einigermaßen präzise und zumindest grundsätzlich auch „operationalisierbare" Definition des Phänomens Slum unabdingbar, um über dieses Phänomen kommunizieren und um sich dessen Größenordnung vergewissern zu können. Und hierfür hat sich ein relativ einfacher Definitionsansatz etabliert, der von UN-Habitat verwendet wird, um der Vielfalt an Erscheinungsformen von Slums begrifflich Herr zu werden. Diese Definition setzt an physisch-räumlichen, infrastrukturellen sowie besitzrechtlichen Gegebenheiten an und beantwortet die Frage danach, ob ein Quartier als Slum zu klassifizieren ist oder nicht, anhand der dort lebenden Haushalte:

> UN-HABITAT defines any specific place, whether a whole city or a neighborhood, as a slum area if half or more of all households lack [i] improved water, [ii] improved sanitation, [iii] sufficient living area, [iv] durable housing, [v] secure tenure, or combinations thereof. An area or neighborhood deprived of improved sanitation alone may experience a lesser degree of deprivation than an area that lacks any adequate services at all, but both are considered slums in this definition (UN-Habitat, 2008, S. 106; Aufzählung [i–v] von den Autoren hinzugefügt).

Diese Definition wird international verwendet, wobei allerdings einige Besonderheiten zu beachten sind:

- Städtebauliche Gegebenheiten werden von dieser Definition nur indirekt, anhand der Lebensbedingungen einer Mehrzahl von Haushalten, erfasst.
- Obschon die Definition an den Lebensbedingungen von Haushalten ansetzt, sind Armut und soziale Exklusion von Slumhaushalten nicht Bestandteil dieser Definition.
- Das letztgenannte Definitionskriterium, die Rechtssicherheit hinsichtlich der Verfügbarkeit des eigenen Wohnraums, spielt zwar eine zentrale Rolle in der Debatte über die Probleme von Slums (s.u.), ist aber empirisch schwer zu erheben und wird in der amtlichen Statistik der meisten Länder ebenso wenig erfasst wie in den Datensätzen von UN-Habitat selbst.

Die Slumdefinition von UN-Habitat bietet einen praktikablen Ansatzpunkt, das Phänomen Slum zu quantifizieren und liegt den meisten internationalen Studien zur weltweiten Entwicklung der Slums zugrunde.

So wird die Zahl der Slumbevölkerung – d.h. entsprechend der o.g. Definition derjenigen Menschen, die in Slumhaushalten, aber nicht zwangsläufig in Slums im physischen Sinne leben – in den Entwicklungsländern derzeit auf weltweit mehr als 800 Millionen taxiert. Die Mehrzahl von ihnen lebt in Asien. Der Anteil der Slumbevölkerung an der gesamten städtischen Bevölkerung liegt in den

Entwicklungsländern bei rund einem Drittel, ist allerdings im subsaharischen Afrika weit höher. Hinzu kommt, dass einige asiatische Länder – allen voran China und Indien – in der jüngsten Vergangenheit beispielhafte Erfolge in der Reduktion der Slumbevölkerung erzielt haben. So reduzierte sich die absolute Zahl der Slumbevölkerung von 2000–2010 in China um 65,31 Mio., in Indien um 59,73 Mio. und in Indonesien um 21,23 Mio. Menschen (UN-Habitat, 2010, S. 39f.). Der Anteil der Slumbevölkerung an der gesamten städtischen Bevölkerung ist sogar seit einigen Jahren rückläufig. Auf der anderen Seite darf aber nicht außer Acht gelassen werden, dass die Slumbevölkerung, in absoluten Zahlen betrachtet, nach wie vor wächst – jedes Jahr kommen schätzungsweise 6 Mio. Slumbewohnerinnen und -bewohner neu hinzu (UN-Habitat, 2010, S. 42). Weiterhin ist bemerkenswert, dass es keineswegs die größten Städte und Agglomerationen in den Entwicklungsländern sind, in denen dieses Wachstum besonders dynamisch ist, sondern eher die mittleren und kleineren Städte, wo der Anteil an Slumbevölkerung ohnehin am höchsten ist (UN-Habitat, 2008, S. 108ff.).

3.   Warum sind Slums ein Problem?

Wenn Slums zum Gegenstand öffentlicher, politischer oder wissenschaftlicher Debatten werden, so geraten sie fast immer als Problem in den Blick – als Ort, an dem zahlreiche Missstände kumulieren und der die Lebenschancen seiner Bewohnerinnen und Bewohner, aber auch die Entwicklungsperspektiven ganzer Städte beeinträchtigt. Die mit Slums assoziierten Probleme sind städtebaulicher und infrastruktureller, sozialer oder institutioneller Natur.

3.1 Städtebauliche und infrastrukturelle Probleme

Auch wenn beträchtliche Unterschiede zwischen den Slums dieser Welt bestehen – per definitionem ist ihnen gemeinsam, dass sie in städtebaulicher und infrastruktureller Hinsicht gravierende Defizite aufweisen (denn vier der fünf in der Slumdefinition von UN-Habitat benannten Kriterien beziehen sich ja auf städtebauliche und infrastrukturelle Defizite). So zeichnen sich Slums in aller Regel durch die schlechte Qualität und die Übernutzung (bzw. Überbelegung) der vorhandenen Bausubstanz sowie eine mangelhafte oder gänzlich fehlende Ausstattung mit essentiellen technischen Infrastrukturen wie befestigten Wegen oder Sanitäranlagen aus. Dabei ist allerdings zu beachten, dass es keine universalen Kriterien dafür gibt, welche städtebaulichen und infrastrukturellen Standards als normal bzw. angemessen gelten können. So sind westlich geprägte Normalitätsvorstellungen von Stadt, auch wenn sie sich international durchgesetzt haben, in der Auseinandersetzung mit den Städten des Südens häufig wenig hilfreich – etwa in weiten Teilen Afrikas, wo Städte zu 80–100% als Slum (nach UN-Habitat-Definition) klassifiziert sind. Gleichwohl ist nicht zu bestreiten, dass die städtebaulichen und infrastrukturellen Defizite vieler Slums tatsächlich mit miserablen Lebensbedingungen und nicht selten katastrophalen hygienischen Verhältnissen einhergehen. So waren beispielsweise Anfang der 2000er Jahre nur rund 37% aller Haushalte in den Slums der Entwicklungsländer an die Trinkwasserversorgung und weniger als 20% dieser Haushalte an die Abwasserentsorgung angeschlossen. Diese Werte variieren allerdings beträchtlich zwischen den einzelnen Weltregionen. Während im subsaharischen Afrika sogar weniger als 20% aller in Slums lebenden Haushalte an die Trinkwasserversorgung und gerade einmal gut 7% an die Abwasserversorgung angeschlossen waren, betrugen die entsprechenden Werte in Lateinamerika knapp 58% und gut 30% (UN-Habitat, 2003, S. 114). Hinzu kommt, dass Slumbehausungen vielfach nur unzureichenden Schutz vor Niederschlagen bieten, dass sie nicht selten in Überschwemmungs- oder Hangrutschungsgebieten errichtet wurden und dass die fehlende Anbindung an das öffentliche Verkehrsnetz für die Slumbewohnerinnen und -bewohner oft die Übernahme einer geregelten Arbeit im formellen Sektor ausschließt, weil die Arbeitsplätze gar nicht erreichbar sind.

3.2 Soziale Probleme

Mit den städtebaulichen und infrastrukturellen Defiziten der Slums gehen gravierende soziale Probleme Hand in Hand. Denn diese Defizite sind zuallererst ein Zeichen von Armut und – fast immer – auch von enormer sozialer Ungleichheit, indem sie typischerweise in extremem Kontrast zur baulichen und infrastrukturellen Qualität der wohlhabenderen Stadtteile der betreffenden Städte stehen. Aber auch unabhängig von der offensichtlichen gesellschaftlichen Dimension städtebaulicher und infrastruktureller Defizite sind Slums mit genuin sozialen Problemen assoziiert. Insbesondere werden ihnen – in zumindest impliziter Anlehnung an soziologische Theorien abweichenden Verhaltens (wie etwa die Subkulturtheorie) – häufig negative Effekte hinsichtlich der Einstellungen und Handlungsweisen ihrer Bewohnerinnen und Bewohner zugeschrieben: Demnach seien Slums nicht nur deshalb Brutstätten von Kriminalität und Gewalt, weil dort viele Menschen wohnen, denen keine legalen Ressourcen zur Erreichung ihrer Ziele zur Verfügung stehen, sondern auch deshalb, weil Menschen, die in diesem Umfeld sozialisiert werden, (gesamt-)gesellschaftlich nicht akzeptierte Regeln des sozialen Verhaltens erlernen und internalisieren. Diese Sichtweise der Slums hat der photographische Chronist der New Yorker Lower East Side des ausgehenden 19. Jahrhunderts, Jacob A. Riis, in der Einleitung zu seinem Hauptwerk in einer klassischen Formulierung auf den Punkt gebracht. Slums bezeichnet er als

> nurseries of pauperism and crime that fill our jails and police courts; that throw off a scum of forty thousand human wrecks to the island asylums and workhouses year by year; that turned out in the last eight years a round half a million beggars to prey upon our charities [...] because, above all, they touch the family life with deadly moral contagion (Riis, 1890, Introduction).

Der Topos des Slums als Brutstätte von Sittenlosigkeit und Kriminalität schließlich ist nicht zu trennen von einem weiteren sozialen Problem, das die Existenz von Slums nach sich zieht – der Stigmatisierung nicht nur ihres Zuhauses, sondern auch ihrer Person, unter der Slumbewohnerinnen und -bewohner weltweit zu leiden haben: *„The largest problem is the lack of recognition of slum dwellers as being ur-*

ban citizens at all" (UN-Habitat, 2003, S. 104). Diese Stigmatisierung ist häufig maßgeblich mit dafür verantwortlich, dass diejenigen, die in den Slums leben, kaum Aussicht auf einen Arbeitsplatz, eine Wohnung in der formellen Stadt oder generell einen sozialen Aufstieg haben.

Ausgehend von der Diagnose der vielfältigen sozialen Probleme, die mit dem Phänomen Slum verbunden sind, hat sich in den vergangenen Jahrzehnten die diskursmächtige Dichotomie von *slums of hope* und *slums of despair* etabliert (vgl. z.B. Owusu, Agyei-Mensah & Lund, 2008). Dieses Begriffspaar wurde bereits in den 1960er Jahren (Stokes, 1962) in der Absicht eingeführt, der pauschalen Stigmatisierung der Slums eine nüchterne Analyse der Ressourcen entgegenzusetzen, mit Hilfe derer sich die Slumbewohnerinnen und -bewohner selbst aus ihrem „Elend" zu befreien vermögen (vgl. Neuwirth, 2007). Die prinzipiell vorhandenen Selbstheilungskräfte eines *slum of hope* werden dabei insbesondere an den mehr oder minder rasch verlaufenden, ausschließlich auf Eigenleistungen der Bewohnerinnen und Bewohner beruhenden baulichen Konsolidierungsprozessen festgemacht, die in Slums allerorten zu beobachten sind, aber auch an den dynamischen kleingewerblichen Handwerks- und Dienstleistungsunternehmen, die das ökonomische Leben der meisten Slums prägen. Beides bekundet den ausgeprägten Willen und die Fähigkeit zur Verbesserung der eigenen Lebenssituation der Bevölkerung eines *slum of hope* (Lloyd, 1979).

3.3 Institutionelle Probleme

Sowohl Riis' Beobachtungen zur scheinbar verheerenden sozialisatorischen Wirkung der Slums als auch de Sotos' neoliberale Argumentation berühren unmittelbar einen dritten Problemkreis, der ebenfalls eine prominente Rolle in der Auseinandersetzung um die Slums spielt: das Gefüge an Normen und Regeln, die den institutionellen Rahmen bilden, innerhalb dessen sich die Entwicklung der Slums und die Aktivitäten ihrer Bewohnerinnen und Bewohner vollziehen. Dieser Problemkreis kommt zumeist als Abwesenheit von Regeln zu Sprache – zumindest von solchen Regeln, die außerhalb der Slums gesellschaftliche Ordnung herstellen. Allerdings hat sich in der Auseinandersetzung mit diesem Problemkreis der Fokus mittlerweile verschoben: weg von der Diagnose „sittlicher Verwahrlosung" in den Slums hin zu der Feststellung, dass die Abwesenheit des Staates bzw. des staatlichen Gewaltmonopols ein wesentlicher Grund für die Misere vieler Slums ist, weil Verstöße gegen gesetzliche Normen, die das soziale Miteinander, das wirtschaftliche Handeln und das Bauen regulieren, nicht sanktioniert werden. Hinzu kommt ein weiterer Aspekt: die häufig prekären Besitz- bzw. Verfügungsrechte der Slumbewohnerinnen und -bewohner am eigenen Wohnraum (*security of tenure*) (vgl. Durand-Lasserve & Selod, 2009).

In den seltensten Fällen verfügen Slumhaushalte über einen Besitztitel für das Land, auf dem ihre Behausung steht: Vielfach wurde das Land (illegal) besetzt oder es wurden (nicht legale) Pachtverträge mit Spekulanten oder Großgrundbesitzern abgeschlossen (Amaral, 1994). Daher leben viele Slumbewohnerinnen und -bewohner in der ständigen Sorge, vertrieben zu werden – ein gravierendes Hindernis sowohl für die eigene Lebensplanung als auch für Investitionen in die eigenen vier Wände. Zusätzlich verschärft wird diese Problematik dadurch, dass die Grundstückspreise in vielen Groß- und Megastädten der Entwicklungsländer in den letzten Jahrzehnten stark gestiegen sind. In Stadtnähe sind sie für ärmere Bevölkerungsgruppen in der Regel nicht (mehr) bezahlbar; Grundstücke sind von einer *„resource with a use value to a commodity with a market value"* transformiert worden (UNCHS, 1984, S. 25).

4. Wie lässt sich die Situation in den Slums verbessern? Verschiedene Positionen

Da Slums in aller Regel als Problem oder Herausforderung wahrgenommen werden, ist weitgehend unstrittig, dass ihre schiere Existenz zugleich (stadtentwicklungs-)politischen Handlungsbedarf impliziert. Worin dieser Bedarf genau besteht, bzw. wie das Problem der Slums angegangen werden soll, darüber besteht allerdings keineswegs Einigkeit. Um die verschiedenen Positionen, die zu dieser Frage eingenommen werden, zumindest grob zu skizzieren, ist es hilfreich, zunächst die wesentlichen Akteure und deren jeweilige Perspektive zu identifizieren, die sich am – wenn man es so bezeichnen möchte – Slumdiskurs beteiligen.

Die Diskussion über die Slums dieser Welt wurde und wird weithin von den *Organisationen der internationalen Entwicklungszusammenarbeit* geprägt, auf deren Agenden die Verbesserung der Lebensbedingungen in den Slums dieser Welt eine wichtige Rolle spielt. Allen voran ist hier UN-Habitat zu nennen. Die Bedeutung dieser Organisation in der Auseinandersetzung mit dem Phänomen der Slums wurde bereits in den vorangegangenen Abschnitten dieses Beitrags daran ersichtlich, dass sie den heutigen Slumbegriff maßgeblich mitgeprägt und einen wesentlichen Teil der über die Slums dieser Welt verfügbaren (bzw. publizierten) Informationen aufbereitet hat. UN-Habitat plädiert seit vielen Jahren konsequent für eine Politik der Aufwertung von Slums und damit eine endgültige Abkehr von früheren Räumungs- und Umsiedlungsstrategien. Demnach gelte es, die in den Slums vorhandenen Potenziale zu nutzen, um die dortigen Lebensbedingungen schrittweise zu verbessern – nicht zuletzt, indem der informelle Sektor der Ökonomie (der in den Slums typischerweise um ein Vielfaches größer ist als der formelle) für dieses Ziel fruchtbar gemacht wird (UN-Habitat, 2003, S. 165ff.). Andere internationale Organisationen haben sich noch nicht ganz so entschlossen von der vormaligen *slum-clearance*-Strategie abgewandt wie UN-Habitat. So steht in der *Cities Without Slums*-Kampagne nach wie vor das Ziel im Vordergrund, das Phänomen der Slums zu beseitigen, was, so die verbreitete Kritik, Slumräumungen Vorschub leistet (Gilbert, 2007).

Lokale Verwaltungen der Groß- und Megastädte des globalen Südens haben mit beispielhaften Projekten und Programmen der Slumpolitik ebenfalls vielfach rezipierte Beiträge zur internationalen Slumdiskussion geleistet. Insbesondere in Lateinamerika haben die Bestrebungen einzelner Stadtverwaltungen, die Lebensqualität in den Slums zu verbessern, auch international breit gewürdigte und teilweise spektakuläre Erfolge gezeitigt. So wandte sich Rio de Janeiro in den achtziger Jahren von der wenig erfolgreichen Strategie ab, das Problem der Slums durch ein von Umsiedlungsprogrammen flankiertes *Bulldozing* zu beseitigen. In den neunziger Jahren erlebte die von Bürgerkriegsfolgen und extremen sozialen Schieflagen ausgezehrte kolumbianische Hauptstadt Bogotá eine zuvor nicht für möglich gehaltene Renaissance, die maßgeblich auf eine engagierte kommunale Erneuerungs-

und Imagepolitik zurückzuführen war (Gilbert, 2006). Die Einführung eines *Bus Rapid Transit*-Systems, das peripher gelegene Marginalviertel in bisher ungekannter Qualität mit dem Stadtzentrum verband, spielte hierbei eine zentrale Rolle.

Auch Intellektuelle aus *Wissenschaft und Politikberatung* spielen eine nicht zu vernachlässigende Rolle in der öffentlichen Diskussion um Slums. So entfalten insbesondere die im Übergangsbereich zwischen sozialwissenschaftlichen und Journalismus einzuordnenden akademischen Einlassungen zur Slumthematik häufig eine beträchtliche Öffentlichkeitswirksamkeit. Allerdings lassen sich diese Beiträge schwerlich zusammenfassend charakterisieren, da es eine nicht überschaubare Vielfalt akademischer Perspektiven auf das Slumphänomen gibt. Exemplarisch seien jedoch drei einflussreiche Stimmen genannt. So haben *Hernan de Soto* und seine Mitstreiter mit „El otro sendero" („Der andere Weg") (De Soto, Ghersi & Ghibellini, 1986) bereits vor rund dreißig Jahren einen Meilenstein des neoliberalen Slumdiskurses vorgelegt, indem sie die dem Schlagwort des *slum of hope* inhärente „Hoffnung" marktliberal ausbuchstabieren: Dass die Bevölkerung eines *slum of hope* ihre Chancen ergreifen kann, setze die „richtigen", d.h. eine Marktteilnahme ermöglichenden Rahmenbedingungen voraus. Diese Rahmenbedingungen zu schaffen, darin liege die zentrale Verpflichtung des Staates gegenüber den Slums und ihren Bewohnern, nicht in der direkten Investition in bauliche Maßnahmen oder gar Sozialleistungen. Gänzlich anders positioniert sich der kalifornische Sozialwissenschaftlers *Mike Davis* (2007), der in seinem „Planet of Slums" betitelten Buch eine in der Stadtforschung häufig anzutreffende Position (z.B. auch Neuwirth, 2007) bezieht, die sich als engagierte Skandalisierung bezeichnen lässt. Davis zeichnet ein durch und durch pessimistisches, ja apokalyptisches Bild der Armutsquartiere dieser Welt. Er bezeichnet sie als *„stinkende Kotberge"* (Davis, 2007, S. 145), die die *„unausweichliche Zukunft nicht nur für arme Migranten vom Land, sondern auch für Millionen alteingesessener Stadtbewohner"* darstellen (ebd., S. 160) – *„Endstation"* für eine Milliarde Menschen, eine *„Zone der Verbannung, ein neues Babylon"* (ebd., S. 210). Zwar bestehen an der wissenschaftlichen Seriosität der von Davis vorgebrachten Belege beträchtlich Zweifel (Parnreiter, 2007); als nicht nur dezidierte, sondern auch breit rezipierte Absage an die – häufig mit einer *slums-of-hope*-Rhetorik verknüpfte – Vorstellung, die marginalisierten Slumhaushalte könnten sich gleichsam am eigenen Schopf aus ihren prekären Lebensumständen ziehen, ist sein Buch gleichwohl ein weiterer Meilenstein in der Debatte um die Slums dieser Welt. Entschieden widerspricht Davis der These, Slums seien (auch) Orte sozialer und wirtschaftlicher Entwicklung (zum Besseren). Selbsthilfeprogramme sind seiner Ansicht nach eine Illusion, denn *„Immobilienmärkte haben [...] sich die Slums zurückerobert, und obwohl sich der Mythos von heroischen Besetzern und kostenlosem Land hartnäckig hält, werden die städtischen Armen immer mehr zu Vasallen der Landbesitzer und Immobilienmakler"* (Davis, 2007, S. 69). Ebenso tritt er gegen die *„Verklärung der informellen Ökonomie"* ein:

> Mikrounternehmertum wurden enorme Möglichkeiten zugeschrieben. Aber Unmengen von Fallstudien aus allen Ecken der Welt belegen, dass immer mehr Menschen in eine begrenzte Zahl von Überlebensnischen gedrängt werden. Es gibt einfach zu viele Rikschafahrer, zu viele Straßenhändler, [...] zu viele Leute, die vor Fabriken und Arbeitsgelegenheiten Schlange stehen (Davis, 2006, S. 810).

Vor diesem Hintergrund führt, so lässt sich Davis' Petitum zusammenfassen, kein Weg an einem Umbau der die Slums hervorbringenden gesellschaftlichen Verhältnisse vorbei. *Alan Gilbert* (2007) positioniert sich gleichsam zwischen den beiden Polen der Idealisierung bzw. der Skandalisierung der Slums. Unter Bezugnahme auf die *Cities Without Slums*-Initiative warnt er insbesondere vor einer undifferenzierten, stereotypen und die städtische Bevölkerung in informellen Siedlungen stigmatisierenden Perspektive. Mehr noch: Gilbert hält den Begriff Slum insgesamt für problematisch, da er die physisch-städtebaulichen Charakteristika von Quartieren mit den individuellen Lebensbedingungen und Eigenschaften ihrer Bewohnerschaft vermenge. Hinzu komme, dass mit einer Agenda für „Städte ohne Slums" die Gefahr einer Rückkehr zu traditionellen Strategien lokaler und nationaler Politik Tür und Tor geöffnet werde: *„And, with so many unscrupulous governments in power around the world, the stereotype may be used to justify programmes of slum clearance"* (Gilbert, 2007, S. 710).

Die wichtigste Gruppe, die zur Diskussion des Slumphänomens beiträgt, sind zweifelsohne die vielen Millionen *Slumbewohnerinnen und -bewohner* selbst. Sie treten allerdings erst in jüngerer Zeit als organisierter kollektiver Akteur öffentlich in Erscheinung, denn lange wurde nur über die Slums aber kaum einmal mit den dort lebenden Menschen gesprochen. Inzwischen gibt es allerdings eine Reihe teilweise auch international vernetzter Slumbewohner-Organisationen, die sich vernehmbar an nationalen und internationalen Slumdebatten beteiligen. Die wohl prominenteste, die auch regelmäßig zu internationalen Veranstaltungen und Foren eingeladen wird, ist *Shack Dwellers International* (SDI). Bei dieser Selbsthilfeorganisation, deren Wurzeln in Indien liegen, handelt sich um ein Netzwerk gemeindebasierter Organisationen, das insbesondere in Asien und Afrika aktiv ist. Das zentrale Ziel von SDI besteht in der Bereitstellung von Wohnraum und Infrastruktur für die Slumhaushalte, wobei politische Kompetenzen und organisatorische Fähigkeiten der betroffenen Bevölkerung (bzw. deren Förderung) als Schlüssel zur Durchsetzung dieser Ziele gegenüber lokalen Verwaltungen und anderen staatlichen Organisationen gesehen werden (Satterthwaite, 2001). Daneben bestehen international agierende Initiativen zur Vertretung der Interessen von Slumbewohnerinnen und -bewohnern wie das *Centre on Housing Rights and Eviction* oder die *Society for the Promotion of Area Resources Centers*. Schließlich gibt es weltweit unzählige lokale Initiativen und Interessenvertretungen – beispielhaft sei *Abahlali base Mjondolo* genannt, eine Initiative, die 1995 aus einer gegen eine bevorstehende Slumräumung errichteten Straßenblockade im südafrikanischen Durban entstanden ist und die in der Slumliteratur beträchtliche Prominenz erlangte, weil sie – unter konsequenter Bezugnahme auf Henri Lefebvres Diktum des Rechts auf Stadt – nicht auf Kooperation mit, sondern auf Konfrontation gegenüber lokalen Eliten und politischen Entscheidungsträgern setzt (Pithouse, 2009).

Diese knappe und zwangsläufig selektive Darstellung einiger der prominentesten Stimmen zum Phänomen der Slums verdeutlicht die Bandbreite der Sichtweisen auf dieses Phänomen. Immerhin lässt sich konstatieren, dass der autoritäre Ansatz, die Slumbevölkerung umzusiedeln und ihre Quartiere dann niederzureißen, der jahrzehntelang den Umgang mit den Slums prägte, kaum noch verfochten wird. Stattdessen herrscht in den globalen Slumdebatten mittlerweile weitgehendes Einvernehmen, dass die faktische Existenz von Slums zunächst einmal anzuerkennen ist.

5.   Welche praktischen Ansätze und Strategien zum Umgang mit Slums gibt es?

Der politische und planerische Umgang mit Slums hat sich in den vergangenen Jahrzehnten entlang der skizzierten Perspektiven und Positionen stark verschoben. In den bereits in der Mitte des zwanzigsten Jahrhunderts rapide wachsenden Städten Lateinamerikas dominierte bis in die späten 1970er Jahre der Versuch, über massive Staatseingriffe der Probleme der Slums Herr zu werden (vgl. Werlin, 1999). Die physische Beseitigung der Slums und die Zwangsumsiedlung ihrer Bewohnerinnen und Bewohner im Zuge von (meist am Stadtrand lokalisierten) *site-and-service*-Projekten galt nicht nur als probates Mittel der Stadtentwicklungspolitik, sondern war weithin die einzige staatliche Reaktion auf den anhaltenden informellen Urbanisierungsprozess. Es ist davon auszugehen, dass im Zuge dieser Politik der *slum clearance* vielerorts mehr Wohneinheiten vernichtet als neu errichtet wurden – mit dem Ergebnis, dass die Zahl der informellen Siedlungen weiter anstieg. Die negativen Ergebnisse derartiger Interventionen wurden in zahlreichen Studien dokumentiert (z.B. Perlman, 1976; Valladares, 1978; Rodríguez & Icaza, 1993, S. 68). Umsiedlungen zerstören existierende soziale und geschäftliche Verbindungen, erschweren die tägliche Mobilität durch längere Wege und höhere Kosten und erhöhen die Kosten für Wohnraum. Darüber hinaus erwiesen sich Umsiedlungsprogramme als viel zu teuer, um die Slumbevölkerung signifikant zu reduzieren, und stießen zunehmend auf Widerstand. In den 1980er Jahren setzte sich daher die Einsicht durch, dass neue Ansätze erforderlich sind, um die städtische Bevölkerung mit angemessenem Wohnraum zu versorgen (z.B. Pugh, 1990). Damit einhergehend begann sich das Verständnis der Rolle der verschiedenen Akteure der Stadtentwicklung grundlegend zu wandeln, sodass die Perspektive der Hilfe zur Selbsthilfe immer mehr an Bedeutung gewann. Einen Meilenstein in diesem Wandlungsprozess bildete die von *John F.C. Turner* angestoßene Debatte zur *freedom to build* (Turner, 1976). Basierend auf seinen eigenen Beobachtungen in Peru argumentierte Turner, dass die Lösung der Probleme der Slums nicht in deren physischer Beseitigung liegen könne, sondern in der Verbesserung der Lebensbedingungen in den Slums. Dem Staat müsse es zu allererst gelingen, die bestehenden sanitären Probleme zu lösen, indem die Bereitstellung von Trinkwasser sowie von Wasser- und Abfallentsorgungssystemen gewährleistet wird. Durch diese substantielle Verbesserung ihrer Lebensbedingungen würden die Bewohnerinnen und Bewohner der Slums alsbald veranlasst, sukzessive auch selbst in die Qualitätsverbesserung ihres Wohnraums zu investieren. Turner war damit ein früher Vertreter der *slums-of-hope*-Perspektive, die in den 1980er Jahren unter der Überschrift *development from below* einen immer breiteren Raum in den internationalen Stadtentwicklungsdebatten einnahm (vgl. Korten, 1989) und Wegbereiter einer Reihe von *slum-upgrading*-Programmen wie dem brasilianischen *Favela Bairro* (s.u.), die nun zunehmend an die Stelle des *slum-clearance*-Ansatzes traten.

Die nicht zuletzt im Rahmen der internationalen Zusammenarbeit geförderten *slum-upgrading*-Programme waren freilich ihrerseits alsbald mit spezifischen Problemen konfrontiert. So unterblieb aus verschiedenen Gründen vielfach die kontinuierliche Unterhaltung neu geschaffener Infrastrukturen (vgl. Kessides, 1997): Erstens erwies es sich häufig als schwierig festzulegen, wer für den Unterhalt der

Infrastrukturen aufzukommen hat (vgl. Israel, 1992); zweitens führte eine mangelnde Einbindung betroffener Communities in *upgrading*-Projekte regelmäßig zu geringer Akzeptanz und fehlender Eigenverantwortlichkeit (Kessides, 1997); und drittens hat sich gezeigt, dass es ohne die Lösung des Problems der *security of tenure* kaum möglich ist, die Slumbevölkerung für eine aktive Mitwirkung an *upgrading*-Prozessen bzw. am Unterhalt und an der Refinanzierung von technischen Infrastrukturen zu gewinnen (Werlin, 1999) (während unklare Besitzverhältnisse andererseits oft gewalttätige Auseinandersetzung zwischen rivalisierenden Gruppen über die Kontrolle der Vermietung oder des Verkaufs von Wohnraum oder des Drogenhandels im Quartier zur Folge haben; vgl. Amaral, 1994).

Da es offensichtlich eines der wichtigsten Hindernisse für die Konsolidierung der Slums dieser Welt ist, spielt das Problem der *security of tenure* heutzutage eine zentrale Rolle im Rahmen der Suche nach geeigneten Strategien für die künftige Entwicklung der Slums (vgl. Durand-Lasserve & Selod, 2009). Die für dieses Problem vorgeschlagenen Lösungen unterscheiden sich jedoch erheblich. Grundsätzlich existieren zwei konträre Positionen. Die erste, marktliberal grundierte erachtet die Vergabe von Besitztiteln an die Slumhaushalte als wesentlich. In dem Moment, wo aus Slumbewohnerinnen und -bewohnern Grund- und Hauseigentümer werden, so die Überlegung, konzentrieren diese ihre Ressourcen auf die bauliche Konsolidierung und Verbesserung ihrer Immobilie und verbessern damit – durch die Summe ihrer individuellen Anstrengungen – gemeinsam die Lebensbedingungen in den Slums (z.B. Husock, 2009). Dem gegenüber steht die Position, dass es nicht darauf ankommt, wie Rechtssicherheit institutionell ausgeformt ist; wesentlich ist, dass die Slumhaushalte sich darauf verlassen können, dauerhaft an ihrem jeweiligen Wohnstandort verbleiben zu dürfen (Neuwirth, 2007). Dies ist eine notwendige Voraussetzung dafür, dass weitere Maßnahmen zur Konsolidierung und Entwicklung von Slumgebieten – wie beispielsweise Infrastrukturinvestitionen, Bildungsmaßnahmen oder Mikrokreditprogramme – den erhofften Erfolg zeitigen können.

Bei allen Differenzen hinsichtlich der Frage, welches die probaten Strategien für die künftige Entwicklung der Slums sind, besteht doch weithin Einvernehmen darüber, an welchen Punkten eine Verbesserung der Lebensbedingungen in den Slums ansetzen muss (vgl. Tabelle 1).

Tabelle 1:   Gängige Ansätze zur Verbesserung der Lebensbedingungen in Slums (*Upgrading*) (eigene Darstellung)

Dimension	Aktivitäten
Physische Aufwertung	Infrastrukturentwicklung (Wasser, sanitäre Einrichtungen, Gesundheitszentren, Kindergärten und Schulen), Gestaltung von öffentlichen Plätzen, Verbesserungen an Gebäuden (in Verbindung mit Umweltzielen, z.B. bei der Wasser- oder Stromgewinnung)
Besitzrechte für Boden und Wohnraum	Landregistrierung und Formalisierung von Nutzungsrechten, Vergabe von Besitztiteln, Nutzungsverträgen
Ökonomische Verbesserung	Einkommensschaffende Maßnahmen, Mikro-Kredite
Soziale Sicherheit und Kohäsion, Integration	Symbolische Aufwertung, Imagekampagnen, Bildungsmaßnahmen, Programme zur Gewaltbekämpfung
Risikominderung	Umsiedlung aus hochriskanten Lagen (Überschwemmungszonen, rutschungsgefährdete Hänge)
Bürgerbeteiligung	Anreize für Bürgerbeteiligung an der Planung und Umsetzung von Maßnahmen, Einrichtung lokaler Organisationen

Aktuelle stadtentwicklungspolitische Initiativen zur Verbesserung der Lebensbedingungen in den Slums bemühen sich in aller Regel um eine integrierte Herangehensweise, die mehrere der in Tabelle 1 benannten Dimensionen miteinander kombiniert. Eines der prominentesten Beispiele ist das von der brasilianischen Regierung Mitte der 1990er Jahre ins Leben gerufene *Favela Bairro*-Programm (Fiori, Riley & Ramirez, 2001). Es beinhaltet eine Vielzahl von Komponenten: Installation und Ertüchtigung von Wasserversorgungs- und Sanitärinfrastrukturanlagen sowie von Anlagen zur Elektrizitätsversorgung, Gestaltung öffentlicher Plätze und Maßnahmen zum Schutz vor Extremereignissen, Einrichtung von Abfallentsorgungssystemen, Bau und Ausbau von Straßen und Wegen, Errichtung sozialer Infrastrukturen (Kindergärten, Gemeindezentren, Ausbildungseinrichtungen, Sport- und Freizeiteinrichtungen, Beratungszentren). Verbunden wurden diese Maßnahmen mit einer Politik der „Regularisierung". Diese beinhaltete die Übertragung von Eigentumsrechten an die Bewohnerhaushalte sowie die Schaffung von Anreizen zur gemeinschaftlichen Umsetzung des Programms und zur Bürgerbeteiligung. Zugleich stärkten Gesetzesinitiativen der brasilianischen Bundesregierung die Kompetenzen der lokalen Verwaltungen und ermöglichten die Deklaration von Favelas als *special-interest*-Zonen, um sie so von regulären Planungsnormen und -standards befreien zu können, ohne ihre „offizielle" Existenz als Siedlungsbereiche negieren zu müssen. Das von der brasilianischen Regierung im Jahr 2001 verabschiedete, der *Right to the City*-Bewegung verpflichtete *City Statute* gibt den Anliegen von *Favela Bairro* bzw. der „Regularisierung" ein breites legitimatorisches Fundament (De Souza, 2001).

Der Ansatz einer Aufwertung informeller Siedlungen wird auch in jüngerer Zeit weiter verfolgt, wobei verstärkt die Kommunen als gestaltende Akteure auftreten. Ein Beispiel hierfür ist die kolumbianische Stadt Medellín. Dort ist in den letzten Jahren ein Programm zur physischen und sozialen Einbindung der existierenden informell entstandenen Siedlungen in die formale Stadtstruktur aufgelegt worden (Blanco & Kobayashi, 2009). Es beinhaltet die sichtbare Aufwertung der betreffenden Quartiere durch technisch ambitionierte, innovative Infrastrukturen ab. Die Stadtverwaltung von Medellín ließ 2004 die weltweit erste städtische Seilbahn errichten (*Metrocable*), um die an den steilen Berghängen entstandenen Slums an das städtische Verkehrssystem anzubinden. In den Jahren 2008 und 2010 kamen zwei weitere Linien hinzu. Daneben wurden weitere, traditionelle urbane Infrastrukturen auf- und ausgebaut: Spielplätze, öffentliche Büchereien und andere Einrichtungen. Hinzu kommen Maßnahmen zur Förderung von Beschäftigung und Einkommen in den als besonders unsicher geltenden Wohngebieten. Auf diese Weise wird eine umfassende funktionale und soziale Integration der informellen Siedlungen Medellíns in die formelle Stadt angestrebt (Medellin & IDB, 2008). Erste Analysen zu den Wirkungen dieser als *social urbanism* bezeichneten Interventionen deuten insbesondere auf den Wert der damit verbundenen symbolischen Aufwertung der ehemals als besonders prekär und gefährlich gesehenen Gebiete hin (Brand & Dávila, 2011).

Beispiele wie das von *Favela Bairro* oder der Slumaufwertungsprogramme der Stadt Medellín sind bei allen nachweisbaren Erfolgen Vorzeigeprojekte und können – angesichts der schieren Zahl von Slums weltweit – stets nur ein Tropfen auf den sprichwörtlichen heißen Stein sein. Darüber hinaus birgt die Ausstattung der Haushalte in informellen Siedlungen mit Besitz- und Nutzungsrechten auch Risiken – insbesondere die Steigerung von Immobilienpreisen und Mieten in den aufgewerteten, nicht selten vergleichsweise zentrumsnah gelegenen Vierteln und damit eine mögliche Verdrängung der derzeitigen Bevölkerung. Vor diesem Hintergrund hat die in Europa und Nordamerika verbreitete Sorge vor Gentrifizierungsprozessen auch im globalen Süden, nicht zuletzt in Lateinamerika, Einzug gehalten (z.B. Sabatini & Salcedo, 2007). Hier warten neue Herausforderungen auf die Bevölkerung und lokale staatliche Organisationen.

6.   Fazit

Der in diesem Beitrag vorgelegte Überblick zu den Herausforderungen, die sich mit den Slums dieser Welt verbinden, zu den Perspektiven unterschiedlicher Akteure auf diese Herausforderungen und zu den praktischen Ansätzen zur Aufwertung und Konsolidierung von Slums sollte aufzeigen, wie vielschichtig und kontrovers die Slumdebatte ist. Besonders bedenkenswert ist in diesem Zusammenhang der Umstand, dass der Begriff des Slums wohl unweigerlich nie allein mit den physischen Lebensbedingungen einer bestimmten räumlichen Umwelt konnotiert ist, sondern immer auch mit Vorstellungen zu den Menschen, die dort leben. Er droht damit Tür und Tor für Vorurteile und Stigmatisierungen zu öffnen. Die Perspektive der unterschiedlichen, weltweit an den zum Phänomen der Slums beteiligten Akteure spiegelt diese Schwierigkeit wider. Für die Zukunft bleibt zu hoffen, dass sich in der Praxis der Stadtentwicklung diejenigen Ansätze durchsetzen, die – jenseits aller Slumrhetorik – die prekären Lebensbedingungen eines großen Teils der globalen städtischen Bevölkerung zu verbessern wissen, gleichgültig ob sie auf der lokalen Ebene des Slums ansetzen oder nicht.

Literatur

Amaral, M.R. de S. (1994). Community Organization, Housing Improvements and Income Generation. *HABITAT International, 18*(4), 81–97.

Blanco, C. & Kobayashi, H. (2009). Urban transformation in slum districts through public space generation and cable transportation at northeastern area: Medellín, Colombia. *Journal of International Social Research, 2*(8), 75–90.

Brand, P. & Dávila, J.D. (2011). Mobility innovation at the urban margins. *City, 15*(6), 647–661.

Cities Alliance (1999). *Cities Without Slums: Action Plan for Moving Slum Upgrading to Scale*. Washington DC: The World Bank/UNCHS (Habitat).

Davis, M. (2006). Planet der Slums. Urbanisierung ohne Urbanität. *Blätter für deutsche und international Politik* (7/2006), 805–816.

Davis, M. (2007). *Planet der Slums*. Berlin: Assoziation A.

De Soto, H., Ghersi, E. & Ghibellini, M. (1986). *El otro sendero: la revolución informal*. Lima: Editorial El Barranco.

De Souza, M. (2001). The Brazilian Way of Conquering the ‚Right to the City'. *disP – the Planning Review, 147*(4), 25–31.

Durand-Lasserve, A. & Selod, H. (2009). The Formalization of Urban Land Tenure in Developing Countries. In V. Somik, S.V. Lall, M. Freire, B. Yuen, R. Rajack, & J.J. Helluin (Hrsg.), *Urban Land Markets. Improving Land Management for Successful Urbanization* (S. 101–132). Dordrecht: Springer.

Fiori, J., Riley, E. & Ramirez, R. (2001). Physical Upgrading and Social Integration in of Rio de Janeiro: the Case of Favela Bairro. *disP – the Planning Review, 147*(4), 48–60.

Gilbert, A. (2006). Good Urban Governance: Evidence from a Model City? *Bulletin of Latin American Research, 25*(3), 392–419.

Gilbert, A. (2007). The Return of the Slum: Does Language Matter? *International Journal of Urban and Regional Research, 31*(4), 697–713.

Husock, H. (2009). Slums of Hope. *City Journal, 19*. Verfügbar unter: http://www.city-journal.org/2009/19_1_slums.html [17.03.2015].

Israel, A. (1992). *Issues for Infrastructure Management in the 1990s*. Washington DC: World Bank.

Kessides, C. (1997). *World Bank Experience with the Provision of Infrastructure Services for the Urban Poor*. Washington DC: World Bank.

Korten, D.C. (1989). The community: master or client? A reply. *Public Administration and Development, 9*(5), 569–575.

Lloyd, P. (1979). *Slums of Hope?* London: Penguin books.

Medellín & IDB (2008). *Medellín. La Transformación de una Ciudad.Medellín*. Alcaldia de Medellín.

Neuwirth, R. (2007). Squatters and the Cities of Tomorrow. *City, 11*(1), 72–80.

Owusu, G., Agyei-Mensah, S. & Lund, R. (2008). Slums of hope and slums of despair. *Norsk Geografisk Tidsskrift – Norwegian Journal of Geography, 62*, 180–190.

Parnreiter, C. (2007). Mike Davis: Planet of Slums (Rezension). *H-Soz-u-Kult, 01.08.2007*. Verfügbar unter: http://www.hsozkult.de/publicationreview/id/rezbuecher-9371 [17.03.2015].

Perlman, J. (1976). *The myth of marginality*. Berkeley: University of California Press.

Pithouse, P. (2009). Abahlali baseMjondolo and the Struggle for the City in Durban, South Africa. *Cidades, 6*(9), 241–272.

Pugh, C. (1990). *Housing and Urbanisation*. New Delhi: Sage.

Riis, J. A. (1890). *How the Other Half Lives*. New York: Charles Scribner's Sons.

Rodríguez, A. & Icaza, A.M. (1993). *Procesos de Expulsión de Habitants de Bajos Ingresos del Centro de Santiago, 1981–1990* (SUR Documentos de Trabajo 136). Santiago de Chile.

Sabatini, F. & Salcedo, R. (2007). Gated Communities and the Poor in Santiago, Chile: Functional and Symbolic Integration in a Context of Aggressive Capitalist Colonization of Lower-Class Areas. *Housing Policy Debate, 18*(3), 577–606.

Satterthwaite, D. (2001). From professionally driven to people-driven poverty reduction: reflections on the role of Shack/Slum Dwellers International. *Environment & Urbanization, 13*(2), 135–138.

Somik, V., Lall, S.V., Freire, M., Yuen, B., Rajack, R. & Helluin, J.J. (Hrsg.). (2009). *Urban Land Markets. Improving Land Management for Successful Urbanization.* Dordrecht: Springer.

Stokes, C.J. (1962). A Theory of Slums. *Land Economics, 38*, 187–97.

Turner, J.F.C. (1976). *Housing by people: towards autonomy in building environment.* London: Marion Boyars.

UNCHS (United Nations Centre for Human Settlements HABITAT) (1984). *Upgrading of Inner-City Slums.* Nairobi.

UN-Habitat (2003). *The Challenge of slums. Global report on human settlements.* London: Earthscan.

UN-Habitat (2008). *State of the World's Cities 2008/09: Harmonious Cities.* London: Earthscan.

UN-Habitat (2010). *State of the World's Cities 2010/11: Bridging the Urban Divide.* London: Earthscan.

Valladares, L. (1978). Working the system: squatter response to settlement in Rio de Janeiro. *International Journal of Urban and Regional Research, 2*, 12–25.

Werlin, H. (1999). The Slum Upgrading Myth. *Urban Studies, 36*(9), 1523–1533.

European Cities Between Shrinkage and Regrowth
Current Trends and Future Challenges

Annegret Haase

The development pathways of European cities have become increasingly diverse during the last decades. Apart from continuous growth, two new trends have emerged: shrinkage and regrowth. While shrinkage started to hit Western and Central European cities from the 1970s onwards, its focus shifted to Eastern Europe after 1990. Instead, a part of the formerly shrinking cities have seen stabilization or new growth after shrinkage since the 1990s. As for the future, both trends shrinkage and regrowth will considerably determine the fate of urban Europe. Set against this background, the paper discusses current trends and future challenges of shrinking and regrowing cities across Europe. It identifies the causes of both dynamics and discusses the processes that are driving them. It shows the impacts on different "arenas" of urban development and how cities respond to these impacts. Moreover, it figures out how both shrinkage and reurbanization are interlinked. In its final part, the paper looks critically at which future challenges face today's shrinking and reurbanizing cities across Europe.

European Cities Between Shrinkage and Regrowth

Often, the "European city" has been referred to as (more or less) one type of, or trajectory for, urban development, in contrast to others (Le Galès, 2002; Kazepov, 2004). In reality, the development of (large) cities in Europe has always been characterized by diverse pathways. During the last decades, this diversity has even more increased, especially when population development is considered (Kabisch, Haase & Haase, 2012; EC, 2011, Figure 1). Whereas many cities in western and northern Europe are experiencing a fairly continuous process of urban growth, other cities have developed along one of two other pathways – shrinkage and regrowth. Many cities have experienced long periods of urban shrinkage (population decline) since the 1970s: According to studies from the mid-2000s, about 40 percent of all large European cities (>200,000 inhabitants) are shrinking (Turok & Mykhnenko, 2007). Urban Audit data for cities >100,000 inhabitants show that, within the period 1990–2012, 163 out of 477 cities have seen decline during the reported period, 46 of them over a longer time, i.e. at least 10 years, the remaining for shorter periods (Figure 1). During the 1970s and 1980s, the majority of shrinking cities could be found in Western Europe, West Germany and the UK. Shrinkage has been well documented in regions such as the Ruhr basin, northern England, central Scotland, as well as in Wallonia (Oswalt & Rieniets, 2006; Couch & Cocks, 2010; Bogumil, Heinze, Lehner & Strohmeier, 2012). Affected cities lost considerable numbers of their inhabitants as a consequence of industrial decline and out-migration. After 1990, the "pole of shrinkage" in Europe shifted eastwards, towards the former state socialist countries, to urban regions such as Upper Silesia in Poland, Ostrava and northern

Moravia as well as the Donbas (Haase, 2012; Rumpel & Slach, 2012; Mykhnenko, Soldak, Kuzmenko & Haase, 2012). Outside EU Europe, in Russia, about half of all large cities are currently shrinking. (rbc, 2015) To cut a long story short: Today, shrinkage has become an urban pathway next to others in urban Europe, and it is likely to continue into the future as a result of the increasing impact of demographic ageing (Rink, Haase, Grossmann, Couch & Cocks, 2012). At the same time, shrinkage represents a challenge for the affected cities.

In some cities, a phase of shrinkage was followed, more recently, by a recovery of population numbers. This "turnaround", from shrinkage towards new growth after shrinkage, has become an increasingly frequent trajectory among Europe's large cities. Figure 1 shows that for the Urban Audit cities >100,000 inhabitants, within the period 1990–2012, 59 out of 477 cities show regrowth after shrinkage at least over a period of 10 years; further 114 cities showed at least periods of regrowth within the analyzed time slot, even if shorter than 10 years. Regrowing cities can be found within different European regions, with foci in Germany and the UK. Regrowth has been, consequently, increasingly reflected in the recent literature – a number of papers dealing with the upswing of cities after a phase of decline have called it *reurbanization* (Couch, Fowles & Karecha, 2009; Haase, Kabisch, Steinführer, Bouzarovski, Hall & Ogden, 2010; Buzar, Ogden & Hall, 2005), *reconcentration* (Herfert, 2007), *resurgence* (Kujath, 1988; Cheshire, 1995; 2006; Stead & Hoppenbrouwer, 2004), *revival of cities* (Storper & Manville, 2006), or even *urban renaissance* (Helbrecht, 1996; Colomb, 2007). Because city regrowth means population stabilization, or even increase, after a (longer) phase of shrinkage, most regrowing cities still have to cope with the subsequent, long-term consequences of shrinkage such as brownfield sites, tight budgets, surplus housing or underused infrastructures (Rink et al., 2012). At the same time, they are faced with new challenges such as how to steer regrowth in a sustainable way, how to combine a continuous use of the benefits that shrinkage had offered (e.g. more green spaces, less densely built structures, flexible or interim use of urban land) with the demand of regrowth for new housing, (re-)densification or increasing land take by infrastructure.

Urban shrinkage and regrowth today are a part of complex changes within many European cities under the conditions of global transformations of demographic structures, economic globalization etc. Because, in recent years, the number of both shrinking and regrowing cities has increased in several countries (Couch et al., 2009; Herfert, 2007; Cheshire, 2006), there is a growing need to investigate these two trajectories and their interrelatedness in more detail. One strand of the debate frames the interrelation of shrinkage and regrowth as consecutive cycles in long-term urban development – for instance, the sequence of sub- and counterurbanization leading to a shrinkage of the core city (Bradbury, Downs & Small, 1982; Champion, 2001), followed by a reurbanization through which the core city is repopulated (see the cyclic model introduced by van den Berg, Drewett, Klaassen, Rossi & Vijverberg, 1982; for subsequent critiques and developments see Lever, 1993; Nyström, 1992; Kabisch & Haase, 2011). The second strand originates in more recent contributions that emphasize the interrelatedness and concurrence of shrinkage and regrowth (e.g. for the UK Couch, Karecha, Nuissl & Rink, 2005; Couch et al., 2009; for Germany Nuissl & Rink, 2005; for Spain Muñoz, 2003; for Italy Petsimeris, 2002; for Poland

and Czech Republic Haase, Steinführer, Kabisch, Großmann & Hall, 2011; Parysek, 2005). As for the future of urban Europe, not least due to the continuing ageing of the continent's population and its long-term consequences, it can be expected that a considerable number of cities will face further or new shrinkage; at the same time, new migration flows and an increasing attractiveness of urban living will lead to re-growth in a number of large European cities that underwent a phase of shrinkage re-cently. So, both pathways will considerably determine the future of urban Europe.

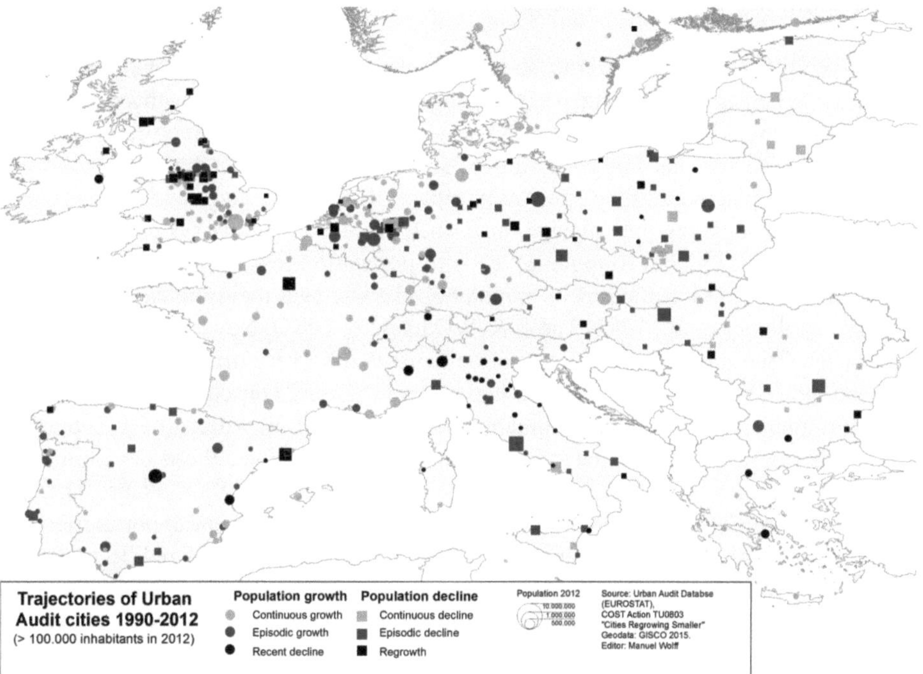

Figure 1: Population development of Urban Audit cities (population > 100,000), 1990–2012

Set against this background, this paper discusses current trends and future challeng-es of shrinking and regrowing cities across Europe. It identifies the causes of both dynamics and discusses the processes that are driving them. It shows the impacts on different "arenas" of urban development and how cities respond to these impacts. Moreover, it demonstrates how both shrinkage and regrowth are interlinked. In its fi-nal part, the paper looks critically at the future challenges today's shrinking and re-growing cities across Europe will face. In this vein, it discusses what the future of shrinking and regrowing European cities might look like and its significance for a variety of issues, including their sustainability, their chances of maintaining quality of life, and local governance. This discussion will be closed by an outlook on further research demand and challenges for the urban debate in order to grasp today's urban development. The paper synthesizes the results of various international research programmes undertaken between 2002 and today (spring 2015).[1] However, it goes beyond a classical empirical study by drawing conclusions on the basis of the material that has been previously published and analyzed. In other words, the paper aims to provide a reflective and critical summary rather than an empirical report based on primary evidence.[2]

Urban Shrinkage: The Challenge of Decline and Abandonment

Understanding Urban Shrinkage

Urban shrinkage has turned out to be one of several possible urban development trajectories. Whereas it was long perceived as a "wrong" or "bad" pathway that had to be overcome, "reversed" or "adjusted", today it is discussed much less emotionally. In the research that this paper draws on, shrinkage is defined as follows: It occurs when the place- and time-specific interplay of processes and trends such as economic decline, demographic change, and shifts in the settlement system at different spatial levels from global to regional leads to population loss at the local scale. This rather simple definition focuses on population decline as a main indicator (Figure 2; see also Bradbury et al., 1982; Turok & Mykhnenko, 2007). Nevertheless, it must be emphasized that population decline can be generated by very different developments – it can either be caused by negative natural growth, as a consequence of death surplus and ageing, or by a loss of inhabitants through out-migration (be it suburbanization or migration out of the urban region). Taken together, these developments, which operate in various local combinations, are the causes of shrinkage. The key amongst the consequences of shrinkage include fewer employment opportunities, the emergence of brownfield sites, housing vacancies, the underuse of public transport, problems with technical infrastructure related to water use, and a decrease in tax revenues (see the lowest bar of the heuristic model in Figure 2). There are direct consequences of shrinkage, for example, declining job-markets due to economic restructuring, or the emergence of brownfields as a consequence of the closure of industrial plants. Other – indirect – consequences are "moderated" by population losses such as housing vacancies or underuse of public transport in depopulating neighborhoods.

Shrinkage also evolves from and is influenced by ongoing feedback loops, so that the picture becomes more complicated. Thus, for example, the ageing of a neighborhood, initially emerging as a consequence of out-migration of younger people seeking new jobs or housing opportunities, can cause a decline in birth numbers that is subsequently reflected in the closure of schools, nurseries, and other child-related infrastructure. This further reduces the attractiveness of the affected urban area, and reinforces the out-migration of younger households from the city and prevents families located outside the city from moving in.

---

1   The paper is based mainly on research carried out in the 5 FP EU project "Re Urban Mobil" (2002–2005), the project "Social and spatial change in east Central European cities" sponsored by the German Volkswagen foundation (2006–2009) and the 7 FP EU project "Shrink Smart" (2009–2012) as well as on work that builds on the outcomes of these projects.

2   A preliminary version of this paper was published in a documentation of a scientific workshop in Mariazell, Austria, in January 2012, see Haase (2015).

When considering the trajectories and feedback loops in urban shrinkage, it is important to stress that the forms in which population losses impact on the urban fabric vary considerably between locations. Factors such as housing systems and housing cultures, labour market institutions, the particular organisation of urban infrastructure, the degree of social polarization, the urban form, as well as the place of the city in the national and regional regulatory frameworks, play an enormous role in co-determining the impact of population loss on a particular aspect of urban life. As a consequence, it is almost impossible to isolate the impact of shrinkage from other influential factors and intervening variables.

Moreover, local developments are always influenced by governance and policies at different spatial levels. Thus, the specific regional (policy) framework is important for cities that are part of an urban agglomeration (e.g. the Ruhr area, Upper Silesia, or the Donbas). Economically successful cities such as Poznań (Poland) or Pittsburgh (U.S.) shrink while their regions/hinterlands steadily grow due to a process of suburbanization, which benefits from the economic growth of the region as a whole. Furthermore, the role, policy and decision-making of national governments in influencing urban shrinkage vary greatly. Whereas, for example, central governments in Germany and the UK devote considerable resources to tackling problems of shrinkage (e.g. in the housing sector), there is a widespread lack of support for shrinking cities in the former state socialist countries in Europe (for the UK context: Carmon, 1999; for post-socialist Europe: Großmann, Haase, Rink & Steinführer, 2008). In the European Union, community policies have had a selective impact on the fortunes of European cities, including the shrinking ones (Couch, Cocks, Bernt, Grossmann, Haase & Rink, 2012). Generally, the impact of agency depends strongly on power relations, civic society constitution and hierarchies of decision-making in a given (local, regional, national etc.) context.

Last but not least, urban shrinkage is a highly dynamic process that can vary considerably in its duration, speed and scope. Rapid shrinkage is likely to initiate consequences unlike those arising from moderate population decline over a long period of time. Long-term shrinkage often produces effects that the city may have to face many years after it has stabilized its population or achieved a (modest) regrowth (see below). Cities can also alternate between periods of shrinkage and regrowth (Rink et al., 2012; Beauregard, 2009; hypothetically already Bradbury et al., 1982 and van den Berg et al., 1982).

Shrinkage as such is not a problem; it turns to be a problem when its impacts impair the functioning of a city (Bradbury et al., 1982, p. 18) – when it e.g. leads to abandonment, mismatches of supply and demand, the endangerment of functions that need a critical mass of users to operate efficiently such as public transport systems, economic decline or a decrease in attractiveness of the respective place (ibid., p. 27). The view on its impacts, subsequently, needs to consider this. Furthermore, it has often been impossible to isolate the impacts of shrinkage from other influential factors and intervening variables. This is mainly because the dimensions of urban development such as housing, economic performance and job-markets, infrastructure etc. are also influenced by other factors, including the degree of social polarization, a specific economic structure, the urban form, (supra-)national and regional regulations, as well as the temporal dynamics of the shrinkage process itself. Because the various causes of urban shrinkage, and population losses in particular, tend to influence

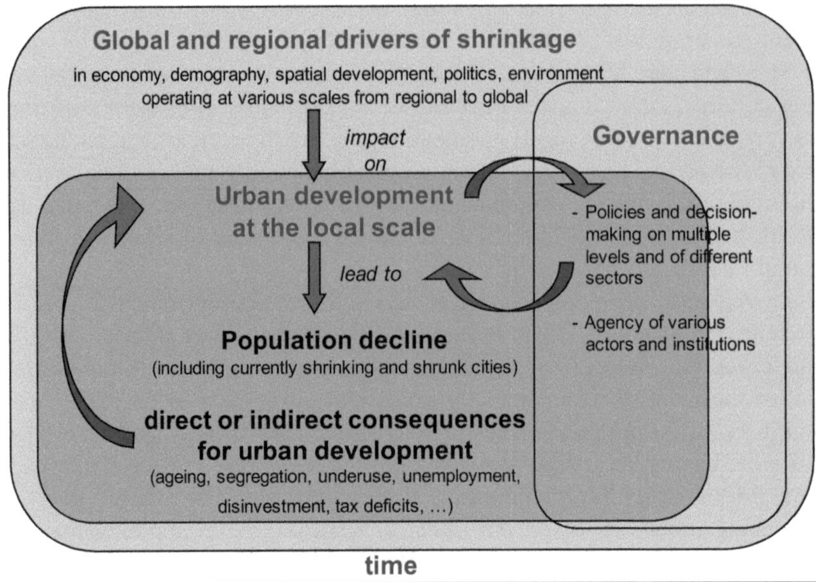

Figure 2: Heuristic model of urban shrinkage (Haase, Bernt, Grossmann, Mykhnenko & Rink, 2013)

urban development in different ways and the outcome has differed among the cities under investigation, it is not advisable to produce a "one size fits all" kind of over-generalization for all shrinking cities.

The sections that follow therefore deal in a comparative manner with the impacts of shrinkage in different European cities. It has to be underlined that although shrinkage represents a common phenomenon in many European countries, its character, features and impacts differ due to national and local specifics; therefore, a comparative view has to bear in mind these differences when coming up with general statements or conclusions. The section reports on different "arenas" of urban development: socio-spatial differentiation, housing, and (changing) land use as well as with policy responses in order to cope with these impacts. The evidence provided is mainly based on the results of a cross-European research project (7 FP project "Shrink Smart – The Governance of Shrinkage within a European Context" 2009–2012, grant agreement no. 225193), which investigated shrinkage in seven shrinking cities or urban regions across Europe; evidence from this project is complemented by other examples.

Impacts on Socio-Spatial Differentiation and Residential Segregation

Urban shrinkage influences both the socio-demographic and physical structure of cities (Großmann, Haase, Arndt, Cortese, Rumpel, Rink, Slach, Ticha & Violante, 2014). *Firstly*, it is important to remember that population decline in shrinking cities is of a selective nature and leads to an altered socio-demographic composition of the urban population as such. It fosters, for example, the aging of the cities' populations, since the young and relatively young, including young families, often move away. As a consequence, the potential for natural growth among the remaining population normally decreases. Ageing was found in all the cities studied, and it was especially prominent in the cities of Genoa, Leipzig, and Ostrava. In Ostrava, the acceleration of ageing coincided with the beginning of population loss in 1990 (Rumpel, Slach, Ticha & Bednař, 2010). Another phenomenon that is closely related to shrinkage and the effects of out-migration on the population structure is the "brain drain", i.e. the above-average loss of highly skilled labor, and, as a result, high percentages of the unemployed and the less skilled among those who stay. In our sample, Leipzig represents a striking example: It experienced increasing unemployment and increasing poverty, even when the peak of shrinkage had already passed (Rink, Haase, Bernt, Arndt & Ludwig 2011). Urban shrinkage alters, *secondly*, the urban space and leads to phenomena such as housing vacancies, brownfields, or physical decay of the built stock. In many eastern German cities, housing vacancies appeared across all housing segments and reached very high rates (20 percent of the entire stock, Rink et al., 2012, p. 167). They differed from district to district but remained high in some areas even when the cities had stabilized their population or even had entered a phase of modest regrowth (see the section on regrowth below). In many places, decay, housing vacancies, and the concentration of poor inhabitants go hand in hand. Although all examples have their specifics, they have one thing in common: areas of vacancy, abandoned land, and decay formed niches for the poor or poorest, e.g., in Ostrava, the Roma population and, in other places, often the long-term unemployed, old singles, or migrants. Changes in the physical structures also reshuffle the local housing markets in many – and different – ways. They change the images of neighborhoods, change the market value of the housing stock, and open up niches for new up-market developments that then draw affluent households away from other areas. Decay, on the other hand, is a push-factor for households with options.

Urban shrinkage thus impacts on the course and dynamics of socio-spatial differentiation. Housing oversupply on free housing markets is likely to intensify and/or accelerate the dynamics of socio-spatial differentiation. This is even more so if a sudden, event-like driver, such as breakdowns of entire branches of industries with concomitant factory closures, political crises, or even natural hazards like flooding or earthquakes, causes shock-like population loss. In the course of such events, social and spatial changes appear relatively rapidly in cities and are, therefore, likely to alter socio-spatial patterns quickly and, sometimes, in unexpected ways. The city of Leipzig, for example, saw an almost complete exchange of the population of some inner-city districts. They moved from exodus towards reurbanization, so that their current social make-up differs considerably from the one that existed before the early/mid 1990s, when the exodus reached its peak (Haase et al., 2010). The main drivers of Leipzig's socio-spatial differentiation were – as in other cities in our sample – over-supply and falling housing prices due to a decrease in the value of real estate, irrespective of whether this decrease only occurred in selected areas. Niches open up, so that existing networks, e.g. migrants, pull in households from similar social backgrounds to districts with a bad image and high vacancy rates. The process of socio-spatial differentiation thus differs from processes that occur in housing markets characterized by ongoing housing shortage, where multiple restrictions in access to housing market segments exist. Changes in socio-spatial structures driven by residential mobility, displacements or – as described above – by reshuffling of the residential structure of entire districts – can gain speed much more easily in shrinking housing markets.

Urban shrinkage evolves in a spatially selective manner and affects particular areas of the city more than others. Both population decline and the impacts of shrinkage are, thus, usually not spread evenly across the cities but are, rather, concentrated in certain areas. Often, it is inner-city neighborhoods that are most severely hit by population decline; this is true for cities like Liverpool, Genoa or Bytom. Neighborhoods in other shrinking cities can be divided into growing and declining neighborhoods. In fact, growth and decline appear in close proximity. In Leipzig, for example, population loss is concentrated in some outer areas, but the inner city is re-urbanizing, with young households, in particular, moving in from the region (Haase et al., 2010). In many shrinking cities, we also find rapidly emerging and changing processes of up- and downgrading in both the inner and outer city. Those cities in our sample that first shrunk and then stabilized in recent years demonstrate how their inner city underwent a crisis and regained attractiveness in a relatively short time (Rink et al., 2012 for Leipzig and Liverpool). In the case of Genoa, the geography of migrant residences is affected by two processes that have occurred simultaneously during recent decades. The first is the absolute growth in the number of migrants. These foreign residents settled almost entirely in the inner city. The second process is correlated with the diffusion of a second wave of migration (composed largely of Latinos), not only into the inner city but also into former industrial neighborhoods and into some outer areas.

This means, in other words, that small-scale socio-spatial fragmentation is likely to evolve in shrinking cities, at least for certain periods in time. Selective out- and in-migration, together with attempts to reuse or upgrade particular locations, might lead to a juxtaposition of growing, stabilizing, and declining places or districts in a city. As mentioned above, areas with concentrations of social groups have evolved in pockets of investment or disinvestment. These pockets may appear even at the level of streets or blocks. The longevity of such small-scale socio-spatial fragmentation cannot be assessed with the empirical data base available to date. It depends on future population development in the particular city and on the dynamics of local relationships between supply and demand. In shrinking cities, such fragmentation can be found in the inner city, as some recent studies in Łódź (Poland) or Ostrava have shown. Here, since the 2000s, the residential structure has changed, leading to a "new old diversity", i.e. a mix of (older) long-term residents and (younger) in-migrants, at a very small scale – so small, in fact, that differences would disappear when estimating segregation indices for districts or even neighborhoods (Haase et al., 2011). In Leipzig-Grünau, a large housing estate, shrinkage, demolition policy, and frequent reselling of single blocks among an increasing number of owners led to considerable income differences between households living next to each other in the same block (Grossmann et al., 2014).

Last but not least, the impact of urban shrinkage on the socio-spatial differentiation of cities is path-dependent and shaped by local and supra-local contexts. The example of the exclusion of Roma in Ostrava, persisting pockets of poverty in inner-city Leipzig and Łódź, the new small-scale fragmentation in Leipzig's large housing estate Grünau, or a type of vertical segregation in dilapidated inner-city areas in

Genoa, where better-off households settle the top floors of vacant or otherwise decaying buildings (Cortese, 2012), show that even though there are features typical of spatial development in shrinking cities, including de-densification, brownfields, and pockets of decay, the interplay of population loss and residential segregation depends on the specifics of the context. Path-dependencies shape the impacts of population loss on the local neighborhoods and housing markets. If the impact of shrinkage on socio-spatial segregation is context-driven, this also means that patterns of socio-spatial segregation are generally unpredictable. In-depth analysis can help to identify probable trends or drivers for future pathways. Local and national politics form yet another layer of context, deciding on the further development of housing market segments through the implementation of welfare policies, urban regeneration programs, subsidies and tax incentives etc. Last but not least, those patterns of socio-spatial segregation that were in place before the onset of urban shrinkage also determine the development of the districts when urban shrinkage occurs.

Impacts on Housing

Similar to other place-bound infrastructure, housing is severely affected by population loss. With decreasing population numbers, less demand for the existing housing stock is generated, leading to a fall in rents and housing prices, a cut in real estate investment, and increasing residential vacancies. In contrast to cities with growing or demand surplus property markets, the effect of low demand in shrinking cities is highly problematic – both for the real estate owners and the affected neighborhoods. The lack of maintenance, personal and property safety issues, and the perforation of the urban fabric have proved to be among the major – and clearly visible – problems for the affected cities. Profit losses, the devaluation of vacant sites, low and falling house prices, depreciating mortgage values, negative equity, and the growing expenditure on marketing are the keywords that describe the effects of urban shrinkage on real estate markets in these cities (Kabisch, Steinführer, Haase, Großmann, Peter & Maas, 2008).

Housing vacancies in some of these cities have been closely connected to the dilapidation and decay of the urban fabric. In Liverpool, for example, boarded-up housing is a common sight, with rows of houses and shops standing vacant, waiting for demolition that sometimes paves the way for less dense, modern housing developments (Figures 3 and 4). Decay in Genoa, for example, is especially acute in the historical city centre, where the buildings have not been modernized for decades and where the poor elderly and less skilled migrants concentrate. Because illegal renting of the dilapidated housing stock, especially to (illegal) migrant households, is often more profitable than renovating the buildings, public intervention is urgently needed to save this rich architectural heritage from destruction. In east European cities such as Bytom and Ostrava, the city centres were subjected to almost complete disinvestment for decades under state socialism; as a result, even before the onset of transition, the old built-up housing stock was already fairly dilapidated. Twenty years later, the technical condition of many buildings has become critical and is beyond repair, rendering them uninhabitable (Krzysztofik, Runge & Kantor-Pietraga, 2011; 2012).

Nevertheless, shrinkage does not inevitably lead to vacant housing. Its emergence depends upon the interaction between the local supply and demand. Although the demand for housing and the number of inhabitants are certainly related variables, this relationship is not necessarily positive and linear. Despite a declining population (e.g. Liverpool), it is possible for the remaining residents to enjoy an increase in income, thus counteracting further housing vacancies. In those shrinking cities where the price of housing is likely to fall, occupancy by low-income new arrivals might actually increase. Demographic change and ageing have, for example, resulted in smaller households in many shrinking cities. Because housing demand is not completely elastic, smaller household sizes lead to a higher consumption of space per head, in other words, fewer inhabitants use more dwelling space – a phenomenon that can readily be observed in both Western and Eastern Europe. Here, the processes of ageing, combined with the privatisation of housing, have resulted in the under-usage of many apartments, mostly in the inner city, which hitherto has absorbed the potential supply surplus of housing in the city. Typically, this takes the form of elderly residents remaining in large apartments after their adult children have left the family nest.

In Eastern European cities, housing markets are currently and most likely also in the future characterized by lack of housing; there, despite dramatic shrinkage (e.g. in Łódź), we find newly built housing that does not lead to vacancies. The population decline during the postsocialist transition has led to a "relaxation" of crowded housing markets and a reduction of surplus demand. Indeed, this is the main reason why population decline has not been related to urban shrinkage in any of the East European policy debates (Haase et al., 2013). The chronic and acute shortage of housing experienced under state socialism and afterwards, respectively, has created a peculiar situation, in which urban shrinkage is accompanied by surplus demand. Suburbanization has also "helped" reduce housing shortages in these cities, although, at the same time, it has contributed to increasing the size of the gap between up- and down-market developments (a situation that was described by Bradbury et al. (1982) 30 years ago for U.S. cities). While state-sponsored housing construction has virtually stopped, private investment in the construction of new housing almost exclusively targets the upmarket demand. The demand for affordable, moderately priced homes continues unabated. In an apparent paradox, vacant housing in some cities often co-exists with a strong demand for housing. However, this is primarily due to disinvestment, poor maintenance, and the unsatisfactory technical condition of the inherited housing stock, as well as the physical dilapidation, the consequences of coal mining, and flood damage (cities like Bytom, Makiivka, and Ostrava might serve as examples here). The current economic and financial crisis makes the situation ever more complicated.

In most cases, urban shrinkage has led to lower population densities. This might not have much impact on the social structure in terms of both low- and high-income households shifting from one place to another. However, it is likely to impact on the age structure of neighborhoods or on the degree of concentration of some residential groups as a result of selective out-migration. In the inner city of Genoa, de-densification and out-migration have led to ageing, a concentration of elderly single households, and increasing vacancy rates in the old housing stock. In Ostrava, a coveted housing estate (Poruba) has faced rapid ageing, because young people leave

Figures 3 and 4:   Boarded-up housing (left) and new replacement construction (right) in Liverpool (A. Haase, 2013)

their parental homes behind. In some cities, the strategy has been to counter the situation by actively reducing the oversupply through demolishing vacant apartments. This has been done in Liverpool for decades via the clearance of industrial sites and vacant, poor quality housing areas, and the subsequent construction of low density housing for middle class residents. The demolition of vacant housing has also been one of the main tools in the recent urban development strategies pursued in eastern Germany through the state-funded demolition of surplus housing, mainly in large housing estates on the fringe of cities (Bernt, 2009).

The consequences of housing demolition require further tracking: In the cities studied in eastern Germany and the UK, housing demolition has led to a more balanced housing market and, arguably, to an improvement in the quality of life for the remaining residents. Yet, at the same time, it has generated new imbalances, because the focus was either on the high-rise blocks of flats in large housing estates (eastern Germany) or on low-standard working class housing (Liverpool). Moreover, in all cases, housing vacancies and demolitions have led to a change in the pattern of land use, in housing density, and settlement structures: While demolitions in the East German cities of Leipzig and Halle have reinforced the perforation, i.e. the dissolution of the continuously built urban grid, the newly built housing in Liverpool has brought suburban forms of living into the central city (Couch et al., 2005; Nuissl & Rink, 2005).

Impacts on Urban Land Use (Change)

Reduced demand for urban infrastructures, deindustrialization, and abandonment, as well as emerging "spatial mismatches" (Reckien & Martinez-Fernandez, 2011) and brownfield sites represent the third most common feature of shrinking cities, especially in the coal mining and heavily industrialized regions. Dealing with brownfield sites is an important issue in the policy debates, because they are seen as one of the most obvious indicators of urban decline (Fitzgerald & Green Leigh, 2002). However, the vacant land is by no means exclusively or inevitably an outcome of population decline. Brownfield sites occur in many post-industrial, post-mining, or post-commercial contexts due to economic restructuring, deindustrialization, and the re-location of firms and retail outlets. They are generated by demolition or appear as vacant and abandoned land after closure or removal of infrastructure, as well as closure of military sites and transport hubs (e.g. railway freight stations or marshalling yards).

Because shrinkage often goes hand in hand with a crisis in, or even a collapse of, established industries, it is usually reflected in the expansion of post-industrial brownfield sites. This problem is most obvious in those areas that were either historically characterized by highly space-intensive industries or by their seaport functions and have consequently experienced an abrupt end or downscaling of this historical heritage following the closure of the respective industries and functions. In cities whose economic restructuring had already taken place in the 1970s and 1980s, and where the urban policy was aimed at the re-use of brownfield sites, this problem has been (comparably) successfully managed; this applies to Genoa or Liverpool, for example. However, in those cases for which deindustrialization was sudden and intensive, i.e. in most of the former state socialist cities, unused brownfield sites have developed into a vast, largely untreated, phenomenon. In Eastern Europe, by contrast, many of the brownfield sites remained unused, due to the acute lack of data related to possible environmental pollution, as well as certain ignorance about this problem. This is especially problematic with respect to the so-called blackfield sites, i.e. toxic waste dumps and heavily polluted sites of former chemical, mining, and metallurgical industries. These areas, in many cases, have remained "un-treated" and been exposed to natural processes, euphemistically described in some cities as "afforestation" or "greening-up". In some cases, brownfield sites are not even perceived to be problematic, but are quietly accepted as being a part of the (post-) industrial landscape. Whereas in Donetsk and Sosnowiec many of the recent brownfield sites have been reused or are undergoing re-development, in other mining cities, such as Bytom and Makiivka, these areas have simply been abandoned.

Similar to housing vacancies, the emergence and existence of brownfield sites has also been spatially selective. The issue usually affects only particular parts of the cities. One can easily observe the concentration of brownfield sites in (former) industrial and working-class housing areas, close to the enterprises themselves. Industrial brownfield sites contribute to the visible appearance of decay and decline, further augmenting the poor image of these neighborhoods in the public perception. Though extensive re-development and greening strategies are badly needed in most of the Eastern European case study cities, these are restricted by high financial costs; shrinking cities lack the funds necessary for the expensive re-design and management of brownfield sites and the de-contamination of blackfield sites.

In a minority of cases, there is a demand for the derelict land, because it is situated in the city centre (in port cities like Liverpool) or in favourable locations within the city (e.g. in mining cities like Ostrava and Bytom, Figure 5). In Liverpool, for example, most of the cleared sites have been reused as residential land, especially given the rising demand for good quality, low density housing in the 1990s and 2000s. Whilst some local authorities have enjoyed the power of a "compulsory purchase order", in other cases, the conversion of brownfield sites into a public space has been hindered by the legal ownership structure, in addition to the chronic lack of investment funds. Generally, brownfield sites tend to make adjacent locations less attractive for housing and retail businesses, if the sites remain contaminated, derelict, and unused.

As far as decontamination and revitalization of brown- and blackfield sites are concerned, the situation in the ten shrinking cities differs. Whereas, in some cities, the funding for brownfield reuse comes from the national government although the local authorities make the actual decision on when, how or by whom a site is reused, in others (mainly located in Eastern Europe), there are no public funds available for tackling this issue. The revitalization of brownfield sites and the decontamination and reuse of blackfield sites in these cities have presented an insurmountable problem to date given the limited financial resources available to the local authorities.

By using public funds and implementing active revitalization strategies, a few of the cities were able to reuse brownfield sites, positively contributing to the upgrading not only of the sites themselves but also of the neighbouring areas. Neoliberal, market-driven approaches, by contrast, as implemented in most post-socialist cities, have not been able to tackle the problem adequately, if at all. With the over-supply of land, market mechanisms do not promote a reuse of surplus land due to high remediation costs and generally low demand.

Figure 5: Inner-city post-mining brownfield site in Ostrava (A. Haase, 2009)

Regrowth: Cities Facing New Growth After Shrinkage

Seen from a quantitative perspective, regrowth has become the most recent trend across urban Europe and it has become more widespread during the last few years. Urban Audit data presented in Figure 1 show that, within the period 1990–2012, a significant number of large cities have experienced regrowth or reurbanization. Earlier studies stated a similar development (Kabisch & Haase, 2011). They also reported an increase of agglomerations in the urbanization stage, leading to a simultaneous juxtaposition of reurbanization and urbanization – in contrast to the assumptions of the cyclic urban model introduced by van den Berg et al. (1982), in which reurbanization represents the fourth (and at that time rather hypothetical) stage after urbanization, suburbanization and desurbanization. In addition, they identified increases in the number of households and in young in-migration as the main drivers of reurbanization, which also relates to the basic assumption of the concept of the second demographic transition mentioned above. In most European countries, we thus find various types of urban population development trajectories – growing, shrinking, and even regrowing; suburbanization plays still a major role in many places but is negligible in others. Turok and Mykhnenko (2007) found in their analysis of 310 European cities and their population development from 1960–2005 that there was an increasing number of resurgent cities in the mid-2000s, but that growth rates are much more modest than in earlier decades. They concluded that:

> Considering the cities that are growing more slowly together with those that are now declining leads to the conclusion that the fortunes of most cities have actually waned over the last three decades, both in relation to their past trajectories and relative to smaller urban and rural areas. In addition, the average growth rate across all 310 cities (measured in absolute terms and relative to their national averages) has slowed considerably since the 1960s and 1970s. (Turok & Mykhnenko, 2007, p. 175)

Eastern Europe is the new "hotspot" of urban shrinkage, with three out of four cities showing population decline, while Western Europe's cities are more often growing or regrowing, rather than shrinking, at the moment – many of them did, however, pass through a period of shrinkage in the 1970s and 1980s.

The results of these studies point to three issues: First, one could argue that we are now at the cusp of a new urban era in the sense that cities are regaining importance and that more and more of them are experiencing regrowth or reurbanization, albeit at a rather modest rate. Second, one could ask whether today's regrowth will remain only a transitory phase, before demographic ageing leads to a general decline of the European (urban) population. The third issue relates to the fact that growth, shrinkage, and regrowth are unevenly distributed across urban Europe, which might lead to constantly increasing imbalances between cities and their fortunes, a fact that also counteracts the strategic priority of territorial cohesion on the regional level, as promoted by the EU (EC, 2011).

From the societal perspective, the process of regrowth reflects the urban consequences of fundamental societal changes and their repercussions on demographic behaviour in Western Europe from the 1960s onwards. Therefore, the early debates

(1970s and 1980s) have to be – at least – briefly referred to in order to provide a better understanding of the current processes. These debates relate to overarching societal shifts such as the tertiarization of jobs, the increase in female employment, the prolongation of the education phase, as well as labour-related mobility, all of which have led to rapid changes in demographic behaviour over the last few decades and to the transformation of the structure of private households and living arrangements. These shifts, first and foremost those in childbearing, family formation, and longevity, have been a central issue of the demographic debate. During the 1980s, Western demographers developed the concept of the Second Demographic Transition (van de Kaa, 1987; Lesthaeghe, 1995) that relates demographic changes such as decreasing birth rates, rising life expectancy, and structural changes in households (decreasing size, increasing number and diversity), as well as the destabilization of traditional patterns of marriage, family, and divorce to societal changes in life scripts, lifestyles, and professional careers. Urban areas were the first to be affected by these changes.

In the European debate on urban development, regrowth became an increasingly important issue in the late 1980s (although the term had already been used by urban planners and geographers). From this time onwards, signs of a return of urban living have been detected in a number of countries (e.g. Kujath, 1988; Cheshire, 1995). Moreover, the urban cycle model developed by van den Berg et al. (1982) envisaged a fourth phase – which they called reurbanization – that occurred after urbanization, suburbanization and disurbanization. At the time, this fourth phase was seen as a somewhat hypothetical pathway. Recently, however, processes of reurbanization seem to have affected a large number of cities in Europe and elsewhere (e.g. Cheshire & Gordon, 2006; Turok & Mykhnenko, 2006; Buzar, Ogden, Hall, Haase, Kabisch & Steinführer, 2007; Bromley, Tallon & Thomas, 2005; Colomb, 2007). In addition to resurgence, some scholars have also spoken about an "urban renaissance" (Helbrecht, 1996; Brühl, Echter, Bodelschwingh & Jekel, 2005) that is associated with a more general "revival" of cities (Storper & Manville, 2006, p. 1247). In broader terms, these concepts have been defined "against a context of previous decline", although they have been distinguished "from simple growth as such" (Cheshire, 2006, p. 1232; also: Rink et al., 2012). Despite these theoretical foundations, the debate on new growth after shrinkage has faced a fundamental problem: There is no unified understanding of the concept. It has been used in a variety of ways, for example as recentralization and (re-) concentration (Klaassen & Scimeni, 1981; van den Berg et al., 1982; Cheshire, 1995; Herfert, 2007), as a return of the inhabitants from the surrounding areas, as re-settlement of the inner city (Lever, 1993; Ogden & Hall, 2000; Burton, 2003), as revitalization in the cultural sense (Seo, 2002), or determined by economic developments (Priemus, 2003; Hutton, 2004) as well as gentrification (Kujath, 1988). Despite the publication of a number of thematic issues and edited volumes on reurbanization during the last few years (disP, 2010; Brake & Herfert, 2012), the lack of a clear definition makes the debate more complicated although the trend towards inner-city regrowth and compaction across Europe during the 1990s and 2000s has been acknowledged by many authors, irrespective of the background.

In this paper, the terms of regrowth and reurbanization are used as synonyms. Across various scales, the terms are understood as follows: On the total city level, regrowth or reurbanization describe the increase of population within the city's boundaries, in contrast to the suburban area or hinterland, after a phase of decline (Haase, Herfert, Kabisch & Steinführer, 2012b; Rink et al., 2012). On the neighborhood level, they describe the increase in the number of inhabitants of inner-city residential districts as a consequence of decreasing out-migration and new in-migration, and the resulting stabilization of the residential function of these districts (Haase et al., 2010; 2012b).

To illustrate the variety with which regrowth appears across Europe today, the following sections will briefly describe examples from earlier and current research the author has been involved in. The empirical evidence stems from research projects carried out between 2002 and 2012.[3]

Trend Reversal: from Shrinkage to Regrowth

Today's European urban regrowth is taking place against the background of shrinkage. Those cities that today are prominent examples of reurbanization previously suffered from shrinkage. The phenomenon of regrowth can be detected in many cities all over Europe. As an example, the following section will present the cases of Leipzig and Liverpool (Rink et al., 2012; also Couch et al., 2009; Haase et al., 2010). The two cities represent a larger number of former industrial European cities of a similar size (such as Antwerp, Genoa, Timisoara, Glasgow, Manchester, and Birmingham). Leipzig currently (March 2015) has about 550,000 inhabitants and Liverpool had around 471,000 by the end of 2013. At the peak of their development, both cities had a population of over 700,000, and by the end of the shrinkage process roughly 450,000 (with respect to the administrative boundaries at the time). Historically, Leipzig and Liverpool were important commercial, trading, and industrial centres within their national economies. Both were hit by functional losses, deindustrialization, and structural changes. Notwithstanding the varied trajectories of shrinkage, both cities have had to deal with its impacts, which have included high unemployment, out-migration of young people, vacant housing, and derelict land. Today, both cities are examples of regrowth – Leipzig saw slight regrowth from 2000 onwards to turn to considerable regrowth rates of 2 percent or more per year from 2012 until today (2015), Liverpool has seen stabilization and later moderate regrowth since the 2000s; the city's population grew by 27,000 people from 2002–2013 (Sykes, Brown, Cocks, Shaw & Couch, 2013; Couch et al., 2009; Liverpool City Council, o.J.).

In Leipzig, regrowth is closely related to massive public funding and young adult in-migration from other (shrinking) areas of eastern Germany into its inner-city districts, which has led to a dynamic population regrowth in these areas (Figure 6). In Liverpool the main reasons for regrowth have been the growth of the tertiary sector from the 1990s onwards and in-migration to the central city since the mid and late 2000s. Last but not least, international immigration has played a part in population growth: In Liverpool, immigration from the EU accession countries such as Poland

---

3   The research presented was undertaken in several projects, including: 5 FP project "Re Urban Mobil" (2002–2005), 7 FP project "Shrink Smart" (2009–2012), and the project "Social and spatial change in East Central European cities", sponsored by the German Volkswagen Foundation (2006–2009).

and the Czech Republic contributed to the stabilization of the population. In Leipzig, this relationship is less apparent, but the importance of immigration (from the EU and other countries) has also increased over the last two decades, thus compensating earlier population losses.

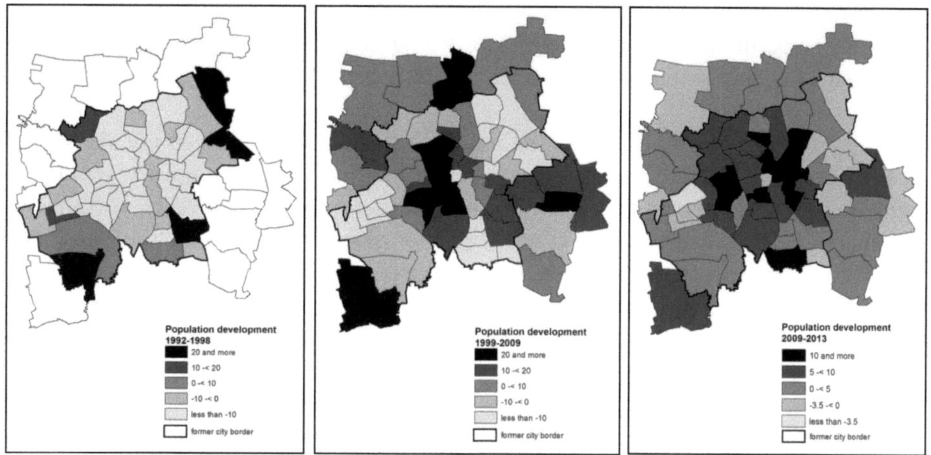

Figure 6: Population change in Leipzig's districts 1992–1998 (left), 1999–2009 (centre) and 2009–2013 (right) in percent. Scale: 1:200,000. (Statistical office of the city of Leipzig, layout: N. Kabisch)

Even if it is still not sure whether regrowth in the two cities will be a stable trend at least in a mid-term perspective, it is undeniable that a period of sustained shrinkage is now being replaced with one of continuous regrowth. Leipzig's phase of stabilization and regrowth has already lasted for more than 15 years, Liverpool's for almost 15 years. Both city governments are planning now for further growth; Leipzig even expects to have 600,000 inhabitants by 2030; currently, it is one of Germany's fastest growing cities. New housing meets continuous demand in both cities, and the creation of new jobs as well as investment in local economy, trade, education and culture will most probably attract new people further on. There are, of course, also a number of factors speaking against a further increase in inhabitants. Young in-migration, one of the main sources of today's regrowth, will decrease due to ageing. Some future impacts of demographic change will probably be ageing and the end of household growth. To what extent immigration from outside can attenuate these trends remains unclear and depends upon economic developments not only in the two cities but also nationally and globally. The ageing of the existing populations suggests that shrinkage could return unless there is a continuing trend of inward migration. In the UK, the Coalition Government is advocating for less rigidity in the planning system in order to stimulate economic growth. A side-effect of such a policy change could be a weakening of the controls over urban sprawl that have proved so effective in reducing housing-led out-migration from Liverpool in recent years. Moreover, the effects of the economic and financial crises since 2008 suggest that the immigration described above may be difficult to sustain. Leipzig's economy is also dependent on international developments and the mentioned growth in employment includes a large share of low-paid jobs. Finally and importantly, in both cities, despite regrowth, housing vacancies still exist, underused infrastructure is still an issue, and municipal resources are tight. By and large, Leipzig and Liverpool have to deal with the consequences of earlier shrinkage today and, even if it is not very likely within the next few years, to prepare for possible future shrinkage. Based on current experience, it will become more difficult to cope with the consequences of shrinkage in the future due to cuts in governmental programmes and subsidies in both Germany and the UK. Thus, the term "resurgence" as it was used e.g. by Cheshire (2006), or any renaissance debate or euphemisms such as "Hypezig"[4] have to be viewed with caution.

The examination of shrinkage and regrowth in Leipzig and Liverpool shows that there is no "one model" of the sequence and interplay of urban shrinkage and regrowth. The development trajectories of both cities display distinct local specificities in addition to the localized impact of national or global processes. Both of these factors define the characteristics and temporal course of shrinkage and regrowth in each case. This is another confirmation of what has been discussed above with respect to the cyclic model of van den Berg et al. The analysis shows that urban development is much less clear-cut than any cycle approach assumes, and that it is necessary to undertake in-depth analyses of local trajectories and apply a comparative approach to establish the causes of population trajectories, how they develop over time, and how they interact.

The Meso-Scale: Inner-City Reurbanization

Although regrowth or reurbanization can be detected at the total city level, its impacts on individual parts of the city are clearly selective. Reurbanization, in most cases, is driven by inner-city districts regaining population and again becoming attractive places for housing after a phase of decline. The city, as a whole, benefits from this development by stabilizing its population, tax revenues, housing market, and the demand for urban land and infrastructures.

But what does regrowth at the intra-urban scale look like? An international study on inner-city reurbanization was carried out in a number of European cities in the mid-2000s – the sample included Leipzig (Germany), Bologna (Italy), León (Spain) and Ljubljana (Slovenia) (Haase et al., 2010; Buzar, Ogden, Hall, Haase, Kabisch & Steinführer, 2007).[5] The research concentrated on four case study cities and eight case study areas: two per city. The study concluded that reurbanization is driven by different groups of residents (Figure 7). They shape inner-city stabilization in a variety of ways. Reurbanization is, moreover, driven to a significant degree by young(er) households that represent various types of (non-traditional) households including one-person households, flat sharers, and cohabiting couples. Therefore, it contributes to the processes of rejuvenation in the affected areas, not least due to the fact that these areas previously had an above-average mean age compared to the whole city. But families, students, one-parent households, and immigrants also contribute to reurbanization. Closely related to rejuvenation is the change or diversification of household structures caused by recent in-migration. In-migrants belong predominant-

---

4   For a summary see Bischof (2015).
5   Based on the research undertaken in the 5 FP project Re Urban Mobil (see note 1).

ly to non-traditional households that were previously either not present at all or only in small numbers in these areas. This constellation is prominent in eastern German and northern Italian cities, for example). Because it is carried by a variety of residential groups, reurbanization thus also contributes to diversification of the educational structure of the affected areas (especially in formerly traditional workers' areas). In some cases, this process may develop towards gentrification, but this is not an inevitable consequence. In-migration that goes to less attractive inner-city areas is also frequently driven by people in a precarious income situation or in an unstable residential situation (true for some immigrants), or who are experiencing a transitory stage in their life (longer "post-adolescence" and educational careers, unstable occupational careers). For them, inner-city housing is attractive because of moderate housing costs, as in some of our case study areas, and proximity to the city centre.

Reurbanizing districts can follow different pathways and become a) areas of transitory housing that are characterized by relatively high population turnover; b) children- or family-friendly areas, where couples remain after founding a family and where a variety of desires and needs have to be balanced at the neighborhood level; c) areas of ethnic concentration or migrant areas; or d) potential gentrification or studentification areas, where (several forms of) displacement and symbolic up-grading are already sporadically observable or could happen in the future, and – something that, in fact, occurs in many of the areas studied – e) mixed areas, where we found at least two of the other four characteristics (Figure 7).

Reurbanites	Non-traditional household types Families/single parents Migrants Transitory urbanites
Reurbanization leading to including	Rejuvenation Diversification Broad spectrum of socio-economic groups
Neighborhood pathways	Areas of transitory housing Family neighborhoods Migrant areas Gentrification/studentification Mixed neighborhoods

Figure 7: Inner-city reurbanization in Leipzig, Bologna, León and Ljubljana: reurbanites, consequences for residential population and neighborhood pathways (Haase et al., 2010, updated)

This listing of possible trajectories or "imaginable specializations" does not mean that the investigated areas will either irreversibly lose their current heterogeneous character or that today's mix will inevitably end in increasing segregation. Existing differences may be strengthened, while others may weaken. Mixed or balanced neighborhoods may also maintain their heterogeneous structures. The probability of occurrence of any of these processes has to be tested by longitudinal research. At the moment, a number of the analyzed areas are "on the brink" or "at the edge", or, as Petsimeris (2002, p. 255) claims, at the point where they undergo a bifurcation in their trajectories, with simultaneous downward and upward changes. The recent in-migration has clearly contributed to this.

Recent research on Leipzig confirmed the selective impact of reurbanization on the inner city (cases of gentrification) but also on the total city (increasing segregation and fragmentation, see also Buzar et al., 2007 who called it "splintering urban populations"; Haase & Rink, 2012). Recent comparative research on German cities shows, moreover, that a clear trend towards differentiation between growing and declining, rich and poor districts is occurring in some reurbanizing cities, of which Leipzig is one (Dohnke, Seidel-Schulze & Häußermann, 2012). The conclusion here might be that reurbanization is a seemingly ambivalent process that may lead to the long-term stabilization of urban neighborhoods, but may also be the "harbinger" of later upgrading, gentrification and displacement. Since regrowth is expected to continue at least in the next years, a further socio-spatial differentiation between urban districts, but also between central locations and less attractive, outer locations will be very much likely. Much will depend here on the impact and interests of urban policies and strategic planning, as well as on the impact of interests held by the various actors on the housing market. This is certainly true not only for Leipzig but for many other European cities experiencing regrowth likewise.

New Trends in Inner-City Development in East Central Europe

Interestingly, and despite the predominance of shrinkage as the overarching trend at the entire city level, there are also signs of a more diverse development in the inner parts of large East Central European (ECE) cities. There has developed a debate that discusses the specifics of uneven distribution of social groups across the urban space under the condition of post-socialist transition. Within the frame of post-socialist transition, new social inequalities appeared in those cities, but the existing literature agrees that the socio-spatial restructuring of post-socialist (inner) cities is path-dependent and does not lead to the same patterns of socio-spatial differentiation as in Western Europe (Marcinczak, Musterd & Stepniak, 2011; Kährik, 2002; Ruoppila, 2006; Steinführer, 2004; Parysek, 2005). While increasing segregation could not be measured especially in the 1990s, it is reported that new "socio-spatial formations" (Sykora, 2009) emerged, often showing very small-scale patterns or, how Marcinczak and Sagan (2010) put it for the example of Łódź, Poland, a "fine-grained fragmentation of social space". Scholars have applied and challenged the concepts of reurbanization and gentrification that are based on Western expertise and were developed with Western evidence (Standl & Krupickaite, 2004; Sykora, 2009; Bernt, Rink & Holm, 2010). Studies on inner-city transformation conclude that: "In the central locations, the continuous absence of clear regulations on property restitution coupled with the vast preservation of socialist-era tenure rights moderated the pace of gentrification, leading to piecemeal residential and social upgrading and, consequently, further sociospatial fragmentation." (Marcinczak, Gentile & Stepniak, 2013, p. 344)

Set against this context, in a comparative study of four second-order cities in Poland and the Czech Republic – Łódź, Gdańsk, Brno and Ostrava – from the late 2000s, we concluded that the post-socialist inner city today is a mosaic of old and new residents, old and new housing arrangements, as well as old and new housing aspirations (Haase et al., 2011; Steinführer, Bierzyński, Großmann, Haase, Kabisch

& Klusáček, 2010). The inner parts of ECE cities under investigation are inhabited by diverse social, educational, and age groups. The term "old-new diversity" refers to the socio-demographic and socio-economic characteristics of the residents, as well as to their attitudes towards living and housing in the inner city. Various categories of residents are found in post-socialist inner cities today. They have arrived in the inner city by choice, by chance or property allocation, or because it was the second- or third-best option. The diversity is created, on the one hand, by a juxtaposition of persisting residential arrangements and structures originating from before the post-socialist transition, and by new in-migrants with a variety of social backgrounds, household and housing arrangements, as well as housing attitudes, including sentiment-driven in-migration to the inner city and brick-built housing, on the other. This results, at least for the time being, in out- and in-migration and small-scale fragmentation, where processes of up- and downgrading occur on a small scale and in close proximity. The inner cities in ECE will certainly continue to differentiate, so that small-scale patterns of social exclusion, gentrification, studentification, revitalization, and social mix are much more likely to develop in the future. It is younger non-traditional households that are among the most important actors in current inner-city change in ECE. Increasing household numbers and diversity are two of the major drivers of inner-city residential change. The influx of so-called new or non-traditional households to the inner city, documented by the research presented in this volume, indeed alters the socio-economic and demographic structure of the population of the inner city and contributes to rejuvenation and social diversity on the meso-scale. These household types are not simply a copy of those already known in Western Europe. We have found housing arrangements specifically adapted to the local housing markets (for example, flat shares that have a specific composition).

In the studied cities, we found indications of a new residential dynamism. Housing market conditions, in which inherited residential patterns overlap with new practices in a complex way, are major enabling mechanisms of this change. Thus, both the large-scale privatization of the municipal housing stock to various actors, as well as the wave of suburbanization, led to a window of opportunity for a "silent" repopulation of the inner cities. Transitory urbanites (Haase, Großmann & Steinführer, 2012a, p. 324) represent a new type of resident of inner-city neighborhoods in Polish and Czech second-order cities. They make use of evolved niches in the housing market and thereby establish new residential patterns. These types of housing arrangements might have existed before, but they did not significantly influence residential patterns in the inner cities. From our data and observations, we can formulate the hypothesis that their importance has increased decisively since the late 1990s. Although quantitative evidence is not yet available, we learn from the qualitative data that these young urban residents base their location decisions explicitly on choice and not on routines or constraints. The in-migration of the young changes the place, no matter whether the same people stay for an extended period of time, or whether they simply function as "gate-openers" for the next wave of in-migrants. Under conditions of excess demand, as in many Western cities, but also in the capital cities of ECE, areas where we find transitory urbanites today could easily become gentrified areas tomorrow. If demand decreases, the current diversity of old and new residential patterns might continue in the inner cities of non-capital cities, or at least for districts that are not a focus of interest for investors. Recently, other studies on inner-city in-movers in other ECE cities (e.g. Tartu, Riga, České Budějovice) confirmed our results. Evolving research on studentification in ECE cities also addresses the close relationship between in-migration to some central parts of the city and transitory housing (Temelová, Kadarik, Kährik & Kubeš, 2012; Murzyn-Kupisz & Szmytkowska, 2012; Berzins & Krisjane, 2012).

Finally, it should be emphasized that regrowth or reurbanization were looked at in this paper first and foremost through the lens of a socio-demographic perspective – which means that other contexts (e.g. job market, retail economy, IT sector development, newly built housing and re-densification, flagship project development etc.) could not be considered in the same detail, which, of course, does not mean that they are less important than the processes described here. It is, maybe, one of the great dilemmas of reurbanization research that most of the work addresses only certain aspects but not the phenomenon as a whole. As recent work on the German experience and also international work (Brake & Herfert, 2012; special issue of disP, 2010; Engler, 2014) show, the debate on inner-city reurbanization or on reurbanization in general remains fuzzy, continues to lack a common understanding or approach and offers very diverse assessments on the impacts of this process on cities and their neighborhoods. Reurbanization, however, has become a new trend of urban development in whole Europe; its era already endures for almost three decades. Subsequently, research will have to observe this trend further and discuss its consequences for the urban space, housing markets and inhabitants as well as on socio-spatial inequalities and quality of life.

Shrinkage and Regrowth: Prospects and Challenges for the Future

Taking into consideration the evidence presented, the future prospects for urban Europe appear ambivalent: On the one hand, the increase in regrowing cities shows that, after the age of sub- and desurbanization, urban living again and to an increasing extent attracts people. Numerous examples from inner-city transformations all over the continent are evidence for the fact that compactness, density, and variety in (inner) cities can be aligned with demands for more spacious and individual forms of living and housing. On the other hand, the whole of urban Europe will see massive demographic transformations, first and foremost ageing, within the decades to come. These transformations are likely to bring about population losses due to natural decline, which represents a long-term process and cannot easily be balanced by immigration. To put it differently: Both shrinkage and regrowth or reurbanization seem to represent realistic options for the future of urban Europe. But what does that mean for the sustainability of cities in Europe? How can quality of life be maintained under the conditions of population loss or population regain? How can shrinkage and regrowth be governed in a way that uses much of their potentials and counteracts their underlying risks?

In the following, I will address some aspects related to these issues. These reflections are not exhaustive. They are intended to contribute to the evolving debate on urban Europe's future, set against global challenges such as resource scarcity, demographic transformations, and the potential to guarantee social fairness and maintain cohesion for urban populations in light of the economic and financial crises that have appeared since 2008 globally and, more recently, especially in Europe and brought about new regimes of austerity policies.

There is *not a clear trend* of where the population development of large cities in Europe is heading. There is clearly more dynamics and less linearity in urban trajectories. Is there an "ideal size" for Europe's large cities? Should policy and strategic planning in shrinking cities aim at halting or even reversing decline in any situation? Research has started to deal with these questions – there is no clear answer yet (Bradbury et al., 1982; Hager & Schenkel, 2000; Kil, 2004; Rink et al., 2012). And will the majority of cities follow the pathway of growth in the future? Or will shrinkage and reurbanization become the "new mainstreams" of European urban development? Shrinkage has become an "ordinary trend" of urban development next to others in urban Europe. The rising impact of demographic change (ageing), which affects all European societies, is likely to lead to population decline, also in today's growing cities. But the empirical evidence reported from shrinking cities makes clear that shrinkage can be coped with and also offers opportunities for improving the quality of life, presuming it is strategically addressed and continuously financed (Rink et al., 2012, p. 176). Regrowth or reurbanization, as described in this article, is depending on many factors and might turn into new shrinkage in the future again (ibid., p. 175). But there are also some arguments in favour of the continuation of stabilization and re-growth (Kabisch, Haase & Haase, 2010). On the one hand, the global process of ageing will reduce the potential of its main drivers (young age groups). On the other hand, there is also a debate about older age groups as potential reurbanites, because of their demands for specialized services and proximity of daily amenities, which, in most cases, cannot be met in suburban housing locations, at least not without using a car. The reurbanized or *compact city* contributes, furthermore, to the sustainable use of resources, which is likely to become increasingly important in the future. Recent evidence shows that, in their planning, many cities express their intention of creating a compact city, although in diverse ways. There is also agreement that: "Urban sprawl is no sustainable direction of development, but striving for compaction is not an easy road either." (Westerink, Haase, Bauer, Ravetz, Jarrige & Aalberts, 2012, p. 21) Of course, there are arguments for both opting or not opting for compaction but, especially in Eastern Europe's urban landscape, where (poorly controlled) suburbanization and sprawl are still the predominating trends, regrowth or reurbanization might represent a countertrend to the current land consumption and sealing. Last but not least, we may expect in the future shorter cycles of opposing trends of urban population development as it was described in this article, e.g. for the city of Leipzig. This brings about more uncertainty and new challenges for planning, but at the same time also a need for more flexibility concerning strategic planning and the shaping of policies.

Shrinkage and regrowth share two characteristics – firstly, they are *ambivalent* in their impacts on urban development. Shrinkage, on the one hand, creates serious problems for the functioning of many urban structures, the cohesion of urban society, and quality of life, as shown above. It offers, on the other hand, new opportunities to reshape qualities of urban housing and living, e.g. to allow for more spacious or suburban-like housing in inner-city areas, or to enlarge green spaces and facilitate the access to green areas for a larger part of the population, processes that we find in a number of today's reurbanizing (formerly shrunk) cities. It offers, additionally, niches for in-movers and spaces for creativity, e.g. by interim uses of vacant buildings or brownfield sites. Regrowth also harbours the danger that it may lead to increasing discrepancies between those districts that benefit from in-migration and those that do not. It clearly leads to increasing fragmentation and might prepare the ground for (unwanted) gentrification.

Secondly, shrinkage and regrowth/reurbanization are – although they impact on the cities as a whole – always *selective* in their impacts. They can lead to very different outcomes in different parts of the city. Regain of population in some districts, for example, can aggravate shrinkage in others. It can also lead to spillover effects in the sense that once the potential for in-migration is exhausted in one area, neighbouring areas will see growing in-migration. Shrinkage and abandonment also tend to have negative effects on adjacent areas. Both shrinkage and regrowth have led to fragmentation as well as to new dynamics and dimensions of socio-spatial differentiation in the cities that were discussed as case studies in this article. Further meso- and small-scale research is indispensable to grasp the intra-urban impacts of both processes.

Many *unanswered questions about the synergies and trade-offs* in shrinking and regrowing/reurbanizing cities, with respect to their sustainability and liveability, still remain. Can sustainability be achieved fairly for all citizens, when a city is shrinking or when it sees (selective) regrowth (see also Williams, Burton & Jenks, 2000)? Is it possible to balance the selective impact of both shrinkage and reurbanization across the city as a whole? Does inner-city reurbanization drive outer areas deeper into decline? Do we have to accept gentrification as an unavoidable side effect of reurbanization or how can we make sure that reurbanization can go hand in hand with social cohesion? More generally, it has to be asked whether compact cities are "just or just compact" (Burton, 2000) or which trade-offs between density/densification and socio-spatial inequalities or between environmental and social issues (Fainstein, 2010; Dempsey & Jenks, 2010; Westerink et al., 2012) exist. Do sustainability goals (decrease in land consumption) interfere here with social cohesion and justice goals? There is no final and unanimous answer to these questions, but evidence for Eastern Germany shows, for example, that shrunk and recently regrowing cities are places where trends towards socio-spatial polarization are not less prominent than e.g. in steadily growing cities (Dohnke et al., 2012). Other studies show that shrinkage does not automatically lead to less segregation (Großmann et al., 2014). Does shrinkage foster or hinder the fair distribution of goods within cities? Does it bring about new competition for goods in a situation where there is an oversupply of structures such as urban land and housing?

Research on shrinking cities also shows that they, in many cases, continue to suffer from land consumption and that "decline as such" is not "just the solution" as presumed by some authors (e.g. Callenbach, 2011; Kil, 2004; Hondrich, 2007). Many shrinking cities suffer from further land consumption, despite falling demands; housing markets with supply surplus do not necessarily display less segregation than those with demand surplus. To improve sustainability, also for shrinking cities, innovative planning strategies and instruments are needed that go beyond the growth paradigm. Additionally, a deliberate inward development has to be combined with restrictions for the suburban zone, as was done, for example, in the UK by a combined local and regional planning that included e.g. housing moratoria for the suburban realm (Couch et al., 2012, p. 269). Since many shrinking cities, including those in Eastern Europe, where they are currently most commonly located, follow somewhat market-led strategies, progress towards sustainability is not very likely to happen there, either now or in the near future. Furthermore, research clearly indicates that successful long-term coping with shrinkage depends on continuous external support and an alignment of urban renewal and planning policies as well as the establishment of local-regional planning mechanisms (ibid.).

Shrinking cities can supply needed knowledge: How can we cope with (rapid) ageing? How can we cope with falling demands for housing, technical and social infrastructures? How can we invent a new urban vision to counter decline? A central outcome of our research on governance in shrinking cities is that actors in these cities are neither weak nor desperate but, in most cases, they suffer from a lack of resources. This creates dependency and hinders creativity and engagement (Rink & Haase, 2012). Cities that have experienced re-growth after decline show how shrinkage can be brought to a halt, how cities again became attractive for in-migration, and how newly-offered qualities of housing, residential environment, amenities etc. convinced people to stay (e.g. likely out-migrants, such as families). Future research should consider the transferability or learning effects of this knowledge, including research potentials of civic society inclusion, participative approaches and empowerment strategies.

Urban dynamics and transformation as described in this article should be looked at in a *comparative and cross-national perspective*, mainly for the following reasons: First, the focus of research still concentrates on capitals or a smaller number of large cities across Europe. Most second-order or even smaller cities are heavily under-researched (Haase et al., 2011, p. 5); the same is true for cities that are not economic or transport hubs, large university centres, or primary tourism destinations. An explicit integration of those "ordinary cities" (Robinson, 2006) will provide valuable knowledge on the living conditions and challenges for the majority of urban dwellers in Europe. There is, second, still a mismatch of the existence of knowledge at some places and demand for it at others. Therefore, not only knowledge is needed but also a more efficient transfer and communication of this knowledge to where it is needed. Recent research on the governance of shrinkage, but also on risks of increasing polarization, a consequence of reurbanization, clearly demonstrates this lack of "transfer". Third, many solutions applied e.g. to counteract shrinkage are only proved locally: The question of transferability to another context is still open. For example, is bringing suburban forms of housing into the inner city, as was done successfully in Liverpool and Leipzig, an appropriate response to the needs and wants of people at other places? Or: Is compulsory purchase of land acceptable for reuse of land, or is it only the last remedy for the state? Is de-densification, perforation, or the strategic demolition of surplus housing stock a solution everywhere across Europe? Research is needed to detect transferability issues with respect to institutional, legal, and cultural frameworks at various levels, from local to national.

Cities have to be looked at in an *"embedded"* way that takes their urban region and hinterland into account, and considers supralocal contexts, from regional to global. Looking at cities in an integrative way provides much valuable knowledge about how cities and their surroundings interact, e.g. about the sustainability trade-offs of the compact city in peri-urban planning or the role of the rural-urban gradient with respect to ecosystem services supply and demand dynamics (Westerink et al., 2012; Kroll, Müller, Haase & Fohrer, 2012; www.plurel.net). Shrinkage and reurbanization at the local scale are often closely related to trends occurring in the surroundings – irrespective of whether they are similar or opposite. Shrinking cities might be situated in the midst of growing suburban regions, with suburbanites using urban infrastructures and the city losing tax revenues. In other cases, shrinking cities and their regions compete for scarce resources (e.g. investment in peripheral regions). A close alignment of local urban regeneration policies and regional planning can help cities and their hinterlands to develop in a more balanced way.

Two last issues: Firstly, this paper addresses shrinkage and regrowth/reurbanization with respect to large cities in Europe – not the capital cities but 200,000+ cities. At the same time, it should be stressed that there is a great demand for research in smaller, i.e. medium-sized and small cities, because Europe's urban grid predominantly consists of those smaller cities and their chances of avoiding the problems of shrinkage and of organizing and maintaining re-growth might be much lower than those of large cities; at the very least, they will be considerably different. Secondly, this paper did not address questions of policy responses and challenges for local governance in shrinking and reurbanizing cities. There is also an increasing body of literature on these issues (Bernt, 2009; Brake & Herfert, 2012; Couch et al., 2009; Rink & Haase, 2012; Rink et al., 2012; 2014). A comprehensive dealing with these questions would, however, go far beyond the scope and purpose of this paper.

Bibliography

Beauregard, R. (2009). Urban population loss in historical perspective: United States, 1820–2000. *Environment and Planning A, 41*, 514–528.

Bernt, M. (2009). Partnerships for Demolition: The Governance of Urban Renewal in East Germany's Shrinking Cities. *International Journal of Urban and Regional Research, 33*(3), 754–69.

Bernt, M., Rink, D. & Holm, A. (2010). Gentrificationforschung in Ostdeutschland: konzeptionelle Probleme und Forschungslücken. *Berichte zur deutschen Landeskunde, 84*, 185–203.

Berzins, M. & Krisjane, Z. (2012). *Gentrification as a migration process: Evidence from the Riga Metropolitan Area.* Paper presented at the Workshop "Gentrification in post-socialist contexts: challenges and open questions", 28–30 September 2012, Łódź, Poland.

Bischof, A. (2015). #Hypezig – die Verkleinbürgerlicherung des Alternativen. In F. Eckardt, R. Seyfahrth, & F. Werner (Eds.), *Leipzig – die neue urbane Ordnung der unsichtbaren Stadt* (pp. 72–87). Münster: Unrast.

Bogumil, J., Heinze, R.G., Lehner, F. & Strohmeier, K.P. (2012). *Viel erreicht – wenig gewonnen. Ein realistischer Blick auf das Ruhrgebiet.* Essen: Klartext Verlag.

Bradbury, K., Downs, A. & Small, K. (1982). *Urban decline and the future of American cities.* Washington, D.C: The Brookings Institution.

Brake, K. & Herfert, G. (2012). *Reurbanisierung.* Wiesbaden: VS Verlag.

Bromley, R.D.F., Tallon, A.R. & Thomas, C.J. (2005). City centre regeneration through residential development: Contributing to sustainability. *Urban Studies, 42,* 2407–2429.

Brühl, H., Echter, C., Bodelschwingh, F. & Jekel, G. (2005). *Wohnen in der Innenstadt – eine Renaissance?* (Difu-Berichte zur Stadtforschung 41). Berlin: Deutsches Institut für Urbanistik.

Burton, E. (2000). The compact city: just or just compact? *Urban Studies, 37*(11), 1969–2006.

Burton, E. (2003). Housing for an urban renaissance: Implications for social equity. *Housing Studies, 18,* 537–562.

Buzar, S., Ogden, P.E. & Hall, R. (2005). Households matter: the quiet demography of urban transformation. *Progress in Human Geography, 29,* 413–436.

Buzar, S., Ogden, P.E., Hall, R., Haase, A., Kabisch, S. & Steinführer, A. (2007). Splintering urban populations: emergent landscapes of reurbanisation in four European cities. *Urban Studies, 44*(4), 651–677.

Callenbach, E. (2011). Sustainable shrinkage: Envisioning a smaller, stronger economy. *Solutions, 2*(4), 10–15.

Carmon, N. (1999). Three generations of urban renewal policies: analysis and policy implications. *Geoforum, 30,* 145–158.

Champion, T. (2001). Urbanization, suburbanization, counterurbanisation, reurbanisation. In R. Paddison (Ed.), *Handbook of Urban Studies* (pp. 143–161). London: Sage.

Cheshire, P. (1995). A New Phase of Urban Development in Western Europe? The Evidence for the 1980s. *Urban Studies, 32,* 1045–1063.

Cheshire, P. (2006). Resurgent cities, urban myths and policy hubris: what we need to know. *Urban Studies, 43*(8), 1231–1246.

Cheshire, P. & Gordon, I. (2006). The resurgent city. *Urban Studies, 43*(8).

Churski, P. (Ed.). (2012). *Contemporary issues in Polish geography.* Poznan: Bogucki Wydawnictwo Naukowe.

Colomb, C. (2007). Unpacking New Labour's 'Urban Renaissance' agenda: towards a socially sustainable reurbanisation of British cities? *Planning, Practice & Research, 22,* 1–24.

Cortese, C. (2012). *Demographic change, cohesion and urban regeneration: the case of Genoa.* Paper presented at the Shrink Smart Policy Informing Workshop, 26 March 2012, Brussels, Belgium.

Couch, C. & Cocks, M. (2010). Urban shrinkage in Liverpool, United Kingdom (Research Report, EU 7 FP Project Shrink Smart (contract no. 225193), WP2).

Couch, C., Cocks, M., Bernt, M., Grossmann, K., Haase, A. & Rink, D. (2012). Shrinking cities in Europe. *Town & Country Planning,* June, 264–270.

Couch, C., Fowles, S. & Karecha, J. (2009). Reurbanization and housing markets in the central and inner urban areas of Liverpool. *Planning Practice and Research, 24,* 321–341.

Couch, C., Karecha, J., Nuissl, H. & Rink, D. (2005). Decline and sprawl. An evolving type of urban development – observed in Liverpool and Leipzig. *European Planning Studies, 13,* 117–136.

Dempsey, N. & Jenks, M. (2010). The Future of the Compact City. *Built Environment, 36*(1), 116–121.

disP (2010). Special Issue: Reurbanisierung. Reurbanization. *disP, 46*(180).

Dohnke, J., Seidel-Schulze, A. & Häußermann, H. (2012). *Segregation, Konzentration, Polarisierung – sozialräumliche Entwicklung in deutschen Städten 2007–2009* (difu-Impulse 4). Berlin.

EC (European Commission, Directorate General for Regional Policy) (2011). *Cities of Tomorrow*. Brussels.

Eckardt, F., Seyfahrth, R. & Werner, F. (Eds.). (2015). *Leipzig – die neue urbane Ordnung der unsichtbaren Stadt*. Münster: Unrast.

Engler, P. (2014). *Reurbanisierung und Wohnwünsche – Die Bedeutung städtischer Strukturen für die Bevölkerung in der Stadtregion Hamburg*. Berlin: LIT.

Fainstein, S. (2010). *The Just City*. Ithaca/New York: Cornell University Press.

Fitzgerald, J. & Green Leigh, N. (2002). *Economic revitalization: Cases and strategies for city and suburb*. London: Sage and Thousand Oaks.

Geyer, H.E. (Ed.). (2002). *The international handbook of urban systems*. Cheltenham: Edward Elgar.

Großmann, K., Haase, A., Arndt, T., Cortese, C., Rumpel, P., Rink, D., Slach, O., Ticha, I. & Violante, A. (2014). How urban shrinkage impacts on patterns of sociospatial segregation: The cases of Leipzig, Ostrava, and Genoa. In C.C. Yeakey, V.S. Thompson & A. Wells (Eds.), *Urban ills: Post recession complexities to urban living in global contexts* (pp. 241–268). New York/London/Boston: Lexington Books.

Großmann, K., Haase, A., Rink, D. & Steinführer, A. (2008). Urban shrinkage in East Central Europe? Benefits and limits of a cross-national transfer of research approaches. In M. Nowak & M. Nowosielski (Eds.), *Declining cities/developing cities: Polish and German perspectives* (pp. 77–99). Poznań: Instytut Zachodni.

Haase, A. (2012). *Schrumpfung als Herausforderung für polnische Großstädte* (Polen-Analysen No. 104 from 6 March 2012). Available at: www.laender-analysen.de/polen [17.06.2015].

Haase, A. (2015). Urban development in Europe beyond growth – detecting pathways of urban shrinkage and reurbanization. In F. Prettenthaler, L. Meyer & W. Polt (Eds.), *Demography and climate change. The growing number of people and its consequences for ecology, social distribution systems and urban living* (Johanneum Research Policies) (pp. 149–172).

Haase, A. & Rink, D. (2012). *Inner-city transformation in Leipzig (eastern Germany): reurbanization, segregation and gentrification in a supply surplus context*. Paper delivered at the workshop "Gentrification in post-socialist contexts: challenges and open questions", 28–30 September 2012, Łódź, Poland.

Haase, A., Bernt, M., Grossmann, K., Mykhnenko, V. & Rink, D. (2013). Varieties of shrinkage in European cities. *European Urban and Regional Studies*, June. DOI: 10.1177/0969776413481985.

Haase, A., Bernt, M., Grossmann, K., Mykhnenko, V. & Rink, D. (2014). The concept of urban shrinkage,. *Environment and Planning A, 46*, 1519–1534. DOI: 10.1068/a46269.

Haase, A., Großmann, K. & Steinführer, A. (2012a). Transitory urbanites: new actors of residential change in Polish and Czech inner cities. *Cities, 29*, 318–326.

Haase, A., Herfert, G., Kabisch, S. & Steinführer, A. (2012b). Reurbanizing Leipzig (Germany): Context conditions and residential actors (2000–2007). *European Planning Studies, 20*(7), 1173–1196.

Haase, A., Kabisch, S., Steinführer, A., Bouzarovski, S., Hall, R. & Ogden, P.E. (2010). Emergent spaces of reurbanisation: exploring the demographic dimension of inner-city residential change in a European setting. *Population, Space and Place, 16*, 443–463.

Haase, A., Steinführer, A., Kabisch, S., Großmann, K. & Hall, R. (Eds.). (2011). *Residential change and demographic challenge. The inner city of East Central Europe in the 21st century*. Farnham/Burlington: Ashgate.

Hager, F. & Schenkel, W. (2000). *Schrumpfungen. Chancen für ein anderes Wachstum.* Berlin: Springer.

Helbrecht, I. (1996). Die Wiederkehr der Innenstädte. Zur Rolle von Kultur, Kapital und Konsum in der Gentrification. *Geographische Zeitschrift, 84,* 1–15.

Herfert, G. (2007). Regionale Polarisierung der demographischen Entwicklung in Ostdeutschland – Gleichwertigkeit der Lebensverhältnisse? *Raumforschung und Raumordnung, 65,* 435–455.

Hondrich, K.-O. (2007). *Weniger sind mehr.* Frankfurt/M./New York: Campus.

Hutton, T.A. (2004). The New Economy of the inner city. *Cities, 21,* 89–108.

Kabisch, N. & Haase, D. (2011). Diversifying European agglomerations: evidence of urban population trends for the 21st century. *Population, Space and Place, 17,* 236–253.

Kabisch, N., Haase, D. & Haase, A. (2010). Evolving reurbanisation? Spatio-temporal dynamics as exemplified by the east German city of Leipzig. *Urban Studies, 47*(5), 967–990.

Kabisch, N., Haase, D. & Haase, A. (2012). Urban population development in Europe 1991–2008: the examples of Poland and the UK. *International Journal of Urban and Regional Research, 36*(6), 1326–1348.

Kabisch, S., Steinführer, A., Haase, A., Großmann, K., Peter, A. & Maas, A. (2008). *Demographic change and its impact on housing* (Final report for EUROCITIES). Leipzig/Brussels.

Kährik, A. (2002). Changing social divisions in the housing market of Tallinn, Estonia. *Housing, Theory and Society, 19,* 48–56.

Kazepov, Y. (2004). *Cities of Europe. Changing contexts, local arrangements, and the challenge to urban cohesio*n. Cambridge, MA Blackwell.

Kil, W. (2004). *Luxus der Leere.* Wuppertal: Müller + Busmann KG.

Klaassen L.H., Molle, W.T.M. & Paelinck J.H.P. (Eds.). (1981). *Dynamics of urban development.* Aldershot: Gower.

Klaassen, L.H. & Scimeni, G. (1981). Theoretical issues in urban dynamics. In L.H. Klaassen, W.T.M. Molle & J.H.P. Paelinck (Eds.), *Dynamics of urban development* (pp. 8–28). Aldershot: Gower.

Kroll, F., Müller, F., Haase, D. & Fohrer, N. (2012). Rural-urban gradient analysis of ecosystem services supply and demand dynamics. *Land Use Policy, 29*(1), 521–535.

Krzysztofik, R., Runge, J. & Kantor-Pietraga, I. (2011). *The governance of shrinkage in Bytom and Sosnowiec* (Research Report). EU 7 FP Project Shrink Smart, contract no. 225193. WP5.

Krzysztofik, R., Runge, J. & Kantor-Pietraga, I. (2012). Governance of urban shrinkage: a tale of two Polish cities, Bytom and Sosnowiec. In P. Churski (Ed.), *Contemporary Issues in Polish Geography* (pp. 201–224). Poznan: Bogucki Wydawnictwo Naukowe.

Kujath, H.J. (1988). Reurbanisierung? – Zur Organisation von Wohnen und Leben am Ende des städtischen Wachstums. *Leviathan, 16,* 23–43.

Le Galès, P. (2002). *European cities. Social conflicts and governance.* Oxford: Oxford University Press.

Lesthaeghe, R.J. (1995). The second demographic transition in Western countries: an interpretation. In K.O. Mason & A.M. Jensen (Eds.), *Gender and family changes in industrialised countries* (pp. 17–62). Oxford: Clarendon Press.

Lever, W.F. (1993). Reurbanisation – The Policy Implications. *Urban Studies, 30,* 267–284.

Liverpool City Council (o.J.). *Population.* Available at: http://liverpool.gov.uk/council/key-statistics-and-data/data/population/ [24.05.2015].

Marcinczak, S. & Sagan, I. (2010). The Socio-spatial restructuring of Łódź, Poland. *Urban Studies, 48*, 1789–1809.

Marcinczak, S., Gentile, M. & Stepniak, M. (2013). Paradoxes of (post)socialist segregation: Metropolitan sociospatial divisions under socialism and after in Poland. *Urban Studies, 34*, 327–352.

Marcinczak, S., Musterd, S. & Stepniak, M. (2011). Where the grass is greener: Social segregation in three major Polish cities at the beginning of the 21st century. *European Urban and Regional Studies*. DOI: 10.1177/0969776411428496.

Mason, K.O. & Jensen, A.M. (Eds.). (1995). *Gender and family changes in industrialised countries*. Oxford: Clarendon Press.

Muñoz, F. (2003). Lock living: urban sprawl in Mediterranean cities. *Cities, 20*, 381–385.

Murzyn-Kupisz, M. & Szmytkowska, M. (2012). *Studentification in the post-socialist context. The case of Krakow and Trojmiasto*. Paper delivered at the workshop "Gentrification in post-socialist contexts: challenges and open questions", 28–30 September 2012, Łódź, Poland.

Mykhnenko, V., Soldak, M., Kuzmenko, L. & Haase, A. (2012). *Schrumpfende Ukraine: Bevölkerungsentwicklung und Dilemmata der Politik* (Ukraine-Analysen No. 105 from 12 June 2012). Available at: www.laender-analysen.de/ukraine [17.06.2015].

Nowak, M. & Nowosielski, M. (Eds.). (2008). *Declining cities/developing cities: Polish and German perspectives*. Poznań: Instytut Zachodni.

Nuissl, H. & Rink, D. (2005). The 'production' of urban sprawl in eastern Germany as a phenomenon of post-socialist transformation. *Cities, 22*, 123–134.

Nyström, J. (1992). The Cyclical urbanization model. A critical analysis. *Geografiska Annaler B, 74*, 133–144.

Ogden, P.E. & Hall, R. (2000). Households, reurbanisation and the rise of living alone in the principal French cities, 1975–90. *Urban Studies, 37*, 367–390.

Oswalt, P. & Rieniets, T. (Eds.). (2006). *Atlas of shrinking cities*. Ostfildern-Ruit: Hatje Canz.

Paddison, R. (Ed.). (2001). *Handbook of urban studies*. London: Sage.

Parysek, J.J. (2005). Development of Polish towns and cities and factors affecting this process at the turn of the century. *Geographia Polonica, 78*, 99–115.

Petsimeris, P. (2002). Counter-urbanization in Italy. In H.E. Geyer (Ed.), *The International handbook of urban systems* (pp. 215–240). Cheltenham: Edward Elgar.

Prettenthaler, F., Meyer, L. & Polt, W. (Eds.). (2015). *Demography and climate change. The growing number of people and its consequences for ecology, social distribution systems and urban living* (Johanneum Research Policies).

Priemus, H. (2003). *Changing Urban Housing Markets in Advanced Economies*.

rbc (2015). Исследование РБК: как вымирают российские города. Available at: http://daily.rbc.ru/special/society/22/01/2015/54c0fcaf9a7947a8f1dc4a7f [24.05.2015].

Reckien, D. & Martinez-Fernandez, C. (2011). Why do cities shrink? *European Planning Studies, 19*(8), 1375–1397.

Rink, D. & Haase, A. (2012). *Protest, Participation, Empowerment. Civic Engagement in Shrinking Cities in Europe: The Example of Housing and Neighbourhood Development*. Paper delivered at the annual EUKN conference "Shrinking areas: front-runners in innovative citizen participation", 7 December 2012, Essen.

Rink, D., Haase, A., Bernt, M., Arndt, T. & Ludwig, J. (2011). *Urban shrinkage in Leipzig, Germany* (Research Report, EU 7 FP Project Shrink Smart (contract no. 225193), WP2) (UFZ report 01/2011). Leipzig: Helmholtz Centre for Environmental Research – UFZ.

Rink, D., Haase, A., Grossmann, K., Couch, C. & Cocks, M. (2012). From long-term shrinkage to re-growth? A comparative study of urban development trajectories of Liverpool and Leipzig. *Built Environment, 38*(2), 162–178.

Rink, D., Couch, C., Haase, A., Krzysztofik, R., Nadolu, B. & Rumpel, P. (2014). The governance of urban shrinkage in cities of post-socialist Europe: Policies, strategies and actors. *Urban Research and Practice, 7*(3), 258–277.

Robinson, J. (2006). *Ordinary Cities*. Oxford/New York: Routledge.

Rumpel, P., Slach, O., Tichá, I. & Bednař, P. (2010). *Urban shrinkage in Ostrava, Czech Republic* (Research Report). EU 7 FP Project Shrink Smart, contract no. 225193. WP2.

Rumpel, P. & Slach, O. (2012). Je Ostrava smršťujícím se městem? *Sociologický časopis/ Czech Sociological Review, 48*(5), 859–878.

Ruoppila, S. (2006). *Residential differentiation, housing policy and urban planning in the transformation from state socialism to a market economy. The case of Tallinn* (Centre for Urban and Regional Studies Publications, A 33). Helsinki University of Technology, Centre for Urban and Regional Studies Helsinki. Available at: http://ethesis.helsinki.fi/julkaisut/val/sospo/vk/ruoppila/resident.pdf [25.05.2015].

Seo, J.K. (2002). Re-urbanisation in regenerated areas of Manchester and Glasgow. New residents and the problems of sustainability. *Cities, 19*, 113–121.

Standl, H. & Krupickaite, D. (2004). Gentrification in Vilnius (Lithuania) – the example of Užupis. *Europa Regional, 12*, 42–51.

Stead, D. & Hoppenbrouwer, E. (2004). Promoting an urban renaissance in England and the Netherlands. *Cities, 21*, 119–136.

Steinführer, A. (2004). *Wohnstandortentscheidungen und städtische Transformation. Vergleichende Fallstudien in Ostdeutschland und Tschechien*. Wiesbaden: VS Verlag für Sozialwissenschaften.

Steinführer, A., Bierzyński, A., Großmann, K., Haase, A., Kabisch, S. & Klusáček, P. (2010). Population decline in Polish and Czech cities during post-socialism: Looking behind the official statistics. *Urban Studies, 47*(11), 2325–2346.

Storper, M. & Manville, M. (2006). Behaviour, preferences and cities: Urban theory and urban resurgence. *Urban Studies, 43*, 1247–1274.

Sykes, O., Brown, J., Cocks, M., Shaw, D. & Couch, C. (2013). A city profile of Liverpool. *Cities, 35*, 299–318.

Sykora, L. (2009). New socio-spatial formations: Places of residential segregation and separation in Czechia. *Tijdschrift voor Economische en Sociale Geografie, 100*, 417–435.

Temelová, J., Kadarik, K., Kährik, A. & Kubeš, J. (2012). *What attracts people to inner-urban areas? The cases of two post-socialist second-tier cities in Estonia and the Czech Republic*. Paper delivered at the workshop "Gentrification in post-socialist contexts: challenges and open questions", 28–30 September 2012, Łódź, Poland.

Turok, I. & Mykhnenko, V. (2006). *Resurgent European cities?* Glasgow: CPPR.

Turok, I. & Mykhnenko, V. (2007). The trajectories of European cities, 1960–2005. *Cities, 24*, 165–182.

van de Kaa, D.J. (1987). Europe's second demographic transition, *The Population Bulletin, 42*, 1–57.

van den Berg, L., Drewett, R., Klaassen, L.H., Rossi, A. & Vijverberg, C.H.T. (1982). *Urban Europe. A study of growth and decline* (Vol. 1). Oxford: Pergamon Press.

Westerink, J., Haase, D., Bauer, A., Ravetz, J., Jarrige, F. & Aalberts, C. (2012). Dealing with sustainability trade-offs of the compact city in peri-urban planning across European city regions. *European Planning Studies, 21*(4). DOI: 10.1080/09654313.2012.722927.

Williams, K., Burton, E. & Jenks, M. (Eds.). (2000). *Achieving sustainable urban form*. London: Spon.

Yeakey, C.C., Thompson, V.S. & Wells, A. (Eds.). (2014). *Urban ills: Post recession complexities to urban living in global contexts*. New York/London/Boston: Lexington Books.

Creating New Urban Quarters from Underutilised Industrial and Infrastructural Sites: Vienna and Zagreb in Focus

Yvonne Franz, Martina Jakovčić und Nenad Buzjak

1. New Urban Quarters: Tracing Back the Industrial and Infrastructural Heritage

Glossy high-rises, appealing public spaces, attractive cultural facilities, diversified economic spaces: New urban quarters offer a variety of characteristics attracting a broad range of urban actors such as new residents, visitors or entrepreneurs to engage in the urban environment. Amongst urban researchers, examples such as HafenCity in Hamburg (see HafenCity, o.J.), Theresienhöhe in Munich (Landeshauptstadt München, 2012), or Zurich-West (see Stadt Zürich Hochbaudepartement, 2015) may serve as well-known examples that demonstrate the whole spectrum of new urban quarters with respect to location, size, mixed-use approaches or planning processes. As different as those examples might appear, they do have a commonality in relation to their origin as each is built in former industrial areas. Again, the industrial heritage of each area ranges broadly too, from previous transportation and storage areas (harbour or railway infrastructures) to an exhibition site. Nevertheless, they provide anchor points for asking important questions: Why do urban sites transform themselves in that way? What is needed to overcome structural changes in urban settings? Who is involved in those processes and has a say?

Widening those questions to be applicable on a city-scale, one has to consider the city as a complex physical entity embedded into a larger framework of political, demographic, economic and ecological changes. Its functions encompass different social, functional, morphological and ecological components which are in ongoing state of transition. Every city might have an individual character, but at the same time urban places show some common features which vary in terms of frequency or importance. All the cities contain areas of residential space and recreational areas, transportation systems and additional technical and social infrastructure, economic functions and commercial areas, public buildings and service functions. However, cities also have to deal with empty and underutilised areas due to structural changes, for instance the economic transition from deindustrialisation to a knowledge-based society.

These underutilised areas are dispersed throughout the city and not always in favoured inner-city locations. They might represent challenged areas due to the industrial use in the past. Nevertheless, they also serve as spaces of opportunity, representing valuable resources such as space, centrality and open uses. These resources might attract a large number of different actors, ranging from the public sector represented by municipalities and government agencies, to the private sectors including developers, landowners, residents and community representatives aiming at creating attractive new urban quarters. Those urban quarters might be characterised by mixed-use, residential-only or other composition approaches.

This paper reveals the industrial heritage of new urban quarters by approaching underutilised spaces in city centres in a systematic manner. By the comparison of selected districts in Vienna and Zagreb, it compares the framework conditions as well as the origin and consequences of the development and redevelopment of underutilised sites. The conclusion draws attention to the extent of the similarities and dissimilarities in two seemingly different cities.

2. A Look at the Literature: What is the Difference Between Brownfields and Underutilised Spaces?

Due to continuous growth and fast economic development, the contemporary postmodern city has become a topic of interdisciplinary scientific discourse. In literature one can find different terms such as brownfields, grayfields, voids, empty spaces, derelict spaces, redundant spaces, vacant spaces, unused or underused spaces, underutilised spaces etc. These terms are sometimes used as synonyms, and sometimes their meaning differs. In many cases, these terms are used under the "umbrella term" of underutilised urban spaces.

2.1 Brownfields

The most popular term however is "brownfield". It was first used in the beginning of the 1990s. In 2000, Alker et al. emphasised a need for a more robust definition of the term brownfield from a multidisciplinary perspective, however, fifteen years later, there is still no single definition of what constitutes a brownfield site (Cvahte & Snoj, 2011) that is applicable to a broad range of transformed urban spaces. The simplest definition would be that brownfields are the opposite of greenfields, or that brownfields are land sites which have previously been subject to development (Alker, Joy, Roberts & Smith, 2000). According to the U.S. Environmental Protection Agency (2002), brownfield sites represent unused spaces characterised by real or perceived environmental problems (Hollander, Kirkwood & Gold, 2010). According to Cabernet (2005), brownfield sites are abandoned or underused locations, devastated by former usage of the area, mostly located in urban areas, inheriting real or perceived ecological problems and in need of intervention (Dixon & Raco, 2007).

While some authors put emphasis on the environmental issues, others such as Clarke (2008) focus on the lack of function (Pikner, 2014). Perić and Maruna (2012) also emphasise the role of the functions by defining brownfields as areas and sites which have lost their primary function or are underutilised (Perić & Maruna, 2012). A simple definition is given by Bagaeen (2006), who states that brownfield sites are built-up areas which are no longer in use (Bagaeen, 2006). Another strand of research takes into account environmental conditions and functions but also puts emphasis on the potential for future development stating that brownfields are abandoned, idle, or underutilised commercial or industrial properties where an active potential for redevelopment is negatively impacted by known or suspected environmental contamination caused by past use of the site (Chen, Hipel, Kilgour & Zhu, 2009).

2.2 Grayfields, Voids and Vacant Spaces

Definitions of other terms such as grayfields, voids, vacant spaces or vacancies are even more blurred and confusing. Some authors, e.g. Nefs (2006), differentiate according to the origin and the way an unused urban space has been created. Grayfields can be defined as abandoned or underused built locations unburdened by environmental problems or hazards, i.e. empty schools, shopping malls etc. Vacant places or unused places can be defined as idle or abandoned places and empty terrains compared to the surrounding built environment, occupied by neither people nor construction and infrastructure.

All of the above-mentioned areas can be categorised as underutilised urban spaces. Underutilised urban spaces can be defined as city spaces which are underused and whose potential is greater than that represented by its current use. The logic of this concept brings to mind Neil Smith's rent gap concept describing the difference between actual, realised economic valorisation and potential, achievable economic valorisation (Smith, 1979).

2.3 A Comprehensive Understanding of Brownfields

Proceeding with the term "brownfield", we attempt to create a more nuanced understanding of different brownfield types which can be classified according to specific criteria such as location, previous function and current function. According to their location in the city, one can differentiate sites located centrally, those on the city's periphery and those in historical areas (Perović & Kurtović Folić, 2012). According to their previous functions, four main types of brownfield sites can be distinguished: industrial, military, transportation and residential buildings and projects. Each of these stated types comes with different problems and potential. Research in the US context has shown that 70% of brownfield sites are industrial in origin and that only 3–8% were previously used commercially (Page & Berger, 2006).

At a more holistic level, Alker et al. (2000) suggest two models for the classification of the brownfield land. The first is a set model adapted from the UK Parliamentary Office for Science and Technology, which places an emphasis on environmental and technical factors. The second model is a matrix model including problems and potentials for surrounding redevelopment, economic and social-economic factors, social values and policy instruments (Alker et al., 2000).

2.4 Shortcomings in the Literature

To summarise, literature on underutilised spaces mostly refers to brownfields as an established term. However, we can identify four main shortcomings that need to be elaborated on more through comparative analysis that is capable of contributing to a more nuanced definition of terminology. Firstly, the differences between brownfield, grayfield and void are not well-defined and require correct differentiation in case study analysis. Secondly, the differences in function are methodologically underdeveloped in the sense that prior and current functions are not yet defined in a consistent manner. Thirdly, the scale of spaces is methodologically underdeveloped, meaning there is no exploration of the impact of transforming sites at the level of the site itself, the block, neighborhood, district or city level. To conclude, the aspect of larger timeframes is also methodologically underdeveloped when it comes to drawing distinctions between industrial and post-industrial classifications.

3. Methodology: How to Compare Case Studies from Vienna and Zagreb?

At a first glance, the political, economic and sociodemographic conditions in Vienna and Zagreb might occur too divergent to allow a comparative approach and nomothetic conclusions. However, by focusing on the processes that caused transformations in both cities a comparison aiming to highlight similarities and dissimilarities in development paths is possible. A definition of framework conditions becomes relevant to serve as analytical categories for the analysis of the transformation processes.

In the case of Vienna and Zagreb, five framework conditions seem to be of crucial relevance within the comparative analysis. First, the historical context: Both cities were part of the Austro-Hungarian Empire until 1918. Second, the respective political situations began differently, but have developed in similar directions. In Vienna, the political trajectory post-World War II into the present might be described as a former predominately welfare-state-oriented system towards neoliberal policies that include a large proportion of public-private partnerships when it comes to redevelopment projects in the city area. In Zagreb, the starting point for the political trajectory is anchored in the period of post-socialism that has more recently developed towards neoliberal policies, also incorporating public-private-partnership.

Third, the demographic situation plays a crucial role in both cities and for the demand for development projects. The City of Vienna is facing a dynamic population growth forecasting a population growth to more than 2 million inhabitants by 2030 (Statistik Austria, 2014). This increase in population puts pressure, for instance, on the housing market, on the extension of transport infrastructure, or the provision of social infrastructure such as schools or hospitals. On the contrary, Zagreb is facing a population decline at city-level, as the city population moves to suburban areas that offer more living space at lower costs. In addition, living on the outskirts of the city is made more attractive by lower taxes, which support suburbanisation processes even more. Population growth can however be identified at the local level in inner-city areas in the recent years, in districts close to the city centre, attractive in terms of historical building stock and cultural as well as social infrastructures. By comparing two inner-city neighborhoods in Vienna and Zagreb the condition framework of a growing population is fulfilled at the local level.

Fourth, the economic development path from post-industrial towards a knowledge-based economy, or the so-called "creative class" (see Florida, 2003) is very similar in both cities. Although the structural changes within the deindustrialisation phase might be of a different intensity, the general tendency towards a post-industrialised knowledge-based society is another aspect the two cities have in common.

Finally, the fifth condition defines the framework for brownfield conversion at the local level. Vienna, which has never been a heavily industrialised city due to its imperial history, deals with small-scale industrial uses within city boundaries. Those industrial areas become available for other uses due to structural changes that force industries to either leave the city for larger sites in the surrounding area or due to closures. As a result of population growth, the vacant spaces become valuable sites for residential use and the development of social infrastructure for the new population. In Zagreb, the use of former military sites and sites of consumer goods production in central areas of the city offer spaces of opportunity for new uses. Predominately residential, cultural and education uses are nowadays the favoured new uses in private-public-partnerships transforming underutilised spaces to new urban quarters.

These framework conditions set the scene for the following case study comparison. Rudolfsheim-Fünfhaus, the 15th district in Vienna, and Črnomerec, the 8th district in Zagreb, provide examples of brownfield conversions that have stimulated the redevelopment of new urban quarters in both cities.

4. From Former Brownfields and Grayfields to New Urban Quarters: Examples from Rudolfsheim-Fünfhaus, Vienna and Črnomerec, Zagreb

The two inner-city neighborhoods in Vienna and Zagreb serve as examples for brownfield redevelopment processes in two Central European cities, which have experienced significant economic and political changes over the past 25 years. These changes have had a pronounced impact on changes to the functional structure of the city and on the development and redevelopment of underutilised sites. The following comparison contributes to a broader understanding of diverging framework conditions that stimulate development processes with converging characteristics.

4.1 Rudolfsheim-Fünfhaus, Vienna

The Framework Condition of Population Growth
According to the most recent estimates, Vienna is facing a dynamic population growth to two million inhabitants by 2030. This population increase puts pressure on the housing market when it comes to affordable housing, transport capacity and sufficient social infrastructure for both existing and new inhabitants. Following the traditional paths of social housing, the City of Vienna is addressing this population growth by emphasising new housing, predominately provided by non-profit housing associations, as well as by subsidies for renovation of the existing housing stock within the framework of soft urban renewal.

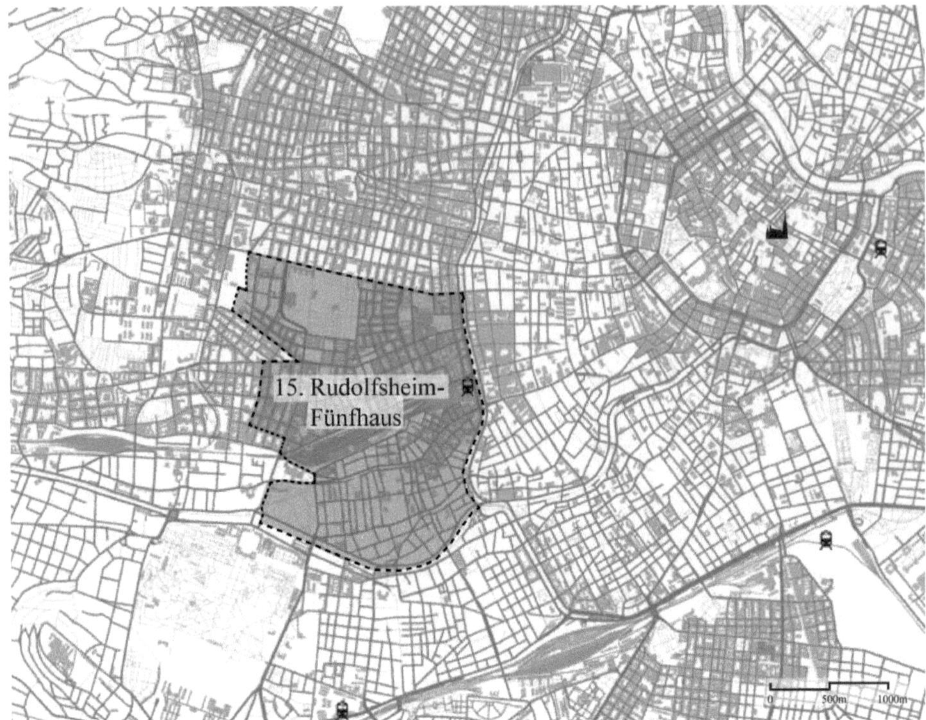

Fig. 1:   Location of Rudolfsheim-Fünfhaus (own illustration)

Rudolfsheim-Fünfhaus, the 15th district in Vienna, located in the western part of the city adjacent to the western section of the "Gürtel" circular road, serves as a case study area for a predominately residential neighborhood that incorporates small examples of former industrial use. Within the total area of 3.86 square kilometres, the factory area represents 8.2% of the built environment. Due to the recent population increase, underutilised spaces and deindustrialised areas have been transformed mostly into residential projects in order to accommodate the city-wide population growth leading to the densification of the former suburbs ("Vorstadt") in the districts of the "Founders Period".

According to the City of Vienna, Rudolfsheim-Fünfhaus had a population of 75,000 inhabitants in 2014 and a couple of key distinguishing features: It is the youngest, poorest, and least-educated district in Vienna with significant differences between the areas to the north and to the south of the western railway tracks. In 2014, more than 34% of the inhabitants were non-Austrian, compared to a city-wide average of 12%. More than 35% were foreign born (Vienna: 23.6%) and the yearly gross income was around €17,400 compared to the approximate city average of €20,000. (MA 23, 2011)

From Handcraft Industrial District Towards a Strategically Valuable Position
The 15th district in Vienna has a long tradition of production industry, manufacturing metal, timber and glass. Due to deindustrialisation processes and limited space, many larger and environmentally less-friendly industries have closed down or moved

to other areas. Still, Rudolfsheim-Fünfhaus features a high number of joineries in the northern part of the district, as well as a famous vermouth distillery or a horn manufacturer. However, the dominant examples of industrial uses in the past refer to either underutilised spaces or residential projects built on former industrial sites.

The reason can be found, again, in population growth and enhancing a strategically valuable position. The 15th district is very well connected to the public transport network with the subway lines U3 and U6, as well as the West train station offering mass transport facilities. Combined with a central location in the western part of the already renewed and partially gentrified areas such as Neubau, the 15th district still provides affordable and attractive housing options, both on the rental and homeownership market. Both housing market segments are of crucial importance when it comes to residential mobility amongst households in transition who, for instance, search for larger apartments due to family foundation. Or, for single and family households moving to Vienna and are in need of accommodation.

As a consequence, underutilised sites in Rudolfsheim-Fünfhaus have also become of great value when it comes to housing provision in a growing city. Pockets of underutilised sites need to be identified, registered and developed in a systematic way in order to provide development opportunities for the City of Vienna and its institutional actors, such as housing corporations. No central registry for industrial sites exists however. Only the large-scale sites are discussed shortly after the announcement of, for instance, a change in ownership or location due to insufficient framework conditions forcing industrial use away from the predominately residential neighborhoods. As a consequence, an underdeveloped debate on small-scale sites is evident, ignoring the potential of a systematic development strategy in a previously small-scale industrial district.

The Replacement of Industrial Heritage by Residential Projects
As mentioned earlier, the common strategy for preparing for the population growth in Vienna is creating housing through densification in existing neighborhoods and through new construction at small- and large-scale sites. In a quantitative manner, the segment of newly constructed apartments is an important one as it offers new, affordable housing through the involvement of non-profit housing associations providing social housing. Two newly built projects from Rudolfsheim-Fünfhaus serve as examples for the conversion of former industrial sites into residential areas. First, the former "Gaswerk" shows the different stages of transformation until it became a new home for single and family households. Second, the former Kaiserin-Elisabeth-Spital (a former hospital) might not be classified as a former industrial site. However, it also contributes to the debate of upgrading and densifying areas in the context of population growth. It might be argued in the latter case, that a site formally used in social infrastructure is only now exploiting its full potential as an area for elderly care, as well as housing for new inhabitants, including childcare facilities.

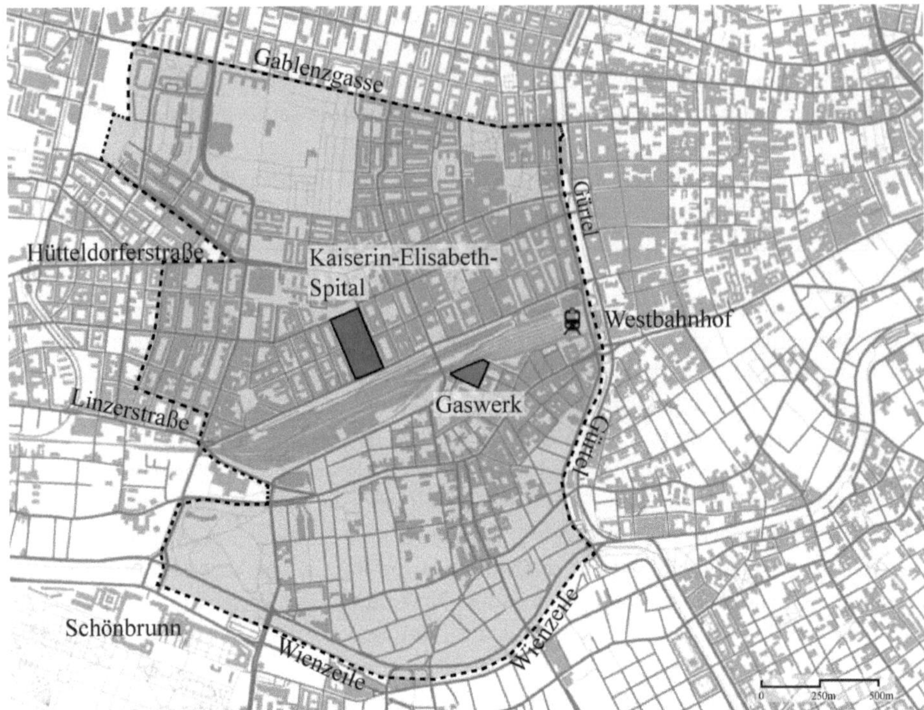

Fig. 2:   The former Gaswerk and Kaiserin-Elisabeth-Spital located in Rudolfsheim-Fünfhaus, 1150 Vienna (own illustration)

4.1.1   From "Gaswerk Rudolfsheim" to "Social Housing and Student Dormitory"

The former gas works in Gasgasse 2 belonged to the Imperial-Continental-Gas-Association. Established in 1842 and closed due to centralisation strategies in energy supply in 1909, the industrial site was demolished in 1911, including the historic gas tank that has not been preserved. Afterwards, the site was developed as a postal distribution centre for the Austrian Postal Service and was, until 2009, one of the biggest post distribution centres in an inner-city location. Due to centralisation strategies, the centre was closed and became available for further development. After potential analyses and rezoning processes, the area has been designated for mixed residential use and construction began in 2009.

Looking at the actors involved in the former uses and active in the current use, a shift towards a more complex network of actors becomes obvious. From former dual actor networks, the "operator" and the "city", it seems to shift towards more differentiated networks amongst "developer" and "users". In the case of the new social housing and student dormitory, the network on the developer's side extended towards at least a three actor network. First, the City of Vienna together with district politics serves as negotiator of the site and social housing provider. Second, the OEAD (Austrian Agency for International Cooperation and in Education and Research) acts as investor for student housing. On the side of the target group – res-

Fig. 3:   Transformation from gas works, to postal distribution centre to mixed-housing. (Sources: Wikipedia, 2012; M. Steinbichler & Y. Franz)

idents – it is possible to distinguish between temporary residents and residents who either rented their apartments or bought the apartments as private investment.

In terms of a functional change, the transformation of the former industrial area includes a step-by-step change in function. The first re-use after the closing of the gas works might be attributed to light industrial use, as a postal distribution center can be classified as industrial premise. The redevelopment thereafter paved the way for residential use for mixed target groups, ranging from temporary to long-term residents. A general tendency in Vienna to transform available sites for residential use can be identified in this example and will be supported with the second example of the Kaiserin-Elisabeth-Spital, too.

4.1.2 From Kaiserin-Elisabeth-Spital to a Mix of Geriatric Centre, Elementary School, Kindergarten and Social Housing

The former Kaiserin-Elisabeth-Spital established in 1890 and closed in 2012 due to centralisation policies in the public health sector in Vienna serves as another example of a transformation towards multi-uses by multiple actors.

The new actor's network developed based on the idea of separating the site into three fields of development: a geriatric center for elderly care, new social infrastructure in the form of a kindergarten and pre-school, and new apartments in the form of social housing and private ownership apartments. As a result, the network of actors comprises the City of Vienna as the landowner and provider of health and social infrastructure services. In addition, the non-profit housing association *Gesiba* serves as a developer for social housing apartments. Another investor will lead the development of apartment for private ownership. Within the entire planning process, the district politics have aimed to influence the rezoning procedure in order to create higher value for the district. For instance, the redevelopment of the adjacent public space "Wasserwelt" (Water World) can be aligned with the redevelopment processes on the site of Kaiserin-Elisabeth-Spital. Here, the urban renewal office for the 6th, 14th and 15th districts is in charge of implementing the participation process at "Wasserwelt", creating bottom-up ideas about how to improve the commonly used public space for the future.

Fig. 4:   Kaiserin-Elisabeth-Spital before and during reconstruction (Sources: Kurier, 2012; Y. Franz)

For the functional change, the initial use as a hospital might not be classified as industrial use in the strictest sense. Nevertheless, in terms of economic valorisation an upgrade process can be seen, first, by concentrating health care service provision in specific, centralised hospitals. Second, the value increase, which might be an underlying motive for creating residential uses, is probably higher, too.

Characteristics in the Creation of New Urban Quarters in Rudolfsheim-Fünfhaus
As the two examples show, general characteristics in the creation of new urban quarters can be identified, although the examples from Rudolfsheim-Fünfhaus might differ. The first characteristic is that of the actor networks that obviously become more complex over time. In the initial use, mostly one owner with distinct single-use intentions used the space for industrial purposes. Compared to the current use, a multitude of actors bundling resources to develop the site for residential use and social infrastructure provision can be identified.

In the case of Vienna, the need for new housing provisions in the framework of a dynamically growing city should not be underestimated. This leads to a second characteristic, namely the functional change. A common development trajectory can be identified from former (light-)industrial or underutilised spaces towards residential use.

A general hypothesis that can be drawn from this descriptive comparison might hint at the underlying densification strategies that put a lot of pressure on open spaces. In the case of Rudolfsheim-Fünfhaus, former industrial areas that have been converted for residential uses might increase the need for open spaces in an already dense and compact district. Whilst former brownfield areas might have provided a sense of open space to the adjacent neighborhood, due to their physical appearance, the new residential projects occupy these available spaces and increase the need for open spaces by pulling new residents into the new urban quarters. This finding might serve as a key result when it comes to comparison with international case studies.

4.2 City Quarter Črnomerec, Zagreb

The Črnomerec city quarter is located in the western part of the inner-city of Zagreb. It covers the surface of 24.4 square kilometers. Despite the decrease in population for Zagreb overall, Črnomerec is the only inner-city area where population has remained constant between the two population censuses in 2001 and 2011. According to the 2011 census, Črnomerec has 38,546 inhabitants.

Stronger development of the quarter started in the second half of the 19th century with the development of the railway and the building of the first railway station in Zagreb. In the decades that followed, manufacturers (carpentry in particular) and industry (chemical, textile and food processing) flourished. At the end of the 19th and the beginning of the 20th century military buildings became more prominent in the quarter; seven military complexes and a military hospital were located here. After the Second World War, the southern part of the quarter maintained its military and industrial functions.

Transformation of the city quarter Črnomerec from a military and industrial quarter to a multifunctional quarter has resulted in spatial and functional zoning. Today it is possible to identify three zones: The first one is the northern part of the area, covering the hilly area of Medvednica nature park. The second zone is the middle area between the north zone and Ilica street. This zone has a residential function with interpolation of educational and health functions (two large hospitals are located there and three hospitals in the area as a whole). The third zone represents the highly urbanised space between Ilica street and the railway. This is the zone that has gone through a vast functional and spatial transformation over the past 25 years. This zone can be further categorised into three subzones based on the functional and morphological structure.

Despite the vast process of functional transformation due to privatisation after the 1990s, the process of transformation of large-scale industry and the economic crisis, a large number of sites are still underutilised.

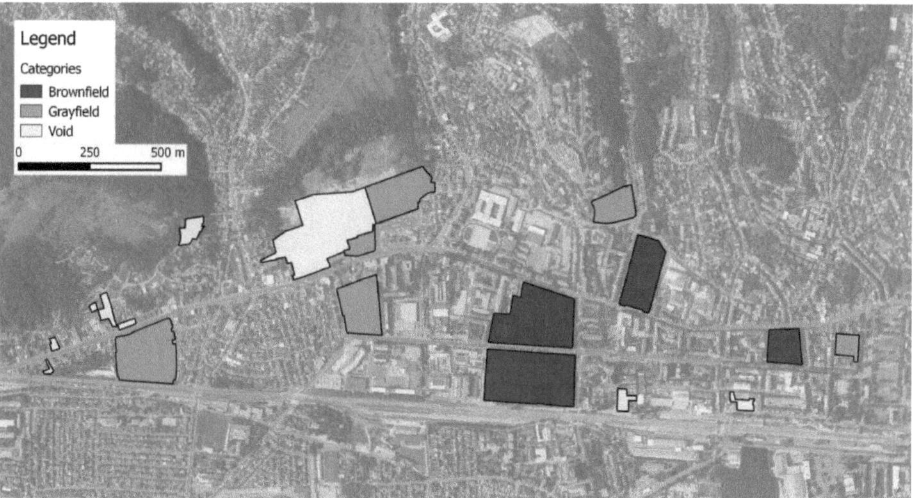

Fig. 5:   Location of underutilised sites in the city quarter Črnomerec (own illustration based on Google Maps and ArcGIS 10.2)

Replacement of Industrial and Military Heritage

In the period between the late 19th century and the First World War, seven military complexes were opened in the area, occupying large urban spaces. The first conversions began in 1920 when former military barracks were converted into a textile factory. Another conversion happened in the 1950s with further military barracks (Vojvoda Putnik) being converted into a textile factory (Kamensko today also a brownfield site) and in the 1970s when a large former military campus was converted (out of 13 buildings, 9 were destroyed and converted into open space and 4 were converted into ministries and city offices).

For the purpose of this comparison we will look at two specific examples. The first one is the location of former military stables and later textile factory, and the second one is the complex of former barracks built by King Tomislav, today converted into the campus of Croatian Catholic University.

4.2.1   Textile Factory Zagreb (TKZ)

The large complex of the former Textile Factory Zagreb (TKZ) covers a large area of 53,639 m². The entire area was built between 1910–1911 as military stables (Konjanička vojarna). In 1924, the stables were converted into a textile factory by Herman Polack and Sons. After the Second World War, the factory changed its name to "Tvorpan" and in 1964 it changed the name to Textile Factory Zagreb. In the 1990s, the textile factory relocated to a smaller settlement in the north of the country and the site was left empty. This brownfield location is one of the rare examples

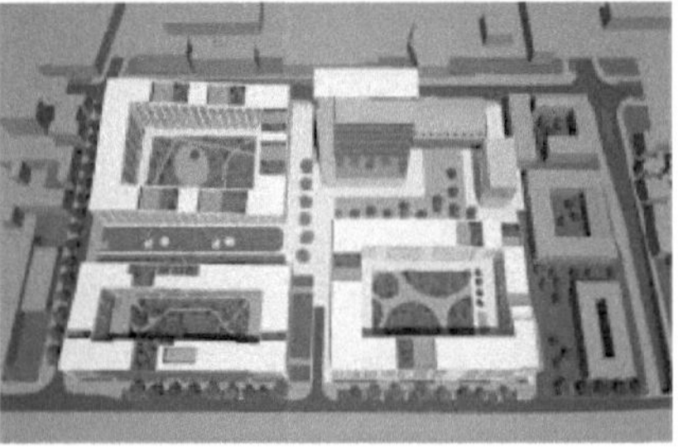

Fig. 6:   Former industrial site of the Textile Factory Zagreb – Lauba Museum – empty site with the built-up Črnomerec centre with 127 apartments – plans for redevelopment of the site (own pictures, 2014)

in the City of Zagreb divided among different users and different urban actors. The north-east part of the site (the former stables, protected as a monument of culture) was converted into the Lauba Museum, the first private museum in Zagreb, in 2011. The remaining area was given to a private investor and has begun to be converted into new residential areas. In the southern part of the site a residential complex with 127 apartments was built. However, due to the economic crisis and large number of empty apartments throughout the city, the remaining site is still empty.

4.2.2 From Military School and Barracks to the Campus of the Croatian Catholic University

The Croatian Catholic University is located in Ilica 242. The complex of the former military barracks (Domobranska vojarna) was built by famous architects Milan Lenuci and Janko Holjac between 1896 and 1904. The entire area covers the surface of 25,534 m² (20,619.7 of which is built-up). From 1912 until 2006 the site retained its function but changed its name (due to the change in the political situation). After 1990 the site was renamed The Barrack of King Tomislav. In 1999 due to the reorganisation of the Croatian Army, the site was given to the Office of Homeland Security and in 2006 to the Archdiocese of Zagreb as a substitute for the complex of 13 buildings known as "Little Vatican" in Vlaška Street in the city centre. From 2006 onwards, the process of educational redevelopment started.

Fig. 7:   Complex of the Croatian Catholic University (own pictures, 2013)

Today, the complex is made up of 14 buildings with the total surface of 20,619.7 m². However, only three buildings are in use. One building is used by the Croatian Catholic University and two buildings are rented by a private college. The rest of the area is still empty or in ruins. The Archdiocese of Zagreb is the only urban actor on the site and has a development planned for mixed-use sites intended predominantly for educational and service facilities use for the students of the Croatian Catholic University. The investor has planned a student dormitory, restaurant, library and reading rooms. A business tower is still planned for the northern part of the site.

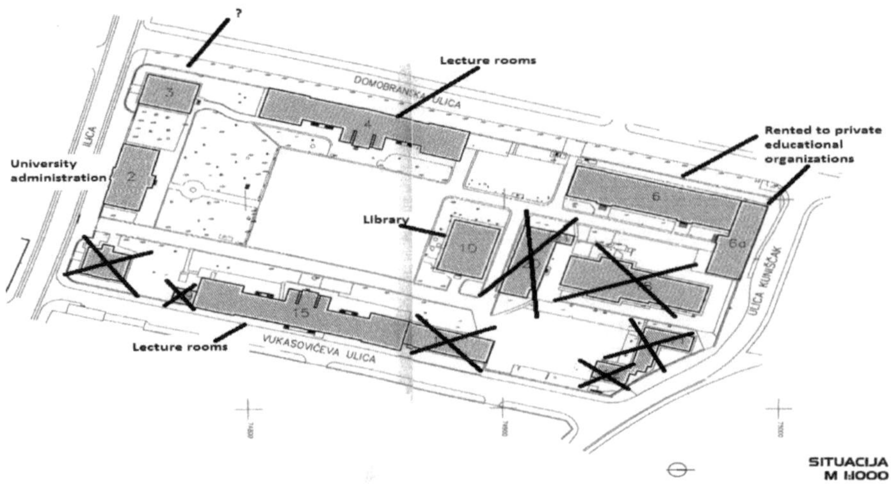

Fig. 8:   Plan for the redevelopment of the site of Croatian Catholic University (Archive of the Croatian Catholic University, 2011)

Characteristics in the Creation of New Urban Quarters in City Quarter Črnomerec
Over the past 250 years, the city quarter of Črnomerec has gone a long way from meadows and gardens at the fringe of the city, to manufacturing, military and industrial uses and now a contemporary mixed multifunctional quarter. From changes that have already been carried out, there is no distinguishable trend towards conversion for certain types of function, evidence rather suggests that Črnomerec is being redeveloped into a new multifunctional city quarter. One brownfield site was converted for educational purposes, one residential, two governmental. Remaining areas have still not been converted. However, the actor networks have changed and become more complex. Prior to 1990, the state or military were the only actors on the site. However, today we can find a spectrum of different actors, including private investors, the city and state government, the Catholic Church and the Archdiocese of Zagreb.

As there is no need for a new housing project due to a lack of other economic activities, no housing estates were built throughout the quarter and the city in general. New families (mostly younger with children) pose another matter to be addressed in the need for services and facilities such as kindergartens and schools in the area and the lack of open public space, especially city parks and playgrounds.

5.   Conclusion: Differences in Conversion, Similarities in Development Trajectories

After comparing two different cities in converging political regimes, the initial differences in framework conditions can be overcome by identifying differences and similarities in functional change, as well as actor-network-constellations.

In terms of differences, the functional change before and after the conversion of brownfield or underutilised sites is the most crucial difference between Vienna and Zagreb. Although the starting point for redevelopment is mostly former industrial or military use, new urban quarters in Vienna are predominantly for residential use and social infrastructure provision, whilst in Zagreb a trend towards cultural use and social infrastructure provision through educational facilities and federal use can be observed. The second difference can be found in the governance of transformation. In both cases, the city *per se* acts as an initiator for redeveloping the specific sites. However, the influence and the governance of conversion are evolving differently from that point. In Vienna, the city government maintains a strong influence on the process, although private-public-partnerships and outsourced responsibilities have become standard practice. In Zagreb, the private actor, and therefore private capital, takes precedence in the course of the redevelopment process which normally takes a long time for implementation due to highly sensitive debates on the financing of such conversion projects.

In terms of similarities, the focus should lie with more general levels in order to reach nomothetic conclusions. In both cities, transformation processes at the macro level – such as population increase, economic crisis, or a political shift towards more neoliberal policies – are similar. As a consequence of population growth as a challenge for Vienna in general and as a localised challenge in Zagreb in specific inner-city neighborhoods, housing market constraints put pressure on the redevelopment and valorisation of underutilised spaces in central locations. In both cities, the newly created urban quarters become present in the mental map of new and long-term residents in the specific neighborhoods due to their central locations, accessibility and connection to public transport. Despite the differences in whether the new urban quarters provide predominately residential, social or cultural supply, the new functions are quickly accepted by the community.

To summarise, this article shows the need for a comprehensive registry of underutilised spaces in order to identify potential development areas at the neighborhood, district and city scale. The comparison of individual cases serves as a starting point to argue for a more systematised and comprehensive analysis of current redevelopment and conversion practices. With the help of a registry that includes the size, age, and function before and after, ownership and legal situation, as well as environmental information, more valid data can be generated for a comparison with political strategies and redevelopment practices.

Bibliography

Alker, S., Joy, V., Roberts, P. & Smith, N. (2000). The definition of brownfield. *Journal of Environmental Planning and Management, 43*(1), 49–69.

Bagaeen, S.G. (2006). Redeveloping former military sites: competitiveness, urban sustainability and public participation. *Cities, 23*(5), 339–352.

Cabernet Network (o.J.). *Brownfield definition.* Available at: http://www.cabernet.org.uk/?c=1134 [30.05.2015].

Chen, Y., Hipel, K.W., Kilgour, D.M. & Zhu, Y. (2009). A strategic classification support system for brownfield redevelopment. *Environmental Modeling & Software, 24,* 647–654.

Clarke, D.B. (2008). The ruins of the future: on urban transience and durability. In A.M. Corin & K. Hetherington (Eds.), *Consuming the entrepreneurial city: Image, memory, spectacle* (pp. 12–142). New York: Routledge.

Corin, A.M. & Hetherington, K. (Eds.). (2008). *Consuming the entrepreneurial city: Image, memory, spectacle.* New York: Routledge.

Cvahte, A. & Snoj, L. (2011). Geografsko vrednotenje degradiranih območij v izabranih statističnih regijah. *Dela, 36,* 111–122.

Dixon, T. & Raco, M. (2007). Introduction. In T. Dixon, M. Raco, P. Catney, & D.N. Lerner (Eds.), *Sustainable brownfield regeneration. Livable places form problem spaces* (pp. 3–8). Oxford: Blackwell Publishing.

Dixon, T., Raco, M., Catney, P. & Lerner, D.N. (Eds.). (2007). *Sustainable brownfield regeneration. Livable places form problem spaces.* Oxford: Blackwell Publishing.

Florida, R. (2003). *The rise of the creative class.* New York: Basic Books.

HafenCity (o.J.). *Die Basis der HafenCity-Entwicklung: Der Masterplan.* Available at: http://www.hafencity.com/de/konzepte/die-basis-der-hafencity-entwicklung-der-mas terplan.html [30.05.2015].

Hollander, J.B., Kirkwood, N.G. & Gold, J.L. (2010). *Principles of brownfield regeneration.* Washington D.C.: Island Press.

Kurier (2012). *Elisabeth-Spital schließt seine Pforten.* Available at: http://kurier.at/chron ik/wien/elisabeth-spital-schliesst-seine-pforten/1.548.319 [30.05.2015].

Landeshauptstadt München (Referat für Stadtplanung und Bauordnung) (2012). *Neues Wohnen in der Stadt. Innovativer Wohnungsbau in München.* München.

MA 23 – Wirtschaft, Arbeit und Statistik (2011). *Registerzählung.* Wien: Magistrat der Stadt Wien.

Nefs, M. (2006). Unused urban space: conservation or transformation? Polemics about the future of urban wastelands and abandoned buildings. *City & Time, 2*(1), 47–58.

Page, G.W. & Berger, R.S. (2006). Characteristics and land use of contaminated brownfield properties in voluntary clean up agreement programs. *Land Use Policy, 23,* 551–559.

Perić, A. & Maruna, M.(2012). Predstavnici društvene akcije u procesu regeneracije priobalja – slučaj braunfild lokacije "Luka Beograd". *Sociologija i prostor L, 1,* 61–88.

Perović, S. & Kurtović Folić, N. (2012). Brownfield regeneration – imperative for sustainable urban development. *Građevinar, 64*(5), 373–383.

Pikner, T. (2014). Enactments of urban nature: considering industrial ruins. *Geografiska Annaler: Series B, 96*(1), 84–94.

Smith, N. (1979). Towards a theory of gentrification. A back to the city movement by capital, not by people. *Journal of the American Planning Association, 45*(4), 538–548.

Stadt Zürich Hochbaudepartement (2015). *Entwicklungsgebiete. Zürich-West.* Available at: https://www.stadt-zuerich.ch/hbd/de/index/entwicklungsgebiete/zuerich_west.html [30.05.2015].

Statistik Austria (2014). *Bevölkerungsprognosen.* Available at: http://www.statistik.at/ web_de/statistiken/bevoelkerung/demographische_prognosen/bevoelkerungsprognos en/ [30.05.2015].

U.S. Environmental Protection Agency (2002). *2002 national emissions inventory data & Documentation.* Available at: http://www.epa.gov/ttnchie1/net/2002inventory.html [30.05.2015].

Wikipedia (2012). *Gaswerk Fünfhaus.* Available at: http://de.wikipedia.org/wiki/ Gaswerk_F%C3%BCnfhaus [30.05.2015].

Smart City: Innovationspotenziale für eine wettbewerbsfähige und nachhaltige Stadtentwicklung?

Rudolf Giffinger und Gudrun Haindlmaier

Globalisierung, wirtschaftliche Umstrukturierung und sozialer Wandel führen zu verschiedenartigen und oftmals unerwünschten Trends in der Stadtentwicklung. Demzufolge entstehen neue Herausforderungen in der Steuerung problematischer städtischer Entwicklungen. Gerade in den letzten Jahren fokussiert die Diskussion angesichts des erkennbaren Klimawandels zunehmend auf Fragen energieeffizienter Stadtentwicklung. Klar erkennbare Defizite nachhaltiger Entwicklung (z.B. zunehmende Emissionen, soziale Polarisierung) sowie zunehmender Druck auf die Wettbewerbsfähigkeit erhöhen zudem die Komplexität bei der Suche der Städte nach geeigneten Strategien.

In dieser Situation wird seit Jahren eine Smart-City-Diskussion forciert, die zur Lösung dieser Probleme insbesondere auf den Einsatz neuer Technologien drängt. Basierend auf der Implementierung neuer Informations- und Kommunikationstechnologien wird eine Stadtentwicklung versprochen, die energieeffizient, kostensparsam und umweltfreundlich sei. Allerdings zeigt eine Reihe von Studien, dass eine derartige Entwicklung massive Risiken von Rebound-Effekten sowie nicht nachhaltige Wirkungen mit sich bringt. Nicht zuletzt stellt sich die Frage, welches Verständnis von Stadt hiermit verbunden ist, und ob sich dieses Verständnis mit der Idee einer nachhaltigen und wettbewerbsfähigen Stadt verbinden lässt.

Um diese Fragen zu behandeln, werden hier zunächst die unterschiedlichen Zugänge zum Thema Smart City kurz skizziert. Darauf aufbauend wird herausgearbeitet, dass für eine nachhaltige Stadtentwicklung nicht ausschließlich die technisch-wirtschaftliche Innovation, sondern vielmehr eine „städtische", auf die lokalen Bedingungen ausgerichtete Innovation von Bedeutung ist. Zu diesem Zweck wird ein Ansatz präsentiert, der veranschaulicht, wie aus einer evidenzbasierten Perspektive die problemorientierte „städtische Innovation" forciert werden kann. Aus der Perspektive der Stadtentwicklungsplanung wird schließlich ein Modell vorgestellt, wie derartige Innovationspotenziale im Zuge stadtentwicklungspolitischer Bemühungen Beachtung finden bzw. aktiviert werden können.

Zahlreiche dieser Ausführungen basieren auf den Erfahrungen aus dem PLEEC-Projekt (Planning for Energy Efficient Cities), gefördert im Rahmen des FP7, DG Energie (in Zusammenarbeit mit 6 europäischen Mittelstädten).

Einleitung

Die Zukunft der Stadt ist in den letzten Jahren von zwei Problemstellungen geprägt. Erstens, es entsteht vor dem Hintergrund der Globalisierung zunehmend Druck auf Städte, ihre Wettbewerbsfähigkeit zu erhöhen. Durch diesen Druck entsteht ein städtischer Transformationsprozess, der durch die starke Konzentration auf die wirtschaftliche Leistungsfähigkeit Gewinner und Verlierer und damit soziale Polarisierung mit sich bringt. Zweitens kommt es aufgrund des derzeit weltweit starken Prozesses der Verstädterung zu einem oft schnellen Wachstum der Städte. Im Zuge dessen entsteht zunehmender Energiebedarf und entsprechende Emissionen, die verschärfte Umweltprobleme mit sich bringen und damit die Attraktivität von Städten gefährden. Trotz zahlreicher strategischer Bemühungen und vielfältiger Investitionen in umweltschonende Maßnahmen ist eine nachhaltige Stadtentwicklung heute durch solche Effekte der Globalisierung und der raschen Verstädterung stark gefährdet.

Vor dem Hintergrund dieser komplexen Problematik entstand die Diskussion zur Smart City. (Allwinkle & Cruickshank, 2011; Nam & Pardo, 2011) Im technik-dominierten Verständnis (Acatech, 2012; Market Place of the European Innovation Partnership on Smart Cities and Communities, 2014) wird die Möglichkeit betont, durch Informations- und Kommunikationstechnologie (IKT) eine ressourcenschonen-de Stadtentwicklung mit einer Verringerung von Emissionen zu ermöglichen. Dabei wird hervorgehoben, dass diesen städtischen Problemen mittels des Einsatzes von IKT effizient begegnet werden könne (Batty, Axhausen, Giannotti, Pozdnoukhov, Bazzani, Wachovicz, Ouzounis & Portugali, 2012). Faktisch wird diese technik-zentrierte Sichtweise durch Förderinstrumente der EU genauso wie durch nationa-le Programme bei deren Implementierung massiv unterstützt. Dieser Behauptung gegenüber ist allerdings Kritik anzubringen, da eine primär technikgestützte Stadt-entwicklung nicht nur eine Reihe von rechtlichen Problemen (Datenspeicherung, Kontrolle im öffentlichen Raum, Einschränkung der Privatsphäre, Datenmissbrauch etc.), sondern insbesondere auch Probleme der nicht effektiven und bedarfsorientier-ten Steuerung der Stadtentwicklung üblicherweise mit sich bringen kann (Rebound-Effekte, Kommodifizierung der Stadt).

Ausgehend von einer kritischen Betrachtung einer IKT-dominierten städtischen Entwicklung verfolgt dieser Beitrag daher das Ziel, ein Smart-City-Verständnis zu entwickeln, in dem an Stelle einer technikzentrierten Steuerung die städtische Innovationen auf Basis kollektiver Lernprozesse und partizipativer/netzwerkbasier-ter Steuerungsansätze im Mittelpunkt von Steuerungsbemühungen steht. Zu diesem Zweck erfolgt in Kapitel 2 eine kurze und kritische Darstellung der IKT-dominierten Ansätze mit einigen Argumenten zu deren Risiken. In Kapitel 3 wird ein problem-orientierter Ansatz zur effektiven Identifikation der Problemlagen in einer Stadt so-wie ein Steuerungsansatz entwickelt, bei dem das „städtische Innovationspotenzial" und dessen Aktivierung durch gezielte Steuerung über akteurszentrierte Netzwerke im Vordergrund steht.

IKT als treibende Kraft oder Lösungsansatz neuer Probleme in der Stadtentwicklung

Mit der zunehmenden Globalisierung erfuhren die Städte eine dramatische Transformation ihrer wirtschaftlichen Entwicklung. Die industrielle Produktion ver-schwand nicht nur aus den Kernstadtgebieten in suburbane Gewerbegebiete, sondern wurde großräumig in Länder mit günstigen Produktionsbedingungen (Arbeitskosten, Umwelt- und Sozialkosten) verlagert. Dieser Transformationsprozess erfolgte auf Basis sich rasch verbessernder Bedingungen für Information, Transport und Kommunikation. Wegzeiten und Kosten für den Transport von Personen, Gütern und Information sanken aufgrund der sich rasch etablierenden Technologien. Kresl (1997, S. 40) betont hierzu

> […] globalization has much the same effect on the city as did the dramatic changes in transportation, the railway and the change in shipping from sail to coal to oil, during the nineteenth century. […] [T]he space within which economic decision making and activities took place expands spectacularly […] which […] exposes urban economies to a mix of threats, challenges and opportunities.

Verstärkt wurden diese Entwicklungen in Europa durch den Integrationsprozess der EU, welcher die Schaffung eines gemeinsamen und liberalisierten Binnenmarktes zum Ziel hatte. Dieser Prozess hatte zur Folge, dass sich als erstes Städte und Metropolen den neuen Herausforderungen aus einem zunehmenden Wettbewerb in einer stark netzwerkbasierten wirtschaftlichen Entwicklung stellen mussten (Cappelin, 1991; Thornley, 2000; Castells, 2004). Städte entwickelten aufgrund dieser Transformationsprozesse neue Attraktivität, die zu mehr oder weniger starkem Wachstum beitrug bzw. auch weiterhin treibende Kraft ist.

Unmittelbare Folge des Wachstums durch Bevölkerungszunahme und des Schaffens neuer Arbeitsplätze (vor allem im Dienstleistungsbereich) sind die Erschließung von Neubaugebieten mit neuen großflächigen Infrastrukturen wie Flughäfen, neuen Bahnhofsvierteln, Hotel- und Kultureinrichtungen, Bürohochhausvierteln und ähnlichem. Zudem ist Stadtentwicklung von gleichzeitig stattfindenden Prozessen des Wachsens und Schrumpfens sowie dem Ausweiten und Verdichten städtischer Strukturen geprägt. Zunehmende Verstädterung und Metropolisierung (als Ausdruck der städtischen Wettbewerbsfähigkeit) gehen dabei oft Hand in Hand mit Verdrängungsprozessen sowie unzureichender polyzentraler und nicht ressourcenschonender Stadtentwicklung und bringen daher neue Herausforderungen für die Stärkung einer nachhaltigen Entwicklung mit sich (Friedmann, 1986; Hall & Pain, 2009a).

Angesichts dieser vielfältigen Herausforderungen wird evident, dass der Ausbau moderner Infrastruktur naheliegend ist und gleichzeitig bestehende Infrastruktursysteme in ihrer Kapazität erhöht sowie in ihrer Effizienz verbessert werden sollten. Neue Technologien, welche die Informations- und Kommunikationsbedingungen aber auch die Mobilitätsbedingungen massiv verbessern können, werden von Seiten der Industrie und Wirtschaft angepriesen (Acatech, 2012). Auch die Europäische Kommission (2010) betont in ihrer Europa-Strategie 2020, dass den vielfältigen Herausforderungen unter anderem mit technologischem Fortschritt und technischen Neuerungen begegnet werden soll. Unter diesen Voraussetzungen entstand die Diskussion um ein Smart-City-Verständnis.

Smart City als technikgetriebene Stadtentwicklung

Aus einer Vielzahl von Definitionsversuchen, die Nam & Pardo (2011) oder Giffinger (2014) in verschiedenen Dimensionen herausgearbeitet haben, sollen hier zwei Konzepte, die auf einem technikaffinen Verständnis aufbauen, kurz dargestellt werden.

Dies ist einerseits ein stark funktionalistisches Verständnis, das eine Reihe von AutorInnen aus regionalwissenschaftlich-ökonomischer sowie planerischer Sicht betonen (Batty et al., 2012). Dabei wird herausgearbeitet, dass neue Technologien im IKT-Bereich sowie die Etablierung von Social-Media-Plattformen einerseits Einfluss nehmen auf die Forschungsbedingungen zum Erarbeiten von Grundlagen für die Steuerung der Stadtentwicklung. Hier werden insbesondere durch Datenintegration verbesserte Modellierungs- und Steuerungsmöglichkeiten im Bereich von Mobilität, Landnutzung und Logistik betont. Effizienzsteigerungen (mit Effekten zur Reduktion von Verkehr, Energieverbrauch und Emissionen) stehen dabei im Mittelpunkt. Neue Möglichkeiten der effektiveren Steuerung werden dabei auch aus den verbesserten Echtzeit-Informationen erwartet. Zugleich wird auf deren Zusammenhang mit Entscheidungsprozessen und Anforderungen an die Governance hingewiesen. Allerdings liegt der Schwerpunkt auf der Einbettung und Bewertung neuer Technologien aus funktionalistischer Perspektive.

Andererseits ist dies ein Verständnis von Smart City, welches primär auf „Innovationen" abzielt. Vor dem Hintergrund einer „multiplen Helix" steht die Diskussion und Erklärung von technischen Innovationen im Mittelpunkt, die sich unter bestimmten ökonomischen und marktlichen Bedingungen durchsetzen (Caragliu, Del Bo & Nijkamp, 2009; Leydesdorff & Deakin, 2011). Dabei werden einerseits Industrie, Universitäten und Politik als Eckpfeiler genannt und andererseits die Prozesse des Lernens, der Wissensproduktion und Vermarktung betont.

Der Fokus dieser beiden analytischen Ansätze liegt somit klar auf der technisch-ökonomischen Innovation. Derart technisch und wirtschaftlich bestimmte Entwicklungen bringen allerdings Risiken einer nachhaltigen Entwicklung hervor: Hierzu ist erstens das Risiko einer technikdominierten Entwicklung zu nennen, die zu sozialer Ungerechtigkeit beitragen und zur Exklusion von Gruppen (Preise, digitaler Analphabetismus) führen kann (Marcuse, 1998). Soziale Gerechtigkeit ist daher als eine Bedingung in einem Prozess und nicht als ein Ziel nachhaltiger Entwicklung zu verstehen. Zweitens bringen rein technisch-ökonomische Lösungsansätze verschiedenartige Risiken mit sich, die nicht unbedingt beabsichtigt waren. Diesbezüglich werden einerseits die Risiken des Datenmissbrauchs (unerlaubte Kontrolle, Verknüpfung von Individualdaten mit Verletzung der Privatsphäre etc.) angeführt. Andererseits führen speziell technische Innovationen, die die Energieeffizienz in städtischen Systemen verbessern sollten, zu nicht beabsichtigten Folgen vor allem in Form des Rebound-Effektes. Darunter wird im Lichte der Industrialisierung, die vom Prozess verbesserter Energiebereitstellung und -verwertung begleitet wird, seit Mitte des 19. Jahrhunderts verstanden, dass der Energieverbrauch durch effizienzsteigernde technische Maßnahmen nicht zwangsläufig sinkt, sondern steigt (Missemer, 2012). Heute werden diesbezüglich direkte von indirekten Effekten unterschieden. Direkte Effekte entstehen durch einen Preiseffekt. Darunter ist der zusätzliche Konsum ein und desselben Gutes und damit zusätzlicher Energieverbrauch durch ersparte Kosten beim Konsum zu verstehen. Dieser Effekt lässt sich ohne weiteres am Kauf immer leistungsstärkerer Autos bei relativ oder sogar absolut gesunkenen Anschaffungskosten oder bei der Entwicklung der zunehmenden Leistungsstärke von Beleuchtungssystemen beobachten (Herring & Roy, 2007). Indirekte Effekte entstehen bei einer bestimmten Budgetrestriktion durch einen relativen Einkommenseffekt, welcher Haushalte/Betriebe aufgrund ersparter Kosten durch Innovationen zur Energieeffizienz in die Lage versetzt, andere Güter und Dienstleistungen in Anspruch zu nehmen oder den Lebensstil zu ändern. Ersparte Energiekosten bei Haushalten führen daher zu veränderten Konsummustern, die den Erwerb neuartiger Güter oder neue Lebensstile (z.B. häufigere Urlaube, weiter entfernte Urlaubsdestinationen etc.) ermöglichen.

Ein Beleg für direkte und indirekte Rebound-Effekte kann auch in der Entwicklung des Energiebedarfs und der Emissionen in den einzelnen Transportsystemen gesehen werden. Abbildungen 1 und 2 zeigen für den Zeitraum von 22 Jahren in den 15 Mitgliedsstaaten der EU (ohne Erweiterungsländer) den ansteigenden Bedarf an Energie einerseits und den Anstieg der CO2-Emissionen andererseits. Der Anstieg verläuft jeweils synchron und erfährt nur durch die Wirtschaftskrise ab 2007/08 eine Stagnation bzw. danach bis 2012 eine deutliche Abnahme. Treibende Kraft für Wachstum und Schrumpfung ist dabei primär der straßenbezogene Transportsektor. Ohne die Effizienzsteigerungen durch technischen Fortschritt in den einzelnen Sektoren genau darzustellen, wird evident, dass offenbar große Einsparungen passiert sind, aber gleichzeitig direkte Effekte durch mehr Transportleistungen sowie indirekte Effekte durch den gestiegenen allgemeinen Mobilitätsaufwand den Energiebedarf sowie die CO2-Emissionen gesteigert hatten. Erst die Wirtschaftskrise hat offenbar diese Effekte reduziert. Mit anderen Worten: Technologische Innovationen haben geringere Einsparungseffekte bewirkt als durch direkte und indirekte Rebound-Effekte zusätzliche Bedarfs- und Emissionswirkungen ausgelöst wurden. Somit sind technische Innovationen kein ausreichender Lösungsansatz, um den Energiebedarf und entsprechende Emissionen einzuschränken.

Eine holistisch-integrative Betrachtung zur Frage, welche Probleme in der Stadtentwicklung vordringlich sind und welche Steuerungsmöglichkeiten neben anderen als technischen Innovationen zum Einsatz gebracht werden sollten, ist daher notwendig.

Zu einem veränderten Smart-City-Verständnis

Nam und Pardo (2011) haben klar herausgearbeitet, dass es unterschiedliche Zugänge zum Verständnis einer Smart City gibt. Sie betonen daher, dass neben dem Technologiefaktor insbesondere der Mensch, der smarte Bürger, sowie institutionelle Regelungen, also Fragen der Governance, als zentrale Faktoren einer Smart City zu sehen sind. In dem Smart-City-Verständnis, das den Menschen in den Mittelpunkt rückt, wird die Kreativität der BürgerInnen sowie die Fähigkeit und Möglichkeiten des Lernens und des Ausbaus von sozialem Kapital betont. In dem institutionellen Verständnis von Smart City wird hingegen die Etablierung von Gemeinschaften, die gemeinsam bestimmte Herausforderungen bewältigen wollen, betont. Wichtig

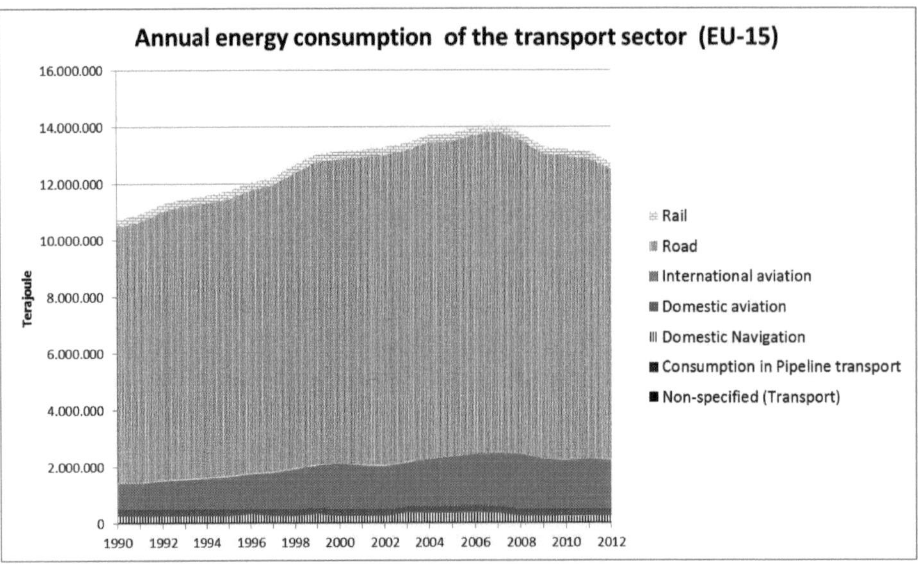

Abb. 1:   Jährlicher Energiebedarf nach Transportsektoren, 1990–2012 (EuroStat, 2012, eigene Darstellung)

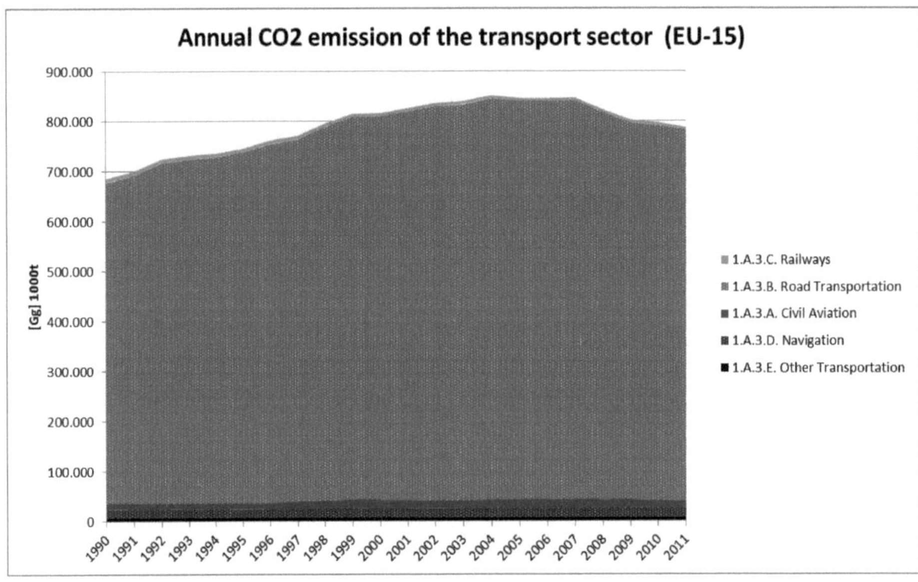

Abb. 2:   Jährliche CO2-Emission nach Transportsektoren, 1990–2012 (EuroStat, 2012, eigene Darstellung)

ist daher über entsprechende institutionelle und gemeinschaftliche Regelungen zu einer gemeinsamen Zielfindung und Lösungsansätzen zu kommen. Dabei wird die technische Innovation nicht als Selbstzweck betrachtet, sondern nur als Mittel zur Bewältigung spezifischer Probleme. „Institutional preparation and community governance are essential to the success of smart community initiatives" (Nam & Pardo, 2011, S. 286). Die Idee der smarten Governance wurde inzwischen zu einem eigenen Diskussionspunkt aus sozialwissenschaftlicher Perspektive. Diamantini und Borrelli (2014, S. 4) betonen, dass mit entsprechenden Strategien (im Sinne einer Multi-Level-Governance) jene Kapazitäten zu stärken sind, die Lernprozesse und partizipative Ansätze unterstützen. Im Zentrum der Governance-Diskussion stehen dann weniger Indikatoren zur Beschreibung städtischer Leistungen als vielmehr die Idee mit entsprechenden (technischen) Innovationen einen „öffentlichen Wert" (*public value*) zu schaffen bzw. zu erhöhen. (Dameri & Rosenthal-Sabro, 2014a, S. 7) Damit werden aber nicht nur ökonomische Leistung beschreibende Sachverhalte angesprochen, sondern sollten insbesondere Dimensionen angedacht werden, die den Wert von Innovationen in einzelnen Stadtentwicklungsbereichen aus der Sicht verschiedener betroffener Stakeholder (vor dem Hintergrund ihrer Bedürfnisse und Prioritäten) abbilden. Es geht also ganz einfach um die Frage *„how to measure the impact of smart city initiatives on the creation of public value for the people who live, work, study, and visit a city"* (Marco, 2014, S. vi).

Sehr ähnlich zu diesem zuletzt genannten Verständnis haben Giffinger et al. einen Smart-City-Ansatz mit einem Set von Indikatoren entwickelt, das auf einem umfassenden planerischen Verständnis von smarter Stadtentwicklung aufbaut: *„A Smart City is a city well performing built on the ‚smart' combination of endowments and activities of self-decisive, independent and aware citizens"* (Giffinger, Fertner, Kramar, Kalasek, Pichler-Milanovic & Meijers, 2007, S. 11). Dabei wird nicht nur der smarte Bürger/die smarte Bürgerin eingefordert, die sich gemeinsam mit anderen Stakeholdern entsprechenden Herausforderungen stellen soll. Es wird auch in der Kennzeichnung von städtischen Leistungen gezielt darauf geachtet, dass Bewertungen nicht nur „für" BürgerInnen in den verschiedenen Lebensbereichen, sondern auch „durch" BürgerInnen als Ergebnis von Bewertungen und Erfahrungen befragter Personen berücksichtigt werden. Smarte Stadtentwicklung soll also nicht nur über entsprechende Indikatoren durch externe Messungen, sondern als Ausdruck kognitiver Prozesse (Perzeption, Bewertung) operationalisiert werden.

Diese Sichtweise zur Kennzeichnung städtischer Leistungen zur energieeffizienten Entwicklung wird im Projekt PLEEC (Planning for Energy Efficient Cities; siehe Giffinger, Haindlmaier, Kramar, Lu & Strohmayer, 2014) gezielt vertieft, indem neben lokalen Erfahrungen auch Einschätzungen zum Innovationspotenzial in einzelnen Städten erhoben werden. Was darunter zu verstehen ist, wird im nächsten Kapitel geklärt.

Innovation in smarten Städten

Der Begriff „Innovation" wird je nach technologischem, wirtschaftlichem oder sozialem Kontext unterschiedlich abgegrenzt bzw. definiert. Kern dieser verschiedenen Innovationsansätze ist dabei oftmals, dass Innovation die Suche nach bzw. das Finden neuer Produkte, neuer Produktionsprozesse und neuer organisatorischer Verhältnisse umfasst (von deren Entwicklung bis hin zur Einführung derselbigen) (Dosi, 1988 zitiert nach Cossetta & Palumbo, 2014, S. 222). Diese neoschumpeterianische Sichtweise sieht Innovation als Resultat effizienter Produktivität und Anpassungsfähigkeit. Was bedeutet dies nun für Städte und ihr „städtisches Innovationspotenzial"? Bevor diese Frage im Detail beantwortet werden kann, müssen zwei Eigenschaften in Bezug auf Innovationsprozesse hervorgehoben werden.

Zunächst geht es bei Innovation immer um „Optimierung" und darum, dass bestimmte Wirkungen erkennbar sein müssen, um aus einer Idee auch tatsächlich eine Innovation zu machen (vgl. European Commission, 2012, S. 15). Dabei kann sich die Optimierung an den Eigenschaften eines Produktes, einem Prozess oder Ablauf, einer Organisation oder eben auch an städtischen Potenzialen orientieren. Ob eine Verbesserung durch Innovation stattfindet, muss je nach Anwendungsbereich und Zielgruppe unterschiedlich gemessen und bewertet werden (siehe nächstes Unterkapitel).

Zweitens sind Innovationen immer Teil eines sozialen Wandels und in gesellschaftliche Strukturen eingebettet, wie folgende Definition rund um die in den letzten Jahren stark aufkommende Diskussion zum Thema „soziale Innovation" deutlich macht: *„Soziale Innovationen sind neue Praktiken zur Bewältigung gesellschaftlicher Herausforderungen, die von betroffenen Personen, sozialen Gruppen und Organisationen angenommen und genutzt werden"* (Zentrum für Soziale Innovation, 2012, S. 2).

Innovative Produkte, Prozesse oder Modelle erfüllen dementsprechend soziale Bedürfnisse und ermöglichen neue Kooperationen und Beziehungen zwischen Akteuren. Dabei wird gesellschaftlicher und individueller Handlungsspielraum ermöglicht bzw. erweitert (Murray et al., 2010 zitiert nach Cossetta & Palumbo, 2014, S. 222). Innovation stellt eine neue Antwort auf sozialen Problemdruck dar, welche soziale Interaktionen nachhaltig beeinflusst. Da Städte keine „unabhängigen Variablen" oder „Orte per se" sind, sondern Resultate, Gegenstand, Schauplatz und gleichzeitig Ressource für soziale Entwicklungen und Akteure (vgl. Häußermann & Siebel, 2004, S. 100f.), kann festgehalten werden, dass Innovation folgendes ist: *„[...] a place-based strategy linked to territorial specificities"* (Cossetta & Palumbo, 2014, S. 223).

Wie kann nun das Innovationpotenzial von Städten gemessen werden? Einen Versuch einer solchen Messung liefert der Innovationsindex „Innovation Cities Global Index" (2thinknow, 2012), der wie viele empirische Versuche, Innovation zu messen, stark auf die ökonomische Seite des Innovationsbegriffes fokussiert ist. Ziel dieses jährlich publizierten Städterankings ist es, anhand von 162 Indikatoren eine Vielzahl an Städten (445) weltweit miteinander zu vergleichen, um deren Potenzial im Hinblick auf Innovationsökonomie zum jeweiligen Zeitpunkt zu bestimmen. Lässt man die methodischen Probleme zunächst außer Acht, die ein Rankingansatz mit sich bringt,[1] so fällt auf Indikatorenebene auf, dass hier das Innovationspotenzial der Städte mit vielen „herkömmlichen" Wirtschafts- und Sozialindikatoren gemessen wird.[2] Zudem sind diese Indikatoren sehr breit gefächert, ohne dabei eine zielgruppen- oder problemlageorientierte Potenzialabschätzung zu ermöglichen.

Innovationspotenziale von Städten – das Beispiel PLEEC

Aus den oben beispielhaft erläuterten Gründen erscheint eine stakeholderbasierte Einschätzung des städtischen Innovationspotenzials zielführender. Dies wurde im zuvor angesprochenen EU-Projekt PLEEC (Planning for Energy Efficient Cities) umgesetzt, wobei die Messung des städtischen Innovationspotenzials dabei wie folgt verstanden werden kann:

- Das Innovationspotenzial in einzelnen wichtigen Schlüsselfeldern wird durch relevante Stakeholder in den jeweiligen Städten bewertet. Dazu identifizierte jede Stadt ihre jeweils wichtigsten Stakeholder und befragte diese mit einem standardisierten quantitativen Fragebogen (vgl. Giffinger et al., 2014).
- Das Innovationspotenzial wird für jedes Schlüsselfeld einzeln bestimmt. Es stellt den aktuellen Zustand bzw. die aktuelle Qualität einer städtischen Dienstleistung jenem Zustand gegenüber, den Akteure und Stakeholder in der jeweiligen Stadt aufgrund von Verbesserungsmöglichkeiten erwarten. Somit kann an der Differenz zwischen aktueller Situation und der zu erwartenden Qualität die jeweils stadtspezifischen Herausforderungen und Restriktionen in einzelnen Schlüsselfeldern abgelesen werden.
- Das Innovationspotenzial beinhaltet sowohl technologische, strukturelle als auch verhaltensrelevante Aspekte (mit unterschiedlichen Schwerpunkten je nach Thematik).

---

1   Zur Problematik von Städterankings siehe Haindlmaier (2014).
2   Die 162 Indikatoren diese Rankings setzen sich aus folgenden Bereichen zusammen: Architecture & Planning (4), Arts & Culture (12), Basics (Utilities, Food Supply, Water) (4), Business (5), Commerce & Finance (7), Cultural Exchange: Travel & Tourism (11), Diplomacy & Trade (2), Economics (General) (12), Education, Science & Universities (7), Environment & Nature (8), Fashion (2), Food & Hospitality (4), Geography (3), Government & Politics (4), Health & Medicine (5), History (1), Industry & Manufacturing (7), Information, Media & Publishing (8), Labour, Employment & Workforce (3), Law & Governance (3), Logistics, Freight & Ports (4), Military & Defence (2), Mobility, Autos, Cycling & Transport (13), Music & Performance (5), People & Population (6), Public Safety (2), Retail & Shopping (5), Spirituality, Religion & Charities (1), Sports & Fitness (3), Start-ups & Entrepreneurs (3), Technology & Communications (7).

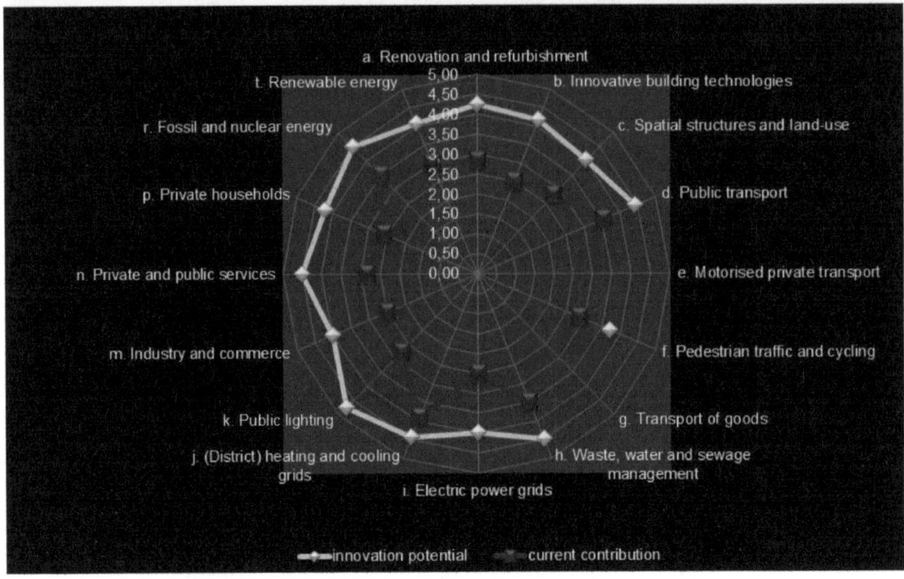

Abb. 3: Innovationspotenzial Tartu, Estland (Giffinger et al., 2014; S. 18)

Um stadtspezifische Innovationsprofile zu erheben, wurden die Antworten der Stakeholder auf folgende Fragen ausgewertet (108 Fragebögen in 6 Projektstädten):

- „How would you judge the current contribution of the domain ‚(a … t)‘ for energy efficiency in your city today?“
- „How would you judge the innovation potential for energy efficiency in the domain ‚(a … t)‘ in your city in the near future?“

Die Antwortmöglichkeiten rangierten dabei von 1 (very low) bis zu 5 (very high). Zur Erstellung der Profile wurde jeweils der Median berechnet. Die dafür eingesetzte Methode der wiederholten Befragung (2 Runden ähnlich einer Delphi-Methode) von Stakeholdern eignet sich sehr gut, um spezifische Fragen der Entwicklung zu vertiefen und zu bewerten. Allerdings ist anzumerken, dass die Ergebnisse sehr sensibel gegenüber der Zusammensetzung der befragten Gruppe sind.

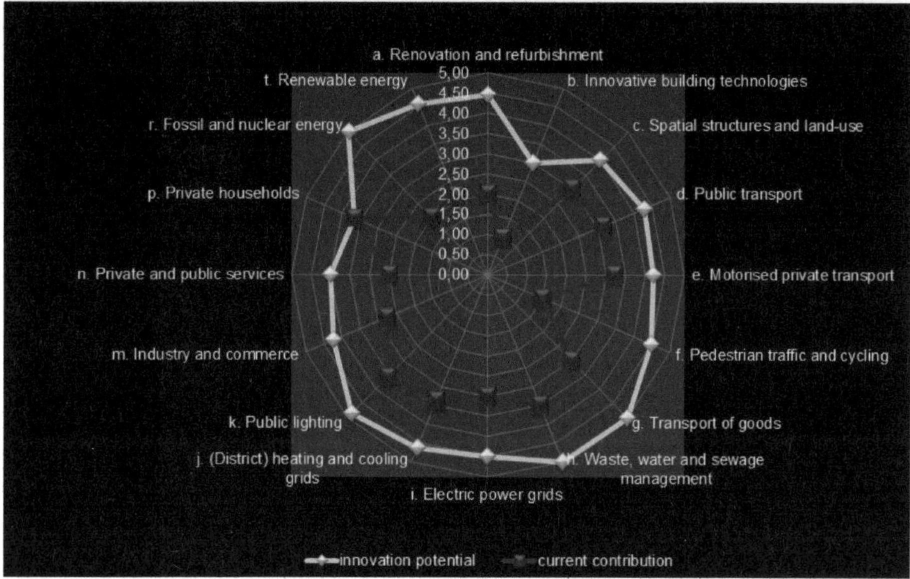

Abb. 4: Innovationspotenzial Santiago de Compostela, Spanien (Giffinger et al., 2014, S. 14)

Die oben stehenden Beispiele aus zwei der sechs Projektpartnerstädte zeigen, wie nach diesem Ansatz das Innovationspotenzial in Bezug auf energieeffiziente Stadtentwicklung erhoben wurde. Anhand der Gegenüberstellung der Städteprofile wird erkennbar, dass beide Städte ihr Potenzial (noch) nicht vollständig ausschöpfen, aber sehr unterschiedliche stadtspezifische Charakteristika in Bezug auf das Energieeffizienzpotenzial aufweisen. Tartu (Estland) nutzt zwar das Innovationspotenzial kleinräumiger Heiz- und Kühlsysteme, für alle anderen relevanten Bereiche (*domains*) stellen die lokalen Expertinnen und Experten jedoch fest, dass die Stadt das vorhandene Innovationspotenzial noch nicht umfassend nutzt. In Santiago de Compostela (Spanien) dagegen schätzen die Stakeholder das Innovationspotenzial der privaten Haushalte als bereits ausgeschöpft ein, während besonders große Unterschiede zwischen Potenzial und aktueller Situation in den Bereichen Energiegewinnung (fossile sowie erneuerbare Energie), Fußgänger- und Radverkehr sowie Sanierungsmaßnahmen an Gebäuden bestehen (Details siehe PLEEC D2.3). Diese Art der Messung städtischen Innovationspotenzials zeigt also Handlungsfelder für Stadtentwicklungsmaßnahmen unter Einbeziehung der lokalen Expertise und Perzeption relevanter Akteure auf und bildet somit die Grundlage für eine gezielte strategische Stadtplanung.

Strategische Planung für innovative Smart Cities – ein Resümee und Ausblick

Wie kann nun das städtische Innovationspotenzial integrativer Teil einer allgemeinen Planungsstrategie werden? Dazu muss zunächst folgender Gedanke vorausgeschickt werden: Wird eine Stadt mit einem bestimmten Adjektiv[3] (wie z.B. smart) versehen, so impliziert dies stets verschiedene Arten von Interventionen, die wiederum ein gewisses (Selbst-)Verständnis der jeweiligen Stadt zum Ausdruck bringen (Beauregard, 2005, S. 25). Städte sind jedoch keine isolierten Inseln, sondern stehen in Beziehung mit anderen Städten, sind also in Netzwerke auf verschiedenen räumlichen und inhaltlichen Ebenen eingebunden (Haindlmaier, 2014). Für diesen Typus einer Netzwerk-Stadt identifiziert Beauregard drei Kernthemen, die einen Rahmen für Planungsprozesse darstellen (Beauregard, 2005, S. 30f.):

– Adjektive bieten Potenzial für gezielte Interventionen, da gewisse Adjektive oder Zuschreibungen Chancen für die Planung eröffnen (oder diese verhindern). Die Netzwerk-Metapher ist ebenso wie der Begriff Smart City darauf ausgerichtet, die Wahrnehmung einer Stadt gleichzeitig kreativ-chaotisch sowie organisiert-strukturiert zu halten.
– Große Bedeutung der Städtenetze für den Austausch von Planungsideen und Technologien.
– Netzwerke unterstützen die Stadtplanung, um eine Balance zwischen Spezialisierung und Synthese zu finden.

Diese Überlegungen bilden die Verbindung zu demokratiebasierter Planung und Governance sowie zu integrativen, nonlinearen Planungsansätzen. Im Allgemeinen kann eine Verlagerung von *Government* zu *Governance* in der lokalen Stadtpolitik beobachtet werden (siehe u.a. Oatley, 1998, S. 17). Neue Organisationsgewohnheiten, neue Praktiken, Netzwerke und institutionelle Regelungen haben das Selbstverständnis der staatlichen und Planungsinstitutionen verändert und somit auch die Form und die Möglichkeiten der Interaktion mit der Öffentlichkeit (Fragen der Transparenz, open data etc.) sowie den Ablauf von Planungs- und Steuerungsprozessen im Allgemeinen.

Da Stadtplanung nicht nur auf lokale Gegebenheiten begrenzt ist, sondern sich zunehmend auf Prozesse auf regionaler und überregionaler Ebene konzentrieren muss, ist ein hierarchischer, klassischer Planungsansatz nicht mehr geeignet, um auf die Anforderungen einer komplexen, sozial und räumlich vernetzten Welt entsprechend reagieren zu können. Daher muss ein zeitgemäßer Planungsansatz die verschiedenen Knotenpunkte und Beziehungen in dynamischen und flexiblen

---

3   Derzeit finden sich in der Literatur zur sogenannten „adjectival city" Begriffe wie „global city", „sustainable city" oder auch „smart city" als beliebteste Bezeichnungen. Ebenso aktuell sind auch allgemeine Begrifflichkeiten wie „world city" oder „post-modern city" sowie stärker ökonomisch ausgerichtete urbane Konzepte wie „edge city", „post-industrial city" oder der erst kürzlich in den Fokus rückende Begriff der „phoenix cities" (bezeichnet einen bestimmten Typus der schrumpfenden Stadt). „Postcolonial city" oder „medieval cities" sind dagegen stärker historisch orientierte Begriffe, während die „Klassiker" unter den „adjectival cities" wie beispielsweise „garden city", „gated city" oder „third-world cities" ebenfalls nach wie vor Verwendung finden (siehe Beauregard, 2005, S. 25f.).

Netzwerken berücksichtigen können. Dies stellt eine große Herausforderung an die Planung dar, da die klassischen Planungsinstrumente in ihren Einsatzmöglichkeiten und ihrem Selbstverständnis auf eher auf hierarchische Strukturen ausgerichtet sind.

In diesem Zusammenhang ist es wichtig zu beachten, dass der zunehmende Einfluss von Governance nicht auf das Auflösen von Institutionen oder der Förderung eines (neo)liberalen Staatsmodells abzielt (welches von Privatisierung und Deregulierung gekennzeichnet ist), sondern Governance umfasst neue Formen sozialer und ökonomischer Regulierungen, um eine effektive städtische Leistung zu gewährleisten und um zwischen widersprüchlichen Interessen zu vermitteln (Gualini, 2005, S. 286). Daraus folgt, dass Städte mehr Möglichkeiten und Potenziale für die Steuerung der Stadtentwicklung und ihrer eigenen Positionierung haben, da sie auf diese Weise lokale Akteure leichter integrieren und diese schneller einbinden können als es bisher in starren hierarchischen Regelungsstrukturen und Steuerungsprozessen möglich war.

Ein Planungsansatz, welcher eben diese Forderung nach flexibler Steuerung städtischer Prozesse aufnehmen kann, muss daher einige Grundprinzipien aufweisen:

- Messung der (smarten) Stadtentwicklung und Ableitung von Innovationspotenzialen sowohl über geeignete Indikatoren als auch als Ausdruck kognitiver Prozesse (Perzeption, Bewertung) relevanter Stakeholder.
- Aktives Einbinden von smarten Bürgerinnen und Bürgern, Expertinnen und Experten sowie anderen Zielgruppen, um einerseits die lokale Situation bestmöglich erfassen zu können und andererseits eine nachhaltige Umsetzung von Maßnahmen bereits im Planungsprozess zu fördern.
- Feedbackschleifen zwischen Akteuren, empirischer Erhebung der Bestandsituation und dem Erarbeiten von Planungszielen und -inhalten (sowie deren Monitoring).
- Verknüpfung von Technologie, räumlicher Struktur und individuellem Verhalten: Die Berücksichtigung aller drei Aspekte sowohl in der empirischen Bestandserhebung als auch in der Formulierung von konkreten Planungsinhalten führt zu einer integrativen strategischen Ausrichtung von Zielen und den dazu erarbeiteten Maßnahmen. Dabei nehmen diese Ziele wiederum Rücksicht auf die stadtspezifische Ausgangslage bzw. das städtische Innovationspotenzial (*city profiles*) bzw. leiten sich daraus ab.

Ein solcher holistisch-integrativer Ansatz ermöglicht evidenzbasierte Planung und ist dabei auch zielgruppen- und problemorientiert. Es werden die vordringlichen, lokalspezifischen Probleme in der Stadtentwicklung augenscheinlich und einer flexiblen und dynamischen Umgebung wird Rechnung getragen. Neben der Messung von technologischen, ökonomischen und sozialen Indikatoren (*hard facts*) fließt auch die Bewertung und Perzeption der relevanten Akteure mit ein, die durch ihre ständige Einbindung in den Planungsprozess auch deren Umsetzung besser mittragen können und somit verstärkt zur nachhaltigen Nutzung des Innovationspotenzials in smarten Städten beitragen.

Literatur

2thinknow – Global Innovation Agency (2012). *Innovation Cities Global Index 2012–2013*. Verfügbar unter: http://www.innovation-cities.com/innovation-cities-global-index-2012 [17.05.2015].

Acatech – Deutsche Akademie der Technikwissenschaften (Hrsg.). (2012). *Smart Cities – Deutsche Hochtechnologie für die Stadt der Zukunft*. Berlin: Springer.

Albrechts, L. & Mandelbaum, S. (Hrsg.). (2005). *The Network Society: A New Context for Planning*. New York: Routledge.

Allwinkle, S. & Cruickshank, P. (2011). Creating Smart-er Cities: an Overview. *Journal of Urban Technology, 18*(2), 1–16.

Batty, M., Axhausen, K.W., Giannotti, F., Pozdnoukhov, A., Bazzani, A., Wachovicz, M., Ouzounis, G. & Portugali, Y. (2012). Smart Cities of the Future. *The European Physical Journal Special Topics, 214*(1), 481–518.

Beauregard, R.A. (2005). Planning and the Network City: Discursive Correspondences. In L. Albrechts & S. Mandelbaum (Hrsg.), *The Network Society: A New Context for Planning* (S. 24–33). New York: Routledge.

Begg, I. (1999). Cities and Competitiveness. *Urban Studies, 36*(5–6), 795–810.

Blaas, W., Bröthaler, J., Getzner, M. & Guthei-Knopp-Kirchwald, G. (Hrsg.). (2014). *Perspektiven der staatlichen Aufgabenerfüllung*. Wien: Verlag Österreich.

Camagni, R. (Hrsg.). (1991). *Innovation Networks: Spatial Perspectives*. London: Belhaven Press.

Cappelin, R. (1991). International networks of cities. In R. Camagni (Hrsg.), *Innovation Networks: Spatial Perspectives* (S. 230–244). London: Belhaven Press.

Caragliu, A., Del Bo, C. & Nijkamp, P. (2009). *Smart cities in Europe* (Serie Research Memoranda 0048). VU University Amsterdam, Faculty of Economics, Business Administration and Econometrics.

Castells, M. (2004). *The Network Society. A Cross-Cultural Perspective*. London: Edward Elgar.

Cossetta, A. & Palumbo, M. (2014). The Co-production of Social Innovation: The Case of Living Lab. In R.P. Dameri & C. Rosenthal-Sabroux (Hrsg.), *Smart City: How to create Public and Economic Value with high Technology in Urban Space* (S. 221–235). Cham/Heidelberg/New York: Springer.

Dameri, R.P. & Rosenthal-Sabro, C. (2014a). Smart City and Value Creation. In R.P. Dameri & C. Rosenthal-Sabro (Hrsg.), *Smart City: How to create Public and Economic Value with high Technology in Urban Space* (S. 1–12). Cham/Heidelberg/New York: Springer.

Dameri, R.P. & Rosenthal-Sabro, C. (Hrsg.). (2014b). *Smart City: How to create Public and Economic Value with high Technology in Urban Space*. Cham/Heidelberg/New York: Springer.

Diamantini, D. & Borrelli, N. (2014). *Theoretical questions for analysing contemporary city*. Fondazione Giangiacomo Feltrinelli: E-Book – series.

Dosi, G. (1988). Sources, procedures, and microeconomic effects of innovation. *Journal of Economic Literature, 26*, 1120-1171.

European Commission – DG Enterprise and Industry (2012). *Strengthening social innovation in Europe. Journey to effective assessment and metrics*. Verfügbar unter: http://ec.europa.eu/enterprise/policies/innovation/files/social-innovation/strengthening-social-innovation_en.pdf [17.05.2015].

European Commission (2010). *EUROPE 2020. A European strategy for smart, sustainable and inclusive growth*. Brussels.

EuroStat (2012). *Greenhouse gas emissions, base year 1990.* Verfügbar unter: http://ec.europa.eu/eurostat/web/products-datasets/-/t2020_30 [02.06.2015].

Friedmann, J. (1986). The world city hypothesis. *Development and Change, 17,* 69–83.

Giffinger, R. (2014). Smart City – Stadtentwicklung im Spannungsfeld technologischer und integrativer Anforderungen. In W. Blaas, J. Bröthaler, M. Getzner & G. Gutheil-Knopp-Kirchwald (Hrsg.), *Perspektiven der staatlichen Aufgabenerfüllung* (S. 313–330). Wien: Verlag Österreich.

Giffinger, R., Fertner, Ch., Kramar, H., Kalasek, R., Pichler-Milanovic, N. & Meijers, E. (2007). *Smart cities – Ranking of European medium-sized cities.* Verfügbar unter: http://smart-cities.eu/download/smart_cities_final_report.pdf [17.05.2015].

Giffinger, R., Haindlmaier, G., Kramar, H., Lu, H. & Strohmayer, F. (2014). *Energy Smart City Profiles. PLEEC Deliverable 2.3.* Verfügbar unter: http://www.pleecproject.eu/results/documents/viewdownload/130-work-package-2/413-energy-smart-city-profiles-of-partner-cities-d2-3.html [17.05.2015].

Gualini, E. (2005). Reconnecting Space, Place, and Institutions: Inquiring into „Local" Governance Capacity in Urban and Regional Research. In L. Albrechts & S. Mandelbaum (Hrsg.), *The Network Society: A New Context for Planning* (S. 284–306). New York: Routledge.

Haindlmaier, G. (2014). *Positioning of cities. City rankings as instruments between government and governance.* Phd thesis, Vienna University of Technology.

Hall, P. & Pain, K. (2009a). From Metropolis to Polyopolis. In P. Hall & K. Pain (Hrsg.), *The Polycentric Metropolis. Learning from Mega-City Regions in Europe* (S. 3–18). London, Washington: Earthscan.

Hall, P. & Pain, K. (Hrsg.). (2009b). *The Polycentric Metropolis. Learning from Mega-City Regions in Europe.* London, Washington: Earthscan.

Häußermann, H. & Siebel, W. (2004). *Stadtsoziologie. Eine Einführung.* Frankfurt/M.: Campus Verlag.

Herring, H. & Roy, R. (2007). Technological innovation, energy efficient design and the rebound effect. *Technovation, 27,* 194–203.

Kresl, P.K. (1997). Locally designed strategies for enhancing the competitiveness of cities in a globalized economy. In OECD (Hrsg.), *Better governance for more competitive and liveable cities. Report of the OECD-Toronto Workshop* (S. 39–44). Toronto: OECD.

Leydesdorff, L. & Deakin, M. (2011). The triple-helix model of smart cities: a neo evolutionary perspective. *Journal of Urban Technology, 18* (2), 53–63.

Marco, de M. (2014). Preface. In R.P. Dameri & C. Rosenthal-Sabro (Hrsg.), *Smart City: How to create Public and Economic Value with high Technology in Urban Space* (S. v–vi). Cham/Heidelberg/New York: Springer.

Marcuse, P. (1998). Sustainability is not enough. *Environment and Urbanization, 10*(2), 103–111.

Market Place of the European Innovation Partnership on Smart Cities and Communities (2014). *Faqs.* Verfügbar unter: https://eu-smartcities.eu/faqs [17.05.2015].

Missemer, A. (2012). William Stanley Jevons' „The Coal Question" (1865), beyond the Rebound effect. *Ecological Economics, 82,* 97–103.

Murray, R., Caulier-Grice, J., & Mulgan, G. (2010). *The open book of social innovation* (Social Innovation Series). National Endowment for Science, Technology and the Art. Verfügbar unter: https://www.nesta.org.uk/sites/default/files/the_open_book_of_social_innovation.pdf [17.05.2015].

Nam, T. & Pardo, T. (2011). *Conceptualizing Smart City with Dimensions of Technology, People, and Institutions.* The Proceedings of the 12th Annual International Conference on Digital Government Research: Digital Government Innovation in Challenging Times. June 12–15, 2011, College Park, MD, USA.

Oatley, N. (1998). *Cities, Economic Competition and Urban Policy*. London: Paul Chapman Publishing Ltd.

OECD (Hrsg.). (1997). *Better governance for more competitive and liveable cities. Report of the OECD-Toronto Workshop*. Toronto: OECD.

Salet, W. & Faludi, A. (Hrsg.). (2000). *The Revival of Strategic Spatial Planning. Proceedings of colloquium*. Amsterdam: Royal Netherlands Academy of Arts and Sciences.

Thornley, A. (2000). Strategic Planning in the Face of Urban Competition. In W. Salet & A. Faludi (Hrsg.), *The Revival of Strategic Spatial Planning. Proceedings of colloquium* (S. 39–52). Amsterdam: Royal Netherlands Academy of Arts and Sciences.

Zentrum für Soziale Innovation (2012). *Alle Innovationen sind sozial relevant* (ZSI Discussion Paper DP13). Verfügbar unter: https://www.zsi.at/object/publication/2202/attach/ZSI_DP_13___Alle_Innovationen_sind_sozial_relevant.pdf [17.05.2015].

Sinn und Unsinn von Indikatoren zur energieeffizienten Stadtentwicklung

Herbert Hemis

Städte sind mit jüngsten Entwicklungen wie Energiewende-, Klimaschutz- und Smart-City-Konzepten konfrontiert. Gleichzeitig stehen sie in einem globalen Wettbewerb um Ressourcen und unter Wachstumsdruck. Systeme an Indikatoren für Städte dienen dazu, ihre Position in diesem Kontext zu verstehen und eventuell Vergleiche (Rankings) untereinander zu ermöglichen. Dieser Artikel greift einige dieser Ansätze mit Schwerpunkt Energieeffizienz auf und zeigt anhand von Beispielen die Chancen und Grenzen von Indikatoren.

1.   Von Rankings und Indikatoren

1.1 Rankings von Städten

Rankings und Profile von Städten auf Grundlage von Indikatoren sind en vogue. Sie geben einer Stadt eine Orientierung über ihre Position im globalen oder nationalen Wettbewerb zwischen Städten. Die Bandbreite der abgedeckten Themen ist vielfältig. Insbesondere Rankings, die die Lebensqualität einer Stadt hervorheben, schlagen hohe Wellen des Aufsehens, wie z.B. die sogenannte Mercer-Studie (Mercer LLC, 2015), das Smart-Cities-Ranking der Technischen Universität Wien (TU Wien, 2015) sowie des amerikanischen Klimaexperten Boyd Cohen (Boyd, 2014). So kann die Stadt Wien gute Positionierungen in verschiedenen Rankings vorweisen (Stadt Wien, 2015). Die Basis dieser Rankings sowie der einzelnen Stadtprofile sind Indikatoren, die ein möglichst breites Spektrum der Lebensqualität und/oder Stadtentwicklung abbilden sollen. Die Art der Indikatoren wird im Kontext des Zieles des Rankings entwickelt. In den oben genannten Fällen betrifft dies unter anderem den Wettbewerb der Städte, um für Investoren, Betriebe, potenzielle Einwohner und Touristen attraktiv zu erscheinen. Das Ergebnis eines Rankings und/oder des Stadtprofils kann aber auch Diskussionen zwischen den abgebildeten Städten anregen.

Indikatoren, die Energieeffizienz auf Stadtebene abbilden sollen, sind hier kaum zu finden. Daher wurden neue Ansätze entwickelt, um diese Lücke abzudecken. Bevor wir uns diesen näher zuwenden, sind für die Entwicklung von Indikatoren wichtige Fragen und Grundsätze zu beachten.

1.2 Grundsätzliches zu Indikatoren

Die Forderung nach und die Erstellung von einem System an Indikatoren lässt ein spezielles Bedürfnis erkennen. Zum einem besteht der Wunsch, die zunehmende Komplexität globaler Entwicklungen und deren Einfluss auf die Stadt zu verstehen und abzubilden. Zum anderen möchte man die Wirkung von gesetzten Maßnahmen für definierte Ziele greifbarer machen. Indikatoren können dies zu einem gewissen Grad erfüllen.

Das grundlegende Verständnis über Sinn und Zweck eines Indikators ist eine wichtige Ausgangsbasis. Folgende Definition erscheint zweckmäßig: *„Indikatoren sind empirisch (quantitativ oder qualitativ) zu erfassende Kenngrößen, die einen Soll-Ist-Vergleich bezüglich der Zielsetzungen von Projekten oder Programmen ermöglichen sollen.“* (Meyer, 2004, S. 5) Mit anderen Worten macht ein Indikator einen Sachverhalt greifbarer, indem er diesen durch Kenngrößen abbildet und in seiner Ausgestaltung vom (Mess-)Ziel abhängig ist (z.B. Anteil thermisch sanierter Wohnungen am gesamten Wohnungsbestand). Quantitative Indikatoren können entweder aus einem Kennwert bestehen (z.B. Leistung aller installierten Photovoltaik-Anlagen in Kilowatt-Peak) oder sie setzen sich aus verschiedenen Kenngrößen zusammen, welche durch eine entsprechende Definition des Indikators in einen bestimmten Bezug zueinander gesetzt werden (z.B. Treibstoffverbrauch gegenüber der Länge der zurückgelegten Wege für den motorisierten Individualverkehr). Auch qualitative Indikatoren müssen in eine entsprechende Skala über eine Normierung transferiert werden, um eine Darstellung zu ermöglichen.

Wesentliche Leitfragen in diesem Zusammenhang sind: Was soll mit dem Indikator abgebildet werden? Was ist das Ziel bzw. wer ist die Zielgruppe? Welcher Nutzen wird für die Stadt mit einem Bündel an Indikatoren generiert?

Indikatoren können im Sinne eines Ziels oder Outputs definiert werden (direkte/unmittelbare Indikatoren) oder Parameter darstellen (indirekte/mittelbare Indikatoren), die einen wesentlichen Einfluss auf Outputs haben. Ein Beispiel soll diesen Gesichtspunkt verdeutlichen. Der Kohlendioxid (CO_2)-Ausstoß pro Jahr und Kopf wird häufig als Zielwert herangezogen. Dieser kann als direkter Indikator bzw. „Outputindikator“ fungieren, um den Fortschritt zur Reduktion der Treibhausgase zu identifizieren. Andererseits kann es durchaus nützlich sein, Indikatoren zu entwickeln, die zugrundeliegende Strukturen abbilden (als „Strukturindikator“), welche einen maßgeblichen Einfluss auf den Ausstoß von Treibhausgasen haben. Dies ist zum Beispiel die fußläufige Erreichbarkeit von Gütern des täglichen Bedarfs oder die räumliche Verteilung der Siedlungsdichte. Diese beiden Parameter beeinflussen unter anderem die Wahl der Verkehrsmittel und den daraus resultierenden Ausstoß an Treibhausgasen. Maßnahmen, die zur Veränderung dieser Strukturen führen sollen, wie z.B. die genannte Siedlungsdichte, zeigen ihre Wirkung erst über einen längeren Zeitraum. Daher stellt sich immer die Frage des Zeithorizonts des Indikators. Nicht in jedem Fall wird ein jährlicher Kennwert zweckmäßig sein. Letztlich muss eine Stadt (Stadtverwaltung) entscheiden, welche Parameter als Hilfestellung in Bezug auf Entscheidungen und die Kommunikation der Stadtentwicklung von Nutzen sind.

Im oben genannten Beispiel zeigt sich noch ein weiteres Dilemma: Indikatoren werden häufig in Relation zu Personen (pro Kopf) oder der administrativen Fläche (pro km²) gesetzt. Ersteres ist immer davon abhängig, ob der Indikator einfach nur für die BewohnerInnen einer Stadt eine Rolle spielt oder auch temporär in der Stadt befindliche Personen (Arbeitskräfte von außerhalb, Zweitwohnsitze, Touristen) berücksichtigen soll. Im internationalen Städtevergleich besteht hier eine Verzerrung, da entweder die Definition eines Bewohners (Hauptwohnsitz) oder die Anzahl der temporär anwesenden Personen sehr unterschiedlich sein kann. Noch schwieriger wird die Sachlage bei der Berücksichtigung des Raums. Vor allem die administrative Stadtfläche wird häufig als Referenzwert herangezogen. Diese erweist sich jedoch als ein ungeeigneter Faktor, da die administrative Grenze infolge historisch-politischer Ursachen eine künstliche Grenze ist und nicht den morphologisch-funktionalen Siedlungsraum abbildet. Gerade im Vergleich von Städten können hier falsche Schlussfolgerungen das Ergebnis sein. In Wien sind 50,1% der Stadtfläche von ungefähr 415 km² bebaut (MA 23, 2014, S. 15). Hingegen ist Paris auf einer Fläche von gerade einmal 105 km² fast zur Gänze bebaut. Ein weiteres Beispiel zeigen die nachfolgenden Abbildungen. Die schwedische Stadt Eskilstuna hat eine administrative Fläche von 1257 km², doch lediglich 31 km² sind bebaut (PLEEC, 2014). Die administrative Fläche der estnischen Stadt Tartu beträgt jedoch 39 km², die fast zur Gänze bebaut ist (PLEEC, 2014). Daher wären Angaben zur Dichte (z.B. Anzahl der Gebäude oder Wohnungen je km²) in Bezug auf diese administrative Fläche massiv verzerrt. Räumliche Indikatoren sollten sich immer auf die tatsächliche Siedlungsfläche beziehen, v.a. wenn Vergleiche zwischen Städten eine Rolle spielen.

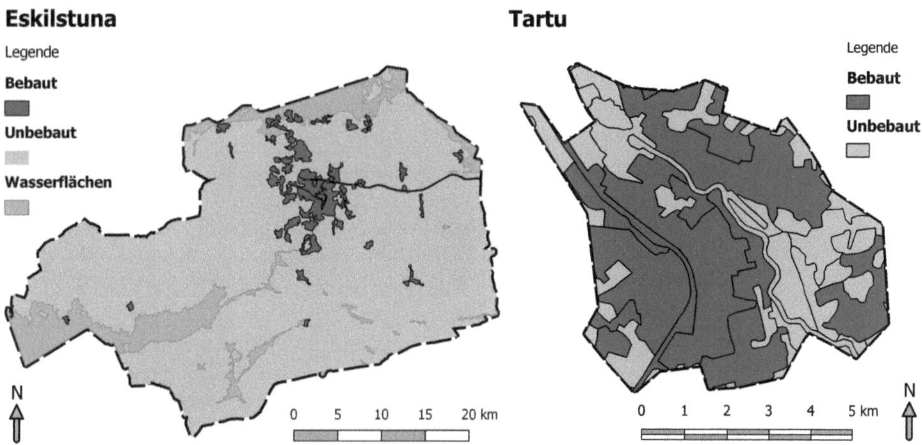

Abb. 1 und 2: Eskilstuna und Tartu – die Verteilung der Nutzungen (EEA – CORINE Land Cover 2006, eigene Darstellung)

1.3 Schritte zur Entwicklung von Indikatoren

Um eine „kluge" Auswahl von Indikatoren für eine Stadt zu treffen, sollten einige wichtige Fragen beantwortet werden. Folgende Schritte und Fragen können bei der Entwicklung von Indikatoren hilfreich sein (siehe auch Meyer, 2004):

Schritt	Fragen
Messziel	Was soll der Indikator anzeigen? Wer sind die Zielgruppen? Was soll kommuniziert werden? Soll der Indikator ein Entwicklungsziel (Output, z.B. CO_2-Ausstoß) oder Strukturparameter abbilden?
Definition	Wie soll der Indikator definiert werden, um dem Ziel am ehesten zu entsprechen? Aus welchen Kennwerten (quantitativ oder qualitativ) soll er sich zusammensetzen? Welche Skala eignet sich zur Abbildung des Indikators? Welche Qualität und Genauigkeit kann/soll der Indikator aufweisen?
Grenzen	Was ist die tatsächliche Aussagequalität des Indikators? Was kann er abbilden und was nicht? Soll der Indikator räumliche Unterschiede im Stadtgefüge abbilden (z.B. auf Quartiersebene)?
Zusammenhänge	Welche Elemente, die durch andere Indikatoren abgebildet werden (oder nicht), beeinflussen maßgeblich den definierten Indikator und umgekehrt?
Datenverfügbarkeit	Welche Daten werden entsprechend der Definition benötigt? Wo sind die Datenquellen zu finden und wie wurden diese Daten erhoben (Datenqualität)? Handelt es sich dabei um Primär- oder Sekundärdaten? Sind zusätzliche Erhebungen notwendig? Ist der Datenschutz gewährleistet?
Zeithorizont	In welchen Abständen werden die zugrundeliegenden Daten erhoben? Welchen Zeithorizont soll der Indikator aufweisen? Oder soll der Indikator eine Entwicklung über die Zeit direkt anzeigen (z.B. Veränderung der Siedlungsdichte in den letzten 10 Jahren)?
Darstellung	Wie soll der Indikator in Verbindung mit anderen Indikatoren des gewählten Systems dargestellt werden? Sind Vergleiche unter Städten anhand der errechneten Werte zulässig? Welche Darstellungsform erscheint geeignet, die Kennwerte des Indikators getreu wiederzugeben und nicht zu verzerren? Welche Darstellungsform ist in der Kommunikation mit meinen Zielgruppen hilfreich?
Evaluation	Erwies sich der Indikator bzw. das System an Indikatoren zur Erreichung der Ziele geeignet? Konnte die Zielgruppe sowohl die Definition als auch die Berechnung und Darstellung des Indikators nachvollziehen? Eignet sich der Indikator oder das System an Indikatoren für eine Fortführung?
Alternativen	Bei jedem der vorher genannten Schritte kann folgende Problematik zutage treten: Die Fragen führen zu der Feststellung, dass der Indikator in seiner Definition nicht geeignet erscheint, weil z.B. die zugrundeliegenden Daten nicht verfügbar sind oder die Zielgruppe damit nicht erreicht werden kann. Gibt es alternative Definitionen eines Indikators? Muss lediglich die Darstellungsform geändert werden?

Die hier genannten Schritte sollten auf jeden Indikator angewendet werden. Um ein ganzes Set von Indikatoren zu entwickeln, sind diese gegeneinander abzuwägen. Die Schwerpunkte dieses Systems an Indikatoren richten sich nach dem definierten Hauptziel. Wenn zum Beispiel das Hauptziel die Kommunikation nach außen ist, sollte der Schwerpunkt der Indikatoren auf Verständlichkeit in der Darstellung und Nachvollziehbarkeit einer einfachen Definition liegen. In diesem Fall wird die Anzahl der gewählten Indikatoren gering sein. Liegt das Hauptaugenmerk auf einer verlässlichen Vergleichbarkeit mit anderen Städten, müssen die Schwerpunkte auf exakter Definition und Berücksichtigung räumlicher Unterschiede liegen. Hier kann eine größere Anzahl an Indikatoren, die womöglich nach Themenfeldern gewichtet werden, die Wahl sein. Die Anzahl an Indikatoren ist letztendlich abhängig von der Themenstellung. Doch je kleiner diese Anzahl gehalten wird, desto eher können Nachvollziehbarkeit und Akzeptanz gewährleistet werden.

2. Indikatoren zur Energieeffizienz auf Stadtebene

Die Auswahl an Indikatoren muss, wie zuvor dargestellt, mit viel Bedacht und Sorgfalt vorgenommen werden. Eine Besonderheit sind Indikatoren, welche Energieeffizienz auf städtischer Ebene abbilden sollen. Dies hat mit der schwer abgrenzbaren Komplexität der Stadtentwicklung und des Energiesystems zu tun.

2.1 Smart City PROFILES[1]

Im Rahmen des Projektes Smart City PROFILES wurde ein Set an 21 Indikatoren in fünf Entwicklungsbereichen erarbeitet (Klima- und Energiefonds, 2013) – siehe nachfolgende Tabelle. Sie dienen dazu, ein Profil 12 teilnehmender österreichischer Städte darzustellen.[2] Die ausgewerteten normierten Indikatoren wurden in Form von Netzdiagrammen für jede Stadt gesamt und pro Entwicklungsbereich dargestellt. Der normierte Kennwert einer Stadt wurde dem Mittelwert aller Städte gegenüber gestellt, da entsprechende „neutrale" Referenzwerte nicht verfügbar waren. Die nachfolgende Abbildung zeigt die Bandbreite der Ergebnisse.

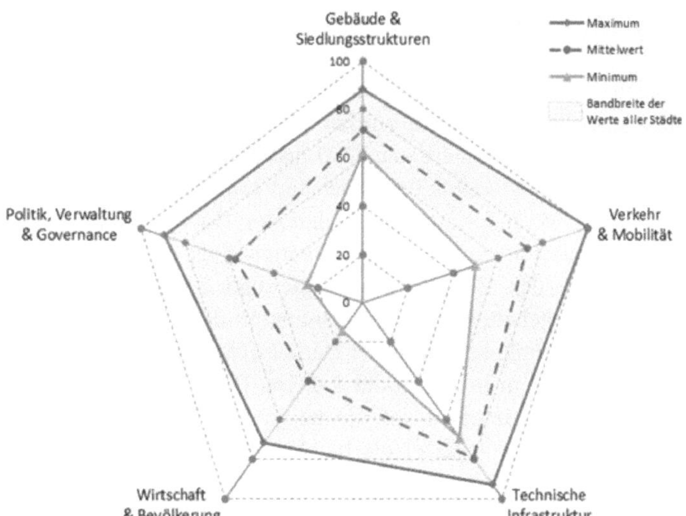

Abb. 3: Stadtprofil der 12 teilnehmenden Städte (Klima- und Energiefonds, 2013; siehe auch Giffinger, Hemis, Storch, & Thielen, 2013)

---

1 Die nachfolgenden Aussagen entsprechen der Sichtweise des Autors, der in diesem Projekt mitgewirkt hat und nicht des Projektteams. Siehe Giffinger et al., 2013 für eine akkordierte Sicht des Projektteams.
2 Ergebnisse des Programms Smart Energy Demo – FIT for SET 2, Ausschreibung (2011), Umweltbundesamt GmbH (Wien) sind verfügbar unter: https://www.klima fonds.gv.at/foerderungen/projektberichte/forschung/.

Tabelle 1: Set der 21 realisierten Smart-City-Indikatoren nach Entwicklungsbereichen

Gebäude & Siedlungsstrukturen	Verkehr & Mobilität	Technische Infrastruktur
• Innen- vs. Außenentwicklung • Veränderung der Bevölkerungs-dichte • Kompaktheit der genutzten Wohngebäude • Energieeffiziente Gebäude	• Modal Split • Grundversorgung • Nachhaltige Mobilität • Parkraum-Bewirt-schaftung	• Stromverbrauch • Recyclingrate • Abfallaufkommen
Wirtschaft & Bevölkerung	**Politik, Verwaltung & Governance**	
• Innovation: Patente • Forschung: EU-Forschungsprojekte • Kreativwirtschaft: „Creative Industries" • Umweltschulen • EMAS Betriebe	• Umweltinformationen • Vision, Strategie, Aktivitäten • Klimaschutzbezogene Gemeindeförderun-gen • Verankerung innerhalb der Verwaltung • Stadt-Umland-Kooperation	

Quelle: Klima- und Energiefonds (2013); siehe auch Giffinger et al. (2013)

Im Vorfeld wurden zahlreiche Indikatoren vorgeschlagen und diskutiert, um vor allem Energieeffizienz umfassend abzudecken. Eine Herausforderung war das unterschiedliche Verständnis von Energieeffizienz und Stadtentwicklung der mitwirkenden ExpertInnen. Aufgrund mangelnder Daten (v.a. in kleineren Städten) blieben lediglich zwei Indikatoren („Energieeffiziente Gebäude" und „Stromverbrauch") in dieser Kategorie übrig, die bei Analyse der Datengrundlage massive Schwächen auf Stadtebene aufweisen. Manch andere Indikatoren haben einen mittelbaren Einfluss auf Energieeffizienz und Klimaschutz, wie z.B. der Modal Split oder die Veränderung der Bevölkerungsdichte. Weiters wurden zwei geobasierte Indikatoren entwickelt, die unter Verwendung von Rasterdaten (250 mal 250 Meter große Zellen) die Veränderung der Siedlungsdichte darstellen. Der Indikator „Veränderung der Bevölkerungsdichte" bildet die Veränderung der Dichte der Hauptwohnsitze aller bewohnten Rasterzellen ab. Dadurch wird eine Information über das gesamtstädtische Niveau der Veränderung der Bevölkerungsdichte und damit indirekt der Nutzungsintensität für Wohnen gegeben. Ergänzend identifiziert der Indikator „Innen- vs. Außenentwicklung", ob diese Veränderung (unter Berücksichtigung der Anzahl an Wohngebäuden sowie Wohnungen) im inneren oder äußeren Bereich der Stadt stattfand. Diese Indikatoren beziehen sich somit auf die tatsächlich bebauten Bereiche und sind in ihrer räumlichen Aussage schärfer als bei Verwendung der administrativen Fläche. Außerdem können die räumlichen Unterschiede innerhalb einer Stadt sichtbar gemacht werden. Aufgrund der Maschenweite eignet sich der Indikator nur für Mittel- oder Großstädte. An den Randzonen zu den Umlandgemeinden ergeben sich weitere Unschärfen. Jeder Rasterzelle ist eine Gesamtzahl an EinwohnerInnen, Gebäuden und Wohnungen zugewiesen. Wenn die administrative Grenze eine Rasterzelle durchläuft, werden diese Zahlen nicht nach Stadt- und Umlandgemeinde getrennt. Diese Information ist nicht verfügbar.

Kein Indikator dieses Sets bildete direkt Energieparameter ab, wie z.B. Qualität und Dichte der Wärmeversorgung oder Ausmaß der lokalen Energieproduktion im Verhältnis zu den Versorgungseinheiten. Die dazu notwendigen Daten sind entweder nicht vorhanden oder nicht verfügbar. Viele zur Analyse wichtige Daten liegen im sogenannten „Datenkeller" verschiedener Institutionen und privater Akteure. Dies betrifft unter anderem aggregierte Daten zum Energieverbrauch, über welche die Energieversorger verfügen. Auch der Datenschutz reduziert die Möglichkeiten der Darstellung energierelevanter Daten. So werden zum Beispiel beim Unterschreiten einer gewissen Anzahl an Gebäuden oder Wohnungen für eine der oben erwähnten Rasterzellen keine Daten bereitgestellt. Dadurch entstehen Lücken in den Rasterdaten. Der Bedarf an Indikatoren zur Energieeffizienz in Städten blieb demnach bestehen.

Daraus ergeben sich allgemeine Kriterien, die ein Indikator wenn möglich zur Messung von Energieeffizienz aufweisen sollte:

- Direkter oder unmittelbarer Bezug zu Energieparameter entsprechend dem zugrundeliegenden Verständnis von Energieeffizienz
- Sowohl die Energieverbrauchs- als auch die Energieproduktionsseite
- Räumlicher Bezug (z.B. Energieverbrauch nach Stadttypologien)
- Messbar und damit evaluierbar

2.2 Eine Analyse bisheriger Indikatoren zur Energieeffizienz

Indikatoren zur Energieeffizienz auf nationalstaatlicher Ebene sind bereits vorhanden. Die Analyse dieser Systeme zur Erfassung von Energieeffizienz bildet einen guten Ausgangspunkt für Städte.[3]

Kürzel	Langtitel	Anzahl an Indikatoren zur Energieeffizienz
EISD	Energy indicators for sustainable development (IAEA, 2012)	30 Indikatoren – weltweit
EED	Indicators by the Energy Efficiency Directive (EED, 2012)	15 Indikatoren – EU (jährlich)
Eurostat	Indikatoren zur Energie von Eurostat (Eurostat, 2015)	22 Indikatoren (davon 7 Leitindikatoren) – EU
Odyssee	Energy Efficiency Indicators of the Odyssee-Mure-Project: a comprehensive system of energy efficiency indicators for Europe (Enerdata, 2015b)	30 Leitindikatoren sowie weitere Indikatoren zur Marktdiffusion – EU (Enerdata, 2015a)

Die meisten dieser Indikatoren bilden Energieparameter direkt ab, wie z.B. bei Odyssee der gesamte Energieverbrauch sowie Heizwärmebedarf pro Wohneinheit (*dwelling*) und Jahr für jeden Staat der EU. Diese Daten lassen sich jedoch nicht auf eine Stadt herunterbrechen, da die Unterschiede innerhalb eines Landes enorm sein können. So hängt der Heizwärmebedarf stark von der Klimazone und Höhenlage sowie Baustruktur ab.

Ein Ansatz auf Stadtebene, der durchaus ähnliche Indikatoren aufweist, wurde im Rahmen der Studie Climatecon entwickelt (Minx, Creutzig, Medinger, Ziegler,

---

3 Die nachfolgende Liste erhebt keinen Anspruch auf Vollständigkeit.

Owen & Baiocchi, 2011). Insgesamt wurden 50 Indikatoren zur Erfassung der Nachhaltigkeit für Städte entwickelt. Dabei wird die Stadt als Organismus betrachtet, der verschiedene Kreisläufe von Ressourcen und Energie durchläuft. Es gilt, diese Kreisläufe zu verstehen und effektiver zu nutzen. Daher werden die Indikatoren nach maßgeblich treibenden Kräften (*urban drivers*), nach fließenden Elementen im Kreislauf einer Stadt (*urban flows*) sowie zugrunde liegenden Strukturen (*urban patterns*) unterteilt.

Der *urban flow* wird mit 24 Indikatoren (in den Bereichen Energy & Climate, Water, Waste, Land-use) abgebildet. Dabei finden sich auch fünf energiebezogene Indikatoren.[4] Die Daten wurden für fünf Großstädte (Barcelona, Freiburg, Lille, Sofia, Malmö) abgefragt. Mangelnde Datenverfügbarkeit reduzierte die Anzahl auf 16 Indikatoren (davon auf drei der energiebezogenen). Lediglich für sieben Indikatoren aus den Bereichen *Water* und *Waste* konnte auf die Daten einer stadtübergreifenden akkordierten Quelle zurückgegriffen werden (Urban Audit, alle drei Jahre erhoben). Für die restlichen Indikatoren waren die Daten nur teilweise auf Abfrage verfügbar. Die städtische Energieeffizienz kann durch diesen wertvollen Ansatz nicht ausreichend abgebildet werden.

2.3   Ein neuer Ansatz für Indikatoren zur Abbildung einer energieeffizienten Stadtentwicklung[5]

Im Rahmen des EU-FP7 Projekts PLEEC (PLanning for Energy Efficient Cities) wurde ein umfassendes System an quantitativen Indikatoren für europäische Städte entwickelt. Die teilnehmenden Städte sind Mittelstädte,[6] die zwischen 100.000 und 250.000 EinwohnerInnen beherbergen.

Um eine Struktur für diese Indikatoren zu finden und die Schwerpunkte der Städte zu identifizieren, wurden zwei Befragungen mit etwa 100 Stakeholdern (z.B. ExpertInnen, VertreterInnen der Stadtverwaltung etc.) durchgeführt. Das Ergebnis waren einerseits fünf Entwicklungsbereiche (*key fields*) und ihnen zugeordnete 16 Aspekte/Themen (*domains*).

---

4   Energy efficiency of production, energy efficiency of transportation, energy efficiency of residential usage, renewable energy production, energy footprint.

5   Die nachfolgende Beschreibung erfolgt aus Sicht des Autors, der bei diesem Projekt mitgewirkt hatte und spiegelt nicht notwendigerweise die Sicht des Projektteams wider. Einige der dargestellten Ergebnisse und Schlussfolgerungen stammen aus dieser Arbeit und sind unveröffentlicht.

6   Santiago de Compostela (Spanien), Stoke-on-Trent (Vereinigtes Königreich Großbritannien), Eskilstuna (Schweden), Turku & Jyväskylä (Finnland), Tartu (Estland).

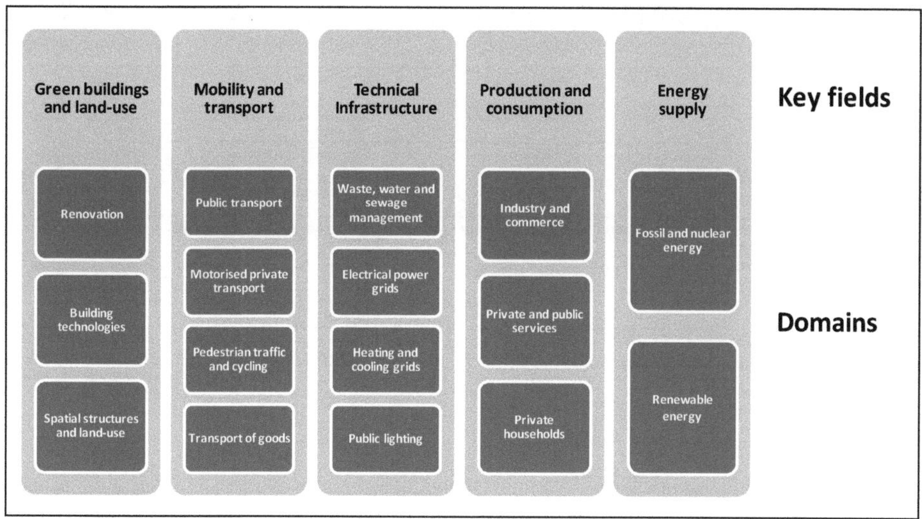

Abb. 4:   Zugrundeliegende Struktur der Indikatoren zur energieeffizienten Stadtentwicklung (TU Wien, 2014c, S. 16)

Andererseits konnten auch Erkenntnisse über thematische Schwerpunkte, länderspezifische Unterschiede sowie das Verständnis von Energieeffizienz gewonnen werden.

Auf folgende Definition von Energieeffizienz, die der weiteren Arbeit zugrundelag, wurde eine Einigung erzielt: *„Energy efficiency means the use of less energy to provide the same service considering aspects of economic, social and ecologic sustainability and the life-cycle of materials."* (TU Wien, 2014b, S. 5)

Die drei folgenden Aspekte wurden von den Befragten in Summe mit Abstand am wichtigsten eingestuft:

– Sanierung (v.a. thermische Sanierung)
– Öffentlicher Verkehr
– Erneuerbare Energie

Anhand der Ergebnisse der Befragung und der Analyse oben genannter Indikatorensysteme wurden zahlreiche Indikatoren erarbeitet und intensiv diskutiert. In Rücksprache mit den Projektpartnern sowie aufgrund von Erfahrungswerten zur Datenlage in Städten wurde die Auswahl weiter reduziert. Dabei wurde berücksichtigt, dass die Daten mit hoher Wahrscheinlichkeit verfügbar sind und keine zusätzliche Erhebung notwendig ist. Außerdem sollten die Indikatoren Kennwerte abbilden, die im überwiegenden Einflussbereich der öffentlichen Hand liegen. Dies hängt jedoch stark von der nationalen Situation ab, da die Kompetenzen und Einflussmöglichkeiten einer Stadtverwaltung starke Unterschiede aufweisen.

Das Ergebnis war ein Grundset bestehend aus 49 Indikatoren für die fünf Entwicklungsbereiche sowie ergänzenden Basisenergiedaten wie Import von Energie.

GREEN BUILDINGS	MOBILITY and TRANSPORT	TECHNICAL INFRASTRUCTURE	PRODUCTION and CONSUMPTION	ENERGY SUPPLY
Share of annual thermal renovations	Transport performance in public transport	Waste generation	Energy demand in industry	Energy supply - solid fuels
Share of dwellings in low- (zero-) energy buildings	Energy demand in public transport	Recycling of waste	CO2 emissions in industry	Energy supply - gas
Share of public low- (zero-) energy buildings	CO2 emissions in public transport	Waste collection fee	Share of companies with energy management	Energy supply - crude oil and petroleum products
Population density	Cost of a monthly ticket for public transport	Share of smart-meters	Energy demand in service sector	Energy supply - nuclear
Share of detached houses	Transport performance in motorised private transport	Share of district heating	CO2 emissions in service sector	Electricity tariff - traditionell mix
	Energy demand in motorised private transport	Share of energy efficient lamps	Energy demand in private households	Energy supply - wind
	CO2 emissions in motorised private transport		CO2 emissions in private households	Energy supply - biomass
	Cost of petrol		Share of household income spent on petrol	Energy supply - solar
	Parking fee		Share of household income spent on electricity	Energy supply - hydropower
	Level of motorisation			Energy supply - tide, wave, ocean
	Transport performance in bicycle transport			Energy supply - geothermal including heat pump
	Transport performance in pedestrian transport			Energy supply - waste
	Length of bicycle network per inhabitant			Electricity tariff - renewables mix
	Transport performance in transport of goods (freight)			
	Energy demand in transport of goods (freight)			
	CO2 emissions in transport of goods (freight)			

Abb. 5: Übersicht über die 49 Indikatoren in PLEEC (TU Wien, 2014a, S. 4)

Für eine Weiterführung wurde ein Grundset von 17 Kernindikatoren vorgeschlagen. Dies könnte im Rahmen eines Monitorings berücksichtigt werden. Im Rahmen des laufendes Projektes wird darüber gemeinsam mit den teilnehmenden Städten eine Entscheidung getroffen.

Basic energy	GREEN BUILDINGS	MOBILITY and TRANSPORT
Energy efficiency in consumption (primary/final)	Share of annual thermal renovations	Modal split of public transport
Share of production on consumption (primary production/primary consumption)	Share of detached houses	Modal split of Cycling & Walking
		Energy efficiency of public transport
		Charges of transport (cost of PT/cost of petrol)

TECHNICAL INFRASTRUCTURE	PRODUCTION and CONSUMPTION	ENERGY SUPPLY
Use of smart-meters (dwellings)	Energy demand in non-domestic sector (per employee)	RES share on primary energy production/generation
Share of energy efficient public lamps	Energy demand in domestic sector (per capita)	RES share on primary energy consumption
Recycling of waste	Spendings of households on energy	CHP share on primary energy production

Abb. 6: Vorgeschlagene Kernindikatoren im Rahmen des Forschungsprojektes PLEEC (PLEEC, 2014, eigene Darstellung, unveröffentlicht)

Entsprechend der Definition der Kennwerte wurden in den einzelnen Städten die Daten abgerufen. Die Datenverfügbarkeit für das Grundset an Indikatoren schwankte pro Stadt zwischen 42 und 77%.[7] Der Schnitt aller abgefragten Städte lag bei 56%. Unter Berücksichtigung alternativer Definitionen oder Schätzwerte stieg dieser Schnitt auf 70% (siehe Ergebnisse unter TU Wien, 2014a).

Folgende Erkenntnisse konnten daraus gewonnen werden:

- Trotz vorgegebener Definition wurden für viele Indikatoren in den Städten abweichende Datengrundlagen bzw. Einheiten[8] verwendet oder vereinzelte Werte folgten einer Expertenschätzung. Einige länderspezifische Unterschiede verschärften die Situation, wie zum Beispiel dass in Spanien Haushalte keine statistische Einheit sind oder Gebäude in Großbritannien anders definiert werden. Darüber hinaus fehlte überwiegend eine genaue Abgrenzung der Sektoren (Industrie, Gewerbe, Haushalte) sowie der Verkehrsträger für den Energieverbrauch. Dadurch können die meisten Daten/Indikatoren zwischen den Städten nicht verglichen werden. Letztendlich wurden anhand der quantitativen Daten pro Stadt qualitative Profile ausgewertet.
- Obwohl die Sanierung von Gebäuden (v.a. thermische Sanierung) sowie Gebäude mit niedrigem Energieverbrauch (*low-energy buildings*) mit enormer Wichtigkeit betrachtet wurden, sind hierfür kaum Daten vorhanden. Der künftige Aufbau von Energieausweisdatenbanken könnte hier Abhilfe schaffen.
- Massive Lücken bei der Verfügbarkeit von Daten wiesen die Bereiche Energieproduktion/-gewinnung, Export von Energie, Gütertransport, Energiekosten sowie der Sanierungsstand/Energiestandard der Gebäude auf.
- Die erstmalig gelieferten Daten erwiesen sich überwiegend als lücken- und fehlerhaft. Eine genaue Kontrolle der Daten, intensive Rückkopplung mit den Verantwortlichen der Städte sowie ausreichend Zeit zur Bereitstellung der Daten erwies sich als erforderlich.
- Es wurde auf verfügbare Daten zurückgegriffen und keine Erhebung durchgeführt. In manchen Fällen wurde die Erhebung einzelner wichtiger Grundlagendaten in Auftrag gegeben, wenn für die Stadt ein Mehrwert erkennbar war und auch für andere Prozesse (wie z.B. das Bürgermeisterkonvent) oder Dokumente von Nutzen ist.
- Daten zur Energiegewinnung bzw. -umwandlung sind nicht zu erhalten, wenn der Hauptenergieversorger nicht im Einflussbereich der Stadt liegt oder die Versorgung auf mehrere Energieunternehmen verteilt ist. Auch Daten zur Gewinnung von Energie infolge privaten Engagements (von Haushalten oder Unternehmen) waren nicht zu erhalten.

---

7   Ohne Schätzwerte sowie alternative Indikatoren.
8   So wird z.B. für die Verkehrsleistung des öffentlichen Verkehrs entweder die Anzahl der Wege oder die Länge der zurückgelegten Wege (Transportleistung in km) angegeben.

3.   Ausblick – Risiken und Chancen

3.1 Risiken bei Indikatoren

Aussagequalität

Jeder Indikator weist eine beschränkte Aussagequalität auf. In der Kommunikation von Ergebnissen sollte behutsam vorgegangen werden. So kann zum Beispiel der Anteil der an das Fernwärmenetz angeschlossenen Gebäude oder Wohneinheiten keine Aussage über die Effektivität des Wärmesystems liefern. Lediglich ein Rückschluss auf den Zentralisierungsgrad des Heizsystems ist möglich. Soll die Effektivität des Wärmesystems berücksichtigt werden, müssten Faktoren wie Leitungsverluste, Grundwärme der Leitungen, Art der verwendeten Energieträger bzw. der eingesetzten Umwandlungstechnologie Eingang finden.

Die Definition der zugrundeliegenden Daten bedarf ebenfalls einer genauen Analyse. Beim Energieverbrauch wird manchmal der Bruttoenergieverbrauch inklusive Transformations- und Leitungsverlusten herangezogen, während in einer anderen Stadt diese Verluste bereits berücksichtigt wurden. Ein Vergleich dieser Daten könnte stark verzerren. Auch elementare Daten oder statistische Einheiten, wie zum Beispiel Wohngebäude oder EinwohnerIn, unterscheiden sich in ihrer Abgrenzung von Land zu Land.

Ein weiteres Beispiel: Die durchschnittliche Bebauungsdichte in einer Stadt kann keine Rückschlüsse auf die tatsächliche Gebäudestruktur und deren Effektivität geben. So können völlig unterschiedliche Gebäudestrukturen zum selben Dichtewert auf gesamtstädtischer Ebene führen, aber sich in ihrer energetischen Kompaktheit massiv unterscheiden. Indikatoren auf Stadtebene sollten wenn möglich einen räumlichen Bezug aufweisen. Und das ist auch gleichzeitig die Herausforderung an die Indikatoren. Die Frage ist: Ist für den Sachverhalt die räumliche Auflösung bzw. die Abbildung der Raumstruktur relevant? Alle Werte, die sich auf die ganze Stadt beziehen, können die Unterschiede auf kleinräumiger Ebene nicht wiedergeben. Der Einsatz von geobasierten Daten mit möglichst hoher räumlicher Auflösung würde diesem Problem entgegentreten. Diese Art der Datenerhebung ist in den meisten Städten erst im Aufbau. Die Verknüpfung zwischen geobasierten Daten und energetischen Daten ist selten anzutreffen,[9] doch deren Einsatz würde die Unterschiede im Stadtgefüge besser widerspiegeln und die Koordination von Maßnahmen erleichtern.

Gesamtdarstellung

Die Darstellung guter „Kennwerte" kann dazu führen, sich das „Mascherl" der Selbstzufriedenheit umzuhängen und bestimmte Maßnahmen ohne Nachweis des Wirkungszusammenhangs damit in Verbindung zu bringen. So kann z.B. die Reduktion des Heizwärmebedarfs vielleicht eher mit hohen Energiepreisen und günstig verfügbaren Dämmmaterialien erklärt werden als mit Kampagnen zur Veränderung des Verbraucherverhaltens. Diese Einstellung birgt das Risiko des Stillstands oder von Fehlschlüssen in sich. Werden die Indikatoren für Audits und ein fortlaufendes Monitoring verwendet, sollten Zielwerte definiert werden oder der bestmögliche Wert sich mit dem Stand der Technologie weiterentwickeln. Eine

---

9   Ein guter Ansatz in dieser Richtung ist der Energy Atlas für Amsterdam (City of Amsterdam, 2014).

Bezugnahme auf Durchschnittswerte aus einem Sample von Städten oder gar gute Referenzwerte (z.B. Heizwärmebedarf in Gebäuden entsprechend der Vorgabe aus diversen Richtlinien) sind nur unter bestimmten Rahmenbedingungen zulässig. Ein Vergleich zu anderen Städten hat nur bei ähnlicher Größe und Struktur Sinn. Sollte ein Vergleich trotz einer geringen Anzahl teilnehmender Städte gemacht werden, muss die Erläuterung und Kommunikation der Ergebnisse diesen Aspekt deutlich machen.

Systemgrenze
Die Komplexität des Energiesystems ermöglicht nicht immer dessen genaue Abgrenzung. So ist fraglich, ob ein Kraftwerk zur Generierung von Strom und/oder Wärme in unmittelbarer Stadtnähe der Stadt zugerechnet wird oder nicht. Darüber hinaus wird die Grenze durch die Verfügbarkeit der Daten eng gesetzt. Für andere wichtige Entwicklungsbereiche, wie die Mobilität, besteht ebenfalls die Frage der Abgrenzung, ob zum Beispiel zusätzlich zum Ziel- und Quellverkehr auch der Durchgangsverkehr berücksichtigt wird oder nicht.

Der Faktor Zeit limitiert ebenfalls die Möglichkeit der Erfassung. Denn ein Indikator kann immer nur grundlegende Strukturen, treibende Faktoren, Elemente des Kreislaufs oder Outputs berücksichtigen. Für jeden dieser genannten Bereiche bestehen unterschiedliche Zeithorizonte, in denen Entwicklungen und Veränderungen greifbar werden. Ein umfassendes Indikatorensystem sollte eine Balance an Indikatoren zwischen diesen Bereichen herstellen. Die Erstellung von Energiebilanzen und Energieflussdiagrammen – die sogar jahreszeitliche Schwankungen berücksichtigen – bilden hier einen guten Ausgangspunkt. Eine Verknüpfung dieser Daten mit Siedlungsstrukturen in einem Geoinformationssystem würde eine Innovation darstellen.

Ressourcen und Datenschutz
Die Qualität der zugrundeliegenden Daten muss immer im Einklang mit dem Nutzen des Indikators sein. Je höher die Qualität ist, desto höher wird die Erhebungsintensität. Die Ressourcen für Erhebungen oder Erarbeitung von Daten sind in den Stadtverwaltungen gering. Demnach sind Daten aus öffentlich zugänglichen Quellen grundsätzlich von Vorteil. Der Nutzen gibt auch die Regelmäßigkeit der Erfassung der Daten wieder (z.B. jährlich). Der Datenschutz schränkt die Nutzung und Darstellung von Daten ein. Dies betrifft vor allem Daten, die auf kleinräumiger Ebene energetische Aspekte darstellen sollen und eventuell Rückschlüsse auf einzelne Verbraucher ermöglichen. Noch schwieriger wird die Situation, wenn die Daten außerhalb der Stadtverwaltung bei privaten Institutionen vorliegen. Oft bedarf es an Verhandlungsgeschick sowie guter Kommunikation, um an diese Daten zu gelangen.

3.2 Chancen

Innerhalb der Stadt
Indikatoren können für die Abbildung von Zielen der Stadtentwicklung verwendet werden. Dadurch kann der Fortschritt regelmäßig überprüft werden. Eine Verknüpfung zwischen Zielwerten und Anreizen, z.B. Förderungen, stellt eine weitere Option dar.

Wie die Projekterfahrung gezeigt hat, kann die Generierung und Bereitstellung der Daten für Indikatoren die stadtinterne Diskussion anregen. Abteilungsübergreifend werden dadurch gemeinsame Datengrundlagen erarbeitet und das Wissen über vorhandene Daten oder Datenlücken gefördert.

Auch in der Kommunikation mit externen Akteuren kann die Aufbereitung und Darstellung der Daten bzw. Indikatoren als Input für Diskussionen dienen. In dieser Form treiben sie die Weiterentwicklung der Governance an.

Treiber der Energieraumplanung
Die räumliche Komponente des Energiesystems wurde bisher wenig beachtet. Diese ist bei der Stadtentwicklung allerdings unentbehrlich. Die Struktur der urbanen Siedlung wirkt auf Energieparameter ein und umgekehrt bestimmen diese Parameter wesentlich die Struktur. So bestimmt die Kompaktheit der Siedlungskörper maßgeblich den Energieverbrauch pro m² Nutzfläche sowie die Dichte potenzieller Abnehmer. Die Lage der Energieversorgungsanlagen beeinflusst unter anderem die Lage von Abnehmern sowie die Höhe der Leitungsverluste. Die räumliche Darstellung dieser Elemente kann Synergien sichtbar machen, wie z.B. die Abwärme von Industrieunternehmen zur Deckung des Heizwärmebedarfs von naheliegenden Gebäuden. Durch Indikatoren wird verdeutlicht, dass Stadtentwicklungsplanung ein maßgeblicher Treiber und Betroffener des Energiesystems ist.

Als Grundlage zum Austausch zwischen Städten
Harmonisierte Indikatorensysteme, die für Städte in vielen Ländern entwickelt wurden, ermöglichen den Austausch zwischen Städten. Dadurch kann eine Stadt auf eine andere aufmerksam werden, die eine ähnliche Struktur des Stadtgefüges und/oder des lokalen Energiesystems aufweist. Zum Beispiel können zwei Städte mit weitgehend gleichen Voraussetzungen, aber unterschiedlicher Sanierungsrate, Vergleiche anstellen. Durch diesen Austausch ergeben sich vielleicht Lösungskonzepte, die bisher nicht beachtet wurden.

Um der Herausforderung unterschiedlicher Definitionen und Einheiten zu begegnen, könnten Indikatoren zur Energieeffizienz in offizielle Statistiken und Datensysteme wie *Urban Audit* aufgenommen werden. Die Vorteile sind abgestimmte Definitionen, regelmäßige Erhebungen und Transparenz.

Bei Beachtung der Risiken und Nutzung der Chancen können daher Indikatoren einen sehr wertvollen Beitrag zur energieeffizienten Stadtentwicklung leisten. Dann ist der Einzug ins gelobte Land gewiss.

Literatur

Boyd, C. (2014). *The 10 Smartest Cities In Europe.* Verfügbar unter: http://www.fastco exist.com/3024721/the-10-smartest-cities-in-europe [27.05.2015].

City of Amsterdam (2014). *Energy Atlas – Amsterdam Southeast.* Amsterdam. Verfügbar unter: www.amsterdam.nl/publish/pages/603695/energy_atlas_amsterdam_april2014_english.pdf [27.05.2015].

EED (2012). *Directive 2012/27/EU of the European Parliament and of the Council on Energy Efficiency.* Verfügbar unter: http://eur-lex.europa.eu/legal-content/EN/TXT/?uri=celex:32012L0027 [27.05.2015].

Enerdata (2015a). *Key Indicators.* Verfügbar unter: http://www.indicators.odyssee-mure.eu/online-indicators.html [27.05.2015].

Enerdata (2015b). *Odyssee-Mure Project.* Verfügbar unter: http://www.odyssee-mure.eu/ [27.05.2015].

Eurostat (2015). *Energy Statistics Illustrated.* Verfügbar unter: http://ec.europa.eu/euro stat/web/energy/statistics-illustrated [27.05.2015].

Giffinger, R., Hemis, H., Storch, A. & Thielen, P. (2013). Smart City PROFILES. *ÖGZ Österreichische Gemeinde-Zeitung,* 12 (2013) – 01 (2014), 20–23.

IAEA – International Atomic Energy Agency (2012). *Indicators for sustainable energy development.* Verfügbar unter: http://www.un.org/esa/sustdev/publications/energy_indicators/chapter2.pdf [27.05.2015].

Klima- und Energiefonds (2013). *Gradual development of Austrian Smart City Profiles* (Blue Globe Report SmartCities #2/2013). Wien: Klima- und Energiefonds. Verfügbar unter: https://www.klimafonds.gv.at/assets/Uploads/Projektberichte/Smart-Energy-Demo---FIT-for-SET-2.-Ausschreibung-2011/BGR22013KR11SE2F00690SmartCity-Profilesv1-0.pdf [27.05.2015].

MA 23 – Wirtschaft, Arbeit und Statistik (2014). *Statistisches Jahrbuch der Stadt Wien 2014.* Wien: Magistrat der Stadt Wien. Verfügbar unter: https://www.wien.gv.at/statis tik/publikationen/jahrbuch.html [27.05.2015].

Mercer LLC (2015). *Quality of Living Rankings.* Verfügbar unter: http://www.imercer.com/content/quality-of-living.aspx [27.05.2015].

Meyer, W. (2004). *Indikatorenentwicklung. Eine praxisorientierte Einführung* (2. Auflage). Saarbrücken: Centrum für Evaluation.

Minx, J., Creutzig, F., Medinger, V., Ziegler, T., Owen, A. & Baiocchi, G. (2011). *Developing a Pragmatic Approach to Assess Urban Metabolism in Europe. A Report to the Environment Energy Agency* (Climatecon Working Paper Series No. 1-2011). Berlin: Technische Universität Berlin.

PLEEC (2014). *EU-Projekt PLEEC* (Planning for Energy Efficient Cities) (gefördert unter dem Framework Programme (FP) 7). Verfügbar unter: http://www.pleecproject.eu/ [27.05.2015].

Stadt Wien (2015). *Rankings und Studien – Wien im internationalen Wettbewerb.* Verfügbar unter: http://www.wien.gv.at/politik/international/wettbewerb/rankings.html [27.05.2015].

TU Wien (2014a). *Methodology for Monitoring* (Report im Rahmen des EU-Projektes PLEEC). Verfügbar unter: http://www.pleecproject.eu/downloads/Reports/Work%20 Package%202/wp2_d24_methodolgy_for_monitoring.pdf [27.05.2015].

TU Wien (2014b). *Energy Smart City Profiles* (Report im Rahmen des EU-Projektes PLEEC). Verfügbar unter: http://www.pleecproject.eu/downloads/Reports/Work%20 Package%202/wp2_d23_energy_smart_city_profiles.pdf [27.05.2015].

TU Wien (2014c). *Typology of Cities* (Report im Rahmen des EU-Projektes PLEEC, WP 2 Deliverable 2.2). Verfügbar unter: http://www.pleecproject.eu/downloads/Reports/Work%20Package%202/pleec_d2_2_final.pdf [27.05.2015].

TU Wien (2015). *European Smart Cities (2007–2014)*. Verfügbar unter: http://www.smart-cities.eu/ [27.05.2015].

III
Perspektiven für Wien

Urbane Ökonomie der Zukunft – Wien 2030

Aktueller Strukturwandel und Szenarien der zukünftigen Stadtwirtschaft

Peter Mayerhofer und Robert Musil

1. Einführung

> *„Wir können die Zukunft nicht wissen. Ob man dies bedauert oder darüber erleichtert ist – es gibt keine Möglichkeit, mit wissenschaftlichen Argumenten den Verlauf der Geschichte vorherzusehen."*
> (Weichhart, 2009, S. 63)

Wir entwickeln uns – langsam, aber beständig – von einer ländlich-ruralen zu einer urbanen Gesellschaft. Dies manifestiert sich an einem wachsenden Bevölkerungsanteil, der in Städten oder deren Umland lebt: Lag der Bevölkerungsanteil in Stadtregionen in Österreich noch 1981 bei 63,8%, so waren es zuletzt (2011) 65,4%. (Statistik Austria, 2013) Dieser Trend ist kein österreichisches Spezifikum, sondern lässt sich auf der ganzen Welt feststellen (Annez & Buckley, 2009). Die Frage nach der Zukunft der Stadt ist somit von Relevanz für die gesamte Gesellschaft, birgt aber auch erhebliche Unsicherheiten.

Prognosen oder Modelle erlauben die Weiterführung historischer Zeitreihen von verschiedenen Indikatoren (bei restriktiven Annahmen). Allerdings ist es nicht möglich, Aussagen über die eigentliche Zukunft zu treffen. Für Wissenschaftler, Politiker und Akteure aus der Verwaltung oder Planung, aber auch für die interessierte Öffentlichkeit ist eine Einschätzung zukünftiger Entwicklungen dennoch wichtig, weil das aktuelle Handeln auf zu erwartende „Zukünfte" ausgerichtet werden muss. Um hier einen Beitrag zu leisten, werden in diesem Artikel logisch-konsistente Zukunftsbilder für die wirtschaftliche Entwicklung der Agglomeration Wien vorgestellt, die im Rahmen eines uniMind|Workshops[1] erarbeitet worden sind. Dazu werden aktuelle Strukturen und Entwicklungen in der Stadtwirtschaft Wiens dargestellt (Kapitel 2). Anschließend werden die verwendete Szenarientechnik skizziert und die auf dieser Basis gewonnenen Ergebnisse des Workshops präsentiert (Kapitel 3).

2. Stadtwirtschaft im Wandel: Was bisher geschah

Jedes Nachdenken über mögliche zukünftige Wandlungsprozesse muss auf dem Wissen darüber aufbauen, was bisher geschah. Welche Entwicklung hat die Wiener Stadtwirtschaft also in den letzten Jahrzehnten im zunehmend internationalen Wettbewerb genommen? Welche strukturellen Veränderungen waren zu beobachten? Welches Standortprofil ist dabei entstanden? Und: Wodurch war diese

---

1   uniMind|Workshop „Städtische Ökonomie als Wachstumsmotor? Trends und Herausforderungen", Postgraduate Center der Universität Wien, 18. März 2015.

Entwicklung getrieben, welche zentralen Einflussfaktoren lassen sich also für die Veränderungsprozesse in der Ökonomie Wiens festmachen?

2.1 Entwicklung und strukturelle Wandlungsprozesse auf mittlere Frist

Wesentlich scheint hier zunächst, dass Wien auch im Vergleich der (44) „erstrangigen Metropolregionen in Europa" (definiert als EU-Hauptstädte + alle weiteren EU-Metropolregionen größer 1,5 Mio. Einwohner/innen) eine durchaus „reiche" und „wettbewerbsfähige" Agglomeration ist:[2] Gemessen an der (realen) Bruttowertschöpfung pro Kopf liegt die Stadtregion zuletzt immerhin auf Rang zwölf der 44 erstrangigen Metropolen, zu Wechselkursen ist die ökonomische Leistungskraft um fast ein Viertel höher als im Durchschnitt dieser (herausfordernden) Vergleichsgruppe – dies wiederum wegen einer ebenso guten Produktivitätsposition (Rang 12). Wien übertrifft das Effizienzniveau der „Nachzügler" unter den Metropolregionen (v.a. Stadtregionen in den neuen EU-Mitgliedsstaaten) zuletzt um das vier- bis sechsfache – ein Effizienzvorsprung, der wegen weiter erheblichen Lohn- und Einkommensunterschieden zwischen Wien und den Städten Zentral- und Osteuropas auch notwendig ist.

Gleichzeitig scheint diese gute Wettbewerbsposition Wiens aber für die Zukunft nicht automatisch gesichert. So ist die Dynamik der Bruttowertschöpfung pro Kopf seit 1995 in Wien mit +18,9% merklich hinter dem Durchschnitt der erstrangigen Metropolen (+28,9%) zurückgeblieben. Dies nicht wegen eines schwachen Wirtschaftswachstums, welches dem Durchschnitt ähnlich (hoch) entwickelter Metropolen durchaus entsprach. Eigentliche Ursache war vielmehr die demographische Entwicklung, die in den letzten fünfzehn Jahren in Wien ungleich dynamischer verlief als im Durchschnitt der europäischen Metropolen (Bevölkerungswachstum +11,5% vs. +7,6%). Die Erosion der Wiener Wertschöpfungsposition pro Kopf war also vor allem dadurch bedingt, dass eine (stark) wachsende Bevölkerung nicht vollständig in den regionalen Arbeitsmarkt zu integrieren war – ein grundsätzlich verfügbares Erwerbspotenzial kam also im Produktionsprozess nur unzureichend zur Geltung.[3] Problematisch ist dies insofern, als Wien nach allen verfügbaren Prognosen auch langfristig eine demographisch stark wachsende Stadt sein wird: Allein in den nächsten fünfzehn Jahren wird die (Kern-)Stadt Wien (vorwiegend migrationsbedingt) um die Bevölkerungszahl von Graz anwachsen. Schon 2029 wird sie die Zwei-Millionen-Grenze überschreiten, und um die Mitte des Jahrhunderts wird Wien um die Hälfte mehr Einwohner/innen haben als noch 1980. Damit wird auch ein er-

---

2   Die Daten stammen hier aus einem vom WIFO aufgebauten Datensatz, der harmonisierte VGR-Daten für die insgesamt 255 europäischen Metropolregionen > 250.000 Einwohner/innen in langer Zeitreihe (1991–2011) enthält. Als Besonderheit bildet er Metropolregionen in funktionaler Abgrenzung (gesamte Stadtregion, also Kernstadt + Umland) ab, was Verzerrungen aus der unterschiedlich engen Abgrenzung von Städten in üblicher (administrativer) Definition ausschließt.

3   Tatsächlich überstieg die Entwicklung der regionalen Beschäftigung (+13,3%) jene der Bevölkerung (+11,5%) seit 1995 kaum noch, im neuen Jahrtausend war sie sogar niedriger (+0,8% vs. +1,0% p.a.). Die Arbeitslosenquote stieg als Konsequenz in nationaler Rechnung von (1995) 7,3% auf (2014) 11,6% an.

hebliches ökonomisches Wachstum notwendig sein, um den Arbeitsmarkt im Griff zu behalten.

Vor diesem Hintergrund gewinnt die Frage nach dem weiteren strukturellen Wandel und dem zukünftigen strukturellen Profil der Stadt zentrale Bedeutung, weil nach Erkenntnissen der ökonomischen Literatur die Ausrichtung der Wirtschaftsstruktur (Grossman & Helpman, 1991; Verspagen, 1993; Amable, 2000), aber auch die Fähigkeit zu strukturellem Wandel (Aiginger, 2000; Audretsch, Carree, Van Stel, & Thurik, 2000) wesentliche Bestimmungsgründe für regionales Wachstum darstellen.

Hier zeigt sich bei genauerer Betrachtung (etwa Mayerhofer, 2015) zunächst, dass der Branchenstrukturwandel in Wien entgegen üblicher Klischees seit Österreichs EU-Beitritt durchaus rasant verlaufen ist: Die Umverteilung von Beschäftigten zwischen den (3-Steller-)Branchen war danach in Wien markanter als in allen anderen österreichischen Bundesländern, aber auch dem Durchschnitt der europäischen Großstadtregionen. Insgesamt ist der Branchenwandel in Wien seit Beginn der 1990er Jahre um rund die Hälfte schneller verlaufen als im Mittel der erstrangigen europäischen Metropolen. In Hinblick auf die Richtung dieses Wandels zeigen sich dabei drei recht klare Tendenzen:

Erstens kann in Wien ein markanter De-Industrialisierungs- und Tertiärisierungsprozess identifiziert werden; der regionale Beschäftigungsschwerpunkt verlagert sich also langfristig recht deutlich vom produzierenden Sektor zum Dienstleistungsbereich (Abbildung 1). So hat die Zahl der unselbstständig Beschäftigten in den Wiener Dienstleistungen (tertiärer Sektor; rechte Skala) seit 1970 um knapp 240.000 oder fast 60% zugenommen. Hier sind in neuerer Zeit vor allem in (meist wissensintensiven) unternehmensbezogenen Dienstleistungen neue Arbeitsplätze entstanden, dazu kamen öffentlich finanzierte Tertiärbereiche (Gesundheit, Ausbildung, Kultur) sowie (in geringerem Maße) der Tourismus. Gleichzeitig sind seit 1970 mit -192.000 rund zwei Drittel der Arbeitsplätze im produzierenden Bereich (sekundärer Sektor; linke Skala) verloren gegangen. Zuletzt beschäftigt dieser Sektor (mit Industrie und Gewerbe, Bauwesen, Energieproduktion und Bergbau) nur noch rund 14% der industriell-gewerbliche Bereich i.e.S. nur noch 6,8% der Wiener Unselbstständigen.

Überlagert wird diese Entwicklung – dies der zweite regionale Trend im Strukturwandel – durch eine klare Aufwertung von wissensintensiven Teilbereichen in allen Wirtschaftssektoren. Die Bedeutung von Branchen, die vorwiegend höhere und höchste Qualifikationen einsetzen, nimmt also zu. Evidenz dazu liefert eine Auswertung von disaggregierten Branchendaten (234 ÖNACE-3-Steller des Marktbereichs) nach einer Branchentypologie, die vom WIFO in Hinblick auf die zur Leistungserbringung notwendigen Humanressourcen mithilfe statistischer Clusteranalysen erarbeitet wurde (Übersicht 1).[4]

---

4   Datenbasis ist eine konsistente Rückrechnung der Individualdaten des Hauptverbandes in neuer Branchengliederung (ÖNACE 2008) im Rahmen des AMDB-Erwerbskarrierenmonitors. Sie reicht nur bis zum Jahr 2000 zurück.

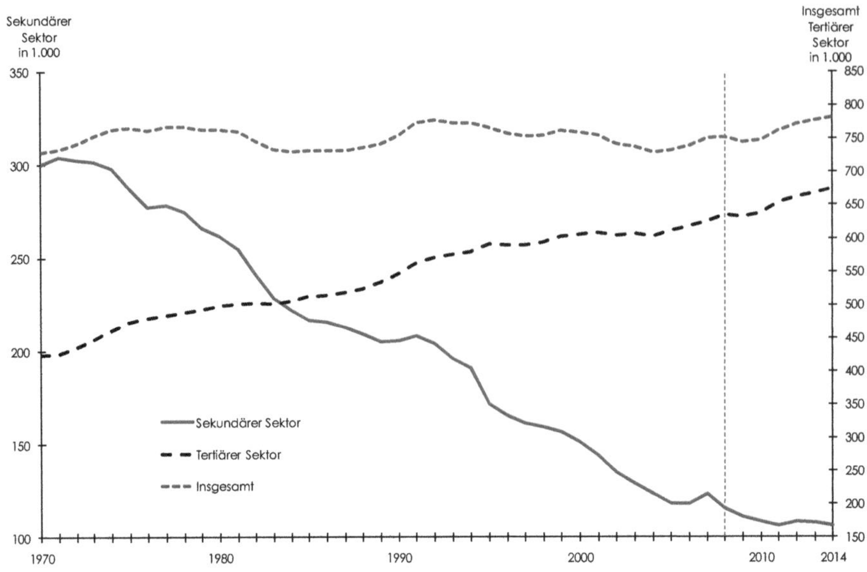

Abb. 1: Beschäftigungsentwicklung in den Wiener Wirtschaftssektoren. Unselbstständige Beschäftigungsverhältnisse, 1970–2014. (Hauptverband der österreichischen Sozialversicherungsträger, WIFO-Berechnungen)

Übersicht 1: Beschäftigung nach Skill-Intensität und deren Entwicklung. Unselbstständige Standardbeschäftigte in NACE(3-Steller)-Gruppen. (AMS, bmask, AMDB-Erwerbskarrierenmonitoring, WIFO-Berechnungen)

	Sachgütererzeugung		Dienstleistungsbereich	
	Regionale Konzentration LQ; Ö=100	Veränderung p.a. in %	Regionale Konzentration LQ; Ö=100	Veränderung p.a. in %
	2014	2000-2014	2014	2000-2014
Skill-Intensität				
Hohe Qualifikation	91,3	+1,1	164,1	+2,0
Mittlere Qualifikation – angestelltenorientiert	202,0	−2,8	131,5	+0,9
Mittlere Qualifikation – facharbeiterorientiert	71,8	−3,5	79,5	+0,7
Niedrige Qualifikation	55,0	−4,5	96,1	+0,9

Danach nahm das Beschäftigungswachstum in den Wiener Branchen seit der Jahrtausendwende in Sachgütererzeugung wie Dienstleistungsbereich mit der Skill-Intensität klar zu (Spalten 2 und 4). In der Industrie konnten (bei deutlicher Erosion weniger qualifikationsorientierter Branchengruppen) überhaupt nur noch Branchen mit hohen Qualifikationsanforderungen Beschäftigung aufbauen. Zuletzt ist Wien damit im nationalen Vergleich gemessen am Lokationsquotienten (LQ, Spalten 1 und 3[5] in Industrie wie Dienstleistungsbereich deutlich auf Branchen mit hohen und höheren Qualifikationsanforderungen spezialisiert. Qualifikationsextensive Branchen sind dagegen in der Wiener Industrie nur noch halb so bedeutend wie in Österreich (LQ 56,4).[6]

Gleichzeitig vollzieht sich – dies der dritte (und in Abbildung 2 nicht sichtbare) Trend im Wiener Strukturwandel – auch *innerhalb* der Branchen eine klare Verschiebung zu innovations- und wissensintensiven Prozessen und Funkionen, was letztlich in der Berufsstruktur der Wiener Branchen zum Ausdruck kommt[7] (Mayerhofer, 2015): So finden sich in Wien in sekundärem wie tertiärem Sektor nach Daten des Mikrozensus deutlich mehr Wissenschaftler/innen (Lokationsquotienten 165,5 bzw. 132,2), Techniker/innen (109,1 bzw. 118,5), Berufe mit Maturaniveau (114,6 bzw. 102,7) und Leitungsberufe (125,5 bzw. 122,8) als im entsprechenden nationalen Sektor. Dagegen sind klassische Produktionsberufe wie Handwerker/innen (98,7 bzw. 73,3), Maschinenbediener/innen (74,9 bzw. 74,0) und Hilfsarbeitskräfte (75,6 bzw. 93,2) regional deutlich seltener. Dies kann als Indiz dafür gelten, dass die Wiener Wirtschaftsektoren mittlerweile (abseits von Unterschieden in der Branchenstruktur) deutlich stärker auf dispositive und wissensintensive Funktionen in der Wertschöpfungskette ausgerichtet sind – Branchen in Wien sind also durchaus „anders" als gleiche Branchen in Österreich.

2.2 Erklärungsfaktoren des strukturellen Wandels

Insgesamt war der Strukturwandel in Wien damit bisher recht intensiv, auch ist er in eine nicht ungünstige Richtung verlaufen: übergeordnet klar zum Dienstleistungsbereich, qualitativ aber zu technologie- und wissensintensiven Branchen, und innerhalb dieser Branchen zu ebensolchen Aktivitäten und Funktionen. Inwieweit dies auch für die Zukunft zu erwarten ist, hängt wesentlich von den Ursachen der bisherigen Entwicklung ab. Damit ist die Frage zu stellen, welche ökonomischen Triebkräfte den Wiener Strukturwandel und seine Richtung bisher bestimmt haben.

---

5 Der Lokationsquotient wird in der Form

$$LQ_{ij} = \frac{B_{ij}}{\sum\limits_{i=1}^{n} B_{ij}} : \frac{\sum\limits_{j=1}^{m} B_{ij}}{\sum\limits_{i=1}^{n}\sum\limits_{j=1}^{m} B_{ij}} * 100$$

mit B den Beschäftigten; j der Branchengruppe und i der Region (hier: Wien bzw. Österreich) als Quotient aus dem Anteil einer Branche in der Stadt und dem Anteil derselben Branche in Österreich gebildet. Als relatives Konzentrationsmaß nimmt der Koeffizient bei einer dem Vergleichsraum entsprechenden sektoralen Konzentration den Wert 100 an. Werte > 100 weisen auf regionale Spezialisierungen, Werte < 100 auf einen Minderbesatz der entsprechenden Branche in der Stadt im Vergleich zu Österreich hin.

6 Im Tertiärbereich findet sich dagegen auch zuletzt ein relevantes (und leicht wachsendes) Segment von Branchen mit niedrigen Skill-Anforderungen. Es besteht vor allem aus traditionellen (persönlichen und distributiven) Dienstleistungen, aber auch dynamischen Segmenten im sozialen (Pflegedienste) und unternehmensnahen (Reinigungs-, Sicherungsdienste) Bereich. Hier werden wohl auch in Zukunft verbleibende Beschäftigungschancen für gering qualifizierte Arbeitskräfte am Standort zu finden sein.

7 Für eine detailliertere Analyse des Wandels der Berufsstruktur in der Wiener Branchenlandschaft vgl. Mesch (2014).

Zum Einen sind hier ohne Zweifel exogene Triebkräfte bestimmend, namentlich der zunehmende internationale Wettbewerb in der Globalisierung. Er war (und ist) unmittelbar mit technologischen Fortschritten verknüpft (Baldwin, 2011; Baldwin & Evenett, 2015). Hier sind zunächst massive (technologisch bedingte) Transportkostenreduktionen zu nennen, welche die Entwicklung vor allem bis in die frühen 1970er Jahre getrieben haben;[8] Liberalisierungen im Waren- und Kapitalverkehr kamen hinzu. Dies erlaubt es den Unternehmen verstärkt, am jeweils (kosten-)optimalen Standort zu produzieren, wobei dieser optimale Standort für unterschiedliche Branchen nicht derselbe sein wird. Damit nimmt die *sektorale* Arbeitsteilung zwischen Regionen zu; unterschiedliche Regionstypen spezialisieren sich also auf unterschiedliche Branchen. In neuerer Zeit wird dies durch Fortschritte in den IK-Technologien (Digitalisierung, Internet) ergänzt, welche es erleichtern, auch komplexe Fertigungsnetze über Distanz zu steuern. Dies macht es möglich, auch Produktionsstufen und Unternehmensfunktionen (innerhalb des Unternehmens) räumlich zu trennen, und diese wiederum am je (kosten-) optimalen Standort zu verorten. Und weil auch hier der optimale Standort für unterschiedliche Produktionsschritte nicht derselbe sein wird, entsteht zunehmend (auch) eine *funktionale* Arbeitsteilung zwischen Regionen: Unterschiedliche Regionstypen spezialisieren sich auf spezifische Unternehmensfunktionen und Wertschöpfungsstufen (Headquarter-Funktionen, F&E, Finanzierung, eigentliche Produktion etc.).

Diese exogenen Triebkräfte machen Standortwettbewerb im Wortsinn erst möglich, und sind die Ursache dafür, dass potenzielle „Konkurrenten" in diesem Wettbewerb nicht mehr nur „nahe" Regionen, sondern auch solche in erheblicher Distanz sein werden („internationaler Standortwettbewerb"). Weil sich die Regionen in diesem Wettbewerb aber (notwendig) auf jene Branchen und Funktionen spezialisieren, für die sie Standortvorteile mitbringen, wird der Standortwettbewerb zwar geographisch breiter, engt sich inhaltlich aber auf Regionen mit ähnlichen Standortbedingungen (Regionstypen) ein – im Fall Wiens also auf andere Großstädte in Europa.

Damit kommen zu den genannten exogenen Triebkräften auch endogene Ursachen des regionalen Strukturwandels hinzu, die in den konkreten Standortbedingungen vor Ort begründet liegen. Im Fall Wiens sind dies naturgemäß die spezifischen Vor- und Nachteile einer Metropolregion. Sie bestimmen, welche Branchen und Funktionen in Wien prosperieren können, und welche eher nicht zu finden sein werden (Mayerhofer & Fritz, 2013; Übersicht 2).

---

8   Allein in den ersten 6 Jahrzehnten des 20. Jahrhunderts sind die Transportkosten für Industriewaren auf ein Zehntel ihres Ausgangswertes gesunken (Glaeser & Kohlhase, 2004). Seither haben sie sich allerdings kaum noch verändert.

Übersicht 2: Wettbewerbsrelevante Standortbedingungen in Metropolregionen (eigene Darstellung)

Nachteile	Vorteile
Verfügbarkeit des Faktors Boden	Verfügbarkeit (hoch)qualifizierter Arbeitskräfte
Ballungskosten im Verkehr	Zentrale Rolle in Innovationsprozessen
Kosten des Faktors Arbeit	Aktivitätsdichte und Marktpotenzial vor Ort

Auf der Negativseite ist hier zunächst eine in urbanen Räumen notwendig begrenzte Verfügbarkeit des Faktors Boden zu nennen, welche Nachteile für alle flächenintensiven Aktivitäten begründet. Sektoral arbeitet dies gegen einen hohen Industriebesatz, funktional gegen (flächenintensive) produzierende Funktionen in der Wertschöpfungskette (die „vertikale Fabrik" ist noch nicht erfunden). Davon nicht unabhängig sind Großstadtregionen auch durch Ballungskosten im Verkehr belastet, was geringere Standortattraktivität für Aktivitäten bedeutet, die mit dem Handling von Massengütern verbunden sind. Sektoral trifft dies wieder die Industrie, aber auch transportintensive (distributive) Dienstleistungen (wie Großhandel, Lagerei, oder Landverkehr), funktional werden alle produzierenden und Logistik-Funktionen in der Wertschöpfungskette Nachteile vorfinden. Letztlich sind Metropolregionen auch durch eher hohe Lohnkosten gekennzeichnet, weil die im urbanen Raum hohen Beschäftigungsdichten vergleichsweise hohe Einkommen erfordern, um Pendler/innen anzuziehen. Damit wird die Stadt für alle Branchen mit standardisierter Produktion und hohem Preiswettbewerb kaum optimaler Standort sein, funktional werden wertschöpfungsextensive bzw. lohnkostensensitive Teile der Fertigungskette hier kaum zu finden sein.

Gleichzeitig bietet die Stadt aber auch erhebliche Standortvorteile. Zunächst ist hier die tendenziell bessere Ausstattung mit hoch qualifizierten Humanressourcen zu nennen, welche aus der Ballung höherer Bildungseinrichtungen, aber auch aus selbst verstärkenden Effekten folgt. Sektoral wird dies vor allem für qualifikationsintensive Branchen ein Standortargument sein, und generell werden alle hochwertigen Funktionen in der Produktionskette davon profitieren. Damit verbunden sind Vorteile aus der zentralen Rolle von Städten in Innovationsprozessen, nicht zuletzt, weil hier Kontaktvorteile und hohe Informationsdichten Wissens-Spillovers begünstigen. Als Konsequenz werden in Großstädten verstärkt hochtechnologische Industriebranchen und wissensintensive Dienstleistungen zu finden sein, funktional werden forschungs- und entwicklungsintensive Teile der Fertigungskette hier vermehrt lozieren. Letztlich werden die hohe Dichte an Akteuren und das reiche Marktpotenzial von Großstädten für alle kontaktintensiven Aktivitäten von Vorteil sein, auch weil „face-to-face"-Kontakte hier leichter möglich sind. Dies wird etwa alle unternehmensnahen Dienstleistungen unterstützen, und funktional werden Aktivitäten der Entscheidung, Steuerung, Kontrolle und Dokumentation von Netzwerkprozessen profitieren, womit die Stadt auch primärer Headquarter-Standort sein wird.

Insgesamt ist damit zu erwarten, dass der Strukturwandel in (Groß-)Städten verstärkt in Richtung höherwertiger und innovationsorientierter Funktionen in der Wertschöpfungskette führen wird. Sektoral wird die Stadt dabei vor allem für (wenige) stark technologieintensive Industriebranchen interessant sein, besonders aber für wissensintensive Dienstleistungen, die Kreativwirtschaft sowie öffentlich finanzierte Dienstleistungen – eine Entwicklung, wie wir sie in Abschnitt 2.1 für Wien tatsächlich in hohem Maße identifizieren konnten.

2.3   Strukturelle Positionierung Wiens im europäischen Metropolensystem

Scheint das Zusammenspiel von exogenen Triebkräften und endogenen Standortcharakteristika damit als bestimmendes Faktum für strukturelle Entwicklungen gesichert, so bleibt zu betonen, dass die in Übersicht 2 dargestellten Standortbedingungen prinzipiell für alle Metropolregionen gelten. Die konkrete Performance der einzelnen Großstadtregion in der Städtekonkurrenz wird damit nicht zuletzt durch die konkrete Ausprägung der gelisteten Standortfaktoren im Metropolenvergleich bestimmt sein. Dabei dürften vor allem die genannten Vorteile urbaner Räume durch Wirtschaftspolitik gestaltbar sein, weil sie in hohem Maße auf der (beeinflussbaren) Akkumulation von Humanressourcen beruhen.

Für Wien sind diese Standortbedingungen nach vergleichenden Analysen auf der Ebene der Metropolregionen (Mayerhofer, Fritz & Pennerstorfer, 2010; Mayerhofer & Fritz, 2013) weitgehend intakt, sieht man von einigen Nachholbedarfen in der Qualifikationsstruktur der erwerbsfähigen Bevölkerung ab. Gleichzeitig kann gezeigt werden, dass Wien im Zuge des hier rasanten Strukturwandels auf dem Weg zu einem auch europaweit sichtbaren und tragfähigen strukturellen Profil schon ein gutes Stück vorangekommen ist. Zunächst wird hier sichtbar, dass der De-Industrialisierungsprozess in Wien auch im Vergleich der (44) erstrangigen europäischen Metropolen durchaus markant war,[9] ein im Konkurrenzumfeld eher niedriger Erwerbstätigenanteil in der Industrie (2010 9,5%; Rang 33) ist die Folge. Gleichzeitig war aber auch der Aufbau neuer Arbeitsplätze im Bereich – meist wissensintensiver – Unternehmensdienste (einschließlich Finanzdienstleistungen) überdurchschnittlich (seit 1991 +65,8%; Rang 16), sodass hier mittlerweile eine deutliche auch internationale Spezialisierung entstanden ist. Mit 22,3% liegt der Wiener Erwerbstätigenanteil in diesen Diensten mittlerweile unter den TOP10 der erstrangigen europäischen Metropolen.

Vor allem aber war die in Abschnitt 2.1 dokumentierte Verschiebung der ökonomischen Basis Wiens zu technologie- und wissensintensiven Bereichen nach Daten von Eurostat auch im europäischen Metropolenvergleich durchaus stark (Abbildung 2).

---

9   So lag der Anteil der Erwerbstätigen in der Industrie in Wien zuletzt (2010) nur noch bei 58,5% des Niveaus des Jahres 1991, in allen (44) erstrangigen Metropolen waren es rund 63%. Damit liegt Wien in Hinblick auf die Industrieentwicklung in diesem Städtesample nur auf Rang 28.

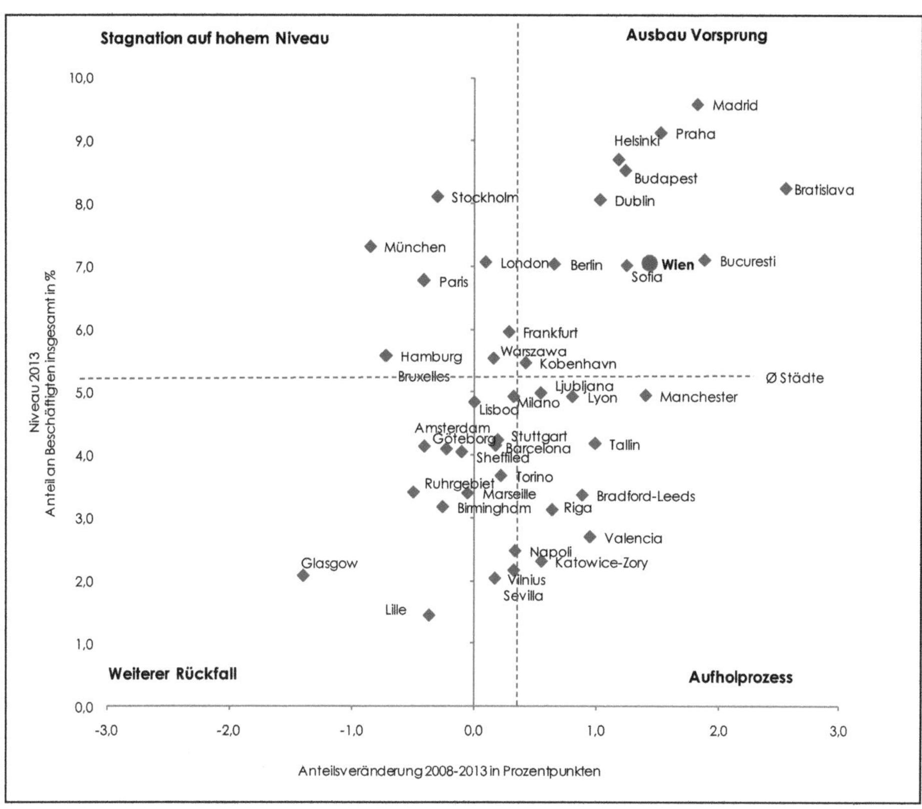

Abb. 2:   Stand und Entwicklung von Spitzentechnologiesektoren. Beschäftigte in wissensintensiven Diensten und Industriebranchen im Hochtechnologiesegment 2008–2013. (Eurostat, WIFO-Berechnungen. – Abgrenzung auf Nuts-2-Ebene).

So findet sich Wien in einem durch den jeweiligen Durchschnitt der erstrangigen Metropolen gebildeten Koordinatensystem nach Niveau und Veränderung des Beschäftigtenanteils in Spitzentechnologiesektoren im rechten oberen Quadranten, vereint also einen eher hohen Anteil an solchen Branchen mit einer auch relativ dynamischen Entwicklung.[10] Offenbar konnte die Wiener Wirtschaft ihr technologieorientiertes Profil in der Städtekonkurrenz auch in den letzten (durchaus schwierigen) Jahren weiter schärfen, was in Hinblick auf ihre mittelfristige Weiterentwicklung als durchaus positives Signal zu werten ist.

Insgesamt zeigt sich für Wien vor diesem Hintergrund auch im Vergleich der erstrangigen Metropolregionen ein zuletzt nicht ungünstiges, weil technologie- und wis-

---

10   Zu diesen Spitzentechnologiesektoren zählt Eurostat in der Industrie die NACE-Abteilungen 21 (Pharmazeutische Erzeugnisse), 26 (DV-Geräte, elektronische und optische Erzeugnisse) sowie die Gruppe 30.3 (Luft- und Raumfahrt). Dazu kommen die wissensintensiven Dienstleistungsbereiche 59 bis 63 (Filmproduktion, Telekommunikation, Informationsdienste) sowie 72 (Forschung und Entwicklung). Daten liegen seit dem Jahr 2008 vor.

sensorientiertes Spezialisierungsprofil. Es könnte für die weitere Entwicklung der Stadtwirtschaft eine durchaus tragfähige Grundlage sein (Übersicht 3).[11]

Übersicht 3: Internationales Spezialisierungsprofil der Wiener Stadtwirtschaft. Lokationsquotienten im Vergleich zu erstrangigen Metropolregionen; Erwerbstätige 2010. (Quelle: Eurostat, Structural Business Statistics, WIFO-Berechnungen)

Sachgüterproduktion			Dienstleistungen		
Nace Rev.2	Bezeichnung	LQ; Stadtregionen = 100	Nace Rev.2	Bezeichnung	LQ; Stadtregionen = 100
Spezialisierung gegenüber Metropolregionen			**Spezialisierung gegenüber Metropolregionen**		
C27	Herst. v. elektrischen Ausrüstungen	218,5	J63	Informationsdienstleistungen	298,1
C21	Herst. v. pharmazeutischen Erzeugnissen	157,4	M72	Forschung u. Entwicklung	188,7
C33	Reparatur und Installation von Maschinen	144,4	M70	Verwaltung u. Führung v. Untern.; Untern.beratung	188,5
D	ENERGIEVERSORGUNG	127,9	J60	Rundfunkveranstalter	186,0
C32	Herst. v. sonstigen Waren	112,0	N79	Reisebüros, -veranstalter u. Erbr. Sonstiger Reserv. DL	153,8
Keine Spezialisierung gegenüber Metropolregionen			M73	Werbung u. Marktforschung	146,2
H52	Lagerei sowie Erbr. v. sonst. DL für den Verkehr	89,4	M69	Rechts- u. Steuerberatung, Wirtschaftsprüfung	133,1
E38	Beseitigung von Abfällen; Rückgewinnung	89,1	I56	Gastronomie	130,9
F41	Hochbau	86,9	L	GRUNDSTÜCKST.- U. WOHNUNGSBAU	129,0
F42	Tiefbau	85,1	I	GASTGEWERBE/ BEHERBERGUNG U. GASTRONOMIE	128,5
C11	Getränkeherstellung	82,6	N81	Gebäudebetreuung; Garten- u. Landschaftsbau	123,8
C18	Herst. v. Druckerzeugnissen	78,6	I55	Beherbergung	118,8
C17	Herst. v. Papier, Pappe	69,6	J59	Herst., Verl. u. Vertr. v. Filmen u. Fernsehp.; Kinos	115,6
C26	Herst. v. DV-geräten, elektr. und opt. Erzeugn.	68,6	J62	Erbr. v. DL der Informationstechnologie	115,0
E	WASSERVERSORGUNG; ENTSORGUNG	65,0	J58	Verlagswesen	114,7
C10	Herst. v. Nahrungsmitteln	56,9	H49	Landverkehr u. Transport in Rohrfernleitungen	111,6
C30	Sonstiger Fahrzeugbau	52,7	G46	Großhandel (o. Handel mit Kfz u. -rädern)	111,5
C31	Herst. v. Möbeln	46,6	J61	Telekommunikation	111,0

11 Die Übersicht zeigt Lokationsquotienten gegenüber den (44) erstrangigen europäischen Metropolen auf möglichst klein granulierter Branchenebene, was Spezialisierungen Wiens im Städtesystem (LQs > 100) erkennbar macht. Basis sind Informationen aus der (lückenhaften) SBS-Datenbasis von Eurostat. Sie wurden – wo notwendig – durch nationale Zusatzinformationen, Informationen aus früheren Jahren, sowie Zuschätzungen auf Basis statistischer Randausgleichsverfahren ergänzt.

Sachgüterproduktion			Dienstleistungen		
Nace Rev.2	Bezeichnung	LQ; Stadt-regionen = 100	Nace Rev.2	Bezeichnung	LQ; Stadt-regionen = 100
C20	Herst. v. chemischen Erzeugnissen	45,0	M71	Architektur- u. Ing.büros; techn., phy. u. chem. U.	109,0
C25	Herst. v. Metallerzeugnissen	37,2	M75	Veterinärwesen	101,2
C16	Herst. v. Holz-, Korb- und Korkwaren	36,5	**Keine Spezialisierung gegenüber Metropolregionen**		
C28	Maschinenbau	36,0	G47	Einzelhandel (ohne Handel mit Kfz)	98,4
E36	Wasserversorgung	31,5	N77	Vermietung v. beweglichen Sachen	97,8
C29	Herst. v. Kraftwagen und -teilen	30,3	G45	Handel mit Kfz; Instandhaltung u. Reparatur v. Kfz	90,9
C22	Herst. v. Gummi- und Kunststoffwaren	27,3	M74	Sonstige freiber., wiss. u. techn. Tätigkeiten	90,1
C14	Herst. v. Bekleidung	20,4	H52	Lagerei sowie Erbr. v. sonst. DL für den Verkehr	89,4
C23	Herst. v. Glas und Glaswaren, Keramik	19,0	S95	Rep. v. DV-geräten u. Gebrauchsgütern	88,9
C13	Herst. v. Textilien	15,9	H53	Post-, Kurier- u. Expressdienste	84,1
C15	Herst. v. Leder und Schuhen	8,9	N78	Vermittlung u. Überlassung v. Arbeitskräften	83,6
B	BERGBAU U. GEWINNUNG V. STEINEN U. ERDEN	8,2	N82	Erbr. v. wirt. DL für Untern. u. Privatpers. a. n. g.	68,4
C24	Metallerzeugung und -bearbeitung	6,5	N80	Wach- u. Sicherheitsdienste sowie Detekteien	58,6
			H50	Schifffahrt	17,3
			H51	Luftfahrt	7,0

Sichtbare Wiener Positionierungen liegen hier – als Konsequenz des regional eher kräftigen De-Industrialisierungs- und Tertiärisierungstrends der letzten Jahrzehnte – selbst im Vergleich der (durchgängig stark tertiärisierten) europäischen Metropolregionen ungleich stärker im tertiären als im produzierenden Sektor. Während für Wien nur in fünf der 30 unterscheidbaren Produktionsbranchen eine Spezialisierung (LQ > 100) gegenüber den Konkurrenzstädten identifiziert werden kann, ist dies im Tertiärbereich für die deutliche Mehrheit (63%) der hier 32 Branchen der Fall. Tatsächlich beschränkt sich das Stärkeprofil der Wiener Industrie mit Elektro- und Pharmaindustrie, der Installation von Maschinen und der Herstellung sonstiger Waren (darunter medizinische Geräte) auf wenige, aber stark technologiebasierte Bereiche. Dagegen sind Industriebranchen im Low- und Midtech-Bereich (Leder/Schuhe, Textilien, Bekleidung) sowie solche mit hoher Flächen- bzw. Umweltintensität (Metallerzeugung, Glas/Keramik) in der ökonomischen Basis der Stadt kaum noch vertreten.

Im Tertiärbereich zeigen sich dagegen durchaus bemerkenswerte internationale Spezialisierungen, namentlich in komplexen, wissensintensiven Teilbereichen. Hier sind zum Einen deutliche (auch europaweite) Profilierungen in allen Teilbranchen des Bereichs Information und Kommunikation (NACE-Abschnitt J) zu nennen; vor allem in den eigentlichen Informationsdiensten ist die regionale Konzentration mit einem gegenüber den Vergleichsstädten dreifachen (relativen) Beschäftigtenbesatz hoch. Zum Anderen sind auch alle Teilbranchen der freiberuflichen, wissenschaftlichen und technischen Dienste (Abschnitt M) klar in Wien spezialisiert, und auch hier wieder vor allem ihre wissensbasierten Teile: So ist der Bereich Forschung und Entwicklung in Wien (relativ) fast doppelt so stark vertreten wie im Durchschnitt der europäischen Metropolen, was gemessen am Lokationsquotienten Rang fünf in einer von München, Berlin und London angeführten Städtehierarchie bedeutet. Eine ähnlich markante regionale Konzentration ist für die Unternehmensberatung evident, klare Stärken in Werbung/Marktforschung sowie Rechts-/Steuerberatung kommen hinzu.

Damit können die folgenden Überlegungen zur zukünftigen Entwicklung der Wiener Stadtwirtschaft von einem derzeitigen Standortprofil ausgehen, das dem hohen Entwicklungs- und Einkommensniveau der Stadt durchaus angemessen ist. Schwerpunkte finden sich überraschend deutlich in „stadtaffinen", wissensintensiven Bereichen, sie nutzen großteils auch Agglomerationsvorteile, was für die Zukunft eine gewisse Persistenz erwarten lässt. Allerdings hat unsere Analyse auch gezeigt, dass die weitere strukturelle Entwicklung nicht zuletzt durch ein Zusammenspiel von exogenen Triebkräften (Globalisierung, technologischer Fortschritt) und den endogenen Standortbedingungen in Wien selbst bestimmt sein wird – eine Erkenntnis, welche als wesentliche Prämisse in die weiteren Überlegungen einfließen kann.

3.   Szenarien zur zukünftigen Entwicklung der Stadtwirtschaft

Wie wird sich die urbane Ökonomie Wiens also vor dem Hintergrund des oben beschriebenen Strukturwandels und seiner Bestimmungsgründe in Zukunft entwickeln? Angesichts der vielfältigen Einflussfaktoren und deren (oft nicht-linearen) komplexen Zusammenhängen sind mittel- und langfristige Prognosen dazu kaum möglich. Selbst kurzfristige Prognosen (etwa zur Konjunkturentwicklung) bedürfen regelmäßiger Korrekturen. Aus diesem Grund nähern wir uns einer Beantwortung dieser Forschungsfrage mithilfe der Szenarientechnik. Sie stellt nicht den Anspruch, die Unsicherheit über die Entwicklung einzelner Indikatoren zu reduzieren. Sie kann aber helfen, mögliche Zukunftsbilder zu skizzieren.

3.1 Zur Methodik der Szenarientechnik

Entwicklung des Konzeptes und seine Anwendung
Die Szenarientechnik wurde entwickelt, um Entscheidungsträgern zu helfen, auf mögliche zukünftige Entwicklungen vorbereitet zu sein und entsprechende Maßnahmen zu setzen. Diese Technik zur Einschätzung möglicher zukünftiger Entwicklungspfade wurde ursprünglich in den 1950er Jahren im militärisch-strategischen Bereich eingesetzt. Erste zivile Anwendungen sind aus den 1960er Jahren bekannt, als Konzerne wie General Electric oder Royal Dutch Shell begannen, Energieszenarien zu entwickeln (vgl. Mietzner & Reger, 2004). Mittlerweile hat sich die Szenarientechnik zu einem weit verbreiteten Instrument entwickelt, das in der be-

trieblichen und kommunalen Planung, in der Unternehmensberatung wie auch in der Klimaforschung zur Anwendung kommt (Kosow & Gaßner, 2008).

Aktuelle Studien, die auf die Szenarientechnik zurückgreifen, belegen die vielfältige Anwendbarkeit dieser Methode: So hat die Planungsgemeinschaft OST (PGO) räumliche Entwicklungsszenarien vor dem Hintergrund unterschiedlicher Interventionsstrategien erstellt (PGO, 2013). Wenige Jahre zuvor hat die ÖROK vier räumliche Entwicklungsszenarien formuliert (ÖROK, 2009; für Deutschland vgl. Siedentop, Gornig & Weis, 2011). Für raumwissenschaftlich-planerische Fragestellungen eignet sich diese Methode insofern, als sehr unterschiedliche Wirkungsfaktoren, wie übergeordnete ökonomische Vorgänge, demographische Veränderungen, politische Einflussfaktoren oder die Wirkung neuer Technologien usw. berücksichtigt und integriert werden können. Auch das Szenarienprojekt des Österreichischen Integrationsfonds hat bei der Frage nach dem Integrationsklima in Österreich einen sehr breiten, gesellschaftlichen Zugang (ÖIF, 2013). Vergleichsweise selten sind Szenarien, die die wirtschaftliche Entwicklung betreffen; wenn überhaupt eingesetzt, so werden sie meist auf Städte oder Regionen angewendet (für Berlin vgl. Gornig, Geppert, Hillesheim, Kolbe, Nestler, Siedentop & Terton, 2013). Das in diesem Beitrag vorgestellte Szenarienmodell folgt den hier angeführten Studien insofern, als die wirtschaftliche Entwicklung in einen breiteren gesellschaftlichen Kontext gestellt, und der unterschiedlichen räumlichen Maßstäblichkeit von Einflussfaktoren Rechnung getragen wird.

Was ist ein Szenario?
Szenariotechnik ist ein *fuzzy*-Ansatz, der Unsicherheiten nicht ausschließt oder zu reduzieren sucht, sondern sie in die Ergebnisse einfließen lässt. Zentrale Prämisse ist damit, dass eine nicht reduzierbare Unsicherheit bei Aussagen über zukünftige Entwicklungen existiert. Darin liegt auch der zentrale Unterschied zu Prognosen oder Modellsimulationen. Bei einer Prognose soll eine Vorhersage über einen zukünftigen Zustand getroffen werden, wobei Erklärungsmodelle aus historischen Entwicklungen abgeleitet und auf die Zukunft übertragen werden. Dem liegt die Annahme zugrunde, dass Strukturbeziehungen zwischen den Erklärungsvariablen konstant bleiben bzw. dem historischen Zusammenhang folgen (Kosow & Gaßner, 2008).

Aufgrund dieser Annahme können manche Phänomene auch besser prognostiziert werden als andere: In der Demographie ist eine Prognose von Bevölkerungszahl und deren Altersstruktur über mehrere Jahrzehnte denkbar (da sich wichtige Einflussfaktoren wie Geburten- und Sterberate nur sehr langsam verändern, und die Wanderungsbilanz stark von politischen Rahmenbedingungen abhängt; vgl. dazu Statistik Austria, 2012). Für ökonomische Fragestellungen ist die Prognoseerstellung über einen langen Zeitraum dagegen kaum möglich, da die Einflussfaktoren und deren Wechselwirkungen einem permanenten Wandel unterliegen.

Hier kann die Szenarientechnik hilfreich sein, die keine Vorhersage über einen bestimmten Zustand in der Zukunft anstrebt, sondern mögliche, aber nicht zwingende „Zukünfte" zu beschreiben sucht. Unsicherheiten sollen also nicht reduziert, sondern sichtbar gemacht werden. Aus diesem Grund werden in der Szenarientechnik auch mehrere (in der Regel drei bis vier) alternative Zukunftsbilder entwickelt. Damit ermöglicht die Szenarientechnik eine kritische Auseinandersetzung mit denkbaren Entwicklungspfaden und bietet die Möglichkeit, alternative Maßnahmen für unterschiedliche Pfade zu planen.

Wie wird ein Szenario entwickelt?
In einem Szenario können unterschiedliche Qualitäten von Daten berücksichtigt werden, also etwa Prognosen, Trendberechnungen oder Modellsimulationen, aber auch das Fachwissen, die Einschätzungen und Meinungen der an der Szenarien-Entwicklung beteiligten Expertinnen und Experten. Die Entwicklung eines Szenarios kann mit dem sogenannten Trichtermodell visualisiert werden (vgl. Abbildung 3): Mit zunehmender Entfernung von der Gegenwart nimmt der Einfluss aktueller Strukturen ab, die Unsicherheit über wesentliche Einflussfaktoren (z.B. Arbeitsmarkt, Forschungstätigkeit, ausländische Investoren) und damit die Anzahl möglicher „Zukünfte" steigt dagegen an. Aus dem Bündel an Einzelfaktoren lassen sich also verschiedene Szenarien entwickeln. Szenarien stellen im Vergleich zu Prognosen eine „weiche" Methode dar, die historische Entwicklungspfade aufgreift, allerdings qualitativ-deskriptiv fortschreibt. Damit knüpft die Methode an das Konzept der evolutionären Wirtschaftsgeographie an, wonach aktuelle Strukturen von historischen Entscheidungen oder Ereignissen (nicht-deterministisch) beeinflusst werden (vgl. Martin & Sunley, 2006). Die aktuelle Bedeutung des Banken- und Finanzplatzes Wien für das östliche Europa (Musil, 2011), die an historische Strukturen anknüpft, ist ein Beispiel für die Bedeutung solcher evolutionärer Entwicklungspfade.

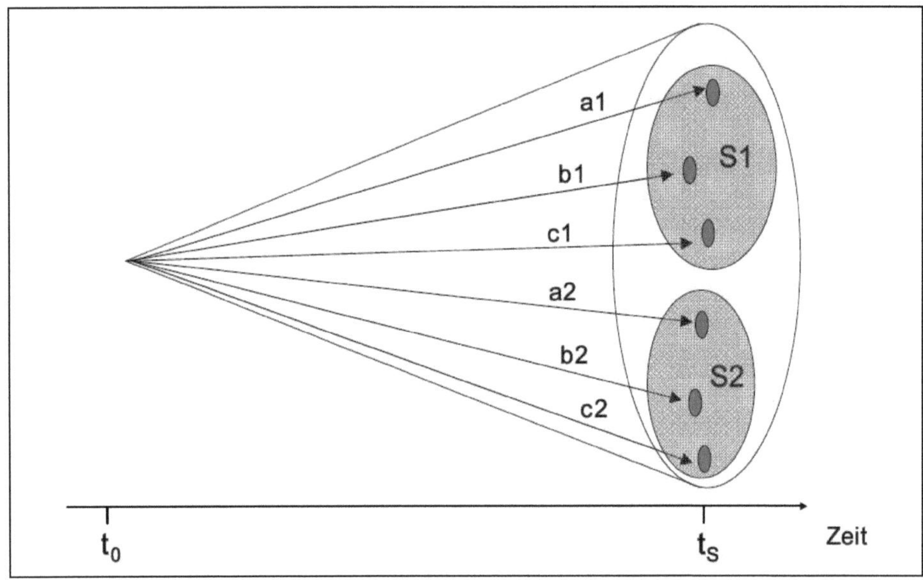

Abb. 3:   Der Szenariotrichter (Kosow & Gaßner, 2008, S. 16)

Bevor ein Szenario formuliert werden kann, sind die Haupttriebkräfte der abzuschätzenden Entwicklung zu definieren. Hier handelt es sich um sogenannte Megatrends, die – ähnlich wie Leitplanken – die grobe Richtung vorgeben. Mit der Zeit nimmt deren Bedeutung allerdings ab, da sie selbst wieder durch Wechselwirkungen verändert werden oder allgemein an Einfluss verlieren. Weiters können Extremereignisse (wie etwa politische Umbrüche, Krisen oder technologische Revolutionen) zur Veränderung der Entwicklungspfade eines Szenarios führen. Diese möglichen, aber nur wenig wahrscheinlichen Ereignisse werden als sogenannte *Wild Cards* bezeichnet. Ein Szenario setzt sich also aus drei Elementen zusammen: erstens den *Megatrends/Leitplanken*, also besonders relevanten und wahrscheinlichen Entwicklungen; zweitens *Prognosen und Daten*, welche zwar relevant, in ihrer Entwicklung aber ungewiss sind. Und drittens den *Wild Cards*, Extremereignissen mit einer sehr geringen Wahrscheinlichkeit.

3.2 Megatrends der urbanen Ökonomie

Für Szenarien zur Entwicklung der urbanen Ökonomie Wiens sind jedenfalls zwei Vorgaben relevant:

Zum Einen der betrachtete Zeithorizont, der hier mit dem Jahr 2030 angesetzt wurde. Damit handelt es sich um einen Zeitraum von fünfzehn Jahren, der weit über dem liegt, was durch Wirtschaftsprognosen üblicherweise sinnvoll abgebildet werden kann. Andererseits handelt es sich nicht um einen zu weiten Zeithorizont, der ein Abgleiten in die Science Fiction ermöglichen würde.

Zum Anderen die ökonomischen Triebkräfte, also die Megatrends oder Leitplanken, innerhalb welcher das Szenario entwickelt werden soll. In unserem Workshop wurden – den Ergebnissen des Abschnitts 2 entsprechend – hier zwei Dimensionen definiert: Erstens die übergeordneten bzw. globalen Triebkräfte, die auf der stadtregionalen Ebene nicht beeinflusst werden können (also exogene Einflussgrößen darstellen); und zweitens die (endogenen) gesellschaftlichen Voraussetzungen am Standort, die vor allem die Offenheit für neues Wissen und damit das Potenzial der Humanressourcen umfassen. Dabei handelt es sich um eine zentrale Wachstumsdeterminante in regionalökonomischen Theorien (Romer, 1986; Aghion & Howitt, 1998; Maskell et al., 1999; empirisch etwa Barro & Sala-i-Martin, 1995; Glaeser, Scheinkmann & Shleifer, 1995 oder Crespo-Cuaresma, Doppelhofer & Feldkircher, 2014), die auf der regionalen Ebene durch vielfältige Handlungs- und Politikfelder beeinflusst wird (Standortpolitik, Wirtschaftsförderung, Bildungspolitik, Integrationsmaßnahmen usw.).

Beide Dimensionen, welche die zukünftige wirtschaftliche Entwicklung einer Stadt beeinflussen, können sich in unterschiedliche Richtungen entwickeln:

– Übergeordnete und globale Triebkräfte. Hier kann ein Megatrend in Richtung zunehmender Liberalisierung und dynamischem technischen Fortschritt führen (Trend 1a). Angenommen wird hier eine zunehmende ökonomische Integration, einerseits in der Europäischen Union selbst (horizontal und vertikal), aber auch durch neue Freihandelsabkommen mit Gebieten außerhalb Europas (etwa TIPP-Abkommen oder Assoziationen mit anderen Freihandelszonen). Diese Entwicklungen auf makro-politischer Ebene werden dabei durch einen dynamischen technischen Fortschritt verstärkt, etwa durch neue IKT-Lösungen oder Technologieentwicklungen, die zu einer weiteren Abnahme der Transport- bzw. Handelskosten führen.
  Umgekehrt kann es auf dieser (für die Region selbst exogenen) Ebene auch zu einem abnehmenden oder stagnierenden Liberalisierungsniveau kommen

(Trend 1b); etwa durch Tendenzen der Desintegration auf EU-Ebene, der Re-Nationalisierung bislang gemeinschaftlicher Politikfelder oder dem Scheitern von neuen Freihandelsabkommen. Dieser Trend könnte durch steigende Handelskosten (u.a. aufgrund steigender Energie- bzw. Umweltkosten und/oder einer Verlangsamung des technologischen Wandels) noch verstärkt werden.

– *Gesellschaftliche Voraussetzungen am Standort.* Hier kann einerseits ein hohes Entwicklungspotenzial im regionalen Humankapital vorherrschen (Trend 2a); in diesem Fall ist von einer jungen, zunehmend hoch qualifizierten Bevölkerung auszugehen, gekennzeichnet durch eine hohes Maß an Offenheit für externes Wissen (in technologischer, aber auch kultureller Hinsicht). Unternehmen sind auf dieser Basis in der Lage, externe Technologien aufzugreifen und in betriebsinterne Prozesse zu integrieren, auch für (qualifizierte) externe Humanressourcen ist die Stadt attraktiv.

Andererseits können die Voraussetzungen in den regionalen Humanressourcen für eine innovationsbasierte Weiterentwicklung auch ungünstig sein (Trend 2b): Das Qualifikationsniveau verändert sich in diesem Fall nur langsam, in einer alternden Gesellschaft herrscht ein geringes Maß an Offenheit vor; gleiches gilt für die Unternehmen, die vielfach nicht in der Lage sind, externe Technologien zu adaptieren und für den eigenen Markterfolg optimal zu nutzen.

Die unterschiedlichen Ausprägungen der beiden Triebkräfte bilden die Leitplanken, innerhalb welcher sich vier unterschiedliche Szenarien entwickeln lassen (Abbildung 4). Dabei sollten in der Gruppenarbeit des UniMind-Workshops drei Fragen beantwortet werden:

– Wie stellt sich der Strukturwandel im jeweiligen Szenario dar? Welche Branchen sind Gewinner/Verlierer der jeweiligen Entwicklung?
– Welche Konsequenzen ergeben sich daraus für die wirtschaftliche Dynamik der Stadtwirtschaft, den regionalen Arbeitsmarkt sowie die sozialen Disparitäten im Stadtgefüge? Wie sieht die Handlungsfähigkeit der Politik im jeweiligen Szenario aus?
– Wie soll das jeweilige Szenario benannt werden?

3.3 Vier Szenarien zur zukünftigen Stadtökonomie Wiens

In der Folge werden die Ergebnisse der vier Szenarien vorgestellt, welche in unserem UniMind-Workshop mit den Teilnehmerinnen und Teilnehmern aus Unternehmen, Wissenschaft und Verwaltung erarbeitet wurden.

Szenario 1: „Verdammt zur Selbstgenügsamkeit"
In diesem Szenario kommt es wegen des abnehmenden internationalen Wettbewerbs zu einer allgemeinen Verlangsamung des ökonomischen Strukturwandels. Spezialisierungsprozesse verlieren an Bedeutung, die sinkende Außenverflechtung der Wirtschaft unterstützt vielmehr eine breite, diversifizierte Branchenstruktur. Dabei werden jene Branchen verstärkt wachsen, die auf den Inlandsmarkt orientiert sind, etwa der Gesundheitsbereich oder Gewerbe und Handwerk. Die Industrie wird dage-

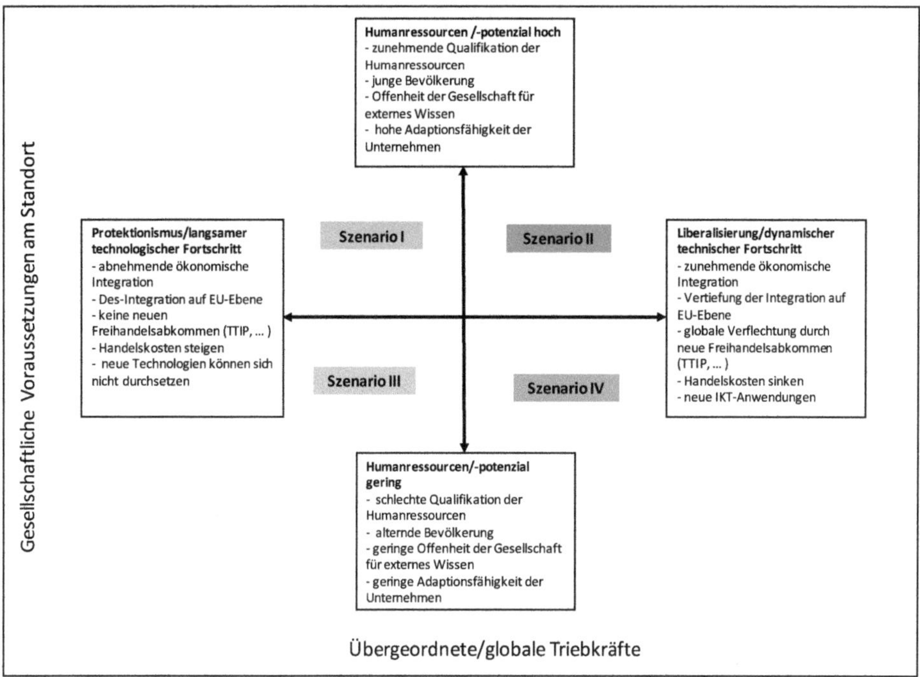

Abb. 4: Triebkräfte der Szenarien „Wien 2030" (eigene Darstellung)

gen – als besonders exponierter Sektor – weiter an Bedeutung verlieren. Die Folgen dieser Wandlungsprozesse sind geringeres Wirtschaftswachstum und schwache Produktivitätsentwicklung, die Situation am Arbeitsmarkt entspannt sich zwar (sinkende Arbeitslosigkeit), allerdings sind auch *mismatch*-Phänomene zu beobachten, da die (hier vielen) hochqualifizierten Arbeitskräfte nicht in ausreichendem Maße entsprechende Arbeitsplätze finden. Damit nimmt die Einkommensungleichheit ab oder stagniert. Wegen des fehlenden Wirtschaftswachstums nehmen Budgetprobleme zu, was die Handlungsfähigkeit der Politik in Mitleidenschaft zieht.

Szenario 2: „Zu schön, um wahr zu sein... "
Durch die fortschreitende Liberalisierung bei gleichzeitig hohem (regionalen) Potenzial an Humanressourcen ist die Wettbewerbssituation Wiens sehr günstig. Es kommt zu einer quantitativen und qualitativen Beschleunigung des Wandels, wovon vor allem der IKT-Bereich und der (wissensintensive) Dienstleistungssektor besonders profitieren. Letzterer wächst vorrangig in unternehmensbezogenen Branchen, die auch zunehmend stärker international orientiert sind. Innerhalb dieses Bereichs ist eine Diversifizierung in neue Bereiche beobachtbar (etwa Facility Manager für Ärztebedarf). Gleichzeitig nimmt die (internationale) Spezialisierung in den produzierenden Bereichen weiter zu, sie wird durch prozessorientierte Dienstleistungen intensiv begleitet. Wesentliche Herausforderung wird es in diesem Szenario sein, das insgesamt hohe Wachstum (ökonomisch wie sozial) inkludierend zu gestalten, um eine Zunahme von sozialen Disparitäten (etwa durch eine Spaltung des Arbeitsmarktes und irreguläre Beschäftigungsverhältnisse) zu verhindern. Die (fiskalisch) intakte Handlungsfähigkeit der Wirtschaftspolitik lässt dies zu, eine Umsetzung

entsprechender Maßnahmen ist in diesem Szenario daher keine ökonomische, sondern eine politische Frage.

Szenario 3: „Post-industrielle Insel"
Aufgrund der schwachen Impulse von exogenen Triebkräften wie endogenen Standortvoraussetzungen entschleunigt sich der regionale Strukturwandel in diesem Szenario deutlich. Außenhandelsimpulse für die regionalen Unternehmen stagnieren oder nehmen ab. Die zunehmende Binnenorientierung (mit Tendenzen der Selbstversorgung) ist allerdings auch mit neuen Chancen für die heimische (Industrie-)Produktion verbunden, oft auch in traditionellen (und wenig produktiven) Bereichen. Folge dieser Entwicklung ist eine deutliche Verlangsamung der wirtschaftlichen Dynamik – insbesondere in der Stadt. Damit nehmen Arbeitslosigkeit sowie (oft prekäre Formen der) Selbstständigkeit zu. Dies auch durch einen erheblichen *mismatch* am Arbeitsmarkt, die Workshop-Teilnehmer/innen erwarten hier einen Überschuss an hoch qualifizierten Arbeitskräften (trotz beschränkten Angebots), vor allem aber einen (auch demographisch bedingten) Mangel an Fachkräften. Hohe Arbeitslosigkeit und die zunehmend ungünstige Altersstruktur der regionalen Bevölkerung lassen die sozialen Disparitäten in der Stadt weiter ansteigen. Die Politik hat dieser Entwicklung aufgrund sinkender (fiskalischer) Handlungsspielräume wenig entgegen zu setzen.

Szenario 4: „Auf der Strecke bleiben"
In diesem Szenario führen zunehmende Liberalisierung und internationaler Wettbewerb gepaart mit ungünstigen Voraussetzungen in den regionalen Humanressourcen zu einer Stagnation der Stadtwirtschaft, der regionale Strukturwandel wird fast ausschließlich durch das Ausscheiden nicht konkurrenzfähiger Unternehmen aus dem Markt bestimmt. Dabei verlieren nicht zuletzt F&E-orientierte, wissensbasierte Branchen, während das öffentlich finanzierte Gesundheits- und Sozialwesen sowie Branchen mit geringer Wertschöpfungs- und Humankapitalintensität (Tourismus, Hilfs- und Reinigungskräfte) relativ an Bedeutung gewinnen. Die Folgen sind rezessive Tendenzen, prekäre Arbeitsverhältnisse und steigende Arbeitslosigkeit. Sie führen im Verein mit der demographischen Entwicklung zu steigenden Einkommensungleichheiten – mit hohem Potenzial für Konflikte, auch zwischen den Generationen („Aufstand der Jungen"). Dem steht eine geringe Handlungsfähigkeit der regionalen Politik gegenüber, da sinkende Steuereinnahmen steigenden Sozialtransfers gegenüberstehen. Nicht zuletzt fehlen deshalb auch (fiskalische) Spielräume für strategische Maßnahmen, die zu einer Aufwertung der regionalen Humanressourcen und damit einem „turn-around" in der regionalen Wettbewerbsfähigkeit führen könnten. Im weiter dynamischen europäischen Städtewettbewerb verliert Wien damit hier deutlich an Boden.

4.   Wien 2030 – ein Ausblick

Insgesamt zeigen diese Workshop-Ergebnisse, dass die weitere Entwicklung der Wiener Stadtwirtschaft unterschiedlich gedacht werden kann, auch wenn die Ausgangslage für einen günstigen Entwicklungspfad in der (näheren) Zukunft nach unseren empirischen Analysen durchaus intakt scheint. In den letzten Jahrzehnten hat der regionale Wandel danach klar in Richtung wettbewerbsfähiger, weil innovations- und technologiebasierter Strukturen geführt. Als Konsequenz zeigt Wien in neuerer Zeit auch im Vergleich der erstrangigen europäischen Metropolregionen ein nicht ungünstiges Spezialisierungsprofil. Es sollte für die weitere Entwicklung der Stadtwirtschaft eine durchaus tragfähige Basis bieten.

Dennoch wird die Zukunft der urbanen Ökonomie Wiens nach unseren Ergebnissen maßgeblich durch das Zusammenspiel von exogenen Triebkräften und endogenen Standortcharakteristika bestimmt sein. Obwohl die dargestellten Szenarien nur an einem (freilich intensiven) Workshop-Abend entwickelt worden sind, werden sie dem Anspruch, hierzu logisch-konsistente „Zukunftsbilder" darzustellen, nach unserer Meinung durchaus gerecht. Die vier formulierten Szenarien zeigen, dass für Wien sehr unterschiedliche „Zukünfte" vorstellbar sind, unabhängig davon, ob diese mehr oder weniger wünschenswert oder wahrscheinlich sind. Sie machen deutlich, dass Entwicklung immer auch von externen, nicht beeinflussbaren Faktoren und Makrotrends geprägt wird, gleichzeitig aber deren Konsequenzen von lokalen Strukturen, Potenzialen und Institutionen maßgeblich verändert werden. Daraus ergibt sich ein klarer Gestaltungs- und Handlungsauftrag an die kommunale Politik: Makrotrends wie *die* Industrialisierung, *die* Globalisierung oder *die* digitale Revolution lassen sich nicht beeinflussen, sehr wohl aber deren ökonomische und soziale Konsequenzen für die Gesellschaft, auf der nationalen wie auf der regionalen Ebene.

Wie werden sich Wien und seine Ökonomie also bis in das Jahr 2030 entwickeln? Auf diese Frage gibt es keine eindeutige Antwort, allerdings hat dieser Beitrag einige Eckpunkte aufgezeigt: Erstens sind sehr unterschiedliche – und mehr oder weniger wünschenswerte – Zukunftsszenarien für Wien denkbar, wobei diese sowohl von externen, nicht beeinflussbaren, wie auch von endogenen und damit steuerbaren Faktoren abhängig sind. Zweitens zeigt sich an der historischen Rückschau, dass aktuelle Prozesse sehr häufig an historischen Vorbedingungen anknüpfen – etwa Wiens Rolle als Bankenzentrum für Ostmitteleuropa oder die lange Tradition als Universitäts- und Forschungsstandort. Dies spricht nicht für historischen Determinismus, sehr wohl aber für eine Berücksichtigung von Pfadabhängigkeiten und der vorfindlichen Wissensbasis in allen Entwicklungsstrategien. Letztlich zeigen unsere Szenarien, dass die Verfügbarkeit qualifizierter Humanressourcen, die Adaptionsfähigkeit der Unternehmen für neue Technologien sowie generell die Offenheit der regionalen Akteure für externes Wissen als entscheidende Parameter für die konkrete ökonomische Entwicklung Wiens in der Zukunft anzusehen sind. Öffentliche Mittel für Bildung und Forschung sollten daher auch in der Phase der Budgetkonsolidierung weiter gesteigert werden. Sie sind die entscheidenden „Zukunftsinvestitionen", welche die weitere Positionierung Wiens in der europäischen Städtekonkurrenz und die damit verbundenen Konsequenzen für die Erwerbs- und Einkommensmöglichkeiten der regionalen Bevölkerung vorrangig (mit-) bestimmen.

Literatur

Aghion, P. & Howitt, P. (1998). *Endogenous Growth Theory*. Cambridge, MA: MIT-Press.

Aiginger, K. (2000). *Speed of Change* (Paper presented for the Competitiveness Report 2000). Wien: WIFO.

Amable, B. (2000). International Specialisation and Growth. *Structural Change and Economic Dynamics, 11*, 413–431.

Annez, P.C. & Buckley, R.M. (2009). Urbanization and Growth: Setting the Context. In M. Spence, P.C. Annez & R.M. Buckley (Hrsg.), *Urbanization and Growth*. (Commission on Growth and Development) (S. 1–47). Washington: EBRD, World Bank.

Audretsch, D.B., Carree, M.A., Van Stel, A.J. & Thurik, A.R. (2000). *Impeded Industrial Restructuring: The Growth Penalty* (CEPR Discussion Paper 2648). London.

Baldwin, R. (2006). *Globalisation: The great Unbundling*. Helsinki: Prime Minister's Office, Economic Council of Finland.

Baldwin, R. (2011). *Trade and Industrialisation after Globalisation's 2ⁿᵈ Unbundling: How building and joining a Supply Chain are different and why this matters* (NBER Working Paper 17716). Cambridge, MA.

Baldwin, R. & Evenett, S. (2015). Value Creation and Trade in 21ˢᵗ Century Maufacturing. *Journal of Regional Science, 55*(1), 31–50.

Barro, R.J. & Sala-i-Martin, X. (1995). *Economic Growth*. New York: McGraw-Hill.

Crespo-Cuaresma, J., Doppelhofer, G. & Feldkircher, M. (2014). The Determinants of Economic Growth in European Regions. *Regional Studies, 48*(1), 44–67.

Glaeser, E.L. & Kohlhase, J.E. (2004). Cities, Regions and the Decline of Transport Costs. *Papers in Regional Science, 83*, 197–228.

Glaeser, E.L., Scheinkman, J. & Shleifer, A. (1995). Economic Growth in a Cross-Section of Cities. *Journal of Monetary Economics, 36*, 117–143.

Gornig, M., Geppert, K., Hillesheim, I., Kolbe, J., Nestler, C., Siedentop, S. & Terton, C. (2013). *Wirtschaftsentwicklung in Berlin: Szenario 2030* (Politikberatung Kompakt, Bd. 77). Berlin: DIW.

Grossman, G.M. & Helpman, E. (1991). Quality Ladders in the Theory of Growth. *Review of Economic Studies, 58*, 43–61.

Kosow, H. & Gaßner, R. (2008). *Methods of Future and Scenario Analysis. Overview, Assessment and Selection Criteria*. Bonn: Studies Deutsches Institut für Entwicklungspolitik.

Martin, R. & Sunley, P. (2006). Path Dependence and Regional Economic Evolution. *Journal of Economic Geography, 6*(4), 395–437.

Maskell, P., Eskelinen, H., Hannibalson, I., Malmburg, A. & Vatne, E. (2009). *Competitiveness, localized Learning and Regional Development*. London: Routhledge.

Mayerhofer, P. (2015). Stadtwirtschaft im Wandel: Strukturelle Veränderungen und sektorale Positionierung Wiens im nationalen und internationalen Vergleich. In J. Schmee (Hrsg.), *Wiener Herausforderungen. Arbeitsmarkt, Bildung, Wohnung und Einkommen* (Stadtpunkte 13) (S. 5–25). Wien: Arbeiterkammer.

Mayerhofer, P. & Fritz, O. (2013). *Wiens Stadtwirtschaft: Internationale Spezialisierungschancen, zentrale Wirtschaftsbereiche* (WIFO-Studie). Wien: WIFO.

Mayerhofer, P., Fritz, O. & Pennerstorfer, D. (2010). *Dritter Bericht zur internationalen Wettbewerbsfähigkeit Wiens* (WIFO-Studie). Wien: WIFO.

Mesch, M. (2014). *Die Berufslandschaft im Strukturwandel einer urbanen Ökonomie: Wien 2001–12.* (Materialien zu Wirtschaft und Gesellschaft, Bd. 132).Wien: AK Wien.

Mietzner, D. & Reger, G. (2004). *Scenario-Approaches: History, Diffferences, Advantages and Disadvantages*. Proceedings of the EU-US Scientific Seminar: New Technology Foresight, Forecasting & Assessment Methods, 13–14 May 2004, Seville. Verfügbar unter: http://foresight.jrc.ec.europa.eu/fta/papers/Session%201%20Methodological%20Selection/Scenario%20Approaches.pdf [23.05.2015].

Musil, R. (2013). *Wien in der Weltwirtschaft. Positionsbestimmung der Stadtregion Wien in der internationalen Städtehierarchie*. Wien: LIT-Verlag.

Musil, R. & Staudacher, C. (Hrsg.). (2009). *Mensch. Raum. Umwelt. Die österreichische Geographie in Vergangenheit und Zukunft*. Wien: Österreichische Geographische Gesellschaft.

ÖIF (Österreichischer Integrationsfonds) (Hrsg.). (2013). *Integrationsszenarien der Zukunft. Integrationsherausforderungen in Österreich bis 2030* (ÖIF-Forschungsbericht). Wien: ÖIF.

ÖROK (Österreichische Raumordnungskonferenz) (Hrsg.). (2009). *Szenarien der Raumentwicklung Österreichs 2030. Regionale Herausforderungen und Handlungsstrategien* (ÖROK-Schriftenreihe, Bd. 176/II). Wien: ÖROK.

PGO (Planungsgemeinschaft Ost) (Hrsg.). (2013). *Strategien zur räumlichen Entwicklung der Ostregion – „SRO_peripher_Süd"*. Wien: Planungsgemeinschaf Ost. Verfügbar unter: www.pgo.wien.at/pdf/SRO_peripherSUEDErgebnisbericht_2013.pdf [23.05.2015].

Romer, P. (1986). Increasing Returns and Long-run Growth. *Journal of Political Economy, 94*, 1002–1037.

Schmee, J. (Hrsg.). (2015). *Wiener Herausforderungen. Arbeitsmarkt, Bildung, Wohnung und Einkommen* (Stadtpunkte 13). Wien: Arbeiterkammer.

Siedentop, S., Gornig, M. & Weis, M. (2011). *Integrierte Szenarien der Raumentwicklung in Deutschland* (Politikberatung Kompakt, Bd. 60). Berlin: DIW.

Spence, M., Annez, P.C. & Buckley, R.M. (Hrsg.). (2009). *Urbanization and Growth*. (Commission on Growth and Development). Washington: EBRD, World Bank.

Statistik Austria (Hrsg.). (2012). *Demographisches Jahrbuch*. Wien: Statistik Austria.

Statistik Austria (Hrsg.). (2013). *Stadtregionen*. Verfügbar unter: http://www.statistik.at/web_de/klassifikationen/regionale_gliederungen/stadtregionen/ [22.04.2015].

Verspagen, B. (1993). *Uneven Growth between independent Economies*. Aldershot: Edward Elgar.

Weichhart, P. (2009). Humangeographie – quo vadis? In R. Musil & C. Staudacher, (Hrsg.), *Mensch. Raum. Umwelt. Die österreichische Geographie in Vergangenheit und Zukunft* (S. 63–90). Wien: Österreichische Geographische Gesellschaft.

Soziale Mischung und soziale Durchmischung

Ein gesellschaftspolitisches Ideal zwischen Anspruch und Wirklichkeit

Heinz Faßmann und Yvonne Franz

1. Einleitung

Städte sind Migrationsmagnete. Tatsächlich konzentriert sich ein Großteil der internationalen Zuwanderung auf die großen Städte eines Landes. Das hängt mit einem vielfältigen und aufnahmefähigen Arbeitsmarkt zusammen, mit dem Vorhandensein von ethnischen Communities, aber auch mit der Anonymität einer Großstadt, die eine Realisierung von unterschiedlichen Lebenskonzepten ermöglicht. Migration konzentriert sich vornehmlich auf die großen Städte, macht sie bunter und vielfältiger, aber auch konfliktreicher. Von der Krise der Kernstadt sprechen heute nur noch wenige, von den Möglichkeiten und Gefahren der Zuwanderung aber viele. Dies gilt für Deutschland ebenso wie für Großbritannien oder Österreich.

Die Städte fühlen sich mit dieser Aufgabe in vielen Fällen integrationspolitisch allein gelassen. Sie sind nur ein Rädchen in einem nicht immer synchronisiert ablaufenden Räderwerk, wird doch Integrationspolitik von sektoralpolitisch ausgerichteten Ministerien auf der Ebene des Bundes ebenso betrieben wie von Ländern und Gemeinden. Dazu kommt die europäische Ebene, die – auch ohne formale Kompetenz zu besitzen – integrationspolitisch am Werk ist. Genau darin liegt auch das Dilemma der Integrationspolitik: Sie ist zersplittert, die ihr zugrundeliegenden Konzepte sind heterogen und oft liegt ein Gegeneinander von Bund und Land oder Bund und Stadt vor, was zu ihrer begrenzten Wirkkraft beiträgt.

Um dieses integrationspolitische Alleinsein der Städte zu überwinden, hat sich 2006 ein Städtenetzwerk namens CLIP formiert, welches gemeinsam mit anerkannten Forschungsinstituten nicht nur kommunale Maßnahmen systematisch erhoben und verglichen hat, sondern auch einen gegenseitigen Lernprozess in Gang zu setzen versuchte.[1] In CLIP waren rund 30 europäische Städte vertreten, die von sich aus die gravierendsten Herausforderungen im Zusammenhang mit der Zuwanderung definiert hatten. An der Spitze standen dabei Segregationsprozesse und der Verlust der ethnischen Vielfalt vor Ort. Die Stadtverwaltungen beurteilten dies – in unterschiedlicher Intensität – mit Sorge und suchten nach Mitteln und Wegen, um eine soziale Mischung vor Ort wieder zu erreichen. Sie sahen in gemischten Wohnvierteln eine Voraussetzung für Begegnung und Kommunikation und damit eine Basis für die Entwicklung von Solidarität und eines gemeinsamen Wir-Gefühls.

Die in CLIP vertretenen Stadtverwaltungen bekannten sich in einem unterschiedlichen Ausmaß zu einer Politik, die durchmischend wirkt, die langfristige und unfreiwillige Segregationen aufbricht, die für eine Begegnung aller gesellschaftlichen Gruppen sorgt und die nicht die Anpassungsleistung einigen wenigen aufbürdet.

---

1   CLIP steht für Cities for Local Integration Policies for Migrants. Einen zusammenfassenden Beitrag, der Auskunft über die Struktur, Arbeitsweisen und Maßnahmenvorschläge offeriert, haben Faßmann und Kohlbacher 2014 verfasst.

Sozialwohnungen wurden dabei als ein wichtiges Potenzial für die Stadtverwaltungen identifiziert, um Zuwanderer zu versorgen und auch Segregation zu verhindern. „Bring the middle class back to the city", lautete zusammenfassend die politische Formel, die auf die Herstellung einer sozialen Mischung abzielte.

Der vorliegende Beitrag befasst sich mit dieser politischen Rhetorik. Er betont, dass eine soziale Mischung bestenfalls eine Voraussetzung für eine soziale Durchmischung darstellt, wobei letzteres mehr umfasst als nur ein statisches Nebeneinander unterschiedlicher sozialer Gruppen. Soziale Durchmischung impliziert auch eine gruppenübergreifende Kommunikation und Interaktion. Der Beitrag betont, dass soziale Mischung zwar ein politisch-planerisches Ziel darstellt, diese aber auch aufgrund einer defizitären Datenlage weit entfernt von einer gesteuerten Realisierung ist. Zusätzlich sieht der Beitrag eine erhebliche Diskrepanz zwischen der sozialen Mischung in einem konkreten Untersuchungsgebiet und den dort festzustellenden Praktiken der Interaktion – oder besser der Nichtinteraktion – von BewohnerInnen über soziale Gruppengrenzen hinweg.

2.   Mischung als Voraussetzung für Durchmischung

Die Zielvorgabe der Stadtplanung in vielen europäischen Städten ist offensichtlich: Sozial gemischte Stadtteile sollen die Lebensqualität für alle StadtbewohnerInnen in gleichem Maße gewährleisten. Weder Ghettos noch sogenannte *gated communities* sollen entstehen und Stadtviertel sollen weder durch eine Dominanz von ärmeren oder reicheren Haushalten, gebildeten oder ungebildeten BewohnerInnen oder von einer inländischen oder ausländischen Wohnbevölkerung gekennzeichnet sein. Soziale Mischung erscheint als Ideal.

Ein wesentlicher Effekt auf eine soziale Mischung, aber auch Entmischung, geht von der Neubautätigkeit im Speziellen und vom städtischen Wohnungsmarkt im Allgemeinen aus. Je stärker ein Wohnungsmarkt liberalisiert ist, je geringer die Eingriffe der öffentlichen Hand in Form von rechtlichen Einschränkungen und einem entwickelten Sozialwohnungssegment sind, desto unmittelbarer filtert der Wohnungsmarkt und weist unterschiedlichen sozialen Gruppen unterschiedliche Wohnstandorte, Wohnungstypen und Wohnungsgrundrisse zu. Ein sozialer Wohnungsmarkt, der unter anderem Mietrechtsgesetze, kommunalen Wohnungsbau und genossenschaftlichen Wohnbau umfasst, ist ein stadtpolitisches Instrument, um die Wirkungen eines liberalen Wohnungsmarktes zu begrenzen. Wie effektiv dieses Instrument aber im Detail ist, hängt von der Größe des sozialen Wohnungsmarktes ab, von den finanziellen Investitionen in diesen Sektor und von den Zugangsmöglichkeiten und -barrieren.

Ein entwickelter sozialer Wohnungsmarkt kann ein effektives Instrument sein, um eine soziale Mischung zu erzeugen. Eine soziale Mischung wiederum stellt eine – wie gesagt – als ideal angenommene Voraussetzung, aber keine Garantie für eine soziale Durchmischung dar. Ein kurzer Literaturüberblick soll die beiden Konzepte und die damit zusammenhängenden Diskurse nochmals erläutern. Der Diskurs zu den Konzepten der sozialen Mischung findet sowohl im planungspolitischen und – zu einem überwiegenden Teil – akademischen Rahmen statt, wobei der englischsprachige Diskurs in seiner Quantität überwiegt. Die akademische Analyse von planungspolitischen Strategien zur Erreichung von sozial durchmischten Stadtteilen wird von ei-

Abb. 1:   Stadtteilfeste als Orte der sozialen Durchmischung (eigene Aufnahme, 2014)

nem angelsächsischen Diskurs dominiert, auf dem im Folgenden näher eingegangen wird.

2.1 Soziale Mischung

Das Entstehen eines politischen Leitgedankens, der den sozialen Mix in den Mittelpunkt rückt, wird mit der Wiederentdeckung der Städte, der sogenannten urbanen Renaissance, zeitlich verortet. Lees (2008, S. 2450ff.) argumentiert, dass dabei vor allem in UK, den Niederlanden und den USA die soziale Mischung (im Englischen *social mix*) als politisches und planerisches Ziel entdeckt wurde. Die Umsetzungsstrategien in den jeweiligen Ländern sind allerdings unterschiedlich. Das UK verwendete in der Vergangenheit eine staatlich eingeführte Gentrification-Strategie zur Aufwertung des kommunalen Wohnungsbaus. Unter Gentrification wird in diesem Zusammenhang die bauliche Aufwertung verstanden, die eine Veränderung der soziodemographischen Zusammensetzung der Wohnbevölkerung zur Folge haben soll. Durch die Anwendung von Politiken, die *mixed communities* ermöglichen, wurde dieser Prozess in UK eingeleitet. Lees nennt beispielsweise den direkten Austausch des kommunalen Wohnungsbaus (*public housing*) durch *mixed-income*-Neubaugebiete (Lees, 2008, S. 2452ff.).

In den USA versuchten hingegen die *local communities* soziale Mischung durch Politiken zu erreichen, die die räumliche Dekonzentration von Armut zum Ziel hatten. Der Grund für diese planungspolitische Strategie liegt in der starken Abhängigkeit der Städte und Stadtteile von der lokalen Steuerbemessungsgrundlage begründet, insbesondere von der Grundsteuer für Immobilien (*property tax*). Wenn eine Stadt oder ein Stadtteil durch immer mehr Armut gekennzeichnet ist, sinkt die an den *real market value* der Liegenschaften gekoppelte *property tax*, was den Lokalpolitikern unzweifelhaft nicht recht ist. Das Herstellen eines sozialen Mix' ist daher auch ein Instrument, um leere öffentliche Kassen wieder zu füllen.

Die Niederlande wiederum wenden Politiken des „Aufbrechens" an, indem sie durch Abriss und Neubau ausgewählte Gebiete von sozioökonomisch schwachen Haushalten „befreien" und dafür Mittelschichthaushalte anziehen. Die niederländische Stadtpolitik fordert, ähnlich wie in UK, eine gemischte Haushaltsbelegung eines Wohngebäudes als Voraussetzung in Planungsgenehmigungen und Subventionierung durch die öffentliche Hand. Mit dieser Strategie sollen auch wohlhabendere BewohnerInnen angezogen werden, die die lokale Ökonomie unterstützen und idealerweise die Attraktivität von Städten und Stadtteilen erhöhen.

Als Träger oder Hauptbestandteil der sozialen Mischung wird die sogenannte Mittelschicht genannt. In der Literatur werden laut Schoon (2001, zitiert nach Lees, 2008, S. 2451) drei wesentliche Argumente genannt, warum die Zuwanderung der Mittelschichten die gestaltende Kraft zur Herstellung der sozialen Mischung darstellt.[2] Das erste Argument lautet *defending the neighborhood* und meint, dass die Mittelschichtshaushalte eine höhere Kommunikationsstärke aufweisen, die sie einsetzen, um stärker öffentliche Ressourcen einzufordern. Damit entwickeln sich Stadtteile mit einer Mittelschicht besser als Stadtteile ohne Mittelschichthaushalte. Das zweite Argument lautet *money-go-round* und geht davon aus, dass gemischte Stadtteile, verglichen mit Gebieten mit konzentrierter Armut, besitztechnisch und sozioökonomisch besser in der Lage sind, lokale Ökonomien zu unterstützen. Das Kapital wird also in einen Fluss gebracht und gehalten. Das dritte und letzte Argument ist schließlich *networks and contacts* und zielt auf Aspekte ab, die zwischenmenschliche Brücken aufbauen und Verbindungen schaffen, um soziale Durchmischung in Form von Interaktion voranzutreiben. Damit wird letztlich soziale Kohäsion und ökonomische Teilhabe ermöglicht, welche als Zielvorgaben im planungspolitischen Diskurs gelten.

Die Betonung dieser Zielvorgaben lässt sich an weiteren Literaturreferenzen festmachen. Lees (2008, S. 2453) komplettiert den Gedanken, indem sie das Konzept der sozialen Mischung zur Sicherung der sozialen Stabilität und Kohäsion um einen planungspolitischen Vermeidungseffekt ergänzt. Sogenannte negative *neighborhood effects* sollen mittels Strategien der sozialen Mischung vermieden werden. Diese negativen Effekte sind jene, die sich unter Umständen großflächig über angrenzende Stadtteile hinweg ausweiten könnten. Jedoch betont sie auch kritisch, dass durch die angewendeten Strategien der sozialen Mischung sich ehemals sozial und ethnisch durchmischte Stadtteile tatsächlich verändern. Allerdings in Richtung einer homogeneren und zugleich mittelständischeren Komposition. Die Politiken reduzieren quasi die ursprünglich intendierte soziale Mischung (Lees, 2008, S. 2453). Dieser Kritikpunkt ist ein weit verbreiteter im Diskurs der sozialen Mischung.

---

2 Man könnte auch anders argumentieren und beispielsweise die Abwanderung der sozialen „Grundschichten" zum dynamischen Element bei der Herstellung von „Mischung" erklären. Wenn die sozialen Grundschichten in einem Viertel dominieren, dann hätte deren Exodus den gleichen Effekt. Politisch ist das aber heikel und möglicherweise auch teuer, denn Grundschichten verfügen über wenig Kapital und jede Wohnsitzverlagerung müsste daher in der einen oder anderen Form subventioniert werden.

2.2 Soziale Durchmischung

Das Konzept der sozialen Mischung kann somit als planungspolitische Strategie angesehen werden, um sozial kohäsive Stadtteile zu erzeugen. Jackson und Butler (2014, S. 2) schlagen die Brücke zwischen dem Konzept der sozialen Mischung und der alltagsweltlichen Mischung, der sogenannten sozialen Durchmischung, indem sie das Bild der *social tectonics* aufnehmen und hinterfragen. Unter den *social tectonics* ist zu verstehen, dass sich neue BewohnerInnen, die meist der sogenannten Mittelschicht zugeschrieben werden, von ethnisch diversen und gemischten Stadtteilen angezogen fühlen. Sie ziehen dorthin, führen jedoch keine täglichen Interaktionen durch. Dies führe de facto zu einer sozialen Segregation oder zu den so genannten „sozialen Tektoniken", die wie Platten aneinander vorbeischieben, ohne miteinander zu interagieren.

Jackson und Butler (2014) weisen ebenfalls auf unterschiedliche Narrative im Diskursumfeld des *social mix* hin und fragen, ob diese Unterschiede auf den örtlichen Kontext oder doch eher auf sozio-temporale Gründe zurückzuführen sind. Ähnlich wie Lees (2008) sehen sie den Begriff *social mix* ebenso unklar definiert wie *Gentrification*, die bauliche Aufwertung von Stadtteilen mit Auswirkungen auf die soziodemographische Zusammensetzung der Wohnbevölkerung. Jackson und Butler (2014, S. 4) sprechen von *social mix* als einem politischen Vorwand, den die Stadtplanung ohne begriffliche Definition als strategisches Instrument verwenden würde. Dieser „Vorwand" ließe sich keineswegs als explizite Sozialanalyse verstehen. Daher plädieren sie ebenfalls für einen Blick auf die Alltagspraktiken, um mehr Erkenntnisse zur tatsächlichen Durchmischung zu gewinnen. Damit könnte es gelingen, Tendenzen in alltagsweltlichen Segregationspraktiken wie *people like themselves* oder *elective belonging* empirisch zu belegen. In den Kontext der Praktiken sind auch Keatinge und Martin (2015, S. 5) einzuordnen, die von einer Identitätsschaffung auf individueller, Stadtteil- und Schichtebene sprechen. Damit einher ginge ein Prozess des *othering*, der die eigene Alltagswelt von der Alltagswelt der anderen trenne.

2.3 Die Mittelschicht: Abgrenzung trotz Mischung

Die Bedeutung der Mittelschicht als Träger der städtischen Aufwertung wird im akademischen Diskurs stark debattiert. Ohne den Begriff der Mittelschicht näher zu erläutern, stimmt auch Pinkster (2014, S. 810) zu, dass der akademische Diskurs von einer Wiederentdeckung der Stadt spricht, die primär von der sogenannten Mittelschicht getragen wird. Dadurch, dass sich die in die Stadt zuziehende Mittelschicht bewusst aussucht, wo sie wohnen möchte und auch über die erforderlichen finanziellen Mittel verfügt, um diese Standortwahl zu realisieren, lässt sich schließen, dass diese Wohnstandorte den Lebensstilen und sozialen Identitäten der neuen BewohnerInnen entsprechen. Weitergeführt und gedacht heißt dies: Der Wohnort wird zu einem Teil des privaten „Konsums" und zu einem Instrument, um sich von anderen sozialen Gruppen zu unterscheiden und sich von „anderen" zu distanzieren. Damit wird eine soziale Zuschreibung aufgrund der Wohnstandortwahl ermöglicht, die in die Richtung „Sag mir, wo du wohnst und ich sag dir, wer du bist" beschrieben werden kann.

Pinkster (2014, S. 811) weist auch darauf hin, dass die in der wissenschaftlichen Literatur dominante Vorstellung, die neue Mittelschicht ziehe in vernachlässigte Stadtteile und werte diese damit auf, zumindest für den niederländischen Fall nicht uneingeschränkt haltbar ist. Die Mittelschicht zieht nicht in die Stadtteile, sie ist Teil der dort wohnhaften Bevölkerung. Sie bildet noch immer die jeweils größte Gruppe in den 40 am stärksten benachteiligten Stadtteilen der Niederlande, die von der nationalen Regierung zum baulichen Umbau ausgewählt wurden. Pinkster blickt daher in ihren Analysen auf die Ebene der Alltagshandlungen der anwesenden Mittelschichten und sucht nach den typischen sozialen Abgrenzungsmustern. Die Ergebnisse verweisen auf Praktiken der „wahlweisen Zugehörigkeit", aber auch der Feindseligkeit und symbolischen und faktischen Abgrenzung.

Diese sogenannte Feindseligkeit der Mittelschicht (*middle-class disaffiliation*) als eine Form der Abgrenzungspraktiken wird im angelsächsischen Kontext stark diskutiert. Laut Watt (2009, S. 2875) wurde das Konzept der Mittelschichtfeindseligkeit federführend von zwei ForscherInnengruppen entwickelt. Zum einen argumentiert Atkinson (2006), dass die sogenannte Mittelschicht eine Vielzahl von Alltagspraktiken anwendet, um sich selbst von umgebenden Risiken abzugrenzen. Diese Praktiken sind deutlich vielschichtiger als sie bisher beispielsweise aus der räumlichen Abgrenzung durch *gated communities* bekannt waren (Watt, 2009, S. 2874). Man kann laut Atkinson drei Typen ableiten, die in Bezug auf Abgrenzungsstrategien von „Isolierung" (*insulation*), über „Entwicklungszeit" (*incubation*) bis hin zur extremen Form der „Einkerkerung" (*incarceration*) reichen. Watt (2009) und Savage, Bagnall & Longhurst (2005, zitiert nach Watt, 2009, S. 2875ff.) betonen darüber hinaus den Aspekt der wahlweisen Zugehörigkeit (*elective belonging*) und verbinden dieses mit Bourdieus Ansatz von *field* und *habitus*. Damit entwickeln sie einen Erklärungsansatz, warum sich Mittelschichten Wohnorte suchen, an denen sie sich mit ihnen ähnlichen Personen konzentrieren: Man fühle sich dort wohl, wo es eine Übereinstimmung zwischen *habitus* und *field* gäbe und wo sich ein Gefühl des „zu Hause Seins in der Welt" einstelle.

Darauf aufbauend ergeben sich konkrete Argumentationsansätze, um die Durchmischungswirkung der Mittelschicht zu analysieren, aber auch die Inkonsistenz zwischen *habitus* und *field* zu legitimieren. Mittelschichtshaushalte würden sich manchmal lieber in einem anderen Stadtviertel ansiedeln, können dies aber aufgrund der vorhandenen, aber doch begrenzten finanziellen Ressourcen nicht realisieren. Die dominanten Legitimierungen dieser erzwungenen Wohnstandortwahl sind zu erwähnen, auch wenn sie nichts mehr zur Erklärung, warum trotz Mischung keine Durchmischung stattfindet, beitragen. Die MittelschichtbewohnerInnen würden – so Pinkster (2014, S. 812ff.) – den gewählten Stadtteil nicht vorrangig als benachteiligt einordnen. Für sie überwiege vielmehr ihr individuelles Argument des Preis-Leistungs-Verhältnisses. Sie erhalten beispielsweise für den Miet- oder Kaufpreis höhere Wohn- oder Wohnumfeldqualität als anderswo in der Stadt. Als zweites Argument nennt sie die Kompensationspraktik der zuziehenden Mittelschicht in Bezug auf das Stadtteilimage. Ein negatives Stadtteilimage oder sogar -stigma wird durch andere wertgeschätzte Qualitäten im Stadtteil kompensiert. Die Mittelschichtzugehörigen entwickeln Beziehungen in und zur Nachbarschaft.

Abb. 2: Regeln für ein Miteinander (eigene Aufnahme, 2014)

Dadurch entsteht eine emotionale Verbundenheit und Zugehörigkeit, ein zu Hause Fühlen, das sogenannte *neighborhood attachement*. Das dritte Analyseargument bezieht sich auf Abgrenzungspraktiken, denn die Mittelschicht kann sehr wohl als eine sich symbolisch von der Nachbarschaft abgrenzende BewohnerInnengruppe gesehen werden. Diese Abgrenzungspraktik manifestiert sich zwischen ihrem individuellen Wohnort und dem umliegenden Wohnumfeld und verstärkt damit den bereits erwähnten Prozess des *othering*.

3.   Alltagspraktiken und Planungspraxis

Der akademische Diskurs verweist auf die grundsätzlichen Bedeutungsunterschiede zwischen sozialer Mischung und sozialer Durchmischung und damit auf die Schwäche der gesellschaftspolitischen Zielvorgabe eines *bring the middle class back*. Anhand des Beispiels Wien wird zunächst auf die stadtpolitische Zielvorgabe eingegangen, die daraufhin den Interpretationspraktiken der Stadtverwaltung gegenübergestellt wird. Im Anschluss zeigen Aussagen von BewohnerInnen des 15. Wiener Gemeindebezirkes, wie soziale Durchmischung beschrieben, wahrgenommen und selbst praktiziert wird – oder auch nicht. Die entsprechenden Interviews und Analysen wurden im Rahmen eines laufenden Forschungsprojektes der Joint Programming Initiative „Urban Europe" durchgeführt.[3]

---

3   Practices and Policies for Neighbourhood Improvement: Towards Gentrification 2.0. Siehe:
     http://raumforschung.univie.ac.at/forschungsprojekte/#c471171.

3.1 Stadtpolitische Zielvorgabe und Interpretation durch die Stadtverwaltung

Der systematische Blick in Planungsdokumente oder Strategiepapiere der Stadt Wien lässt nur in zwei Fällen eine differenziertere Erläuterung des Begriffs der „sozialen Durchmischung" als politische Zielvorgabe zu: zum einen in der Wiener Sozialraumanalyse aus dem Jahr 2008 und zum anderen im Wiener Stadtentwicklungsplan 2025, der im Jahr 2014 beschlossen wurde. Dies ist überraschend, denn gerade in Wien lässt sich eine lange Tradition einer angestrebten sozialen Mischung feststellen. Man denke nur an die Standorte der großen Gemeindebauten, die bewusst in die Mittel- und Oberschichtbezirke verlegt worden sind, damit das Bürgertum mit der Alltagsrealität des Proletariats konfrontiert wird. Soziale Durchmischung war eines der Leitprinzipien, auch wenn es nicht explizit gemacht wurde.

Die Wiener Sozialraumanalyse (MA 18, 2010, S. 2) greift die soziale Mischung nur indirekt auf und weist in der Einleitung auf die stadtpolitische Verantwortung in Bezug auf soziale Kohäsion im Stadtraum hin. Es heißt dort:

> Der gesellschaftliche Wandel (Singularisierung der Lebensstile, soziale Bewegungen, demografischer Wandel, Internationalisierung etc.) und die sich verändernden ökonomischen Rahmenbedingungen haben zunehmende Auswirkungen auf die sozialen Aufgaben, die Politik und Verwaltung in Zukunft zu bewältigen haben. Denn die Ausdifferenzierung der Gesellschaft – oft auch als Polarisierung zwischen Arm und Reich, zwischen Generationen oder ethnisch-kulturellen Gruppen in den Medien thematisiert – wirkt sich auch auf den Zusammenhalt im relationalen Sozialraum der Stadt aus: z.B. auf Nachbarschaften und Netzwerke, die mit der (Lebens-)Organisation im urbanen Umfeld zu tun haben.

Es gilt, so wird weiter ausgeführt, von stadtpolitischer Seite rechtzeitig Vorsorge zu treffen, damit die Lebensqualität im Sozialraum der Stadt gesichert und auch sozial benachteiligte Gruppen durch gezielte Maßnahmen unterstützt und befähigt (*empowered*) werden. Ob dies durch eine gezielte Neubaupolitik, die mit dem geförderten Wohnbau auch in Mittel- und Oberschichtbezirke geht, geschehen soll, wird an dieser Stelle nicht weiter ausgeführt.

Im Gegensatz dazu rückt der aktuelle Wiener Stadtentwicklungsplan 2025 (MA 18, 2014, S. 9) die hohe Lebensqualität in den Mittelpunkt, die es in Zukunft unter den Rahmenbedingungen einer wachsenden Stadtgesellschaft zu sichern gilt. Der STEP 2025 betont explizit die soziale Mischung, wobei Mischung und Durchmischung offensichtlich synonym gebraucht werden:

> Wien ist eine Stadt, in der die Menschen leben wollen. Die Tradition des kommunalen und geförderten Wohnbaus sichert soziale Durchmischung, Leistbarkeit und eine hohe Wohn- und Lebensqualität und wird auch in Zukunft eine bedeutende Rolle im Stadtwachstum einnehmen.

Abb. 3:   Öffentliche Freiräume als Begegnungsorte (eigene Aufnahme, 2014)

Die bedeutsame Rolle des leistbaren Wohnungsmarktes wird betont, der insbesondere durch das ausgeprägte soziale Wohnungsmarktsegment einen wichtigen Beitrag zur aktuellen Lebensqualität der BewohnerInnen in der Stadt liefert und soziale Mischung steuert. Leistbarkeit wird hier als Komponente der sozialen Gerechtigkeit gesehen, das wiederum soziale Mischung ermöglichen soll (MA 18, 2014, S. 21):

> Wien steht zur Tradition der europäischen Stadt, in der Aufstieg und soziale Gerechtigkeit ermöglicht werden. Das ‚Wiener Modell' bedeutet, Verantwortung für leistungsfähige Infrastrukturen, kommunale Dienstleistungen und insbesondere für die gezielte Bereitstellung leistbaren Wohnraums zu übernehmen und so Segregation zu vermeiden und soziale Durchmischung zu erleichtern.

Der Wechsel auf die Ebene der Praktiken, also wie VertreterInnen der Stadtverwaltung diese politischen Vorgaben interpretieren und in ihrer beruflichen Alltagspraktik anwenden, zeigt jedoch die enorme Schwierigkeit, die Zielvorgabe der „sozialen Durchmischung" zu realisieren. Das Konzept der sozialen Mischung und Durchmischung bleibt schillernd, auf den ersten Blick einsichtig und im Detail unscharf und schwierig zu operationalisieren. Auf die Frage, was denn nun „soziale Durchmischung" bedeute, antwortete ein leitendender Beamter der Stadtverwaltung im Rahmen eines Interviews für das Projekt „Practices and Policies for Neighbourhood Improvement: Towards Gentrification 2.0":

> Schwierig, das ist unglaublich schwierig. Ich möchte nicht den Fehler machen, dass ich immer von meiner Perspektive, meiner Person ausge-

> he oder von meinen Vorstellungen. Ich glaube, so eine grundsätzliche
> Vorstellung [Anm.: von Seiten der Stadtverwaltung] gibt es nicht. (In-
> terview 1, Stadtverwaltung, 2014)

Die Antwort auf die Frage, wie die Stadtverwaltung im Spannungsfeld einer wachsenden Stadt sowohl in bestehenden Stadtteilen als auch in Stadterweiterungsgebieten
zunächst eine soziale Mischung sicherstellen wolle, weist ebenfalls auf einen blinden
Fleck in der stadtpolitischen Debatte hin, aber auch auf eine Diskussion, die sich zu-
wanderungspolitisch relevanten Realitäten verschließt:

> Naja, das sind genau diese Diskussionen, die [geführt wurden, als …]
> die ersten Sanierungsgebiete ins Leben gerufen worden sind. Und es
> ist ganz anders darüber diskutiert worden und heute besteht darüber
> fast eine gewisse Scheu, auch die Probleme beim Namen zu nennen.
> Es wird immer hinweggeschummelt über die Menge und quasi impli-
> zit unterstellt, dass das [Anm.: bei den Zuziehenden] qualifizierte, also
> hochqualifizierte mittelbegüterte Personenkreise sind. Das ist schließ-
> lich alles nicht der Fall. Über das wird allzu gerne hinweggesehen. (In-
> terview 1, Stadtverwaltung, 2014)

Selbst wenn es eine Art „Allgemeinverständnis" zur sozialen Mischung und alltags-
weltlicher Durchmischung innerhalb der Stadtverwaltung geben sollte, ist doch die
Steuerung aufgrund datenbasierter Fakten schwierig. Es fehlen detaillierte Daten, um
eine strukturelle Mischung, die auch zur Durchmischung führt, planen und erzeugen
zu können.

> Wien tut sich ganz allgemein schwer in diesen Dingen, weil es eben
> 2001 die letzte alte Wohnungszählung gegeben hat und an dem krankt
> eigentlich das ganze System. Also man arbeitet eben mit den Register-
> daten, die da sind, aber diese Gebäude- und Wohnungsgeschichte fehlt
> eigentlich sehr. Und die fehlt bei der Entwicklung sämtlicher Instru-
> mente, die es zurzeit braucht. Sei es bei der Entwicklung neuer Sanie-
> rungszielgebiete, sei es bei der Entwicklung von [Ergänzung: Stadter-
> weiterungsgebieten]. (Interview 2, Stadtverwaltung, 2014)

Der Schlüssel liege vielmehr in einer anlassbezogenen Planungsstrategie, die auf einer ausgeprägten Lokalkenntnis und Vorstellungsvermögen bezüglich der Bedürfnisse
der bestehenden und neuzuziehenden Wohnbevölkerung beruhe. Ob das zielführend
ist, kann auch nicht systematisch überprüft werden, denn es fehlt an einer systemati-
schen Evaluierung, ob Durchmischung realisiert werden konnte:

> Es ist in den meisten Fällen so, dass in einer wachsenden Stadt eher
> die Jüngeren hinziehen und sich vergrößern wollen. Zugegeben, das ist
> jetzt nicht wissenschaftlich wie wir vorgehen. Aber wenn es gilt, ein
> Stadtgebiet zu entwickeln, dann kennst du die Umgebung und weißt
> ungefähr, wie sie strukturiert ist: eher Mittelstand, eher älter, da sind
> mehr die Kleingärtner und so weiter. Man hat da eher ein Gefühl und
> es ist ein wesentlicher Punkt sich zu überlegen: Wie sieht das tägliche

Leben jetzt aus und wie könnte es in Zukunft aussehen? (Interview 3, Stadtverwaltung, 2014)

Die Gegenüberstellung von Planungsvorstellung und Planungspraktik zeigt deutlich, dass kein explizit definiertes und operationalisiertes Verständnis der sozialen Mischung und Durchmischung in der Stadtplanung vorhanden ist und auch eine begriffliche Trennung zwischen sozialer Mischung und Durchmischung schwerfällt. Die Durchmischung ist vielmehr eine Zielvorstellung, die primär auf Erfahrungswerten und tendenziell konstanten Parametern einer wachsenden Stadt beruht. Bereits – mehr oder weniger – durchmischte Stadtteile erhalten eine signifikante Größe neu zuziehender BewohnerInnen im konkreten Anlass eines Wohnungs(neubau)projektes. Da der dann geschaffene Wohnraum von Seiten der Stadtverwaltung überwiegend genossenschaftlichen Wohnbau beinhaltet, ist relativ eindeutig abzuschätzen, wer die neuen BewohnerInnen sein werden: eher junge, vor oder in der Familiengründung stehende Zuziehende, die Zugang zum genossenschaftlichen Wohnungsmarktsegment haben. Dies inkludiert primär eine Bevölkerungsgruppe, die bereits einige Jahre in Wien mit ihrem Hauptwohnsitz gemeldet ist und sich durch das komplexe Anmeldewesen und Zuteilungssystem des genossenschaftlichen Wohnbaus navigieren kann. Dem Konzept der sozialen Durchmischung wird dieses Vorgehen nur bedingt gerecht.

3.2 Die Durchmischungspraktiken der Wohnbevölkerung

Einen Einblick in die Alltagspraktiken der Durchmischung geben Interviewpassagen mit BewohnerInnen aus dem 15. Wiener Gemeindebezirk. Soziale Mischung wird hier auf das direkte Wohnumfeld angewendet, wenn es darum geht, die Hausgemeinschaft oder das umliegende Wohnviertel zu beschreiben. Die soziale Mischung kann im Wohnhaus beispielsweise verschiedene Altersgruppen oder Erwerbstypen beinhalten und nachbarschaftliche Interaktion fördern:

> Es kommt mir vor, dass die Leute, die in diesem Haus wohnen, die sind sehr jung teilweise, manche auch eher schon Pensionisten, aber die sind auch alle sehr kommunikativ und auch interessiert am Zusammenleben. Also jetzt am nachbarschaftlichen Zusammenleben. (Interview 3, KurzzeitbewohnerIn, 2014)

Folgendes Zitat schlägt bereits die Brücke zwischen der Beschreibung der sozialen Mischung im Wohnumfeld und den dadurch ermöglichten Durchmischungspraktiken. Es beschreibt, wie über familiäre und soziale Netzwerke freistehende Wohnungen an Menschen unterschiedlicher Herkunft und mit unterschiedlichen Bedürfnissen vermittelt werden.

> Es ist ein Familienhaus und der Rest, mit ganz wenigen Ausnahmen, sind junge Leute. Die meisten mittlerweile vermieteten Wohnungen sind über Mundpropaganda über meine Generation, das heißt von uns fünf Enkelkindern, vermittelt worden. Diese haben dann auch wieder neue Leute mitgebracht. Wurde ein Atelier, eine Werkstatt oder sons-

> tiges gebraucht, so wurde das auch weiterkommuniziert. Das funktionierte allerdings nur, weil meine Großeltern, Eltern und Tanten das auch so wollten. Meine Großmutter zum Beispiel ist schon 85 Jahre alt, ist bei jedem Atelierfest mitten drin, kennt alle und interessiert sich auch sehr für die junge Generation. (Interview 1, LangzeitbewohnerIn, 2014)

Unterschiede zwischen Kurzzeit- und LangzeitbewohnerInnen in Bezug auf die direkte Wohnumfeldbeschreibung sind eher gering. Durchaus unterschiedlich werden jedoch die Veränderungen in der sozialen Mischung im weiteren umliegenden Wohnviertel wahrgenommen und benannt. Dabei wird auch nicht auf eine zunehmende soziale Mischung verwiesen, sondern vielmehr die Praktik des *othering* angewendet. Damit wird auch deutlich, dass Durchmischung oft eine Fiktion darstellt. Es bleibt beim Nebeneinander und bei der realen oder konstruierten Abgrenzung. Als LangzeitbewohnerIn schreibt man sich selbst der angestammten BewohnerInnengruppe zu und die „anderen" umfassen MigrantInnen und Neu-Zuziehende.

> Rundherum habe ich nicht das Gefühl, dass so viele Wiener da sind, sondern schon sehr viele Migranten, die zwar schon lange da sind, aber trotzdem einen ganz anderen Background haben. Mittlerweile wendet es sich aber wieder, aber früher war es so, dass man bei anderen Kindern kaum Deutsch auf der Straße gehört hat. (Interview 1, Langzeitbewohnerln, 2014)

Aus Sicht neu zugezogener BewohnerInnen fällt die Wohnviertelbeschreibung zumeist etwas differenzierter aus. Man kann aber auch hier eine Art *othering* als Abgrenzungspraktik unterstellen, die jedoch eher mit Argumenten untermauert wird, warum man ebenfalls – wie viele andere auch – in dieses Viertel gezogen ist:

> Ältere Ehepaare, die teilweise die Reindorfgasse als alte Einkaufsstraße kennen…Und andererseits alteingesessene Personen mit Migrationshintergrund, typische Gastarbeiter-Migranten, natürlich schon daraus folgend zweite, dritte Generation, also das würde ich sagen, das sind die Alteingesessenen. Und die neu Hinzukommenden, ja, junge, kreative ganz stark von den Geschäftsflächen her, aber auch sehr viele Studenten, die sich eine Wohnung, also was ich beobachte, es sind sehr viele junge Leute. Entweder Studenten oder frisch ins Berufsleben Eingestiegene, teilweise ein bisschen alternativer vom Lebensstil her – das sind eher die Neuen." (Interview 3, KurzzeitbewohnerIn, 2014)

Veränderungsprozesse werden meist politischen Strategien zugeschrieben. Welche diese allerdings genau sind und mit welchen Zielvorgaben bleibt in den meisten Fällen eher unbekannt:

> Sie wollen den Bezirk auf allen Ebenen aufwerten. Aber man kriegt es nicht speziell mit, also man hat keine Ahnung wer die treibende Kraft ist. Nicht bei diesem Bezirk, aber man entwickelt ein Grundgefühl […] (Interview 2, LangzeitbewohnerIn, 2014)

Auf die Frage nach Orten der „Durchmischung" werden sehr oft kommerzielle Räume angeführt, die eine gewisse Anziehungskraft ausstrahlen. Vor allem in Bezug auf interethnische Kontakte dienen beispielsweise Märkte als Orte der Durchmischung, die bewusst aufgesucht werden, wenn das Bedürfnis danach besteht. Die alltagspraktische Übersetzung des Konzeptes der *social tectonics* lautet:

> [Der] Meiselmarkt ist fast schon Kulturgut. Weil das ist ja ein Shoppingcenter, in dem sich unten wirklich Menschen mit Migrationshintergrund, meist türkische Familien, eingenistet haben, und tatsächlich offenes Fleisch, offenes Gemüse, orientalische Aufstriche etc. verkaufen. Also sehr ähnlich wie in der Türkei und das finde ich eigentlich schon toll. (Interview 2, LangzeitbewohnerIn, 2014)

Die exemplarischen Interviewzitate zeigen, dass in der Alltagspraxis das Konzept der sozialen Durchmischung zu abstrakt ist, um konkret benannt zu werden. Wohnumfeldbeschreibungen beziehen sich auf klassische Kategorien wie alte und neue, junge und alte BewohnerInnen sowie Migrationshintergrund oder Erwerbstätigkeitsstatus. Interessant ist der Zusammenhang zwischen Beschreibung der gemischten Zusammensetzung des Wohnhauses und Wohnumfeldes und der Teilhabe an einer Durchmischung. Hier zeigen sich klare Hinweise auf Praktiken des *othering*, *middle-class dissafiliation* und *social tectonics*, die den selektiven Genuss der sozialen Durchmischung bei gleichzeitiger und jederzeitiger Rückzugsmöglichkeit in das gewohnte Umfeld zulassen.

4. Ausblick

Das Herstellen von sozialer Mischung als ein politisches Stadtplanungsziel ist auf den ersten Blick überzeugend. Sie soll die Begegnung und Interaktion der BewohnerInnen fördern und eine gesellschaftliche Fragmentierung verhindern. Soziale Mischung soll zu einer solidarischen und integrativen Gesellschaft führen, was unzweifelhaft zum Modell der europäischen Stadt passt. Der in diesem Beitrag dargestellte akademische Diskurs macht aber klar, dass diese unmittelbare Koppelung von Mischung mit Durchmischung, im Sinne von sozialer Vielfalt vor Ort mit Interaktion und Kommunikation über soziale Gruppengrenzen hinweg, nicht zwangsläufig auftreten muss. Es kann auch sein, dass unterschiedliche soziale Gruppen in einem Wohnviertel leben, diese aber nebeneinander und nicht miteinander leben. Pinkster (2014, S. 824) sieht dabei besonders die hinzuziehenden oder schon anwesenden Mittelschichtshaushalte gefordert, die häufig eigene Praktiken in benachteiligten Stadtteilen entwickeln, um sich abzugrenzen und um sich trotz der von ihnen als falsch empfundenen Nachbarschaft wohlzufühlen. Sie legitimieren ihre Wohnstandortwahl mit einem zweckrationalen Preis-Leistungs-Argument, aber nicht mit dem Wunsch, Interaktionen mit der schon anwesenden Bevölkerung zu beginnen.

Das gesellschaftspolitische Ideal der sozialen Mischung ist also mit einer kritischen Distanz zu würdigen. Manche Autoren gehen sogar so weit, das Ideal der sozialen Mischung überhaupt abzulehnen, weil sie dahinter eine Verbrämung einer baulich-sozialen Aufwertungspolitik im Sinne von Gentrification vermuten. Insbesondere Lees (2008, S. 2451ff.) meint, dass die Forderung nach sozialer Mischung nur als

Synonym für Gentrification verwendet wird, denn gegen soziale Mischung hat niemand etwas einzuwenden, gegen Gentrification aber sehr wohl. Lees (2008, S. 2463) polarisiert, indem sie Politiken der sozialen Durchmischung als „Kosmetik" bezeichnet, die nicht mit dem komplexen Gefüge von sozialen, ökonomischen und kulturellen Gründen in Segregationsprozessen umgeht.

Ob damit das Kind mit dem Bade ausgeschüttet wird, bleibt dahingestellt. Tatsache ist aber, dass durch eine auf soziale Mischung abzielende Wohnbaupolitik – sowohl durch entsprechende Baumaßnahmen im Bestand als auch beim Neubau – soziale Durchmischung nicht automatisch erzielt wird. Es scheint also mehr von Nöten zu sein, nämlich ein pro-aktives Management von sozialen Beziehungen. Bauliche Voraussetzungen der Begegnung sind Potenziale, damit diese aber auch genützt werden, sind soziale Aktivitäten zu organisieren. Anstöße von außen sind notwendig, damit beispielsweise Stadtteilfeste stattfinden, die Pflege gemeinsam genützter Gartenanlagen gelingt, eine kooperative Kinderbetreuung oder eine von der Zivilgesellschaft getragene Unterstützungsaktivität über soziale Grenzen hinweg Menschen zusammenbringt. Soziale Mischung ist Zielermöglichung, aber nicht Zielerreichung. Dies den politischen Entscheidungsträgern klar zu machen, wäre ein wesentlicher Schritt, um aus einem guten Konzept ein sehr gutes Konzept entstehen zu lassen.

Literatur

Atkinson, R. (2006). Padding the bunker: strategies of middle-class disaffiliation and colonization in the city. *Urban Studies, 43*, 819–832.

Doucet, B. (2009). Living through gentrification: subjective experiences of local, non-gentrifying residents in Leith, Edinburgh. *Journal for Housing and the Built Environment, 24*, 299–315.

Faßmann, H. & Kohlbacher, J. (2014). Integrationspolitische Maßnahmen europäischer Städte. Eine Übersicht. In P. Gans (Hrsg.), *Räumliche Auswirkungen der internationalen Migration* (Forschungsberichte der ARL 3) (S. 402–426). Hannover.

Galster, G. (2007): Neighbourhood social mix as a goal of housing policy: A theoretical analysis. *International Journal of Housing Policy, 7*(1), 19–43.

Gans, P. (Hrsg.). (2014). *Räumliche Auswirkungen der internationalen Migration* (Forschungsberichte der ARL 3). Hannover.

Jackson, E. & Butler, T. (2014). Revisiting ‚social tectonics': The middle classes and social mix in gentrifying neighbourhoods. *Urban Studies, Online pre-publication*, 1–17.

Keatinge, B. & Martin, D.G. (2015). A ‚Bedford Falls' kind of place: Neighbourhood branding and commercial revitalization in processes of gentrification in Toronto, Ontario. *Urban Studies, Online pre-publication*, 1–17.

Lees, L. (2008). Gentrification and social mixing: Towards an inclusive urban renaissance? *Urban Studies, 45*(12), 2449–2470.

MA 18 – Stadtentwicklung und Stadtplanung (2010). *Soziale Veränderungsprozesse im Stadtraum. Wiener Sozialraumanalyse mit Vertiefung in acht ausgewählten Stadtvierteln*. Wien: Magistrat der Stadt Wien.

MA 18 – Stadtentwicklung und Stadtplanung (2014). *STEP 2025. Stadtentwicklungsplan Wien*. Wien: Magistrat der Stadt Wien.

Pinkster, F.M. (2014). „I just live here": Everyday practices of disaffiliation of middle-class households in disadvantaged neighbourhoods. *Urban Studies, 51*(4), 810–826.

Savage, M., Bagnall, G. & Longhurst, B. (2005). *Globalization and Belonging*. London: Sage.

Schoon, N. (2001). *The Chosen City*. London: Spon Press.

Uitermark, J., Duyvendak, J.W. & Kleinhans, R. (2007). Gentrification as a governmental strategy: social control and social cohesion in Hoogvliet, Rotterdam. *Environment and Planning A, 39*, 125–141.

Walks, R.A. & Maaranen, R. (2008). Gentrification, social mix, and social polarization: Testing the linkages in large canadian cities. *Urban Geography, 29*(4), 293–326.

Watt, P. (2009). Living in an oasis: middle-class disaffiliation and selective belonging in an English suburb. *Environment and Planning A, 41*, 2874–2892.

Funktions- und Sozialraumanalyse: Erhebungsmethode zu leisen Stimmen bei der Planung öffentlicher Räume

Anwendungen aus der Praxis der Stadtentwicklung in Wien

Udo W. Häberlin

> *„Öffentliche Räume prägen das ‚Gesicht der Stadt' und machen eine Stadt unverwechselbar, indem sie ihr eine ‚Identität' geben. Öffentliche Räume, wie Straßen, Plätze, Wege, Parks und ähnliches ermöglichen Raum für urbanes Leben. Hier kann man sich treffen, hier finden Aneignungsprozesse, Kommunikation und Sozialisation statt. Diese Räume bieten Chancen zum miteinander Interagieren, können aber gleichzeitig Schauplätze für Distanz, Desinteresse und Gewalt sein."*
> (Havemann & Selle, 2010, S. 22f.)

Der öffentliche Raum und das urbane Leben werden immer stärker ins Bewusstsein der Stadtöffentlichkeit und der qualitätsvollen integrativen Planung gerückt. Die heute wieder sehr aktuelle Forderung von Jane Jacobs (1963) nach Berücksichtigung von NutzerInneninteressen, starkem öffentlichem Raum, sozialer Durchmischung und Nischen für Kreativität, Grätzelbildung und -identität, Gemeinschaftsgeist bzw. aktiver Partizipation unterstreicht die Bedeutung der heutigen Auseinandersetzung um die „Renaissance der Stadt" sowie die „Stadtplanung von unten". Die bereits zur Zeit des Kalten Krieges, der Stadtflucht und Suburbanisierung proklamierte städtische Vielfalt, Nutzungsmischung, kompakte Stadt, Partizipation und behutsame Stadterneuerung sind wieder Gegenstand der aktuellen Stadtforschung (Schubert, 2014).

Unter öffentlichem Raum wird im Allgemeinen jener Teil der Stadt verstanden, welcher der Öffentlichkeit frei zugänglich ist. Darunter fallen öffentliche Flächen für Fußgänger, Fahrrad- und Kraftfahrzeugverkehr, aber auch Park- und Platzanlagen. Der öffentliche Raum steht dem privaten Raum gegenüber.

Je nach fachlichem Schwerpunkt lassen sich in der Literatur unterschiedliche Definitionen wie die oben genannten für den öffentlichen Raum finden, doch selbst mit einer klaren Definition von Räumen gibt es unterschiedliche Versorgungswirksamkeiten von „Urbanität" in öffentlichen Räumen. Unabhängig von ihrer Größe können sie entsprechend der Spezifizierung von funktionsabhängigen Eigenschaften und Angeboten unterschiedlich eingeordnet werden. Als wesentliche sozialräumliche Einflussfaktoren sind Identität und kulturelle Bedeutung, Raumangebot und Lage, Anwesenheit von Menschen, Frequenzen von BesucherInnen sowie Nutzung relevant. Mit verschiedenen Platztypen lassen sich im urbanen System unterschiedliche Bedeutungen – wie im folgenden Absatz differenziert erörtert – unterscheiden, beispielsweise Hauptplätze, Bezirkshauptplätze, Grätzel- bzw. Quartiersplätze sowie Mikrofreiräume.[1] In dieser Hierarchisierung spielt der Radius der Attraktivität oder

---

1 Mikrofreiräume sind kleine Flächen, die mit geringen Impulsen zur urbanen Funktion beitragen können. In Form von Aufweitungen von Gehsteigen, Rücksprüngen von Gebäuden

Ausstrahlung auf ein Gebiet eine wesentliche Rolle. Die Herausforderung hierbei ist, die unterschiedlichen Aspekte hinsichtlich ihrer Funktionen bzw. der Einschätzung ihrer Bedeutung zu berücksichtigen. Jan Gehl (2012) unterscheidet Funktionen auf drei aufeinander aufbauenden Ebenen: der notwendigen, freiwilligen und sozialen, wobei erst die Ebene der sozialen Funktionen eine Herausforderung darstellt. Sie ist fundamentale Voraussetzung und ein Grundprinzip für lebendige Straßen und Plätze. Es braucht hierbei Attraktoren, die Menschen und Ereignisse anziehen, um belebte Treffpunkte beziehungsweise eine urbane Stadt zu erhalten. Wenn „nichts passiert, weil nichts passiert" kann (temporäre) Gestaltung oder Belebung wie Nachbarschaftsfeste die Situation verändern. Bei der Wechselwirkung zwischen Ödnis und Belebung von Räumen ist die Dauer der Aufenthalte im Freien der relevanteste Indikator für das tatsächliche Funktionieren von öffentlichen Räumen und dem urbanen Leben. Diesen Wirkungsmechanismus hat Gehl bereits vor 40 Jahren, angeregt durch seine Lebensgefährtin, eine Psychologin, entdeckt.

Neben dem Mobilitätsbedürfnis der Menschen sollten die Stadtplanung und -entwicklung, die Flächenwidmung und Bebauungsplanung sowie die Stadtgestaltung in allen Maßstabsebenen vorausschauend für ein reibungsloses und gutes Zusammenleben in der Stadt sorgen. Dies ist eine soziale Anforderung in der Planung – im Gegensatz zur technischen Stabilität von Mauern oder Brücken. Ziel sind einladende, gastliche Orte in der Stadt, die in ihrer Beliebtheit von vielen unterschiedlichen Menschen genützt werden.

Um öffentliche Räume in ihrer unterschiedlichen sozialräumlichen Gewichtung zu kategorisieren, können folgende *Indikatoren* benannt werden:

- Ein wesentlicher Aspekt ist die *kulturelle, identifikatorische Bedeutung* öffentlicher Räume. Dabei handelt es sich – anders als bei reinen Nutzungsansprüchen – um nicht substituierbare Qualitäten. Drei Säulen spielen hierbei eine Rolle: 1.) den Raum durch Gestalt/Wahrnehmung identifizieren; 2.) mit dem Raum über Bedeutung und Image identifiziert werden; 3.) sich mit dem Raum durch Aneignungen (soziale Prozesse), z.B. das Feiern von Festen, zu identifizieren.
- Die *Lage* und das *Raumangebot* tragen wesentlich zur Bedeutung und in weiterer Folge zur Nutzbarkeit urbaner öffentlicher Räume bei. Insbesondere die Zentralität und Erreichbarkeit eines Ortes üben wesentlichen Einfluss auf dessen Bedeutung im räumlichen Gefüge aus. Sind einige der Kriterien zur Einstufung als Ort mit zentraler Bedeutung erfüllt, wird ein Ort in ungünstiger Lage oder mit schlechter Erreichbarkeit dennoch nicht die entsprechende Bedeutung erlangen. Auch die Größenverhältnisse von Plätzen üben einen gewissen Einfluss auf die Bedeutung eines Ortes aus, wenngleich diese Qualität bis zu einem gewissen Grad substituierbar ist.
- Die *Anwesenheit von Menschen*, die *Frequenz von BesucherInnen*, ist in vielerlei Hinsicht Voraussetzung für die Aufenthaltsqualität öffentlicher Räume, schließlich wirken leere Plätze wenig einladend. Nach Bourdieu bedeutet die Anwesenheit von Menschen sogar eine kurzfristige Veränderung des Erscheinungsbildes des öffentlichen Raumes an sich (Bourdieu, 1991, S. 25–34). Die Frage nach

---

oder der Nutzung von Parkplätzen ergibt sich durch Mikrofreiräume die Möglichkeit für spontanen Aufenthalt, kurzzeitiges Verweilen, Kommunikation, Erholung oder wegbegleitendes Spiel, wenn sie dementsprechend ausgestaltet sind.

Anforderungen an die *Nutzung* für urbane öffentliche Räume führt zunächst zu der Frage nach dem Zusammenhang unterschiedlicher Aktivitäten im Freien und dem dafür notwendigen Angebot an Qualitäten des öffentlichen Raumes.

– Ein weiterer wesentlicher Aspekt ist die *soziale Kontrolle*, die durch Frequenz von Personen gegeben ist, durch die Sicherheitsgefühl entsteht und Vandalismus vorgebeugt wird. Monofunktionale Plätze ohne oder mit zu geringer Frequenz von Personen laufen Gefahr, zu sogenannten „Angsträumen" mit wenig subjektiver Aufenthaltsqualität und Akzeptanz zu degradieren. Da die Zugänglichkeit „für alle" ein wichtiges Merkmal ist, treffen hier viele StädterInnen mit zum Teil unterschiedlichen Lebenskonzepten aufeinander, auch marginalisierte Menschen wie z.B. Obdachlose. Präsenz und Sichtbarkeit mancher Gruppen im öffentlichen Raum sind nicht allen angenehm (Häberlin & Hetzmannseder, 2014). Bei zunehmender Belebung ist auch diese soziale Komponente weniger relevant. Allgemein erhöht die Anzahl der Menschen am Platz auch die sozialen Augen und somit die persönliche Sicherheit.

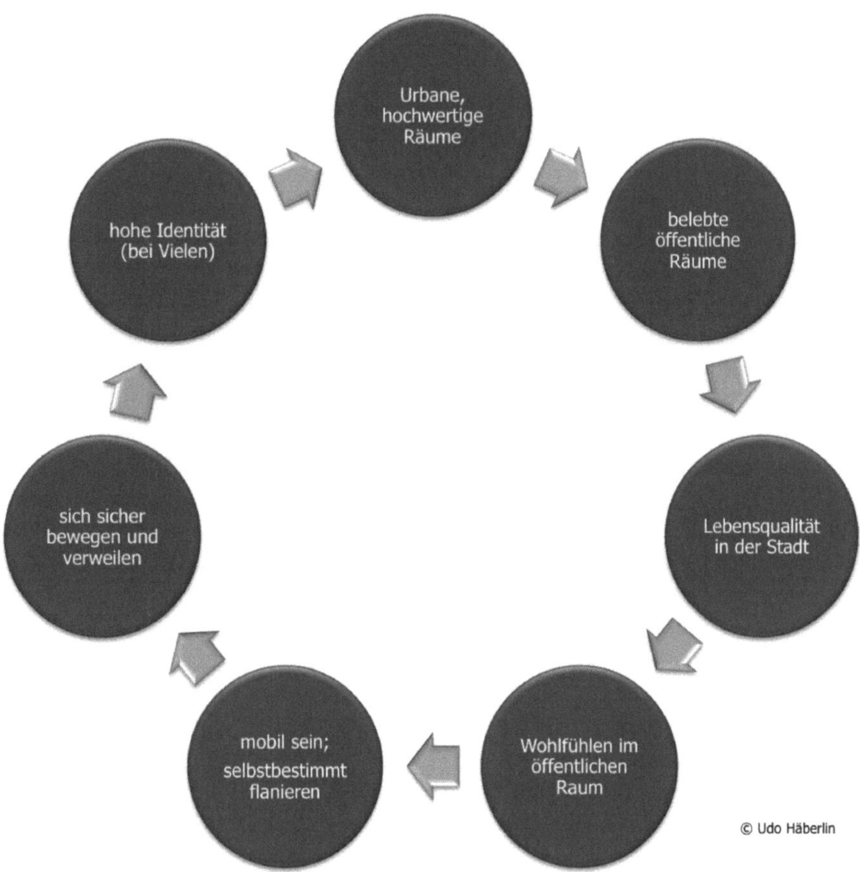

Abb. 1: Grafik „Wechselwirkungen im öffentlichen Raum" (eigene Darstellung)

Die StadtbewohnerInnen stellen neue, urbane Anforderungen an die Qualität des öffentlichen Raums, die sich in Umfragen bezüglich der Wohnzufriedenheit in der Wohnumgebung widerspiegeln.

Hiernach wünschen sich 34% der WienerInnen Orte zum Verweilen und Sitzgelegenheiten; 33% wünschen sich Grünflächen oder Innenhofbegrünungen als Maßnahmen zur Verbesserung der Lebensqualität im Wohngebiet. Bezüglich des Straßenverkehrs wünschen sich 23% der WienerInnen Tempo-30-Zonen und 20% Wohnstraßen oder Fußgängerzonen (beide Maßnahmen sind seit 2008 um 3% gesunken) (Verwiebe, Troger & Riederer, 2014, S. 56).

Dabei ist der demografische Wandel in der Gesellschaft zu berücksichtigen, z.B. dass Wien sowohl älter als auch gleichzeitig jünger wird. Allein zwischen 2015 und 2025 kann mit einem Zuwachs von rund 20 000 null- bis zehnjährigen Kindern und 15 000 Jugendlichen im Alter von zehn bis vierzehn Jahren gerechnet werden (MA 23, 2014).

Da die neuen urbanen Anforderungen nutzerabhängig sind, sollen im Rahmen der demografischen Veränderungen Analysen, wie z.B. Umfragen, nutzungsgruppenorientiert sein. Dazu sind bestimmte Bevölkerungsgruppen, wie zum Beispiel Ältere, Singles oder Migrantinnen und Migranten, differenzierter zu berücksichtigen.

Mit zunehmender Nutzungsgruppen-Diversität werden die Ansprüche an den urbanen Raum vielfältiger, zum Teil auch gegensätzlicher. Die Flexibilisierung der Arbeitswelt sowie die Polarisierung und Individualisierung der Gesellschaft stellen weitere Herausforderungen, zum Beispiel durch mehr Kinder und Jugendliche, zunehmende (Tages-)Freizeit einzelner Nutzungsgruppen, für die Gestaltung bzw. Planung der zukünftigen Stadt dar.

De facto sollen öffentliche Räume vielfältige Funktionen in einer hohen Qualität aufweisen: Sie sind Durchgangsorte, Verweilorte, Erholungsorte, Spielräume und Bewegungsräume, Treffpunkte, Bildungsräume, Begegnungsräume, Bühnen, um sehen zu können und gesehen zu werden und somit Präsentationsräume und Beobachtungsräume.

Die sich teilweise widersprechenden oder konkurrierenden Ansprüche an den öffentlichen Raum können sich verändern oder verstärken: in der Arbeitseinteilung, in der Altersstruktur, in der Gesellschaftsstruktur (Zuwanderung aus Kleinstädten und Dörfern), in der Wohnsituation oder auch im Bildungsstatus und im sozialen Leben. Dies bringt zusätzliche Herausforderungen mit sich: Aus fachlichem und politischem Blickwinkel zeigt sich eine erhöhte Aufmerksamkeit für die „Urbanität" und gleichzeitig ein Aufeinandertreffen öffentlicher, privater und kommerzieller Interessen.

Mit all diesen Herausforderungen (neue Funktionen und Ansprüche, höhere Qualität, stärkere Inanspruchnahme, Vielfältigkeit der Interessen, persönliche Sicherheit) will die Stadtverwaltung und -planung künftig noch besser umgehen. Vor allem sollen die durch den Wandel der Bevölkerungsstruktur hin zur Diversität sich verändernden *Nutzungskriterien,* beispielsweise durch Einschränkungen und Handicaps von Älteren, umfassender berücksichtigt werden.

Die sozialräumlichen Aspekte werden durch eine dynamische Zusammensetzung der Bevölkerungsstruktur einer wachsenden Stadt komplexer. Gleichzeitig ändern sich auch die Bedürfnisse der Bewohnerinnen und Bewohner stetig: Darauf muss sowohl Management als auch Planung in der Stadt angepasst werden. Wien ist eine wachsende Stadt: Dies bringt Verdichtung der Bevölkerung in fast allen Bezirken

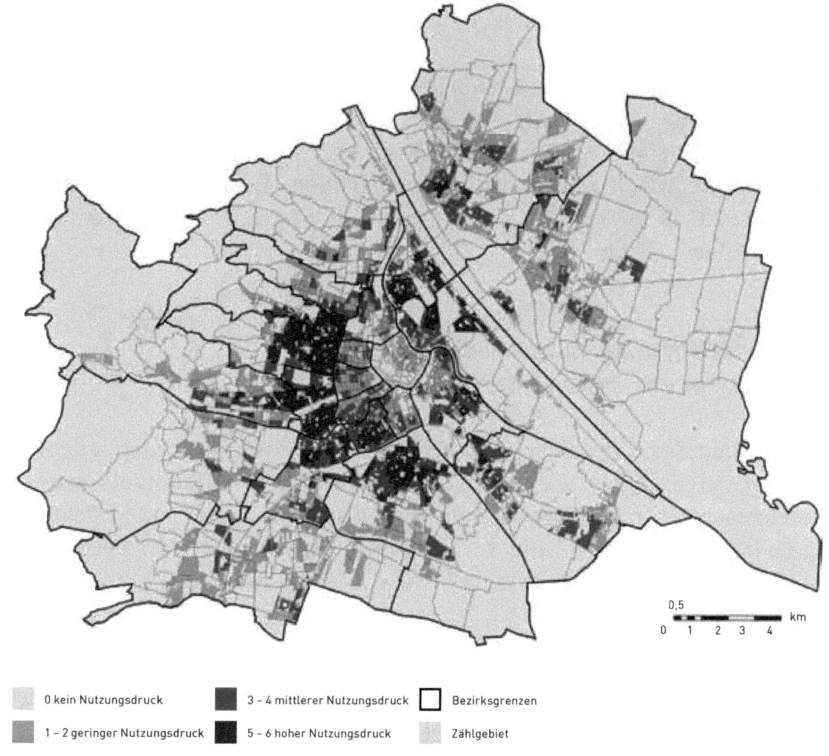

Abb. 2: Potenzieller Nutzungsdruck als Indikator des Integrations- und Diversitätsmonitors
(MA 17, 2014, S. 193)

der Stadt und somit neue Zusammensetzungen der Bevölkerungsstruktur hin zur
Diversität mit sich. Darüber hinaus führt diese Entwicklung zu einer Erweiterung bestehender Nutzungsansprüche, beispielsweise bei Grünflächen oder im Straßenraum.
Diese werden künftig als grünes Netz im Siedlungsgefüge ausgestaltet (MA 18,
2015).

Zur Stadtforschung über Bevölkerung und soziale Fragen zählen kleinräumige Bevölkerungsprognosen oder Untersuchungen über Konzentrations- und
Segregationsprozesse ebenso wie das Monitoring von Diversität und Integration. Im
8. Handlungsfeld öffentlicher Raum, Zusammenleben und soziales Klima des Wiener
Integrations- und Diversitätsmonitors (MA 17, 2014) wird u.a. der „potenzielle
Nutzungsdruck" auf den öffentlichen Raum abhängig von der EinwohnerInnen-
dichte, dem Anteil an Arbeitslosen, Mindestsicherungsempfängern und Substandard-
wohnungen (je geringer die Arbeitszeiten, das Einkommen oder die Wohnfläche,
desto höher der potenzielle Nutzungsdruck auf den öffentlichen Raum) analysiert.
Der Indikator untersucht, wo ein Nutzungsdruck im Stadtgebiet eher wahrscheinlich ist und wo nicht. Es wird davon ausgegangen, dass, je größer die Anzahl der
BewohnerInnen in einem Stadtteil in Relation zum verfügbaren öffentlichen Raum
ist, und je stärker die Menschen diesen Raum nutzen möchten (etwa weil sie über
viel Tagesfreizeit verfügen, viel draußen zu sein zu ihrem Naturbezug gehört oder intensive Freiraumnutzung Teil ihres Anspruchs an Freizeit ist sowie letztlich weil in

diesem Stadtteil sehr viele Menschen wohnen), desto größer ist der Druck auf diese Freiflächen und die Wahrscheinlichkeit, dass es zu gegensätzlichen Interessen oder
Nutzungskonflikten kommt.

Vor allem die kompensatorische Funktion der o.g. Komponenten muss bei der
Gestaltung der Räume berücksichtigt werden. Die Ausgestaltung des öffentlichen
Raumes, die Förderung von Sanierungsgebieten oder Wohnbauten, Kulturinitiativen
oder andere Akteure wie Parkbetreuung oder „Fair Play Teams" (vgl. Häberlin &
Hetzmannseder, 2014) können zu den vorbildlich umgesetzten Maßnahmen im
Sozialraum von Wien zählen.

Funktions- und Sozialraumanalyse:
Erhebungsinstrument seitens der Planung

Die Funktions- und Sozialraumanalyse ist ein Erhebungsinstrument, das seitens der
Stadtplanung weiterentwickelt wurde, um der Diversität in der Stadtgesellschaft und
ihren divergierenden Nutzungsansprüchen zielgruppenspezifischer und umfassender
Rechnung zu tragen: De facto wurde das Instrument der „Sozialraumanalyse"[2] (nach
den Geschäftsstraßenanalysen Meidlinger Hauptstraße und Mariahilfer Straße) durch
verschiedene Methoden erweitert.

Abb. 3: Sozialraum in Wien (Foto: Häberlin)

---

2   Diese Methode wurde und wird in der Jugendarbeit zur Erhebung von (unterschiedlichen)
     Bedürfnissen von Jugendlichen angewandt.

Das Besondere an der Methode ist die *Kombination* von planerischen und sozialwissenschaftlichen Zugängen zur Erhebung des physischen Bestands und des Sozialraums, zur Verbesserung der zielorientierten Maßnahmen und zur Steigerung der Qualität und Anpassung an die tatsächlichen Bedürfnisse im öffentlichen Raum.

Die Funktions- und Sozialraumanalyse hat daher einen interdisziplinären Ansatz und ermöglicht darüber hinaus das Einbeziehen einer differenzierteren NutzerInnenperspektive in den Planungsprozess. Weiters dient sie dazu, physische, funktionale und soziale Aspekte zu erheben und aufeinander zu beziehen und kann überdies als Vorstudie zu Planungen im öffentlichen Raum eingesetzt werden.

Über gelungene Planung durch gute Raum-Zeit-Verhältnisse, inspirierende, attraktive Verweilqualitäten oder die Teilnahme von einzelnen Interessenten am Urbanen wissen wir noch relativ wenig. Daher sind Funktions- und Sozialraumanalysen zur Grundlagenerhebung vor der Planung wichtig. So konnten z.B. am Wiener Schwedenplatz von der bestehenden Qualität ausgehend fundierte Leitbildziele erarbeitet werden, um den Raum zu verbessern. Dieses Wissen lässt sich – im Geiste einer lernenden Planung – oft auch auf andere Zusammenhänge übertragen.

Um Investitionen von öffentlichen Geldern möglichst zielgerichtet einzusetzen, sollten sämtliche Neuplanungen oder Umbaumaßnahmen Anlass genug sein, um bestehende Funktionsweisen zu ergründen oder bei Neuplanungen bedürfnisorientiert die Planungskriterien oder die Ausgestaltung zielorientiert zu begründen. Die Kosten von diesen Erhebungen entsprechen einem Bruchteil der Kosten von Baumaßnahmen. Auch die Reparatur oder Korrektur von nicht zufriedenstellenden Angeboten im öffentlichen Raum sind in der Regel um ein Vielfaches teuerer als die Funktions- und Sozialraumanalyse vor einer Planung.

Die Ergebnisse der (der Planung vorausgehenden) Analysen können außerdem als Grundlage für die Ausschreibung von Wettbewerben, für die Initiierung von Beteiligungsprozessen und zur Unterstützung politischer Entscheidungsprozesse dienen.

Durch die Funktions- und Sozialraumanalyse wird Folgendes erfasst: Teilräume, Funktionen, Nutzungen, Nutzungsdruck, Nutzungskonflikte, unterschiedliche Nutzungsgruppen und deren Interessen und Anforderungen sowie noch zusätzliche (Nutzungs-)Potenziale.

De facto werden unterschiedliche Anforderungen und Nutzungen und die Wechselwirkungen zwischen gebauter Umwelt und Menschen vor Ort analysiert: Neben dem Fokus auf den physischen Raum und die unterschiedlichen „Funktionen" in und von öffentlichen Räumen bezieht sich das Instrument auf den Sozialraum, wobei die Funktionen zu einem Gutteil sozial konstruiert – und somit veränderbar – sind.

Dreiphasiger Aufbau und Ablauf der Analyse

Die *Vorbereitungsphase* sieht eine strategische Planung vor: Nach einer Zielfindung und ersten Einschätzung des Untersuchungsraums folgen die Auswahl des Untersuchungsgebietes und daraufhin ein erstes Projektdesign (d.h. Steuerung und Einbindung des Analyseprozesses, Klären der Schnittstellen zu anderen Prozessen

(Akteuren) oder Raumeinheiten (funktionaler Aktionsraum geht oft über Bezirksgrenzen hinaus) und anschließendes Entwickeln des Projekts).

In der *Durchführungsphase* wird nach der Methoden- und Zielgruppenauswahl eine Erhebung der Daten durchgeführt, die nachträglich ausgewertet und interpretiert werden, d.h. die Analyse (Erhebung und Auswertung) findet stufenweise statt und nach jeder Erhebungsstufe erfolgt eine Analyse und Interpretation der bisherigen Ergebnisse:

1) Annäherung an den Raum
2) Vertiefende Untersuchung
3) Erhebungen zu ausgewählten Zielgruppen

Schließlich folgt eine *Ergebnissicherungsphase*, in der nach der Ausarbeitung der Empfehlungen und Maßnahmen (In-Beziehung-Setzen von quantitativen und qualitativen Erhebungs- und Analysekriterien) und der Übersetzung (Überführung der Ergebnisse in planungsrelevante Vorgaben) und Vermittlung der daraus folgenden Ergebnisse die Evaluierung der Umsetzung stattfindet. Die umfassende Darstellung des Prozesses ist in *Raum erfassen* – Überblick und Wegweiser zu Funktions- und Sozialraumanalysen für den öffentlichen Raum in der Schriftenreihe der MA 18, Werkstattberichte der Stadtentwicklung Wien (Nummer 128), ausführlich beschrieben (MA 18, 2012).

Die vier methodischen Säulen der Analyse[3] sind:

1) *Interpretation vorhandener Daten und Karten* und deren Sekundärauswertung, damit die Auswertungsergebnisse interpretiert und das Untersuchungsgebiet beschrieben werden können.
2) *Funktions- und Nutzungskartierungen*, d.h. Ausarbeitung von Strukturkarten zur Abbildung der Organisation des Untersuchungsgebiets sowie der Gestaltung und Nutzung des untersuchten öffentlichen Raums, damit eine kleinräumige Analyse des Bestands und der Potenziale des öffentlichen Raums durchgeführt werden kann.
3) *Beobachtungen von Nutzungen*, um die Herstellung der sozialen Wirklichkeit aus einer Außenperspektive analysieren zu können (durch teilnehmende Beobachtungen und begleitete Stadtteilspaziergänge).
4) *Gespräche* (d.h. qualitative Interviews, quantitative Befragungen und Gruppendiskussionen) mit ExpertInnen aus Institutionen, die im Untersuchungsgebiet tätig sind, mit Schlüsselpersonen, die über hohes Wissen zur Situation vor Ort verfügen sowie BewohnerInnen/AnrainerInnen und NutzerInnen/PassantInnen.

Aus diesen Analysen werden Handlungsempfehlungen für weitere spezifizierte Planungsmaßnahmen abgeleitet. Diese reichen von neuen Sitzmöglichkeiten und -gelegenheiten für Jüngere in der Meidlinger Hauptstraße (Verjüngung des Bevölkerungsdurchschnitts im Bezirk) über die Schaffung von Raum und (nichtkommerziellen) Aufenthaltsqualitäten bei genereller Entschleunigung durch zu enge Gehsteige in der Mariahilfer Straße bis hin zur Sicherung der vielschichtigen

---

3   Vgl. Checkliste in „Raum erfassen" (MA 18, 2012).

Identifikationsmerkmale bei diversen unterschiedlichen Nutzungsgruppen am Wiener Schwedenplatz.

Neben diesen vielfältigen Nutzungsbedürfnissen im öffentlichen Raum ist auch eine zunehmende Kommerzialisierung des Raumes, die Schaffung neuer öffentlicher Räume in neuen Stadtteilen der Stadterweiterung (und dies in Zeiten knapper Budgets) unter veränderten klimatischen Verhältnissen sowie die Schaffung von urbanen Qualitäten durch Planung und Aneignung in dicht verbauten Gebieten relevant.

Dazu wurden Kriterien seitens der Bevölkerung durch repräsentative und qualitative Interviews erhoben sowie ExpertInneninterviews aus dem Methodenkoffer der Publikation *Raum erfassen. Überblick und Wegweiser zu Funktions- und Sozialraumanalysen für den öffentlichen Raum* (vgl. MA 18, 2012) durchgeführt. Sie führten zu folgenden Planungszielen:

1) Im öffentlichen Raum muss es Möglichkeiten zum Zeitvertreib, zum Austausch und zum Gespräch geben. Die Singularisierung und auch die Gefahr von Vereinsamung in der Gesellschaft steigen (MA 18, 2006).
2) Der öffentliche Raum muss allen Menschen gleichberechtigt zur Verfügung stehen (MA 19, 2010).
3) Wir wollen mehr Raum, wo Begegnungen möglich sind und nichts konsumiert werden muss (Wiener Charta, 2012).

Aus diesem groß angelegten Wiener-Charta-Prozess gingen folgende Bekenntnisse hervor: Wir engagieren uns aktiv für seine Gestaltung und Erhaltung. Wir akzeptieren unterschiedliche Bedürfnisse und suchen daher gemeinsame Lösungen und tragfähige Kompromisse. Diese Absichten sprechen für die gute Sozialgemeinschaft einer Stadt und einen hohen Grad an kollektiver „urbaner Kompetenz". Es bleibt zu beobachten, wie sie im Alltag gelebt und im Zweifelsfalle auch verteidigt werden. Folgende fachliche Tendenzen lassen sich beobachten (vgl. MA 18, 2014):

Öffentliche Räume werden vielfältiger und aus vermehrt unterschiedlichen Motiven genutzt. Ein Beispiel hierfür ist der Schwedenplatz/Morzinplatz, der fast rund um die Uhr belebt ist: Hier kann man umsteigen, einkaufen, essen, sich treffen, ausgehen, schöne Sommerabende und das Flair der Stadt genießen, aber auch die Innere Stadt betreten und historische Stätten besuchen.

Öffentliche Räume werden zunehmend kommerzialisiert. Bezüglich Schwedenplatz/Morzinplatz besteht nach Meinung einiger ExpertInnen ein Trend der „Verkommerzialisierung" des Platzes: Er soll auch in Zukunft Treffpunkt und Aufenthaltsraum ohne Konsumzwang bleiben. Management und Gestaltung des öffentlichen Raumes sollten diese Nutzungen sichern, da vor allem die nichtkommerziellen Aufenthaltsbereiche für viele Befragte von hoher Bedeutung sind.

Es entstehen viele neue, dicht bebaute Stadtteile wie die Seestadt Aspern, der Nordwestbahnhof sowie das Sonnwendviertel, um nur die bekanntesten zu nennen, *die mit Infrastruktur und neuen öffentlichen Räumen versorgt werden müssen.*

Effizienter Umgang mit den vorhandenen Mitteln bei Erhaltung und Neubau von öffentlichen Räumen ist entscheidend. Neubaugebiete operieren oft mit fertig durchgeplanten Gestaltungslösungen: Eine Identitätsbildung erfolgt – gerade bei begrenzten finanziellen Mitteln – jedoch nicht nur über fertig hergestellte (Oberflächen-)Gestaltungen, sondern wesentlich auch durch veränderbare sowie aneigenbare Lösungen. Nicht die besondere Gestaltung allein verleiht dem Raum Identität im Alltagsbezug, sondern auch die Möglichkeit von sozialem Handeln (das Förderprogramm „Grätzeloasen" unterstützt dies). Es geht um die niederschwellige Nutzbarkeit, Teilhabe und Adaptierbarkeit in verschiedensten Nutzungszusammenhängen der Stadträume. Dieses Kriterium trifft in besonderem Maß auf die Möblierung des öffentlichen Raums – nicht nur in einer Tages- oder Jahreszeit – zu.

Die klimatischen Verhältnisse (Nachterhitzung) beeinflussen die Nutzbarkeit des öffentlichen Raums für die Menschen.

Durch steigende Bevölkerungszahlen wird weiterhin in bereits dicht verbauten Gründerzeitgebieten nachverdichtet werden. Das erhöht auch die (Nutzungs-)Dichte in den Freiflächen, sowohl den urbanen als auch den grünen Freiraum in diesen Gebieten sowie den Bedarf an Service-, Kultur- und Sporteinrichtungen.

Die Herausforderungen der städtischen Verwaltung des 21. Jahrhunderts bezüglich öffentlicher Räume sind vielfältig, jedoch sehr spezifisch: beispielsweise neue Anforderungen an die Sozialgemeinschaft, u.a. wegen der größer werdenden sozialen Ungleichheit in der Gesellschaft und gegebenenfalls einhergehender Segregation. Derzeit werden eher Dekonzentrationen von homogenen Räumen festgestellt.

Letztendlich sind die Herausforderungen, die den öffentlichen Raum spezifisch betreffen, bestimmt von den veränderten Nutzungen der Außenräume für Erholung und Freizeit: zunehmende Nutzung privater Außenräume auch abends, gleichzeitig abnehmende Nutzung öffentlicher Räume und deren optionale Nutzung, weil sie nur mit hohem Qualitätsstandard interessant wirken. *Soziale Ungleichheiten* wachsen. Die Aufgabe der Inklusion, sozial wie räumlich, steigt trotz vielfältiger Lebenslagen, -formen und -stile.

Hoher *Nutzungsdruck* öffentlicher Räume in den Bezirken 15, 16 und 17 entlang des Gürtels und im 10. Bezirk könnten eine Einschränkung der Wahlmöglichkeit von Menschen mit geringen ökonomischen Mitteln bedingen: Sie können sich ganz einfach weniger Urlaub oder Ausweichmöglichkeiten leisten. Die uneingeschränkte Zugänglichkeit sowie die *Nutzung öffentlicher Räume ohne Konsumzwang* sind für diese Menschen weiterhin wichtig.

Funktions- und Sozialraumanalyse in der Wiener Praxis

Ihren Anfang nahm die Entwicklung der Methode Funktions- und Sozialraumanalyse (FSA) 2006 unter der Federführung der MA 18 mit dem Projekt „Integration im öffentlichen Raum", im Rahmen dessen eine Vielzahl öffentlicher Plätze mittels quantitativer und qualitativer planerischer und sozialwissenschaftlicher Methoden auf ihren Beitrag zur Integration verschiedener gesellschaftlicher Gruppen hin analysiert wurden. Ergebnis waren neben der Beschreibung der untersuchten Orte auch Empfehlungen für die integrative Gestaltung öffentlicher Räume.

Es folgten eine Reihe anlassbezogener Sozialraumanalysen, die von der MA 18 und/oder der MA 19 als Basis für weiterführende Planungen oder Wettbewerbe beauftragt wurden: Funktions- und Sozialraumanalyse Meidlinger Hauptstraße 2010 sowie zur Mariahilfer Straße 2012, zu denen jeweils (parallel) auch eine Geschäftsstraßenanalyse im Auftrag der MA 18 durchgeführt wurde; eine reduzierte FSA zum Bahnhofsareal Wien Mitte 2009 sowie die Funktions- und Sozialraumanalyse Schwedenplatz 2013. Die Funktions- und Sozialraumanalyse in ausgewählten Stadterweiterungsgebieten erfolgte 2013 bis 2014. Hier wurden die Typologien des Josef-Bohmann-Hofs und des Kabelwerks im Auftrag der Stadt Wien bzw. der MA 18 verglichen. Aktuell wird gerade eine Funktions- und Sozialraumanalyse am Reumannplatz von der MA 19 durchgeführt.

Parallel dazu beauftragte die MA 18 eine Systematisierung und Analyse der Methode, die 2012 im Handbuch „Raum erfassen" zusammengestellt wurde und die seit 2013 als „State of the Art" den Standard für Sozialraumanalysen der Stadt Wien darstellt.

Publiziert wurden hiervon der Werkstattbericht Nr. 82 „Integration im öffentlichen Raum" (2006), der Werkstattbericht Nr. 110 „Meidlinger Hauptstraße. Sozialraumanalyse, Geschäftsstraßenstudie, Realisierungswettbewerb" (2010) und der Werkstattbericht Nr. 128 „Raum erfassen" (2012). Auf Anfrage sind auch die in den Studien genutzten Beobachtungs- und Interviewleitfäden (NutzerInnengespräche und ExpertInneninterviews) als Muster und zur Verwendung an anderen Orten oder in interessierten weiteren Städten zu erhalten.

Folgende beispielhafte Ergebnisse der Wiener Praxis (vgl. MA 18, 2010; 2012) sind zu nennen:

Funktions- und Sozialraumanalyse Meidlinger Hauptstraße
Die FSA untersuchte die Verbesserungspotenziale und die mit der Bevölkerungsentwicklung einhergehenden Ansprüche, u.a. die Kritik der (alten) MeidlingerInnen, wonach sie keinen Sitzplatz in ihrer Fußgängerzone finden: Die Anzahl der *Sitzgelegenheiten* war ausreichend, lediglich die Aneignungs- bzw. Identifikationsfrage zwischen den alten und neuen Generationen war unbearbeitet.

Gleichzeitig fiel die Nicht-Anwesenheit von (migrantischen) Mädchen im öffentlichen Raum auf, die als Zielgruppe hinsichtlich ihrer Nutzungsbedürfnisse in der Folge mituntersucht werden konnten.

Funktions- und Sozialraumanalyse Mariahilfer Straße
Die FSA und die parallel beauftragte und abgestimmte Geschäftsstraßenanalyse untersuchten u.a. die Unterscheidung zwischen Verkehrslösung und Nutzungskonzept.

Man operierte mit Transparenz bezüglich der Ergebnisse der Grundlagenstudien über Entscheidungsspielräume und differenzierte Ansprüche. Ein Dialog vor allem mit der Wohnbevölkerung der angrenzenden Bezirke sowie eine Abstimmung wurden durchgeführt. Gleichzeitig konnte die stärkere Einbeziehung der Wohnbevölkerung die Identifikation fördern.

Funktions- und Sozialraumanalyse Schwedenplatz/Morzinplatz
Die FSA untersuchte die unterschiedlichsten Nutzungsgruppen und fokussierte u.a. auf Jugendliche (konsumzwangfreies Treffen), die (aufgrund einer höheren Verweildauer) sogenannte Wohnzimmergruppe, sowie junge nächtliche BesucherInnen („Ausgeh-People"). Unter anderem kam die FSA zu dem Ergebnis, dass *Littering* (besondere Verschmutzung, die nachts entstand) nicht den verursachenden Gruppen zugeschrieben wurde.

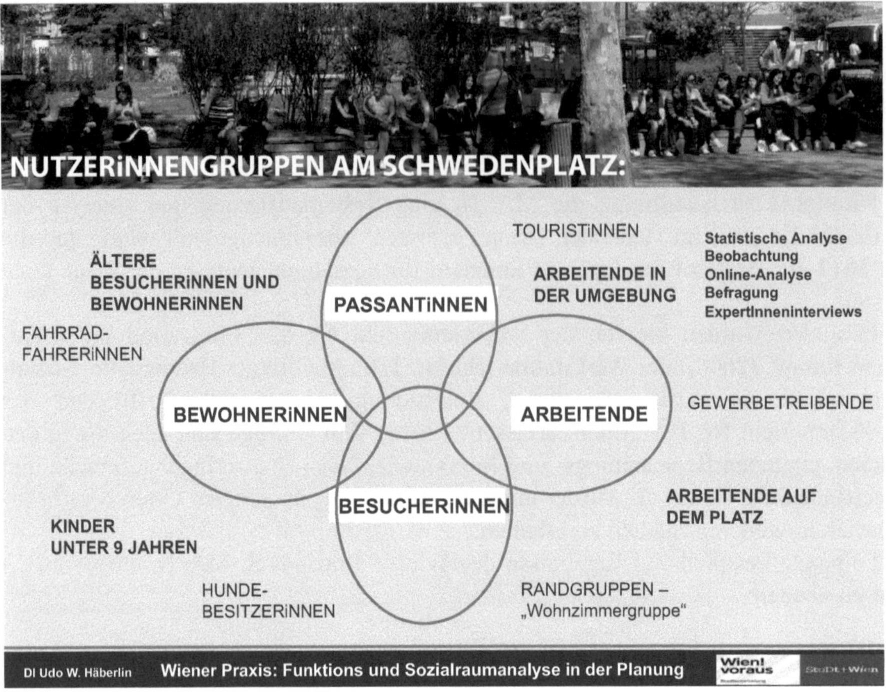

Abb. 4:   NutzerInnengruppen am Schwedenplatz (MA 18, eigene Darstellung)

Weiters konnte festgestellt werden, dass der Platz viele unterschiedliche Nutzungs-gruppen u. -ansprüche umfasst und dass er daher einen Knoten- und Treffpunkt darstellt, der rund um die Uhr genutzt wird. Es handelt sich hier um einen hohen Identifikationswert und eine erstaunliche funktionale Zufriedenheit.

Funktions- und Sozialraumanalyse Josef-Bohmann-Hof und Kabelwerk
Die Ergebnisse dieser FSA sind auch auf künftige Entwicklungsgebiete und deren Siedlungstypen übertragbar. Eine anziehende Infrastruktur schafft eine Mitte und so-mit Urbanität. Autofreie attraktive Gehrouten durchs Wohngebiet mit abwechslungs-reichen Räumen mit vielfältigen Nutzungen schaffen Lebensqualität. Übersichtliche Freiräume mit transparenten und belebten Erdgeschosszonen fördern dies und das persönliche Sicherheitsempfinden ebenso.

In allen Fällen konnten mittelbar und unmittelbar Planungskriterien für die Ver-besserungen im Sozialraum konkret benannt werden. Auch wertvolle Hinweise für zielgruppenspezifische Schwerpunkte für Prozesse und künftige Planungen sowie der Fokus auf strukturell benachteiligte Gruppen wie Mädchen mit muslimischer Religion in Meidling oder Punks und Obdachlose in der Mariahilfer Straße sowie Jugendliche, die nicht in erster Linie konsumieren wollen oder können, konnten ge-ben werden. Die Methode für die Grundlagenerhebung vor der Planung ist nachweis-lich geeignet, zielgruppenspezifische Bedürfnisse für den (lokalen) Raum zu erheben und somit auch den leisen Stimmen – im Sinne der sogenannten Anwaltsplanung – mehr Gehör zu verschaffen.

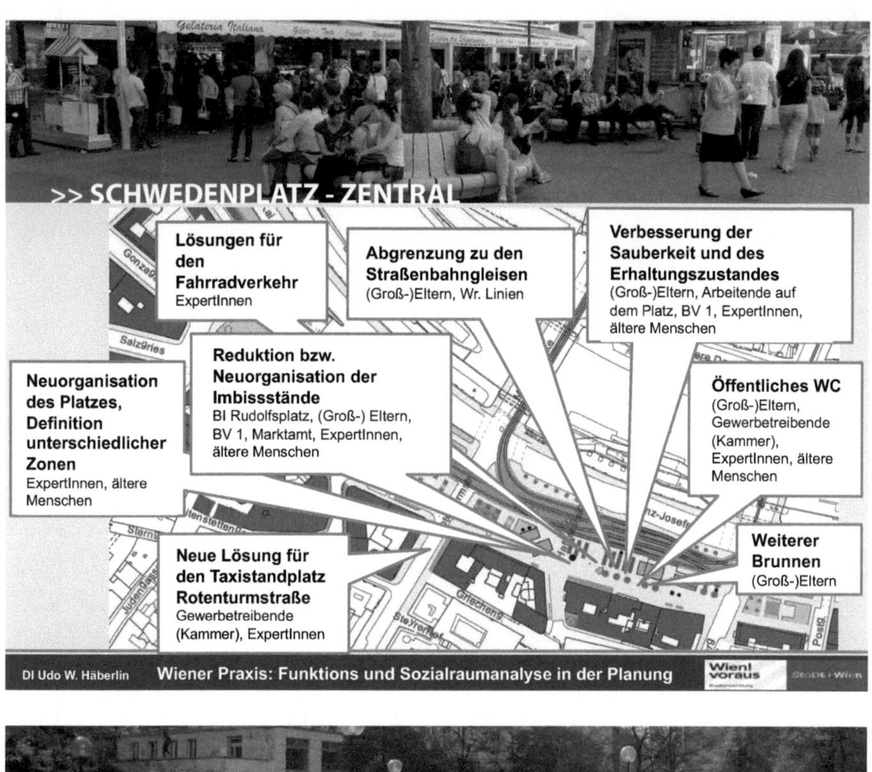

Abb. 5 und 6: Funktions- und Sozialraumanalyse Schwedenplatz/Morzinplatz (MA 18, eigene Darstellung)

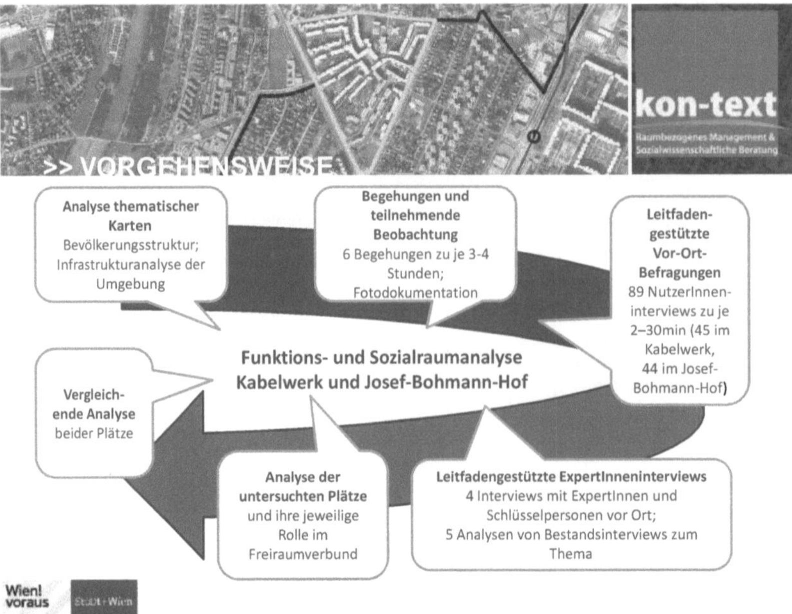

Abb. 7: Funktions- und Sozialraumanalyse Kabelwerk und Josef-Bohmann-Hof

Im Folgenden sollen vier Vorteile einer FSA hervorgehoben werden:

- strukturierte Analyse
- planerische und soziale Aspekte eines Ortes / Gebietes
- differenzierte Grundlagen für die Planung
- gutes Instrument für Evaluation

Die Einsatzbereiche von FSAs sind zusammenfassend:

- Stadtteilentwicklung
- Umgestaltung öffentlicher Räume
- Konflikte im öffentlichen Raum
- Sanierung von Großsiedlungen der 1970er und 1980er Jahre
- Evaluierungen und wissenschaftlicher Erkenntnisgewinn

Bei größeren Vorhaben (z.B. Hochhäusern) könnten auch private InvestorInnen die Möglichkeiten einer FSA zur Dokumentation des Mehrwerts für die Bevölkerung und die Orientierung am Gemeinwohl nutzen. Hier steht jedoch die Befürchtung im Raum, dass damit das Instrument verwässert werden könnte. Abhilfe könnten entweder klare Vorgaben über die FSA oder eine Beauftragung durch die Stadt selbst und ein Kostenersatz durch die InvestorInnen schaffen.

Die MA 18 hat bisher vier Funktions- und Sozialraumanalysen beauftragt; derzeit wird seitens der MA 19 die zweite derartige FSA durchgeführt. Möglicherweise könnten auch Inhalte von FSA in die Studienreihe „Neuinterpretation öffentlicher Raum" der MA 19 integriert werden oder künftig auch die MA 21 (Stadtteilplanung und Flächennutzung) und/oder MA 28 (Straßenverwaltung und Straßenbau) eine stärkere Implementierung der Methode der Funktions- und Sozialraumanalysen übernehmen.

Generell wird das Instrument Funktions- und Sozialraumanalyse auch von anderen Städten als sinnvoll erachtet und zur Anwendung geprüft.

Literatur

Bourdieu, P. (1991). *Physischer, sozialer und angeeigneter physischer Raum*. In M. Wentz (Hrsg.), Stadt-Räume (S. 25–34). Frankfurt/M./New York: Campus.

Breitfuss, A., Dangschat, J.S., Gruber, S., Gstöttner, S. & Witthöft, G. (MA 18) (2006). *Integration im öffentlichen Raum* (Werkstattbericht Nr. 82). Wien: Magistrat der Stadt Wien.

Floeting, H. (Hrsg.). (2014). *Sicherheit in der Stadt. Rahmenbedingungen – Praxisbeispiele – internationale Erfahrungen*. Berlin: Edition Difu.

Gehl, J. (2012). *Leben zwischen Häusern. Konzepte für den öffentlichen Raum*. Berlin: Jovis Berlin.

Häberlin, U. & Hetzmannseder, B. (2014). Die sichere Stadt – Sicherheit und Lebensqualität in Wien. In H. Floeting (Hrsg.), *Sicherheit in der Stadt. Rahmenbedingungen – Praxisbeispiele – internationale Erfahrungen* (S. 331–351). Berlin: Edition Difu.

Jacobs, J. (1963). *Tod und Leben großer amerikanischer Städte*. Frankfurt/M./Berlin: Ullstein.

MA 17 – Integration und Diversität (Hrsg.). (2014). *3. Wiener Integrations- und Diversitätsmonitor 2011–2013*. Wien: Magistrat der Stadt Wien. Verfügbar unter: https://www.wien.gv.at/menschen/integration/pdf/monitor-2014.pdf [31.03.2015].

MA 18 – Stadtentwicklung und Stadtplanung (Hrsg.). (2006). Lebens- und Wohnformen. Singles in Wien. *Beiträge zur Stadtentwicklung, 4*. Verfügbar unter: https://www.wien.gv.at/stadtentwicklung/studien/pdf/b008042.pdf [31.03.2015].

MA 18 – Stadtentwicklung und Stadtplanung (Hrsg.). (2010). *Meidlinger Hauptstraße. Sozialraumanalyse, Geschäftsstraßenstudie, Realisierungswettbewerb* (Werkstattbericht Nr. 110). Wien: Magistrat der Stadt Wien. Verfügbar unter: https://www.wien.gv.at/stadtentwicklung/studien/pdf/b008342.pdf [31.03.2015].

MA 18 – Stadtentwicklung und Stadtplanung (2012). *Raum erfassen. Überblick und Wegweiser zu Funktions- und Sozialraumanalysen für den öffentlichen Raum* (Werkstattbericht Nr. 128). Wien: Magistrat der Stadt Wien. Verfügbar unter: http://www.wien.gv.at/stadtentwicklung/studien/pdf/b008274.pdf [31.03.2015].

MA 18 – Stadtentwicklung und Stadtplanung (2014). *STEP 2025 – Leitlinien für die wachsende Stadt. MUT ZUR STADT*. Wien: Magistrat der Stadt Wien. Verfügbar unter: http://www.wien.gv.at/stadtentwicklung/studien/pdf/b008379a.pdf [04.04.2015].

MA 18 – Stadtentwicklung und Stadtplanung (2015). *STEP 2025. Fachkonzept Grün- und Freiraum* (Werkstattbericht Nr. 144). Wien: Magistrat der Stadt Wien. Verfügbar unter: https://www.wien.gv.at/stadtentwicklung/studien/pdf/b008394b.pdf [31.03.2015].

MA 19 – Architektur und Stadtgestaltung (2010). *Reiseführer in die Zukunft der Wiener Innenstadt*. Wien: Magistrat der Stadt Wien.

MA 23 – Wirtschaft, Arbeit und Statistik (2014). *Wien wächst ... Bevölkerungsentwicklung in Wien und den 23 Gemeinde- und 250 Zählbezirken* (Statistik Journal Wien 1/2014). Wien: Magistrat der Stadt Wien. Verfügbar unter: http://www.wien.gv.at/statistik/pdf/wien-waechst.pdf [07.06.2015].

Schubert, D. (2014). *Jane Jacobs und die Zukunft der Stadt. Diskurse – Perspektiven – Paradigmenwechsel* (Beiträge zur Stadtgeschichte und Urbanisierungsforschung Bd. 17). Stuttgart: Franz Steiner Verlag.

Verwiebe, R., Troger, T. & Riederer, B. (MA 18) (2014). *Lebensqualität in Wien 1995–2013. Sozialwissenschaftliche Grundlagenforschung II* (Werkstattbericht Nr. 147). Wien: Stadt Wien. Verfügbar unter: https://www.wien.gv.at/stadtentwicklung/studien/pdf/b008411.pdf [31.03.2015].

Wentz, M. (Hrsg.). (1991). *Stadt-Räume*. Frankfurt/M./New York: Campus.

Wiener Charta (2012). *Wiener Charta*. Verfügbar unter: http://www.partizipation.at/wienercharta.html [31.03.2015].

Industrie als Bestandteil der modernen Stadt

Über die zentrale Bedeutung der Industrie für die Zukunft des urbanen Raums

Wolfgang Hesoun

Angesichts der Debatten über die Zukunft der Städte in den vergangenen Jahren konnte man leicht den Eindruck gewinnen, die wirtschaftliche Zukunft insbesondere der „Global Cities" (Sassen, 1991) als Steuerungszentren für Finanzmärkte, Banken und Beratungsleistungen unterschiedlichster Art, liege ausschließlich im Dienstleistungsbereich. In dieser Zuschreibung spiegelt sich auch die lange Zeit kolportierte These wider, die Zukunft unseres gesamten Wirtschaftssystems liege in einer *Dienstleistungsökonomie* bzw. *Dienstleistungsgesellschaft*.

Die Fakten sprechen allerdings eine andere Sprache. Ohne starke Produktion kann es keinen starken Dienstleistungssektor geben. Industrie und Dienstleistungen sind existenziell aufeinander angewiesen und in ihrem Zusammenwirken alles andere als ein Nullsummenspiel – das gilt für städtische wie für ländliche Wirtschaftsräume. Diese Symbiose hat auch beschäftigungspolitische Effekte: In Europa ermöglicht ein Industriearbeitsplatz mindestens einen weiteren Arbeitsplatz im industrienahen Dienstleistungsbereich (Wirtschaftskammer Österreich, 2013).

Komplex und wertschöpfungsintensiv

Die moderne Industrie wird nicht zuletzt durch den Einzug der Digitalisierung in Produktionsprozesse immer komplexer und wissensintensiver. Die ausschließliche Herstellung von Produkten gehört vielfach der Vergangenheit an. Industriebetriebe haben sich längst vom reinen „Produzenten" zum komplexen „Problemlöser" entwickelt. Heute wird in vielen Branchen nicht nur ein Produkt, sondern als integraler Bestandteil auch eine Dienstleistung verkauft. Die Wertschöpfungskraft von Industriebetrieben verstärkt sich durch diese ergänzenden Dienstleistungen deutlich. Außerdem nähert sich die Industrie durch eine zunehmende Verschmelzung der realen mit der virtuellen und digitalen Produktion einer neuen Stufe der Produktion an.

Auf der anderen Seite ist in der Industrie in der jüngeren Vergangenheit ein starker Trend zur Auslagerung von „Nicht-Kernprozessen" – v.a. „Dienstleistungsarbeiten" – zu beobachten. Was auf den ersten Blick im Widerspruch zur oben beschriebenen Entwicklung der Industrie zum Anbieter von Dienstleistungen erscheint, ist bei genauerem Hinsehen ein davon völlig entkoppelter Vorgang: Ausgelagert werden Dienstleistungen, die nicht zum Kerngeschäft der Industriebetriebe gehören, dazu zählen etwa Bereiche wie Bewachung, Reinigung, Wäscherei, IT oder die Betriebskantine.

In Wien lässt sich diese Weiterentwicklung des produzierenden Sektors gut nachverfolgen: Die Auslagerungsprozesse von Nicht-Kernbereichen der Industrie waren ein wesentlicher Grund dafür, dass die Beschäftigtenzahlen im Bereich der Dienstleistung angestiegen sind, während sie im Bereich der Produktion rückläufig waren. Trotz dieses Beschäftigungsrückganges in der Produktion ist dennoch allein in den 200 größeren Wiener Industrieunternehmen (Unternehmen mit mehr als 100 Mitarbeiterinnen und Mitarbeitern) die Wertschöpfung für den Standort zwischen 1995 und 2010 von 7,5 Mrd. Euro auf 9,3 Mrd. Euro angestiegen (Industriellenvereinigung Wien, 2014).

Dies belegt einerseits, dass die Industrieunternehmen bzw. ihre Mitarbeiterinnen und Mitarbeiter stetig ihre Produktivität steigern und andererseits, dass sich volkswirtschaftliche Indikatoren der Industrie zwar im Verlauf der Jahrzehnte in die industrienahe Dienstleistung verlagert haben, aber weiterhin stark von der Entwicklung in der „Kernindustrie" abhängig sind. Die industrielle Produktion ist und bleibt damit wesentlicher Kern der Wertschöpfungsaktivitäten. Das trifft auf ländliche Standorte ebenso zu wie auf die Stadt!

Mangelhafte Rahmenbedingungen

Was sich somit heute beobachten lässt, ist eine *Tertiärisierung* der Industrie, die durch *hybride Wertschöpfung* und *smarte Produktion* gekennzeichnet ist. Prozesse der Deindustrialisierung sind daher bei weitem nicht nur einem „Strukturwandel", sondern oftmals eher einer verfehlten Standortpolitik auf nationaler wie europäischer Ebene geschuldet, welche die notwendigen Rahmenbedingungen für industrielle Produktion zu wenig weiterentwickelt.

Ein Beispiel dafür ist auf europäischer Ebene die Klima- und Energiepolitik. Die dabei stattfindende, zunehmende Regulierung ist den Klimazielen wenig dienlich. Vielmehr führt sie zu einer erheblichen Benachteiligung der Wirtschaft und Industrie im internationalen Wettbewerb, zu Produktionsverlagerungen und zur Vernichtung von Arbeitsplätzen. Denn die ambitionierten europäischen Bemühungen zum Klimaschutz finden in der restlichen Welt immer noch wenig Nachahmer. Europa ist zudem – unter anderem auch dank der hohen Energieeffizienz der Industrie – gerade einmal für rund zehn Prozent der weltweiten Treibhausgasemissionen verantwortlich (European Environment Agency, 2012). So lange es kein global verbindliches Übereinkommen gibt, manövriert sich Europa hier weiter in eine sehr herausfordernde Situation, die weder der Umwelt noch dem Wirtschafts- und Arbeitsstandort dienlich ist.

Das hier angeführte Beispiel der Klima- und Energiepolitik soll vor Augen führen, wie eine zukunftsgerichtete Standortpolitik aussehen könnte: Anstatt schwerpunktmäßig auf Regulierung zu setzen, sollte der Fokus in der Klimapolitik auf die Innovationsförderung gelegt werden – so könnten sich die gerade im Bereich der Energieeffizienz starken europäischen Zukunftsindustrien erfolgreich weiterentwickeln, anstatt zunehmend dazu gezwungen zu sein, auch an außereuropäischen Standorten zu produzieren.

Industrie macht den Unterschied

Gerade die Finanz- und Wirtschaftskrise hat aber gezeigt, wie wichtig die Industrie für Wachstum und Beschäftigung in Europa ist, denn Staaten mit einem gesunden industriellen Kern haben die Krise besser überstanden als solche, die stark auf den Dienstleistungsbereich fokussiert sind. Darüber hinaus ist die Industrie in Europa für 75 Prozent der Warenexporte verantwortlich, was ihre Bedeutung zusätzlich unterstreicht. Noch wichtiger: Die Industrie ist Innovationstreiber mit 80 Prozent aller nichtöffentlichen Forschungs- und Entwicklungsaufwendungen (Fürst, 2013). An einer starken, innovativen Industrie führt also kein Weg vorbei.

Im europäischen Vergleich verfügt Österreich mit rund 22 Prozent über eine vergleichsweise hohe Industriequote und liegt über dem EU-Schnitt von ca. 19 Prozent (Eurostat, 2015; Industriequote in Prozent der gesamten Wertschöpfung). Die Industrie ist dabei der Innovations- und Wachstumsmotor unseres Landes – sie selbst und die mit ihr verbundenen Sektoren erwirtschaften rund 70 Prozent der österreichischen Wertschöpfung und exportieren jährlich Waren im Wert von rund 85 Mrd. Euro. Direkt und indirekt werden von der Industrie so zwei von drei Jobs gesichert (Industriellenvereinigung, 2015).

Die Industrie trägt in ihrer schon angesprochenen Rolle als Innovationsmotor auch nachhaltig zur Erhaltung unseres Wohlstandes bei: 45 Prozent der Ausgaben für Forschung und Entwicklung in Österreich stammen aus dem Industriesektor. Zudem werden von der Industrie jährlich 1,2 Mrd. Euro in den Umweltschutz und damit in die Zukunft unseres Lebensraumes investiert (Industriellenvereinigung, 2015).

Wien als drittgrößtes Industriebundesland

Die große Bedeutung der Industrie steht auch für die Bundeshauptstadt Wien außer Frage: 18 Prozent bzw. 12,3 Mrd. Euro (2010) der Wertschöpfung Wiens stammen direkt aus dem „produzierenden Bereich" mit seinen 8.000 Unternehmen und insgesamt 137.000 Beschäftigten. Wien ist damit gemeinsam mit der Steiermark das drittgrößte Industriebundesland Österreichs – nach Oberösterreich und Niederösterreich (IWI, 2014).

Dass Wien in der Öffentlichkeit nicht als Industriestandort wahrgenommen wird, mag wohl auch damit zusammenhängen, dass sich die Industriebetriebe in ihrem Erscheinungsbild sehr zurückhaltend präsentieren: Im dicht verbauten Gebiet der Stadt, aber auch an den Stadträndern „verschwinden" selbst großflächige Produktionshallen von mehreren Hektar im Dickicht der Häuser. Die meisten großen Stadteinfahrten führen zudem nicht an unmittelbar sichtbaren Industriegebieten vorbei.

Die verbreitete Auffassung, dass Industriebetriebe darüber hinaus auch „nichts für die Stadt sind", sondern eher an ihren Rändern oder gänzlich am Land positioniert sein sollten, hängt stark mit dem schon lange überholten Bild von industrieller Produktion und rauchenden Schloten zusammen. Moderne Industriebetriebe sind aber extrem lärm- und emissionsarm und fügen sich so unauffällig in die weitläufig verbauten Gebiete der Städte ein.

Das geringe Bewusstsein für die starke Präsenz des produzierenden Bereichs in Wien und das zugleich oftmals veraltete Image in der Bevölkerung ist umso erstaunlicher, wenn man sich die enorme Leistung alleine von den schon oben erwähnten 200 größeren Industrieunternehmen genauer ansieht: Sie sorgen direkt für 14 Prozent der Wertschöpfung und für über 84.000 Beschäftigungsverhältnisse in Wien.

Inklusive der mittelbaren Effekte bewirken diese 200 Unternehmen sogar 26 Prozent der Wertschöpfung und stehen für rund 170.000 Arbeitsplätze in Wien.

Industrie als Gewinn für die Stadt

Die positiven Effekte der Industrie für die Stadt sind vielfältig:

- Der urbane Raum ist für die Industriebetriebe durch die Nähe zu Forschungseinrichtungen und Universitäten ein wahrer „Innovationsraum". Das produktive Miteinander von Industrie und Forschung fördert den Technologie- und Innovationssektor einer Stadt in erheblichem Maße. Industrieunternehmen sind schließlich wie kaum andere Unternehmen dem internationalen Innovations- und Wettbewerbsdruck ausgesetzt. Ihre daraus resultierende „Innovationsverpflichtung" ist die beste Zukunftsversicherung für die Stadt.
- Besonders positiv für Städte wirken sich „industrielle Leitbetriebe" aus (zum Begriff „Leitbetriebe" siehe Industriellenvereinigung, o.J.). Sie siedeln sich gerne im attraktiven urbanen Umfeld an und sind Treiber und Knotenpunkte der Wirtschaftsdynamik einer Stadt. Ihre große Nachfrage nach hochwertigen Produkten und Dienstleistungen löst enorme direkte und indirekte Effekte aus. Diese reichen weit über die eigenen Unternehmensgrenzen hinaus und sichern gerade auch bei mittleren und kleineren Unternehmen im städtischen Raum zusätzliche Arbeitsplätze, Produktion und Wertschöpfung. Dies zeigt, dass die Wirtschaft von heute unteilbar ist. Je stärker die Vernetzung, desto höher ist die Dynamik zwischen den unterschiedlichen Unternehmen.
- Ein bedeutender industrieller Kern stärkt zudem die Krisenfestigkeit und Resilienz einer Stadt. Die Industrie war mit fast 9 Mrd. Euro zu beinahe zwei Drittel für das Wachstum der österreichischen Volkswirtschaft zwischen dem Krisenjahr 2009 und dem Jahr 2013 verantwortlich (Industriellenvereinigung, 2013). Davon haben auch die städtischen Räume profitiert.
- Und ein starker Industriebereich hat natürlich auch erhebliche Bedeutung für die Einnahmenentwicklung einer Stadt.

Zukunftsthema „Smart City"

Die „Stadt der Zukunft" profitiert aber nicht nur von der Industrie, sondern umgekehrt gibt es auch wirtschaftliche Zukunftsthemen, für die städtische Standorte besonders geeignete Rahmenbedingungen bieten und die wiederum insbesondere für die Industrie großes Potenzial aufweisen.

Ein solches Zukunftsthema ist das Konzept „Smart City". Die Innovationskraft der städtischen Industriebetriebe ist ein wesentlicher Schlüssel für die Verwirklichung dieses Konzeptes. Ziel dabei ist, dass Städte künftig verstärkt auf Grundlage innovativer ressourcen- bzw. umweltschonender organisatorischer und technischer Lösungen organisiert sein sollen. Vor dem Hintergrund des anhaltenden Trends zur Urbanisierung – auch in Europa – gewinnt die Idee der Smart City zunehmend an Bedeutung.

Wien beheimatet in diesem Zusammenhang insbesondere in den Bereichen alternative Antriebssysteme, Verkehrstelematik, Smart Metering/Smart Grids sowie öffentliche Verkehrsmittel hochinnovative Unternehmen. Diese leisten einen wesentlichen Beitrag in der Entwicklung und Implementierung neuer ressourcen- und umweltschonender Lösungen. Gerade aus diesem Grund wäre es für Wien besonders zielführend, in der Umsetzung der eigenen Smart-City-Rahmenstrategie einen Fokus auf eben diese Stärkefelder zu legen. Denn die wesentliche Basis für eine erfolgreiche Verwirklichung der Smart City liegt am Ende in der Innovationskraft der Wirtschaft sowie der öffentlichen Verwaltung und der Gesellschaft insgesamt.

Mit dem *living lab* im Wiener Stadtentwicklungsgebiet Seestadt Aspern verfügt die Stadt beispielsweise über ein europaweit einzigartiges Forschungs- und Demonstrationsprojekt. Erstmals wird von Siemens gemeinsam mit städtischen Infrastrukturpartnern mittels realer Daten erforscht, wie Energie in Gebäuden optimal eingesetzt werden kann und wie Gebäude selbst produzierten Strom zur Netzstabilisierung bereitstellen oder gewinnbringend verkaufen können. Zentraler Bestandteil dieses Projekts ist die Einbindung der Nutzer.

„Industrie 4.0" als Chance für Betriebe und Städte

Wie eng der Konnex zwischen urbaner und industrieller Entwicklung ist, zeigt sich auch bei einem zweiten städtischen Zukunftsthema: „Industrie 4.0". Industrie 4.0 beschreibt den Trend hin zu einer immer stärker digitalisierten und vollintegrierten Produktion, die es noch mehr als bisher ermöglicht, Entscheidungen auf Echtzeit-Datenbasis zu treffen, höchst flexibel und rasch auf Veränderungen zu reagieren und auf individuelle Kundenwünsche einzugehen. Dies ermöglicht neue, vor allem webbasierte Dienstleistungen und Geschäftsmodelle, zusätzliche Wertschöpfungspotenziale, erhöhte Ressourceneffizienz sowie Produktivität.

Gerade städtische Standorte und insbesondere Wien mit seinem hochentwickelten IKT-Sektor und einer starken Elektro- und Elektronikindustrie haben beste Voraussetzungen, um von dieser Entwicklung zu profitieren – von der Forschung bis hin zur Umsetzung in der Produktion.

Chancen nutzen

Wodurch sticht nun die Großstadt Wien vor dem Hintergrund der bisherigen, eher allgemeinen Erörterungen über die Beziehung zwischen Industrie und Stadt besonders hervor?

– Wien ist Zentrum einer Metropolregion mit mehr als 2,5 Millionen Einwohnern im Herzen Europas, die für europäische Verhältnisse mit überdurchschnittlicher Geschwindigkeit jährlich wächst. Bis zum Jahr 2029 wird Wien voraussichtlich von seinen derzeit rund 1,8 Millionen Einwohnern noch um die Bevölkerungszahl von Graz zugelegt haben und die Marke von 2 Millionen Einwohnern erreicht haben (MA 23, 2014). Dieses Wachstum macht die Stadt aus wirtschaftlicher Sicht besonders attraktiv, da für Unternehmen die Hoffnung besteht, dass künftig ausreichend gut ausgebildete Arbeitskräfte zur Verfügung stehen und auch ein entsprechender Absatzmarkt vorhanden sein wird.

- Wien verfügt als Großstadt zudem über ein besonders hochwertiges sowie dichtes Angebot an industrie- bzw. produktionsnahen Dienstleistungen, wie z.B. Consulting, Datenverarbeitung, Öffentlichkeitsarbeit und ähnliches – Leistungen, die von Industriebetrieben stark nachgefragt werden.
- Ein besonders wichtiger Faktor, der viele Großstädte, aber ganz besonders Wien auszeichnet, ist die örtliche Nähe zu zahlreichen bedeutenden Forschungseinrichtungen und Universitäten. Die Zahl der Universitäten, Privatuniversitäten und Fachhochschulen stieg seit dem Jahr 2000 von 12 auf 20 an (Ehalt & Rathkolb, 2015). Von großer Bedeutung ist aber auch die Nähe zur großen Szene der „Kreativindustrie". Ein gezielter, reger Austausch zwischen Forschung, Kreativszene und Industrie fördert das Innovationsklima in der Stadt.
- Für Industriebetriebe ist auch das Arbeitskräfteangebot in Wien hochattraktiv. Industrieunternehmen benötigen – wie keine andere Branche – ein besonders breites Spektrum gut ausgebildeter Mitarbeiter, das sie v.a. in Großstädten wie Wien vorfinden. Mit seinen 200.000 Studierenden ist Wien heute die größte Universitätsstadt im deutschsprachigen Raum (Ehalt & Rathkolb, 2015).
- Wien verfügt – im Gegensatz zu anderen europäischen Großstädten – auch über ein vergleichsweise großes Potenzial an Entwicklungsflächen sowie über einen hohen Aktivitätsgrad an Clusterbildungen verschiedener Branchen. In Wien stehen noch rund 200 Hektar an Reserveflächen für Betriebe zur Verfügung – und das sind nur jene Flächen, die weitgehend uneingeschränkt genutzt werden können. (Wirtschaftskammer Wien, 2013)
- Wien ist Kreuzungspunkt zahlreicher transeuropäischer Netze und damit auch das mitteleuropäische „Gateway" Richtung Südosteuropa.
- Und last, but not least sind die einzigartige Lebensqualität und das enorme Kulturangebot herausragende Faktoren für den wirtschaftlichen Erfolg Wiens. Sie bereichern den Standort Wien und überzeugen Top-Arbeitskräfte aus aller Welt, sich in unserer Stadt niederzulassen.

Anforderungen an den Standort Stadt

Die Bedeutung von Städten als Standorte des produzierenden Sektors sollte nicht unterschätzt werden. Erfolgreiche, wettbewerbsfähige urbane Räume leben von einem starken industriellen Kern, einem damit verbundenen dynamischen Dienstleistungssektor und einer lebendigen Innovationskultur. Der „Industriestandort Stadt" muss mehr denn je zur wirtschaftlichen, politischen und gesellschaftlichen Kategorie werden.

Aus industriepolitischer Sicht sind Städte daher gut beraten, sich folgenden Herausforderungen zu stellen:

- Die meisten Städte stellen das touristische Element in den Mittelpunkt ihres Außenauftritts. Wirtschaftlich erfolgreiche Städte sollten sich jedoch viel stärker als solche vermarkten und ihre Standortqualitäten betonen.

- Dem städtischen Standort-Marketing muss eine tatsächlich gelebte Willkommenskultur gegenüber Betrieben folgen. Das ist keine Frage von bloß punktuellen Maßnahmen, sondern vielmehr eine Frage einer flexiblen, unbürokratischen Verwaltung, die bemüht ist, auf die individuellen Bedürfnisse der Unternehmen einzugehen.
- Zusätzlich ist es notwendig, auch in der Bevölkerung das Bewusstsein für die Bedeutung der Industrie für Wachstum und Beschäftigung im städtischen Raum zu stärken. Dies erleichtert es, industriepolitische Schwerpunkte in der Stadt zu setzen.
- Um den städtischen Standortnachteil der zumeist höheren Personalkosten im Vergleich zu ländlichen Regionen kompensieren zu können, sollte sich die urbane Standortpolitik auf die Verbesserung der Rahmenbedingungen in den Bereichen moderne Verwaltung, hochklassige Forschung & Innovation, beste Bildung (v.a. in den MINT-Fächern: Mathematik, Informatik, Naturwissenschaften, Technik) sowie umfassend ausgebaute Infrastruktur konzentrieren. Wenn in diesen Bereichen die Rahmenbedingungen stimmen, sind höhere Personalaufwendungen für Unternehmen leichter verkraftbar.
- Darüber hinaus nimmt der globale Wettbewerb weiter zu. Für die oftmals in internationalen Konzernen beheimateten, städtischen Industrieunternehmen heißt das, dass sie neben der externen ausländischen Konkurrenz sich zunehmend auch dem internen Wettbewerb der Konzernstandorte stellen müssen. Für Städte wiederum bedeutet das, dass sie eine strategische „Headquarter- und Leitbetriebepolitik" betreiben müssen, um bestehende Konzernstandorte zu halten und neue anzuziehen.

„Stadt der Zukunft" braucht Industrie

Dieser Anforderungskatalog macht deutlich, dass sich Städte im internationalen Standortwettbewerb nicht auf bestehenden Rahmenbedingungen ausruhen dürfen. Wenn die „Stadt der Zukunft" wirtschaftlich erfolgreich sein soll, muss sie in ihrer strategischen Standortpolitik auf einen starken industriellen Kern setzen. Denn durch ihre enorm hohe Innovationskraft und die äußerst intensive wirtschaftliche Verflechtung ist die Industrie der Garant für künftigen Wohlstand in der „Stadt der Zukunft".

Literatur

Ehalt, H.C. & Rathkolb, O. (Hrsg.). (2015). *Wissens- und Universitätsstadt Wien. Eine Entwicklungsgeschichte seit 1945.* Wien: Vienna University Press.
European Environment Agency (2012). *Why did greenhouse gas emissions decrease in the EU between 1990 and 2012?* Copenhagen. Verfügbar unter: http://www. eea.europa.eu/publications/why-are-greenhouse-gases-decreasing/at_download/file [16.05.2015].
Eurostat (2015). *Industriequote in Prozent der gesamten Wertschöpfung.* Verfügbar unter: http://ec.europa.eu/eurostat/web/national-accounts/data/database [09.03.2015].
Fürst, E. (2013). *Renaissance der Industriepolitik?* (ÖGfE Policy Brief 05/2013). Wien: Österreichische Gesellschaft für Europapolitik.

Industriellenvereinigung (o.J.). *Internationale Leitbetriebe in Österreich (Materialsammlung)*. Verfügbar unter: www.iv-net.at/b2074 [16.05.2015].

Industriellenvereinigung (2013). *Industrie zu Wirtschaftsbericht 2013: Weiter intensiv an Standortqualität arbeiten*. Verfügbar unter: http://www.iv-net.at/b3122 [16.05.2015].

Industriellenvereinigung (2015). *Präsentationsfolder „Die Industriellenvereinigung"*. Wien.

Industriellenvereinigung Wien (2014). *Umfang und Struktur der Industrie Wiens. Studie des Industriewissenschaftlichen Instituts*. Wien.

MA 23 – Wirtschaft, Arbeit und Statistik (2014). *Statistisches Jahrbuch der Stadt Wien 2014*. Wien: Stadt Wien.

Sassen, S. (1991). *The Global City: New York, London, Tokyo*. Princeton: Princeton University Press.

Wirtschaftskammer Österreich (2013). *Industriepolitik für einen modernen Standort* (Dossier Wirtschaftspolitik 2013/9). Wien.

Wirtschaftskammer Wien (2013). *Standortqualitäten von großflächigen Betriebsgebieten in Wien* (Reihe „Stadtprofil"). Wien: Wirtschaftskammer Wien, Abteilung Stadtplanung und Verkehrspolitik.

Die Bedeutung von Hochschulen für Städte am Beispiel Wiens

Robert T. Kogler und Alexander Van der Bellen

Einleitung

Die Hochschulen in Wien, also die Universitäten, Fachhochschulen und Privatuniversitäten, spielen eine wichtige Rolle in der Stadt. Ihre Bedeutung ist weit größer als ihre Wahrnehmung und Wahrnehmbarkeit in der Stadt. Das gilt u.a. demographisch und ökonomisch; es gilt aber auch hinsichtlich der Bedeutung der Hochschulen für die Urbanität, die Wien überhaupt erst zur Stadt und Metropole macht. Gleichzeitig profitieren die Hochschulen von der Urbanität. Wir beleuchten sowohl den Wandel in der Wirtschaftsstruktur Wiens und die Rolle, die Forschung und Entwicklung – und damit auch die Hochschulen – dabei spielen. Auf der anderen Seite befassen wir uns mit der Finanzierung inklusive Forschungsförderung und ihrer Struktur in der Stadtverwaltung und Stadt- und Raumplanung, da wir die Governance-Frage für zentral halten.

Beginnend in der Zwischenkriegszeit und mit Nachwirkungen bis in die 1960er Jahre waren die Universitäten in Wien aber keineswegs Motor der Urbanität und Weltoffenheit. Im Gegenteil, sie waren Hort des reaktionären und antisemitischen „Schwarzen Wiens" und standen damit in Gegnerschaft zum „Roten Wien". Das ist heute anders. Das Verhältnis der Stadt zu „ihren" Hochschulen hat sich deutlich entspannt. Dennoch gibt es eine Reihe konkreter Schritte, die zur weiteren Verbesserung der wechselseitig befruchtenden Beziehung Wiens und der Hochschulen gesetzt werden können und sollen. Wir nennen in den folgenden Kapiteln einige davon.

1. Wahrnehmung und Wahrnehmbarkeit der Universitäten in Wien

Wenn Sie am Bahnhof in Göttingen ankommen, werden Sie folgende große Hinweise nicht übersehen können: „Göttingen. Stadt, die Wissen schafft". Wenn Sie am Hauptbahnhof oder am Westbahnhof in Wien ankommen, sehen Sie nichts dergleichen. Und landen Sie am Flughafen Schwechat, so erhalten Sie jede Menge Plakatinformation über Restaurants und einige Sehenswürdigkeiten aus der Habsburg-Ära Wiens, dass Sie sich aber auf der Reise in die größte Universitätsstadt des deutschsprachigen Raums mit einer Vielzahl von Forschungsinstituten befinden – darauf macht Sie nichts aufmerksam.

Wien ist die beliebteste Konferenzstadt der Welt (MA 23, 2013, Folie 7). Alle, die einmal hier waren, können das gut nachvollziehen. Aber Wien tut (zu) wenig, um seine Bedeutung als Zentrum der Forschung und der tertiären Ausbildung in den Köpfen der Besucher und der „indigenen" Wohnbevölkerung zu verankern. Wir halten das standortpolitisch für ein Problem – auch und besonders im Hinblick auf die Notwendigkeit, die Urbanität Wiens zu erhalten (s. Kapitel 2).

Fast 200.000 Studierende machen Wien zum größten Campus Mitteleuropas, größer als München oder Berlin.[1] Über ein Viertel der Studierenden sind Ausländer, ein ungewöhnlich hoher Anteil (in Amsterdam z.B. liegt ihr Anteil unter 10%). Auf den Straßen Wiens ist jede(r) Zehnte, der/dem Sie begegnen, an einer Hochschule inskribiert, in der Altersgruppe 19–26 jede(r) Zweite. Allein die Studierenden geben jährlich fast zwei Milliarden Euro aus, die Wertschöpfung des Uni-Sektors insgesamt beträgt fast drei Millarden Euro – ohne Berücksichtigung der außeruniversitären und privaten Forschungsinstitute (siehe Musil & Eder, 2013, S. 64ff.).

Architektonisch prägen die Hochschulen das Stadtbild relativ wenig (vgl. Marits & Thalhammer, 2015). Ausnahmen sind etwa die Neue Wirtschaftsuniversität im 2. Bezirk, das nicht mehr so neue Iuridicum im 1. oder der Campus der Universität Wien im 9. Bezirk. Die Unauffälligkeit der Universitäten im Stadtbild liegt auch daran, dass sie fast über das ganze Stadtgebiet verteilt sind: ganz Wien ist ein Campus. Wir sehen darin einen großen Standortvorteil. Yale oder Princeton sind nicht in große Städte integriert, selbst Harvard oder das M.I.T. liegen am Stadtrand von Boston. Das gleiche gilt für die jüngeren Universitäten in Linz oder Klagenfurt. Allerdings hat dieser Vorteil seinen Preis: Die Wahrnehmung Wiens als Zentrum der Forschung und der tertiären Ausbildung leidet darunter.[2]

Als positive Ausnahme möchten wir die 2012 vorgenommene Umbenennung des Karl-Lueger-Rings in „Universitätsring" hervorheben. Allerdings zeigt ein Studium der Pressekommentare und Leserbriefe und -mails dazu: Ausnahmslos beschäftigten sie sich mit der umstrittenen Persönlichkeit von Bürgermeister Lueger (1897–1910), niemand kam auf die Idee zu sagen, zu Lueger gebe es ohnehin ein Dutzend Denkmäler in Wien, es sei gut, zur Abwechslung die Universität ins Schaufenster zu stellen. Wir sehen das als symptomatisch an für die schwache Verankerung des Forschungsstandorts Wien im kollektiven Bewusstsein der Stadt. Möglicherweise sind das Spätfolgen der über Jahrzehnte einander ignorierenden Parallelgesellschaften Universitäten/Stadt Wien (s. Kapitel 6).

Um das Verhältnis der Stadt zu ihren Hochschulen besser einordnen zu können, sollen zunächst einige Überlegungen zum Charakter Wiens als Stadt oder gar Metropole angestellt werden.

---

1   Zum Vergleich: In Berlin leben rund 160.000 Studierende, in München 110.000 und in Zürich 63.000.

2   Die Wahrnehmung als Wissenschaftszentrum hat auch etwas mit seiner Wahrnehmbarkeit zu tun. Wenn Sie als Nichtwiener mit der U-Bahn am Karlsplatz ankommen und zur Technischen Universität wollen, haben Sie gute Chancen, sich erst mal zu verirren. Dass der Ausgang Resselpark der richtige ist, setzt schon Insiderwissen voraus. Im zweiten Bezirk Wiens gibt es ein unbedingt sehenswertes architektonisches Ensemble, den 2013 eröffneten Neubau der Wirtschaftsuniversität Wien, an dem auch die internationale Stararchitektin Zaha Hadid mitgewirkt hat. Die WU-relevante Station der U2, vom Zentrum kommend, heißt Messe/Prater; wenn Sie von draußen kommen, ist die U2-Station Krieau näher; alle Interventionen mit dem Ziel, die WU in den Stationsnamen aufzunehmen, schlugen fehl. Die ganze U2-Linie hätte als „Uni-Linie" Werbung für den Hochschulstandort machen können: TU/Karlsplatz, Museumsquartier, Uni Wien/Schottengasse, WU/Prater, und eines Tages werden auch in Aspern/Seestadt Forschungsinstitute vertreten sein.
Das sind nur Beispiele dafür, wie es möglich (gewesen) wäre, die Sichtbarkeit und Wahrnehmbarkeit von Forschung und Lehre in Wien zu erhöhen. In Verhandlungen mit den Wiener Linien ist es uns wenigstens gelungen, dass in Haltestellen und der elektronischen Linien-App Qando ein Logo (ein stilisierter Doktorhut) auf wissenschaftliche Institute in der Nähe hinweist.

2.   Metropole Wien?

Was macht eine Stadt zur Stadt und wo im Spektrum der Städte, das die Kleinstadt und die Megalopolis, die Dienstleistungsmetropole und die Industriestadt, den Ort höchster Lebensqualität und den Ort größten Elends umfasst, ist Wien einzuordnen?

An sich scheint die Frage, ob man sich in der Stadt oder auf dem Land befindet, leicht zu beantworten. Folglich sollte es einfach sein, das, was Stadt von anderen Siedlungsformen unterscheidet, zu benennen. Aber gerade in den Vororten Wiens gibt es Gegenden, die nicht den Eindruck einer Stadt erwecken und eher dörflichen Charakter haben, wie beispielsweise die Kellergasse in Stammersdorf oder der Maurer Hauptplatz. Was also macht Wien zur Stadt?

Ein Ort wird nicht einzig aufgrund der Zahl seiner EinwohnerInnen zur Stadt. Çatal Hüyük (auch Çatalhöyük) in der südlichen Türkei gilt als erste Stadt der Welt. Ausgrabungen geben das Alter der ältesten Schichten dieser Siedlung mit über 9.000 Jahren an. Sie legen aber auch nahe, dass es sich bei Çatal Hüyük aufgrund der fehlenden sozialen und ökonomischen Differenzierung eher um ein übergroßes Dorf als eine Stadt gehandelt hat. Es war groß genug, eine Stadt zu werden, behielt aber die soziale Organisation und andere Eigenschaften eines Dorfes bei (Reader, 2005, S. 16f.).

Ein Merkmal von Städten ist, dass keine Bauern dort leben, „[d]er Städter ist zunächst der, der nicht in agrarische Produktion eingebunden ist" (Siebel, 1998, S. 263). Strenggenommen würde das Wien mit seiner kleinen aber signifikanten Population an Winzern und anderen Landwirten den Stadtstatus absprechen. Schließlich werden 31,3 Prozent der weitreichenden Grünflächen Wiens landwirtschaftlich genützt.[3]

2.1 Was eine Stadt ausmacht

Urbanität, die städtische Lebensweise, ist neben Größe und sozialer und ökonomischer Struktur eine Qualität, die Städte auszeichnet und von anderen Siedlungsformen abhebt. Sie ist nicht unabhängig vom Typus der Gesellschaft, die betrachtet wird, zu bestimmen. Außerdem ist mit dem Begriff Urbanität auch eine normative Vorstellung von der Art des städtischen Lebens verknüpft (Siebel, 1998, S. 262).

Urbanität bedeutet auch das Fehlen eines fest vorgegebenen sozialen Bezugssystems, das die Beziehungen der individuellen Bewohner zueinander lückenlos vorgeben und definieren würde (Siebel, 1998, S. 265). Die ökonomische und soziale Diversität ist charakteristisch für Städte und wird als zentrale Ursache des kreativen Potenzials und damit der ökonomischen Prosperität beurteilt (Musil & Eder, 2015, S. 14). Und: „Der oder das Fremde gehört an sich zur typischen Kernerfahrung der urbanen Lebensweise" (Pleschberger, 2006, S. 78).

---

3   In Wien befinden sich 4,7 Prozent der Gemüseanbauflächen Österreichs. Der Anteil Wiens an der österreichischen Gemüseernte beträgt mehr als doppelt so viel, nämlich 12 Prozent; bei Melanzani sind es fast 85 Prozent. In Wien gibt es 576 Stück Vieh und es wird auch gejagt: 2013 wurden 2.773 Wildabschüsse verzeichnet. Wien rühmt sich außerdem, die einzige Großstadt mit Weinbau innerhalb der Stadtgrenzen zu sein (MA 23, 2014, S. 205ff.).

Städte wehren sich gewissermaßen gegen jeden Wunsch nach Hegemonie, nach Gleichmacherei auf der einen und Ausgrenzung auf der anderen Seite. Stadt kann niemals der Ort sein, wo alle gleich (sehr wohl aber gleichberechtigt) sind. Das „wir" gegen die „anderen" und der damit einhergehende Wunsch nach Isolation und Ausgrenzung aller und allen anderen scheint mit dem, was eine menschliche Ansiedlung zur Stadt macht, unvereinbar. Städte sind eben nicht der Ort, an dem auf den ersten Blick klar ist, wo einer herkommt und wo sie hingeht.

Die individuelle Verortung im Sozialgefüge muss fortlaufend vorgenommen werden, gleichzeitig gibt es eine ständige Konfrontation mit Fremdem – und Fremden. Wenn das als Bereicherung und nicht als Belastung oder Bedrohung empfunden wird, wird Urbanität – der Begriff enthält wie erwähnt eine normative Komponente – als gelungen aufgefasst. Im städtischen Leben ist kulturelle Komplexität Problem und Ressource zugleich (Ipsen, 2004, S. 262). Wiens Bürgermeister hat es am Beginn seiner Amtszeit so formuliert: „Wir müssen uns offensiv dazu bekennen, daß Wien eine Stadt ist, in der es Menschen geben muß, die von außen kommen, weil sie für die kulturelle, aber auch für die ökonomische Entwicklung unserer Stadt von Bedeutung sind" (Häupl, 1996a, S. 170).

Heinz Faßmann und Yvonne Franz wiesen im Rahmen des uniMind-Workshops „Sozialraum Stadt: Entwicklungen, Friktionen & politischer Handlungsbedarf" im Jänner 2015 darauf hin, dass es nicht mehr um Einheitlichkeit geht, wie das im Bild der Stadt als *melting pot* der Kulturen noch der Fall war.[4] Die heterogene Gesellschaft soll nicht vereinheitlicht werden, sondern die Heterogenität erhalten und genutzt werden. Es geht darum, eine Kultur der Differenz zu bewahren, die als positiver Standortfaktor verstanden wird. Ethnische Gruppen sind demnach Vermittler der Kulturen und fördern Vernetzung, Handel und letztlich Reichtum. Diversität macht Metropolen attraktiv.

Wien weist also alle wesentlichen Kennzeichen einer Stadt auf. Die Einwohnerzahl und die Siedlungsdichte sind entsprechend hoch, die Heterogenität der Bewohner bezogen auf Herkunft und sozioökonomischen Status ebenso. Außerdem ist Wien regionaler Verkehrsknotenpunkt und verfügt über eine arbeitsteilige Ökonomie einschließlich zum Teil hochspezialisierter Branchen (IKT-Sektor[5]).[6] Wien ist nationales und europaweit sichtbares Dienstleistungszentrum mit Schwerpunkt auf komplexen und wissensintensiven Angeboten (Mayerhofer, 2015a, S. 19). Kultur- und Geistesleben – hier sind insbesondere die Hochschulen zu nennen – runden das Bild einer europäischen Stadt im 21. Jahrhundert ab.

---

4   Noch vor 20 Jahren wurde die Frage gestellt, ob ein Pluralismus von kulturellen und ethnischen Gruppen ein Charakteristikum europäischer Metropolen ist (Lichtenberger, 1995, S. 187). Sie kann heute getrost mit ja beantwortet werden. Das gilt auch für Wien.

5   Wien ist hinter London, München und Bukarest der viertgrößte IKT-Standort in Europa. (MA 23, 2013, Folie 18).

6   Die Winzer und Landwirte – die Stadt verzeichnet 782 Standard- und 103 Teilzeitbeschäftigte in Fischerei, Land- und Forstwirtschaft (MA 23, 2014, S. 137) – sind zu wenige, um Wien den Stadtcharakter zu nehmen. Dagegen tragen sie zur ökonomischen Heterogenität bei und stützen damit die Marktplatz-Funktion, die ein wesentliches Merkmal von Städten ist.

2.2 Wien: Stadt, Metropole?

Durch die Literatur über Städte und Stadtentwicklung zieht sich ein Bedürfnis nach Hierarchisierung (vgl. zum Folgenden etwa Lichtenberger, 1995, S. 186f. und Matznetter & Musil, 2011a). Zu den Begriffen Dorf und Stadt gesellt sich noch der Begriff Metropole. Metropolen werden einerseits als besonders große Städte, also rein nach dem Kriterium der Bevölkerungszahl, definiert. Andererseits sind Metropolen seit der Antike jene Städte, die als Macht- und Entscheidungszentralen bis in entfernte Kolonialstädte wirken. Nun sind Wien mit dem Untergang der Monarchie die Kolonialstädte abhanden gekommen; auch die Bevölkerungszahl von nicht ganz zwei Millionen allein bringt Wien keinen Eintrag in die Liste der Metropolen des 21. Jahrhunderts.

Allerdings erscheint es zunehmend anachronistisch, die Bedeutung einer Stadt einzig aus ihrer Größe und ihrer Rolle im Staat abzuleiten. Vielmehr hat es sich gezeigt, dass sehr große Städte sehr geringe globalwirtschaftliche Bedeutung haben können, während kleinere Städte aufgrund weltweiter Verflechtungen – Matznetter und Musil sprechen von *Connectivity* – durchaus Weltstädte sein können. Die Vernetzung untereinander ist es, die Städte und ihre Bedeutung im europäischen Kontext ausmacht. Metropolitanität aber ist darüber hinaus an der Wissens- und Innovationsfunktion zu messen.

Ökonomische und soziale Diversität sind charakteristisch für Städte. Der Anschluss an Verkehrswege höchster Ordnung macht Städte zu Metropolen. Städte, die es Wert sind, besucht zu werden und die es rechtfertigen, große Summen in Infrastruktur zu ihrer besseren Erreichbarkeit zu investieren, sind Metropolen. Städte und ihre Gesellschaften, die sich abschließen, die Isolation suchen und die lieber „unter sich" bleiben, können also nicht Metropolen sein.

Es scheint undenkbar, eine ethnisch und kulturell homogene Stadt – so es sie überhaupt gibt oder in der jüngeren Geschichte gegeben hat – als Metropole zu bezeichnen. Das heißt, die zuvor besprochene Diversität ist eine notwendige, wenn auch nicht hinreichende, Bedingung um von Metropole zu sprechen. Dem liefe eine strikte Integrations- oder Assimilationspolitik zuwider.

Im Kontext von Hochschulen und ihrer Wirkung auf die Stadt ist eine weitere Unterscheidung relevant, jene von „weltoffen" versus „provinziell". Diese Unterscheidung hat nur vornehmlich etwas mit den geographischen Kategorien von Provinz und Stadt zu tun. „Provinziell" und „rural" sind also keine Synonyme. Vielmehr handelt es sich um die Beschreibung einer Einstellung, eines „Geistes", der an einem Ort weht. Derlei ist notorisch schwer festzumachen, mit harten Fakten schwer zu belegen. Einen Hinweis darauf, was wir mit Weltoffenheit meinen, lieferte Theodor W. Adorno in der Minima Moralia, als er das Ideal einer emanzipierten Gesellschaft in dem Zustand verwirklicht sah, „in dem man ohne Angst verschieden sein kann." (Adorno, 1997, S. 116) Das gilt in einer Stadt, die Metropole sein will, ganz besonders. So sie das nicht bieten kann, bleibt sie ein provinzieller Ort.[7]

---

7   Die Begriffe Urbanität und Metropole können noch um Kosmopolität ergänzt werden: „It means the ability to stand outside of having one's life written and scripted by any one community, whether that is a faith or tradition or religion or culture – whatever it might be – and to draw selectively on a variety of discoursive meanings" (Waldron, 1992, zitiert nach Rainer, 2015, S. 21).

Genau das ist (oder wäre) das Ergebnis von Integration. Wenn proklamiert wird, dass in Wien nur erfolgreich sein kann, wer sich anpasst, wer sich „uns" in Kleidung, Verhalten, in den Werten anpasst und wer (perfekt) Deutsch spricht, widerspricht das dem, was eine Metropole ausmacht.

Für Hochschulen ist das erfolgreiche Anziehen von exzellenten WissenschaftlerInnen aus aller Welt ein Instrument, um die Forschungsleistung zu steigern. „Aber nicht nur die Attrahierung, sondern vor allem der Austausch (‚Brain Circulation') hat Potenzial, neue Ideen, Innovationen und höhere Produktivität zu erzeugen." (Meyer, Gassler & Reiner, 2012, S. 9) So wie in der Wissenschaft eher eine *brain circulation* angestrebt wird denn ein reiner *brain gain*, müsste Wien als Stadt offener sein für ein Kommen und Gehen, ein leben und leben lassen. Nicht von ungefähr hat die Urbanistik vom Ideal des *melting pot* Abstand genommen und durch das Bild des *salad bowl* ersetzt.[8]

In der Metropole des 21. Jahrhunderts ist Verschiedenartigkeit, sind der/die und das andere eben nicht Problem und Bedrohung, sondern Chance und Bereicherung. John Pattillo-Hess, der nach dem Pinochet-Putsch als Flüchtling aus Chile nach Wien kam, geht weiter und fragt, ob es mit demokratischen Prinzipien vereinbar ist, „einer Gruppe von Menschen die sozio-ökonomische Anerkennung zu verweigern, nur weil diese eine andere Sprache spricht, andere Speisen isst, andere Verhaltensmuster zeigt". (Pattillo-Hess, 1986, S. 17) Die Geschichte der Hochschulen in Wien im 20. Jahrhundert zeigt, wohin Integration, die eigentlich Assimilation meint, führt bzw. führen kann (siehe Kapitel 6). Das gilt nicht nur für die Hochschulen, sondern für die Stadt insgesamt.

Die Konzentration von Humankapital in einer Stadt ist eine „wesentliche Voraussetzung" für Wirtschaftswachstum.[9] Dabei hat eine heterogene Gruppenzusammensetzung in Bezug auf Ethnie, Wertvorstellung, Arbeitsstil u.a. höheres Potenzial für Innovationen als eine homogene Gruppe. Aber Hochqualifizierte sind räumlich mobiler als Wenigerqualifizierte. Städte sind deshalb bemüht, attraktiv auf Hochqualifizierte zu wirken und streben zunehmend „eine Erhöhung der Diversität" an (Meyer et al., 2012, S. 77).

2.3 Rolle der Stadt als (H)Ort der Wissensproduktion und Innovation

Die Qualität der Verflechtungsbeziehungen zwischen den verschiedenen an der Wissensproduktion Beteiligten ist entscheidend für die Innovationsfähigkeit einzelner Städte oder auch ganzer Staaten (Helbrecht, 2004, S. 423). Städte sind hierin sowohl dem Dorf als auch dem Teilstaat oder Staat gegenüber im Vorteil, weil sie neben der Größe auch die entsprechende Dichte mitbringen, die eine hohe Qualität

---

8   Damit ist ein Neben- und Miteinander unterschiedlicher kultureller, ethnischer etc. Gruppen gemeint, die ihre Identität und jeweiligen spezifischen Qualitäten bewahren. Die „Schüssel voll Salat" hat den *melting pot* abgelöst, wo Gruppen ihre Eigenheiten und Identitäten ablegen um in einer homogenen Kultur aufzugehen (vgl. auch Nordal & Bergan, 2015). Vgl. auch Steven Vertovec (2007 und 2010), der den Begriff der „Super-diversity" geprägt hat.

9   Die flächenintensive Industrie ist dagegen aufgrund der knappen Verfügbarkeit des Gutes Boden benachteiligt. Dazu kommen „verdichtungsbedingte Ballungskosten" im Verkehr, die den Transport von Massengütern erschweren und dadurch Standortnachteile für industrielle Massenproduktion bedeuten (Mayerhofer, 2015a, S. 6f.).

der Verflechtungsbeziehungen begünstigt. Das gilt auch für Hochschulen. Eine hohe (Bevölkerungs-)Dichte begünstigt den Wissenstransfer und die Innovationskraft von Hochschulen ebenso wie von Städten. Ein weiteres Merkmal der beiden, das sie eint, ist Diversität, von der beide profitieren.

Urbane Standortbedingungen bergen eine Reihe von Vorteilen. Eine gute Ausstattung mit hochqualifizierten Arbeitskräften ist eine Voraussetzung für die Ansiedlung wissensintensiver Branchen, die wir als Zukunftsbranchen verstehen. Die Offenheit für Neues, für externes Wissen, begünstigt wissensintensive Industrie und Dienstleistungen und verschafft urbanen Räumen eine zentrale Rolle in Innovationsprozessen. Die hohe Aktivitäts- und Informationsdichte zieht Entscheidungs- und Kontrollfunktionen an (Mayerhofer, 2015a, S. 7). Bei alldem spielen Hochschulen eine entscheidende Rolle.

Innerhalb des Magistrats der Stadt Wien geht man davon aus, dass Wien

> ein Wissenschafts- und Forschungsstandort [ist], der sich mit Regionen wie Île-de-France, München oder den Hauptstadtregionen von Dänemark und Schweden in die Gruppe jener Regionen in der EU einreiht, die das offizielle Ziel der EU, nämlich 3% Forschungsquote (Anteil F&E-Ausgaben am BIP) bereits erreicht haben. Diese Regionen sind der Motor für Wachstum und Beschäftigung. Forschung und Entwicklung sind aber nicht nur wichtig für die Wirtschaft, sondern lösen die drängendsten Umweltprobleme, sichern gesunde Lebensmittel oder tragen zur Entwicklung von neuen Medikamenten bei. (MA 23, 2014, Folie 2)

Die kulturelle Aufwertung der Region durch eine Kreativszene, innovative Unternehmensgründungen aus dem Hochschulmilieu, die humane und wirtschaftliche Fähigkeit einer Region aufkommende Probleme zu lösen, dabei neue Methoden und Instrumente zu verwenden und wissenschaftliche Erkenntnisse als Grundlage für ihre Entscheidungen anzunehmen – dies sind nur einige der Vorzüge für eine Region, die den dort angesiedelten Hochschulen zugeschrieben werden können.

3.   Beschäftigung und F&E-Dynamik

Die Universität Wien allein ist mit rund 10.000 Beschäftigten (Kopfzahl) einer der größten Arbeitgeber in der Stadt; die Technische und die Medizinische Universität liegen zusammengenommen in der gleichen Größenordnung. Zum Vergleich: Die größten Privatunternehmen in Wien sind die Unicredit BankAustria mit rund 7.000 Beschäftigten, Siemens mit rund 6.000 und Billa mit rund 4.500. Das wissenschaftliche Personal der neun staatlichen Universitäten, der fünf Fachhochschulen und der vier Privatuniversitäten in Wien umfasst rund 21.000 Personen, das allgemeine Personal weitere 11.000 Personen (siehe Musil & Eder, 2013, S. 51–53). Sarkastisch könnte man anmerken: Wenn die Universität Wien mit Abwanderung drohen könnte wie die Voest, wäre ihr politischer Einfluss ungleich massiver.

Der Bereich Forschung und Entwicklung ist in Wien beinahe doppelt so stark vertreten wie im Durchschnitt der europäischen Metropolen. Wien belegt Rang fünf in der Rangordnung europäischer Städte nach F&E-Spezialisierung, die von München, Berlin und London angeführt wird (Mayerhofer, 2015a, S. 17). Ein Drittel der österreichischen Forschungsstätten befindet sich in Wien. Rund zwei Drittel des realen Wirtschaftswachstums in Wien sind laut MA 23, die sich auf eine WIFO-Studie beruft, auf Innovation zurückzuführen (MA 23, 2013, Folie 13). Die Hochschulen und Forschungsstätten haben also einen nachweisbaren, sehr greifbaren ökonomischen Einfluss auf Wien und seine Wirtschaft.

3.1 Wandel in der Struktur der Wiener Wirtschaft

Die Wirtschaftsstruktur Wiens hat sich in den letzten beiden Jahrzehnten stark verändert und dabei die Ähnlichkeit mit jener der anderen Bundesländer zunehmend abgelegt: Tertiärisierung der Wirtschaftsstruktur, deutliche Verschiebung zu technologie- und wissensintensiven Branchen und merkliche Verschiebung zu wissensintensiven Aktivitäten/Funktionen innerhalb von Branchen.[10] In Wien arbeiten doppelt so viele WissenschafterInnen in der Industrie wie im Rest Österreichs. Gleichzeitig hat sich die Wirtschaftsstruktur Wiens sehr stark der anderer europäischer Metropolen angeglichen. Sie entspricht nun wie in kaum einer anderen europäischen Großstadt dem Durchschnitt der 45 erstrangigen europäischen Metropolen. So sind Beschäftigte in Wien um die Hälfte öfter in akademischen Berufen tätig als in Gesamtösterreich. Peter Mayerhofer fasst es so zusammen: „‚Wien ist anders‘ [...] gilt also für die Wirtschaftsstruktur Wiens zwar (zunehmend) gegenüber den österreichischen Bundesländern, nicht aber gegenüber anderen Großstädten in Europa" (2015a, S. 10).

Der niedrige Anteil Hochqualifizierter an der Gesamtbevölkerung wird bei dieser Wirtschaftsstruktur allerdings zur Herausforderung. Wien liegt dabei unter dem Durchschnitt der wichtigsten europäischen Metropolregionen. Angesichts dessen hält es Peter Mayerhofer für sinnvoll, „konsequent und kontinuierlich an der weiteren Verbesserung der Standortbedingungen für innovations- und wissensbasierte Branchen und Funktionen zu arbeiten". Gemeint sind damit Investitionen in das regionale Innovations- und Forschungssystem sowie, neben anderen Dingen, „einen konsequenten Einstieg in den internationalen Wettbewerb um Hochqualifizierte" (Mayerhofer, 2015a, S. 20).

3.2 Dynamik im F&E-Sektor fördern

In Forschung und Entwicklung waren 2011, dem letzten Jahr der Vollerhebung durch die Statistik Austria, insgesamt rund 21.000 Personen (in Vollzeitäquivalenten) in Wien beschäftigt, das entspricht mehr als einem Drittel der in Österreich insgesamt F&E-Beschäftigten. Auf den Rängen zwei und drei folgen die Steiermark mit 12.100 und Oberösterreich mit 10.000 F&E-Beschäftigten. Allerdings wies Wien mit einem Anstieg von 19% seit 2004 das geringste Wachstum aller Bundesländer auf; in Oberösterreich betrug der Anstieg 70% (Niederl & Winkler, 2014, S. 13; Musil & Eder, 2015, Kapitel 4).

---

10 Siehe dazu Mayerhofer 2015a und 2015b.

Die Gewichtung der F&E-Bereiche in Wien weicht vom österreichischen Durchschnitt ab. Von den insgesamt 2,8 Milliarden Euro F&E-Ausgaben in Wien entfallen 26,3% auf die Grundlagenforschung, im restlichen Österreich sind es 15,7%; angewandte Forschung: 39,3% bzw. 33,9%; experimentelle Entwicklung: 34,4% bzw. 50,4%. Das spiegelt die Bedeutung des universitären Sektors in Wien wider (Musil & Eder, 2015, S. 40, 48).

Im Wiener Unternehmenssektor allein betrug die Zahl der in F&E Beschäftigten rund 11.000, wobei der Anteil der großen Unternehmen (ab 250 Beschäftigte) schrumpft und jener der kleinen Unternehmen (bis zu 49 Beschäftigte) wächst. Trotzdem dominieren sowohl bei den F&E-Ausgaben als auch bei den F&E-Beschäftigten noch die großen Unternehmen: 72% aller F&E-aktiven Unternehmen haben weniger als 50 Beschäftigte, diese Gruppe tätigt 13% aller F&E-Ausgaben; 11% – das sind 82 Unternehmen – haben mehr als 249 Beschäftigte und tätigen (noch) 70% aller F&E-Ausgaben (Niederl & Winkler, 2014, S. 22–25).

Die F&E-Ausgaben im produzierenden Bereich gehen seit Jahren zurück, die „unternehmerische F&E ist in Wien zunehmend vom Dienstleistungsbereich geprägt" (Niederl & Winkler, 2014, S. 19). Die Dienstleistungsbranchen IKT (Informations- und Kommunikationstechnologie), wissensintensive Industrie-DL von Ingenieurbüros und Biotechnologie spielen für den F&E-Standort Wien eine zentrale Rolle; rund 85% der gesamtösterreichischen F&E-Ausgaben für Biotechnologie fallen in Wien an.

Wenn von Klein- und Kleinstunternehmen die größte Dynamik im F&E-aktiven Unternehmenssektor ausgeht, so stellt sich die Frage, wie die Stadt diese Dynamik unterstützen kann. Erstens: Information und Hilfe bei der Gründung von Start-ups und Spin-offs. Die Wirtschaftskammer, die Wirtschaftsagentur der Stadt und die Inits sind hier tätig; die TU Wien bietet im Rahmen des Informatik-Studiums auch einen Master-Kurs an, der auf Selbständigkeit vorbereitet. Zweitens: Generierung von mehr Venture- und Risikokapital für junge innovative Unternehmen (Gassler & Sellner, 2015).

Drittens: Raum in der Stadtgeographie. Junge kleine Firmen suchen oft Raum in Gehnähe der einschlägigen Universität: Es ist kein Zufall, dass rund um die TU, vor allem im vierten Bezirk, eine hohe Dichte an IKT-Büros anzufinden ist. Und die Dichte der Biotech-Firmen im dritten Bezirk rund um die Forschungsinstitute IMBA und IMP sowie die Fachhochschule Campus (und bald die aus dem neunten Bezirk absiedelnde Biologie-Fakultät der Universität Wien) ist bekannt; ähnliche Life-Sciences-Cluster entwickelten sich rund um die medizinische Universität/das AKH, die Muthgasse/Universität für Bodenkultur und die Veterinärmedizinische Universität (Musil & Eder, 2015, Kapitel 5 und 6). Freilich, nicht alles ist planbar. Wie Walter Siebel im Rahmen der Vortragsreihe „Zukunft Stadt. Kolloquium zur Praxis der Stadtentwicklung" an der Fakultät für Architektur- und Raumplanung der TU Wien am 18.01.2012 sagte: „Urbanität ist nicht planbar, aber man kann Räume offen lassen, in denen sich urbane Qualitäten entfalten; Räume, die Überschüsse und Hohlräume aufweisen, die deutungsoffen sind und eine geringe Regeldichte besitzen" (MA 18, 2013, S. 80).

Viertens: preisgünstiger Raum. Junge Firmen suchen nicht unbedingt unbefristete Mieträume, sondern sind auch an befristeten Zwischennutzungen leerstehender Räume interessiert, für die nur die Betriebskosten zu entrichten sind, häufig mit Präkariats- statt Mietverträgen. („Paradocks"[11], eine lose Gruppierung von TU-StudentInnen und anderen, konnte 2014 mit der privaten Immobilienfirma Conwert AG eine Vereinbarung zur Zwischennutzung eines großen Bürogebäudes in der Marxergasse im dritten Bezirk treffen. Die Nachfrage war groß, das Haus ist voll belegt. Siehe auch Musil & Eder, 2015, S. 97f.)

Und fünftens stellen sich Fragen der Governance innerhalb der organisatorisch-politischen Stadtstruktur – der Zuständigkeiten und des Commitments bezüglich Forschungs- und F&E-Förderung inklusive Kooperation mit Universitäten und Firmen in diesem Bereich. Denn Wien hat sich in Bezug auf Forschung und Innovation in den vergangenen Dekaden zwar gut entwickelt – aber die gewachsene Zahl der AkteurInnen und Förderprogramme spiegelt sich in der zersplitterten Struktur der Wissenschaftsagenden innerhalb der Stadt Wien wider. Das kann bei der Umsetzung der Smart-City-Rahmenstrategie (Stadt Wien, 2014), die eine enge Kooperation zwischen Forschungsinstitutionen und Stadt voraussetzt, zum Problem werden.

So wird etwa die Fachhochschulförderung dem Wirtschafts- und Finanzressort zugeordnet, durchgeführt wird sie jedoch von der MA 23. Die Förderung der Universitäten seitens der Stadt Wien in Form des Universitätsinfrastrukturprogrammes wird vom Wiener Wissenschafts- und Technologiefonds (WWTF) abgewickelt. Die Agenden der Konservatorium Wien Privatuniversität, die im Eigentum der Stadt steht, sind dem Bildungsressort zugeordnet. Die Wissenschaftsförderung im Allgemeinen ist mit den Kulturagenden der Stadt Wien in der MA 7 zusammengefasst. Verschiedene Magistratsabteilungen vergeben mannigfache Forschungsaufträge. Und der größte Posten, die Forschung im Rahmen des Krankenanstaltenverbunds, bleibt opak (s. Kapitel 5).

Die Aufteilung der Wissenschaftsagenden und der Forschungsförderung auf derart viele Stellen birgt die Gefahr, dass Wissenschaft und Forschung aufgrund der strukturellen Unübersichtlichkeit und der fehlenden koordinierenden Steuerung weniger wahrgenommen werden als ihnen zusteht – hier schließt sich der Kreis zu den anfangs angestellten Überlegungen zur Wahrnehmung der Hochschulen in Wien. Das Fehlen einer zentralen Stelle, bei der alle Fäden zusammenlaufen, bedeutet auch, dass die begrenzten Mittel kaum genutzt werden können, um echte Akzente zu setzen (vgl. Beauftragter, 2015, S. 57ff.).

Während sich die geschilderten Governance-Fragen auf der Stadtebene abspielen, ist die Fremdengesetzgebung auf einer übergeordneten Ebene angesiedelt. Dennoch hat sie konkrete und empirisch nachweisbare (negative) Auswirkungen auf Wien.

4.   Internationalität – Bedingung sine qua non

Laut Europäischer Wertestudie verzeichnen ÖsterreicherInnen die stärksten Antipathien gegenüber MigrantInnen im europäischen Vergleich (Rosenberger & Seeber, 2012, S. 179 ff.). Dabei sind Offenheit und Toleranz im Zielland ein wichtiger Einflussfaktor für das Anziehen von mobilen Hochqualifizierten. Folglich könnte diese

---

11   „Paradocks ist ein Think-Tank für Zwischennutzung" (www.paradocks.at).

unterdurchschnittliche Offenheit und Toleranz gegenüber anderen Kulturen [...] auch als Erklärung für den geringen Anteil Studierender aus Westeuropa [in Wien] herangezogen werden, die vielleicht mehr als Osteuropäer auch die Wahl haben in Ländern wie Frankreich oder Großbritannien zu studieren, die sie mehr ‚willkommen' heißen. (Meyer et al., 2012, S. 28)

Es gibt eine wachsende Zahl ausländischer Studierender in Österreich und in Wien.[12] Die Mehrzahl von ihnen verlässt nach Abschluss des Studiums jedoch das Land. Das ist in der Regel mit einem Verlust von Wissen und Expertise verbunden, was Wien als größte Hochschulstadt Österreichs besonders betrifft (Münz, 2014; Mayerhofer, 2015a, S. 22).

4.1 Talente fördern, Potenziale ausschöpfen

Der verschwenderische Umgang mit Humanressourcen ist kein Problem Wiens allein. Für ganz Österreich gilt, dass MigrantInnen mit Matura oder Hochschulabschluss, die aus einem Land außerhalb der EU nach Wien kommen, viel zu oft unter ihrer Qualifikation beschäftigt sind: 36 Prozent arbeiten als HilfsarbeiterInnen. Auch EU-MigrantInnen arbeiten viel häufiger als NichtmigrantInnen in Jobs, die ihren Abschlüssen nicht entsprechen. Das liegt oft daran, dass ausländische Abschlüsse hier nicht anerkannt werden. Es bedeutet für Österreichs Wirtschaft jedenfalls einen Verlust an Produktivität und Wachstum (Frey, 2014). Denn urbane Diversität erhöht das Potenzial für Innovationen. Das zeigen auch empirische Studien: Ethnische Vielfalt hat einen positiven Einfluss auf Patentanmeldungen, technologie-orientierte Unternehmensgründungen, unternehmerische Strategien und auch auf die Produktivität von InländerInnen (Meyer et al., 2012, S. 12).

Internationalität ist im Hochschulbereich eine conditio sine qua non für Exzellenz.[13] Sie bringt mit sich, dass die Konkurrenz größer wird, weil die Anzahl der InteressentInnen an einem Studium in Wien steigt. Wir werden uns aller Wahrscheinlichkeit nach damit anfreunden müssen, dass der Anteil der ÖsterreicherInnen an den Hochschulen in Wien abnehmen wird. Über kurz oder lang kann dadurch Druck auf das Primär- und Sekundärschulwesen entstehen, besser zu bilden und auszubilden. Der wirtschaftliche Strukturwandel legt als bildungspolitisches Ziel nahe, den Anteil Geringqualifizierter weiter zu senken. Das wird nur gehen, wenn das Bildungs- und Ausbildungssystem jedem/r SchülerIn erlaubt, sein/ihr intellektuelles Potenzial auszuschöpfen – und zwar unabhängig von der sozialen oder ethnischen Herkunft (Mayerhofer, 2015a, S. 21). In gewisser Weise müssen also auch die Schulen „urbaner", das heißt weltoffener, werden.

---

12 Wobei anzumerken ist, dass zwar die Internationalisierung zunimmt, nicht aber in gleichem Maße die Diversität. Schließlich ist die Internationalisierung besonders durch die große Zahl deutscher StudentInnen getragen, die nach Wien kommen, um zu studieren.

13 „Excellent universities need excellent faculty, so competition for them has increased [...] Competition has intensified not just for excellent academics but also for excellent students" (Economist, 2015, S. 10).

4.2 Barriere Fremdenrecht

Das österreichische Fremdenrecht stellt selbst denen, die hier ihr Studium abschließen, beim Eintritt in den Arbeitsmarkt große Hürden in den Weg. Die Folge ist paradox: Österreich finanziert internationalen Studierenden aus Steuermitteln das Studium und verabschiedet sie, bevor sie die Kosten für das Studium über eine Erwerbstätigkeit und die damit verbundene Steuerleistung zurückzahlen können. Volkswirtschaftlich gesehen ein Unsinn. In der Folge steht dem hohen Anteil ausländischer Studierender an Wiens Hochschulen eine im internationalen Vergleich geringe Bleibequote gegenüber, was besonders für Nicht-EU-BürgerInnen gilt (Meyer et al., 2012, S. 77).

Immer wieder wird die Forderung laut, die mit der Exekution des Bleibe- und Aufenthaltsrechts befassten Stellen – in Wien ist dies die Magistratsabteilung 35 – personell besser auszustatten, um der vielen Fälle und des großen Prüfungsaufwands Herr zu werden. Stattdessen sollte u.E. die Fremdengesetzgebung geändert werden.[14]

Hochschulen benötigen heute – dieser Überzeugung war man nicht immer (siehe Kapitel 6) – Internationalität und Offenheit gegenüber Studierenden und ForscherInnen aus aller Welt, um erfolgreich zu sein. Es ist Aufgabe der Politik in Bund und Stadt, dafür die entsprechenden Rahmenbedingungen zu schaffen.

Zu diesen Rahmenbedingungen zählt auch die ausreichende Finanzierung, der wir uns im nächsten Kapitel widmen.

5. Zur Finanzierung der Hochschulen

Für die Hochschulen in Österreich ist der Bund zuständig, also auch für deren Finanzierung. Die Europäische Kommission hat schon vor Jahren vorgeschlagen, 2% des Bruttoinlandprodukts (BIP) als Zielwert für die finanzielle Mindestausstattung des Tertiären Sektors vorzusehen. Bundesregierung und Nationalrat schlossen sich dem an. Gleichwohl stagnieren die Bundesausgaben für Hochschulen, Forschung und Entwicklung seit Jahren bei 1,4% des BIP. Die Finanzierungslücke, was den Bund

---

14 Anders als in Österreich hat man in Deutschland im Jahr 2000 entschieden, die restriktiven Bestimmungen zu lockern, um es AbsolventInnen zu erleichtern, nach Abschluss des Studiums im Land zu bleiben und Zugang zum Arbeitsmarkt zu finden. Damals führte die deutsche Bundesregierung die Green Card für IT-Fachkräfte ein. Diese Maßnahme wurde 2005 auf alle Studienbereiche ausgeweitet. 2012 wurde schließlich die bis dahin gültige Suchphase, also der Zeitraum, der AbsolventInnen nach Abschluss des Studiums zur Verfügung steht, um einen Arbeitsplatz zu finden, von zwölf auf 18 Monate ausgedehnt. Außerdem gilt in Deutschland, anders als in Österreich, der Bachelor als Studienabschluss im Sinne des Bleiberechts.

Weitere Unterschiede zu Österreich: Ein/e Absolvent/in darf dann in Deutschland bleiben, wenn sie/er binnen 18 Monaten einen Arbeitsplatz findet, der dem Abschluss angemessen ist. Diese Regelung wird jedoch dezidiert offen ausgelegt, sodass keine Bindung an das Studienfach besteht. Die Tätigkeit muss lediglich in der Regel einen akademischen Abschluss voraussetzen. Anders als in Österreich gibt es kein erforderliches Mindestgehalt, keine Vorrang- und keine Gleichwertigkeitsprüfung. Vielmehr hat man sich entschlossen, die beiden letztgenannten Prüfungen entfallen zu lassen um die damit befasste Bundesagentur für Arbeit, das deutsche Pendant zum AMS, zu entlasten. Im Übrigen genießen AbsolventInnen während der 18-monatigen Suchphase unbeschränktes Arbeitsrecht.

betrifft, beträgt somit 2015 rund 0,6% des BIP bzw. rund zwei Milliarden Euro jährlich.[15]

Andere Finanzierungsquellen sind schwach, oder noch schwach, ausgeprägt (siehe Beauftragter, 2015, S. 7–18). Die Bundesländer dürften insgesamt nicht mehr als 0,1% des BIP zur Hochschulfinanzierung beitragen. Aus einem zwischenstaatlichen Finanzausgleich – die Zahl der Incoming-Studierenden ist bedeutend höher als die der Outgoings – könnten bis zu 0,1% des BIP lukriert werden, es gibt aber keine nennenswerten Verhandlungen darüber. Von Studiengebühren, bei gleichzeitigem Ausbau der Stipendien, würden wir allenfalls einen Beitrag von unter 0,1% des BIP erwarten.

Kompetitiv vergebene Drittmittel haben zunehmendes Gewicht. In Österreich ist an erster Stelle der FWF mit seiner enormen Bedeutung für die Grundlagenforschung zu nennen; allerdings stammen die Mittel des FWF fast ausschließlich vom Bund. Sehr prestigeträchtig sind auch die Grants des European Research Council (ERC). Im relativ kleinen Institute of Science and Technology Austria ist es auch budgetär erheblich, dass schon zwei Jahre nach Inbetriebnahme des IST-A acht hochdotierte ERC-Grants eingeworben werden konnten. Für große Institutionen wie die Universität Wien können ERC-Grants, so wichtig sie für die ForscherInnen individuell sind, nur begrenzte Bedeutung haben. 2007–2013 hat der ERC rund hundert Grants nach Österreich vergeben; ein respektables Ergebnis, aber das sind in Summe rund 200 Mio. Euro in 7 Jahren – also knapp 30 Mio. Euro im Schnitt pro Jahr. Davon entfallen mehr als zwei Drittel auf Wien.

In Wien ist weiters der WWTF von zentraler Bedeutung. Er vergibt jährlich rund 10 Mio. Euro im Rahmen kompetitiver Forschungsförderung – für Projekte, Stiftungsprofessuren, die Vienna Research Groups und Summer Schools. Der WWTF beruht auf einer Stiftung, deren Erträge aus der früheren Beteiligung Wiens an der Zentralsparkasse bzw. der Bank Austria resultieren. Zusätzlich erhält er Mittel aus dem Stadtbudget. Der WWTF definiert Forschungsfelder, in denen die Hochschulen Wiens schon sehr gute Resultate vorweisen; das ist die Voraussetzung, dass bei den jährlichen Ausschreibungen (*Calls*) des WWTF hinreichend hochrangige Konkurrenz unter den Antragstellern erwartet werden kann. Jede Jury, die die Anträge beurteilt, ist wie beim FWF ausschließlich international zusammengesetzt. Ein Projekt, das den Zuschlag erhält, liegt in der Größenordnung von mehreren 100.000 Euro und läuft über mehrere Jahre.

Eine internationale Expertengruppe nahm 2013/14 eine Evaluierung der zehnjährigen Tätigkeit des WWTF vor und gelangte zu einer uneingeschränkt positiven Beurteilung (WWTF, 2014). Das ist selten. Wollte die Stadt ihre Forschungsförderung ausweiten – das bewährte Instrument dafür hätte sie bereits.

2015 wird diesbezüglich ein Experiment in die Wege geleitet. Auf Initiative des Beauftragten der Stadt Wien für Universitäten und Forschung erhält der WWTF Matching Grants (oder Matching Funds): gelingt es dem WWTF, private Sponsorgelder einzuwerben, so werden diese aus dem Stadtbudget verdoppelt, bis zu einer Höhe von zwei Mio. Euro und zunächst befristet auf drei Jahre. Das verändert die Incentives: Es regt den WWTF an, Fundraising im privaten Sektor zu versu-

---

15 OECD-Länder geben im Schnitt 1,6% des BIP für „higher education" aus, im Jahr 2000 waren es noch 1,3%. Für die USA beträgt der Wert 2,7% (Economist, 2015, S. 11; siehe auch Hranyai & Janger, 2013).

chen, während Private (seien es Firmen oder Personen) wissen, dass ihr Einsatz verdoppelt wird. Steuerliche und andere Fragen sind noch offen; u.a. hat der WWTF ein sehr schlankes Management, und Fundraising ist zeit- und ressourcenintensiv. An Schweizer oder britischen Universitäten sind eigene Abteilungen mit Fundraising befasst und ohne persönlichen Einsatz des Rektors geht i.d.R. gar nichts. Aber wenn das Experiment gelingt, haben Wien und der WWTF Pionierarbeit für Österreich geleistet.

Der WWTF betreibt, wenn man so will, Forschungs-Politik, v.a. durch die Abgrenzung der Forschungsfelder in den Calls: bisher die Life Sciences (Biologie/Medizin), Informatik und Computer Sciences, Angewandte Mathematik („Mathematik und...“), Gehirn- und Neurowissenschaften, vereinzelt auch die Geistes-, Sozial- und Kulturwissenschaften. Daneben gibt es eine Vielzahl weiterer Förderungsprogramme der Stadt Wien, die *bottom-up* orientiert sind und kleine Projekte fördern, i.d.R. mit Unterstützungen zwischen 1.000 und 20.000 Euro pro Antrag. Zum Teil werden diese über – de facto weitgehend von der Wissenschaftscommunity selbstverwaltete – Sonderfonds abgewickelt, wie etwa die Hochschuljubiläumsstiftung, zum Teil direkt über die Magistratsabteilung 7. Diese ist auch für große Einzelförderungen zuständig, etwa für die Basissubventionen an die Ludwig-Boltzmann-Gesellschaft und an das Institute of Human Sciences (IWM) oder für die Finanzierung von Stiftungsprofessuren an der WU, der TU und der Akademie der bildenden Künste. (Die Zuerkennungen von Förderungen durch die Hochschulstiftungen bedürfen keiner „Absegnung“ durch den Gemeinderat, die anderen werden dem Gemeinderat zur Zustimmung vorgelegt.)

Wien meldet jährlich an die Statistik Austria Ausgaben für Forschung und Entwicklung in der Größenordnung von knapp 100 Mio. Euro. Darin enthalten sind die Aktivitäten der MA 7, die Sonderfonds ohne WWTF und zahlreiche Forschungsaufträge der einzelnen Magistratsabteilungen, zum Beispiel im Schutzwasserbau oder in der Wohnbauforschung. Mit Abstand der größte Einzelposten, nämlich rund 60% der gesamten F&E-Ausgaben der Stadt, ist medizinische Forschung im Rahmen des Krankenanstaltenverbunds; diese Zurechnung beruht auf statistischen Konventionen und ist wenig transparent (siehe Niederl & Winkler, 2014, S. 34–37).

Wien tut also einiges für die Förderung von Universitäten, Fachhochschulen und außeruniversitären Forschungsinstituten, die ihren Sitz in der Stadt haben. Ob ein Betrag von 100–150 Mio. Euro jährlich (je nach Abgrenzung; vgl. Beauftragter, 2015, S. 31) angesichts eines Gesamtbudgets Wiens von rund 12 Mrd. Euro viel ist, darüber mag man geteilter Meinung sein. Wenn die Aussage „Die Wirtschaft der Zukunft ist wissensbasiert“ ernst genommen werden soll – und das empfiehlt sich – dann sollten auch die Bundesländer ihr Engagement erhöhen, ungeachtet der Primärkompetenz des Bundes. Das gilt auch und ganz besonders für Wien: Denn in dieser Stadt konzentrieren sich Forschung und tertiäre Ausbildung wie sonst nirgends im deutschsprachigen Raum. In der Legislaturperiode 2015–2020 wird sich zeigen, ob und wie sich folgende Aussage von Bürgermeister Michael Häupl in konkreten Budgetzahlen niederschlägt: „Der Ausbau des Wissenschaftsstandorts Wien ist bei Weitem noch nicht beendet [...] Ich möchte die Grenzen der verfassungsbedingten Aufteilung – wofür ist der Bund, wofür sind die Länder zuständig – sprengen“ (Stadt Wien, 2015, S. 7).

Wir sind überzeugt – und gingen auch im Text bisher davon aus, dass Hochschulen eine positive, in der Regel progressive, Wirkung auf Wien haben. Das war nicht immer so. Das nächste Kapitel zeigt, wie problematisch das Verhältnis von Wien zu seinen Hochschulen über viele Jahre des 20. Jahrhunderts war und wohin es führt, wenn der Wunsch nach Homogenität und Ausgrenzung aller Fremd- und Verschiedenheit auf die Spitze getrieben wird.

6. Stadt und Universitäten: über lange Zeit Parallelgesellschaften

Die Beziehungen zwischen der Stadt Wien und „ihren" Universitäten (die bekanntlich in Bundeskompetenz stehen, im Gegensatz etwa zu Deutschland, wo die Länder zuständig sind) waren, wie es in einem Diskussionsabend an der Universität Wien im Frühjahr 2015 euphemistisch hieß, „nicht immer spannungsfrei". Werfen wir zunächst einen Blick auf – pars pro toto – die mit Abstand größte Hochschule, die Universität Wien.

Es bestehen wohl wenig Zweifel, dass sie ihre Hochblüte in den letzten zwanzig Jahren vor dem Ersten Weltkrieg erlebte, und – schon mit Vorbehalten – in den zwanziger Jahren des 20. Jahrhunderts (eine Blüte, an die sie im 21. Jahrhundert wieder anknüpfen könnte). In der Physik, in der Ökonomie, in der Medizin, in der Philosophie – um nur einige Fachgebiete zu nennen – gelangen Höchstleistungen. Aber schon in den frühen zwanziger Jahren standen die Zeichen an der Wand.

1923 wurde auf Betreiben der Deutschen Studentenschaft, einer antidemokratisch und antisemitisch orientierten Organisation, der sogenannte Siegfriedskopf, eine liegende männliche Skulptur mit heroischer Anmutung, in der Aula der Universität Wien aufgestellt. Um diese Skulptur mit der Inschrift „Ehre, Freiheit, Vaterland" begann fast siebzig Jahre später eine Debatte, in der sich herausstellte, dass der Siegfriedskopf seit 1923 wiederholt in antisemitische, deutschnationale, aber auch nationalsozialistische Kontexte gestellt wurde. Insofern steht er symbolisch für die geistige Verengung an der Universität, die schon in den zwanziger Jahren begann – lange vor der Herrschaft des Austrofaschismus im „Ständestaat" ab 1934 und dem Anschluss an Nazideutschland 1938. Im Jahre 2006, nach rund fünfzehn Jahren universitätsinterner Auseinandersetzung, wurde der Siegfriedskopf von seinem prominenten Platz in der Aula entfernt und neugestaltet in den Arkadenhof verlegt.

Wien wurde 1919–1934 „rot" regiert, im Gegensatz zum Bund und den anderen Bundesländern hatte Wien eine sozialdemokratische Mehrheit. Die Leistungen des Roten Wien sind wohlbekannt: Der Bau von Gemeindewohnungen, die die alten Elendsquartiere ablösten; die Glöckel'schen Schulreformen; Julius Tandlers Sozial- und Gesundheitspolitik; die Bemühungen um eine Aus- und Weiterbildung der nichtbürgerlichen Bevölkerungsschichten, namentlich durch florierende Volkshochschulen auf inhaltlich hohem Niveau.

Weniger bekannt ist, dass gleichzeitig das „Schwarze Wien" – als Sammelbegriff, ohne sie gleichsetzen zu wollen, für alle antidemokratischen, antirepublikanischen, erzkatholischen, antisemitischen und präfaschistischen Kräfte (siehe „Black Vienna", Wasserman, 2014; Taschwer, 2015b) – alles daran setzte, die Bildungs- und Forschungsinstitutionen, die nicht unmittelbar der Gemeinde Wien unterstanden, zu monopolisieren: Das heißt unter anderem, die Habilitation und/oder Berufung liberal oder sozialdemokratisch eingestellter Personen oder solcher – horribile dictu – jüdischen Glaubens an die Universität zu verhindern. Sigmund Freud, Oskar Morgenstern, Marie Jahoda, Otto Neurath, Paul Lazarsfeld und viele andere hatten keine Chance auf eine Professur. (Eine Art ungeplanter Kollateralnutzen dieser Intrigen war das hohe Niveau der Volkshochschulen: Dort konnten die Betroffenen lehren, an den Hochschulen nicht.)

Willkürliche Diskriminierung schadet jeder Organisation, auch einem privaten Unternehmen. Umso mehr aber einer Universität, die sich der unvoreingenommenen, neugiergetriebenen Forschung verpflichtet fühlen sollte; die es nicht nur zulässt, sondern fördert, dass altes Wissen auf den Kopf gestellt wird; deren Ergebnisse so formuliert sind, dass sie nachprüfbar und falsifizierbar sind; die vor allem Forschung nicht negativ bewertet, wenn der Forscher (in aller Regel damals Männer) ein Jude ist, oder sich schlicht nicht zu einer christlichen Kirche bekennt, oder liberal-demokratischen, geschweige denn sozialistischen Einstellungen anhängt.

Derartige Ideologien hatten aber spätestens ab den zwanziger Jahren an den Hochschulen zunehmend Konjunktur, geduldet und unterstützt durch das zuständige Ministerium, und mussten zu einer Entfremdung vom Roten Wien führen. Dieses war kein Gral der liberalen Demokratie, aber zumindest wurde man als Jude oder Nichtkatholik nicht a priori diskriminiert. Diese gegenseitige Entfremdung sollte rund ein halbes Jahrhundert andauern.

Als Professor Moritz Schlick, Protagonist des berühmten Wiener Kreises der Philosophie, im Juni 1936 in der Universität ermordet wurde, wurde in katholischen Zeitschriften über die Interpretation dieses Ereignisses heftig debattiert. Einige machten das Opfer zum Täter, schließlich habe Schlick die christliche Philosophie unterminiert; andere widersprachen immerhin[16] (Wasserman, 2014, S. 188–192; Taschwer, 2015a).

Dass die Nationalsozialisten 1938–1945 dem intellektuellen Leben der Universitäten endgültig den Garaus machten, braucht hier nicht wiederholt zu werden (siehe etwa Universität Wien, 2015, S. 19ff.). Von der Vertreibung und Ermordung vieler ihrer besten Professoren und Studenten sollten sie sich dreißig Jahre lang nicht erholen. Das liegt erstens auch daran, dass an den Universitäten ab 1945 viele noch in Amt und Würden waren, die sich zwar an den Diskriminierungen vor 1945 beteiligt hatten, aber von den Entnazifizierungsbehörden als nicht belastet oder „minderbelastet" eingestuft worden waren. Und zweitens sorgte das zuständige Bundesministerium, das ja bis zum Universitätsgesetz 2002 jede Berufung eines Professors blockieren konnte, bis in die späten sechziger Jahre dafür, dass die konservativen, teilweise reaktionären Mehrheiten an den Universitäten erhalten blieben (Pfefferle & Taschwer, 2015; Taschwer, 2015b; Kropiunigg, 2015, S. 10–13, 52).[17]

Als das Institut für Höhere Studien (IHS) zu Beginn der sechziger Jahre auf Initiative von Emigranten, nämlich des Soziologen Paul Lazarsfeld und des Ökonomen Oskar Morgenstern, mithilfe der Ford Foundation gegründet wurde, erkannten die Universitäten in Wien sehr rasch die „Gefahr", die von dieser intellektu-

---

16 Schlickgasse und Schlickplatz im 9. Bezirk erinnern übrigens keineswegs an Moritz Schlick, sondern an einen k.k. Kavalleriegeneral des 19. Jahrhunderts.

17 Kurt Rothschild, ein bedeutender Nationalökonom, der nach Schottland emigriert und 1947 nach Wien zurückgekehrt war, erhielt erst 1966 einen Ruf an die gerade neugegründete Universität Linz.

ellen Konkurrenz in den Wirtschafts- und Sozialwissenschaften ausging. Es dauerte Jahre, bis die internen Strukturen des IHS trotz Sabotage von universitärer und ministerieller Seite konsolidiert werden konnten und es sich besonders seit den siebziger Jahren zu einem postgradualen Ausbildungs- und Forschungsinstitut von hohem Rang entwickelte.[18]

Den Anfang vom Ende der „Nichtbeziehungen" zwischen der Stadt Wien, seit 1945 wieder rot regiert, und den Universitäten in Wien, den Anfang vom Ende der gegenseitigen Nichtbeachtung, könnte man in der Borodajkewycz-Affäre 1965 sehen (Kropiunigg, 2015). Taras Borodajkewycz, ein bekennender Nationalsozialist und Antisemit, war 1955 (!) zum Professor an der damaligen Hochschule für Welthandel ernannt worden. Seine antisemitischen Ausfälle in den Vorlesungen waren vom Studenten (und späteren Bundesminister) Ferdinand Lacina protokolliert und von Heinz Fischer (später Wissenschaftsminister, Nationalrats- sowie Bundespräsident) veröffentlicht worden. Bei einer Demonstration gegen Borodajkewycz Ende März 1965 – auf der anderen Seite stand im wesentlichen der RFS (Ring Freiheitlicher Studenten) – wurde der Pensionist Ernst Kirchweger von einem Rechtsextremen attackiert, er starb wenig später. Die Hochschule eröffnete ein Disziplinarverfahren gegen Borodajkewycz – Unterrichtsminister Piffl-Perčević hatte sich unter Berufung auf die Hochschulautonomie geweigert, gegen ihn etwas zu unternehmen – und er wurde mit Kürzung der Bezüge um 1 (!) Prozent in Pension geschickt (mündliche Mitteilung von Ferdinand Lacina; vgl. Rauscher, 2015; Scheidl, 2015).

In der Kreisky/Firnberg-Ära ab 1970 machte die Entprovinzialisierung der Universitäten in Wien und ihre Öffnung zur Stadt schließlich rasche Fortschritte, von einzelnen Rückfällen abgesehen (zur TU siehe Schedlmayer, 2015). Spiegelbildlich veränderte auch Wien sein Gesicht und wurde mit den Bürgermeistern Felix Slavik (1970–1973)[19], Leopold Gratz (1973–1984), Helmut Zilk (1984–1994) und Michael Häupl (seit 1994) jene weltoffene Stadt, die in Lebensqualität-Ratings regelmäßig internationale Spitzenränge besetzen kann. Die Zeit der einander ignorierenden Parallelgesellschaften ist vorbei (vgl. auch Interview mit Georg Winckler in Ehalt & Rathkolb, 2015, S. 104; Welan, 2012, S. 156–163; zum Selbstverständnis der WU siehe Wirtschaftsuniversität, 2015).

Schlusswort

Urbanität macht die Siedlung Wien zur Stadt, Hochschulen befördern ihre Urbanität. Es ist also im Interesse Wiens, die Hochschulen zu unterstützen. Als Hauptstadt der Habsburger Monarchie war Wien Metropole. Daran bestand mindestens bis zum Ende des Kaiserreichs kein Zweifel. Heute ist das nicht selbstverständlich. Der Status als Metropole, auf den Wien nicht nur gegenüber Touristen gern hinweist, sondern der auch im Selbstverständnis der WienerInnen fest verankert ist, muss stän-

---

18 Zur Entstehungsgeschichte des IHS siehe Fleck (2000) und Kramer (2002). Dass das IHS 2015 wieder in einer veritablen Krise steckt, hat auch, aber nicht nur, damit zu tun, dass insbesondere die Ökonomen an den Universitäten sich inzwischen dem internationalen Wettbewerb gestellt und die provinzielle Enge der sechziger Jahre verlassen haben. Die Rolle und Funktion des IHS ist daher unscharf geworden.

19 Zu Slavik vgl. Van der Bellen (2015, S. 305).

dig und immer wieder aufs Neue erarbeitet werden. Voraussetzung dafür ist auch Offenheit (um nicht das Wort der „Willkommenskultur" zu strapazieren) gegenüber denen, die nach Wien kommen, um hier ihr Glück zu suchen. Denn voneinander abgeschlossene Parallelgesellschaften sollen Stadt und Hochschulen nicht mehr bilden. Und weder da noch dort darf eine Rückkehr zur Provinzialität ethnischer, religiöser, sprachlicher oder sonstiger Homogenität zugelassen werden.

Literatur

Adorno, T.W. (1997). *Minima Moralia. Reflexionen aus dem beschädigten Leben* (Ges. Schriften Bd. 4). Frankfurt/M.: Suhrkamp.

Beauftragter der Stadt Wien für Universitäten und Forschung (2015). *Wien: Stadt, die Wissen schafft* (4. Bericht). Wien.

Economist (2015). Excellence v Equity. Special Report: Universities. *The Economist*, 28.03.2015. Verfügbar unter: http://www.economist.com/news/special-report/21646985-american-model-higher-education-spreading-it-good-producing-excellence [15.05.2015].

Ehalt, H.C. & Rathkolb, O. (Hrsg.). (2015). *Wissens-und Universitätsstadt Wien. Eine Entwicklungsgeschichte seit 1945*. Wien: Vienna University Press.

Faßmann, H. & Franz, Y. (2015). *Sozialraum Stadt. Entwicklungen, Friktionen & politischer Handlungsbedarf.* Handout zum Vortrag beim UniMind-Workshop, 21.01.2015, Wien.

Fleck, C. (2000). Wie Neues nicht entsteht. Die Gründung des Instituts für Höhere Studien in Wien durch Ex-Österreicher und die Ford Foundation. *Österreichische Zeitschrift für Geschichtswissenschaften, 11*(1), 129–178.

Frey, E. (2014). Ein Gewinn mit Verlust. *Der Standard*, 02.12.2014, 5.

Gassler, H. & Sellner, R. (2015). *Risikokapital in Österreich. Ein Flaschenhals im österreichischen Innovationssystem?* (IHS-Policy Brief Nr. 10). Wien.

Harding, A. & Blokland, T. (2014). *Urban Theory. A critical introduction to power, cities and urbanism in the 21st century*. Los Angeles/London: Sage.

Häupl, M. (1996a). Wider unsinnige Regulative. In M. Häupl (Hrsg.), *Zukunft Stadt. Europas Metropolen im Wandel* (S. 168–171). Wien: Promedia.

Häupl, M. (Hrsg.). (1996b). *Zukunft Stadt. Europas Metropolen im Wandel*. Wien: Promedia.

Häußermann, H. (Hrsg.). (1998). *Großstadt. Soziologische Stichworte*. Opladen: Leske + Budrich.

Helbrecht, I. (2004). Denkraum Stadt. In W. Siebel (Hrsg.), *Die europäische Stadt* (S. 422–432). Frankfurt/M.: Suhrkamp.

Hranyai, K. & Janger, J. (2013). Hochschulfinanzierung im internationalen Vergleich. *WIFO-Monatsberichte, 2*, 173–186.

Ipsen, D. (2004). Babylon in Folge – wie kann der städtische Raum dazu beitragen, kulturelle Komplexität produktiv zu wenden? In W. Siebel (Hrsg.), *Die europäische Stadt* (S. 253–269). Frankfurt/M.: Suhrkamp.

Kramer, H. (2002). Wie Neues doch entstanden ist. Zur Gründung und zu den ersten Jahren des Instituts für Höhere Studien in Wien. *Österreichische Zeitschrift für Geschichtswissenschaften, 13*(3), 110–132.

Kropiunigg, R. (2015). *Eine österreichische Affäre. Der Fall Borodajkewycz*. Wien: Czernin Verlag.

Lichtenberger, E. (1995). The future of the European city in the West and the East. *European Review, 3*(2), 182–193.

MA 18 – Stadtentwicklung und Stadtplanung (2013). *Wissensplattform Stadtentwicklung: Stadt und Hochschule im Dialog. Stadtentwicklungsplan 2025* (Werkstattbericht Nr. 137). Verfügbar unter: https://www.wien.gv.at/stadtentwicklung/studien/pdf/b008331.pdf [15.05.2015].

MA 23 – Wirtschaft, Arbeit und Statistik (2013). *Wissenschafts- und Forschungsstandort Wien*. Handout. Wien.

MA 23 – Wirtschaft, Arbeit und Statistik (2014). *Statistisches Jahrbuch der Stadt Wien*. Wien: Magistrat der Stadt Wien.

Marits, M. & Thalhammer, A. (2015). Uni Wien: Eine Hochschule prägt die Stadt. *Die Presse*, 08.03.2015, 10–11. Verfügbar unter: http://diepresse.com/home/bildung/universitaet/4680009/Uni-Wien_Eine-Hochschule-praegt-die-Stadt [22.07.2015].

Matznetter, W. & Musil, R. (2011a). Einleitung. In W. Matznetter & R. Musil (Hrsg.), *Europa: Metropolen im Wandel* (S. 9–13). Wien: Mandelbaum.

Matznetter, W. & Musil, R. (Hrsg.). (2011b). *Europa: Metropolen im Wandel*. Wien: Mandelbaum.

Mayerhofer, P. (2015a). Stadtwirtschaft im Wandel: Strukturelle Veränderungen und sektorale Positionierung Wiens im nationalen und internationalen Vergleich. In J. Schmee (Hrsg.), *Wiener Herausforderungen. Arbeitsmarkt, Bildung, Wohnung und Einkommen* (Stadtpunkte 13) (S. 5–25). Wien: Kammer für Arbeiter und Angestellte für Wien.

Mayerhofer, P. (2015b). *Stadtwirtschaft in Bewegung. Dynamik und strukturelle Wandlungsprozesse in der Wiener Stadtwirtschaft*. Handout zum Vortrag beim UniMind-Workshop, 18.03.2015, Wien.

Meyer, S., Gassler, H. & Reiner, C. (2012). *„Wiener Karrieren". Räumliche Mobilität, Diversität und Produktivität von Wissenschaftler/innen* (Studie für das Büro des Beauftragten der Stadt Wien für Universitäten und Forschung). Wien: POLICIES – Zentrum für Wirtschafts- und Innovationsforschung. Joanneum Research.

Musil, R. & Eder, J. (2013). *Wien und seine Hochschulen* (ISR Forschungsbericht Nr. 40). Wien: Verlag der Österreichischen Akademie der Wissenschaften.

Musil, R. & Eder, J. (2015). *Local Buzz in der Wiener Forschung. Wissensintensive Cluster zwischen lokaler Einbettung und internationaler Orientierung.* (ISR Forschungsbericht Nr. 41). Wien: Verlag der Österreichischen Akademie der Wissenschaften.

Münz, R. (2014). *Zuwanderung nach Österreich: Ein Gewinn? Überlegungen zur Entwicklung der Humanressourcen in Österreich* (Österreichischer Integrationsfonds-Forschungsbericht, November 2014).

Niederl, A. & Winkler, C. (2014). *Dynamik und Schwerpunktsetzungen der F&E-Aktivitäten in Wien* (Research Report Series 176/2014). Graz: Joanneum Research.

Nordal, E. & Bergan, G. (2015). Student mobility and brain drain: perceptions, causes and the way forward. In Office for International Affairs of the Austrian Students' Union (Hrsg.), *Challenges of Student Mobility in a Cosmopolitan Europe* (S. 60–68). Wien.

Pattillo-Hess, J. (1986). *Vom Zerfall der Masse zur Hetzmeute? Chilenische Flüchtlinge in Wien* (Schriftenreihe 9). Wien: Verband Wiener Volksbildung.

Pfefferle, R. & Taschwer, K. (2015). Remigration: eher unerwünscht. In Universität Wien (Hrsg.), *Bedrohte Intelligenz. Von der Polarisierung und Einschüchterung zur Vertreibung und Vernichtung im NS-Regime* (Publikation zur gleichnamigen Wanderausstellung der Universität Wien aus Anlass des Jubiläumsjahres 2015) (S. 59). Wien: Universität Wien.

Pleschberger, W. (2006). Problem- und Entscheidungsfelder der Stadtpolitik. Die europäische Stadt zwischen Vision und Veränderungen. In A. Khol, G. Ofner, G. Burkert-

Dottolo & S. Karner (Hrsg.), *Österreichisches Jahrbuch für Politik 2005* (S. 75–89). Wien: Verlag für Geschichte und Politik.

Polak, R. (Hrsg.). (2012). *Zukunft. Werte. Europa. Die Europäische Wertestudie 1990–2010: Österreich im Vergleich* (S. 165–189). Wien: Böhlau.

Rainer, F. (2015). Contextualization of CoSMiCE. In Office for International Affairs of the Austrian Students' Union (Hrsg.), *Challenges of Student Mobility in a Cosmopolitan Europe* (S. 12–21). Wien.

Rauscher, H. (2015). Das erste politische Todesopfer. *Der Standard*, 21.03.2015, 4.

Reader, J. (2005). *Cities*. London: Vintage.

Rosenberger, S. & Seeber, G. (2012). Kritische Einstellungen: BürgerInnen zu Demokratie, Politik, Migration. In R. Polak (Hrsg.), *Zukunft. Werte. Europa. Die Europäische Wertestudie 1990–2010: Österreich im Vergleich* (S. 165–189). Wien: Böhlau.

Schedlmayer, N. (2015). „Perle des Reiches". *profil*, 16.03.2015, 108–109.

Scheidl, H.W. (2015). Kirchweger-Tod: Ein Fausthieb für die Gesellschaft. *Die Presse*, 28.03.2015. Verfügbar unter: http://diepresse.com/home/zeitgeschichte/4695802/KirchwegerTod_Ein-Fausthieb-fur-die-Gesellschaft [15.05.2015].

Schmee, M. (Hrsg.). (2015). *Wiener Herausforderungen. Arbeitsmarkt, Bildung, Wohnung und Einkommen* (Stadtpunkte 13). Wien: Kammer für Arbeiter und Angestellte für Wien.

Siebel, W. (1998). Urbanität. In H. Häußermann (Hrsg.), *Großstadt. Soziologische Stichworte* (S. 262–270). Opladen: Leske + Budrich.

Siebel, W. (Hrsg.). (2004). *Die europäische Stadt*. Frankfurt/M.: Suhrkamp.

Stadt Wien (2014). *Smart City Wien* (Rahmenstrategie). Wien: MA 18.

Stadt Wien (Hrsg.). (2015). *Perspektiven* (Heft 1/2015). Wien: MA 53.

Taschwer, K. (2015a). Der Mord am Philosophen Moritz Schlick. In Universität Wien (Hrsg.), *Bedrohte Intelligenz. Von der Polarisierung und Einschüchterung zur Vertreibung und Vernichtung im NS-Regime* (Publikation zur gleichnamigen Wanderausstellung der Universität Wien aus Anlass des Jubiläumsjahres 2015) (S. 18). Wien: Universität Wien.

Taschwer, K. (2015b). Vorgeschichten der Vertreibung. *Der Standard*, 18.03.2015, 13.

Universität Wien (Hrsg.) (2015). *Bedrohte Intelligenz. Von der Polarisierung und Einschüchterung zur Vertreibung und Vernichtung im NS-Regime* (Publikation zur gleichnamigen Wanderausstellung der Universität Wien aus Anlass des Jubiläumsjahres 2015). Wien: Universität Wien.

Van der Bellen, A. (2015). Politik in Universitäten, some anecdotal evidence. In H.C. Ehalt & O. Rathkolb (Hrsg.), *Wissens- und Universitätsstadt Wien. Eine Entwicklungsgeschichte seit 1945* (S. 303–313). Wien: Vienna University Press.

Vertovec, S. (2007). Super-diversity and its implications. *Ethnic and Racial Studies, 29*(6), 1024–54.

Vertovec, S. (2010). Towards post-multiculturalism? Changing communities, conditions and contexts of diversity. *International Social Science Journal, 61*(199), 83–95.

Wasserman, J. (2014). *Black Vienna. The Radical Right in the Red City, 1918–1938*. Ithaca/London: Cornell University Press.

Welan, M. (2012). *Ein Diener der Zweiten Republik*. Wien: Österreichischer Kunst- und Kulturverlag.

Wiener Wissenschafts-, Forschungs- und Technologiefonds WWTF (2014). *Impact Evaluation 2013/14* (Report by the International Review Panel). Wien.

Wirtschaftsuniversität (Hrsg.). (2015). Die Affäre Borodajkewycz. *WU Magazin*, 1/2015, 16.

Wien als dezentrale Kulturstadt der Zukunft

Walter Rohn

1. Einleitung

Zur Stadt der Zukunft gibt es viele Assoziationen: Die Stadt der Zukunft soll klein-räumig organisiert, ökologisch, vernetzt, smart, sozial, interkulturell usw. sein. Alle Hoffnungen werden sich leider nicht erfüllen. Der folgende Beitrag behandelt Wien als Kulturstadt der Zukunft. Am Beispiel der am Stadtrand von Wien gelegenen Gemeindebezirke wird herausgearbeitet, welches Aussehen eine dezentral organisierte Kulturstadt haben kann.

Der Beitrag ist folgendermaßen strukturiert: Zunächst werden unter Punkt 2 die Rahmenbedingungen der künftigen Stadtentwicklung behandelt. Der dritte Abschnitt widmet sich der Theorie der kulturellen Stadtentwicklung. Die beiden anschließen-den Abschnitte zeigen Wien auf dem Weg zur Kulturstadt der Zukunft, das Kapitel vier skizziert die gegenwärtige Kulturszene in den Wiener Außenbezirken und das fünfte Kapitel umreißt ein kulturpolitisches Konzept für die städtische Peripherie. In Form eines Zukunftsszenarios wird im sechsten Abschnitt Wien als dezentrale Kulturstadt porträtiert. Ein kurzer Kommentar bildet den Abschluss des Beitrags.

2. Rahmenbedingungen der Stadtentwicklung

Als Bezugsrahmen der zukünftigen Stadtentwicklung werden im Folgenden mit dem für die Stadt Wien prognostizierten Bevölkerungswachstum, den Smart Cities, der „Stadt der kurzen Wege" und dem Konzept „Neustart Schweiz" vier Aspekte heraus-gegriffen.

Der von der Stadt Wien erstellten Prognose (MA 23, 2014) zufolge wird die Bevölkerung der Bundeshauptstadt in den kommenden Jahren stark wachsen. Im Lauf des Jahres 2028 soll die Grenze von zwei Millionen Einwohnern überschrit-ten werden. Bereits 2014 lebten mehr als drei Viertel aller Wienerinnen und Wiener in den Wiener Außenbezirken. Unter den Wiener Außenbezirken werden am rech-ten Donauufer die Gemeindebezirke außerhalb des Gürtels (10. bis 20. und 23.) und am linken Ufer die Bezirke Floridsdorf (21.) und Donaustadt (22.) verstanden. Mit rund 77 Prozent wird der Großteil des bis 2029 prognostizierten Zuwachses an Wohnbevölkerung auf die Außenbezirke entfallen, hier besonders auf Favoriten (10.), die Brigittenau (20.), Floridsdorf (21.), Donaustadt (22.) und Liesing (23.) (eigene Berechnung auf Basis von MA 23, 2014, S. 118).

Smart Cities repräsentieren derzeit ein äußerst populäres Thema. Smart-City-Konzepte sind grundsätzlich eine ambivalente Sache: Auf der positiven Seite ist zu verbuchen, dass Smart Cities zu einem sparsamen und effizienten Umgang mit Energie und anderen Ressourcen beitragen und dadurch umweltfreundlich sind. Als negative Aspekte sind festzuhalten, dass der verstärkte Einsatz von fortgeschrittenen Technologien, besonders von Informations- und Kommunikationstechnologien, pri-mär den Umsatz der beteiligten Konzerne erhöht und die Gefahr von Überwachung und Steuerung aller Lebensbereiche besteht (Laimer, 2014). Greenfield (2014) empfiehlt hingegen, einfachere und kostengünstigere Technologien zu nutzen und auf autonome Nachbarschaftsgruppen, Selbstbestimmung, Partizipation, das gemeinsame Treffen von Entscheidungen usw. zu setzen. Die Rahmenstrategie für die Smart City Wien stützt sich auf die drei Pfeiler Lebensqualität, Ressourcen und Innovation und ist relativ breit angelegt. Die „Bedürfnisse aller Bewohnerinnen und Bewohner", die „soziale Inklusion", und die „Partizipation" genießen zumindest verbal einen hohen Stellenwert (MA 18, 2014, S. 15ff.).

Die Konzeption der „Stadt der kurzen Wege" stellt im Prinzip eine Rückkehr zum Leitbild der „kompakten und funktional durchmischten Stadt" dar (Kulke, 2012, S. 10). Eckpfeiler dieses Ansatzes sind die Wohnraumverdichtung und die Multifunktionalität von Stadtquartieren. Dadurch sollen die von den Menschen täglich zu überwindenden Distanzen zwischen dem Wohn- und dem Arbeitsort sowie die räumlichen Abstände zu den Versorgungs-, Dienstleistungs- und Freizeiteinrichtungen möglichst gering gehalten werden. Ziel dieser Konzeption ist es, den Anteil des Fußgänger- und Radverkehrs sowie der öffentlichen Verkehrsmittel am gesamten Verkehrsaufkommen zu erhöhen. Unterstützend sind spezifische Maßnahmen auf dem Verkehrssektor wie die Einrichtung von zusätzlichen Fußgänger- und Radwegen, die Verkürzung der Intervalle und die Erhöhung des Komforts der öffentlichen Verkehrsmittel erforderlich (Kulke, 2012; Wikipedia, 2015). Die Reduktion des motorisierten Individualverkehrs bildet auch in der Rahmenstrategie für die Smart City Wien ein wesentliches Thema (MA 18, 2014, S. 48ff.).

Ein avanciertes Konzept, das die Stadt der kurzen Wege weiterentwickelt, bietet „Neustart Schweiz". Basis dieses Modells ist die Einrichtung von räumlich kompakten, jeweils rund 500 Personen umfassenden Gemeinschaften in den Städten. Unter dem Motto „Relokalisierung" werden die Funktionen „Wohnen, Arbeiten, Produktion, Einkaufen, Essen und Unterhaltung" so weit wie möglich „in sozial spannende Nachbarschaften reintegriert" (Neustart Schweiz, 2013, S. 7). Höherrangige Module, in die die Gemeinschaften bzw. Nachbarschaften eingebettet sind, sind das Quartier, die Stadt und die Metropolitanregion (ebenda, S. 14). Die städtischen Gemeinschaften sind mit Nahrungsmittelproduzenten im Umfeld der jeweiligen Stadt verkoppelt. Gemäß dem Konzept „Mikroagro" soll das Gros der Nahrungsmittel aus maximal 50 Kilometern Entfernung in die Stadt geliefert werden (ebd., S. 28). Durch die angeführten Maßnahmen soll eine „höhere Dichte an Leben, an Kommunikation und an lustvollen gemeinsamen Events" (ebd., S. 8) erreicht werden.

3.   Theorie der kulturellen Stadtentwicklung

Kunst und Gesellschaft stehen wechselseitig in einer engen Beziehung: Kunst repräsentiert zum einen eine besondere Form gesellschaftlicher Praxis und wird zum anderen durch die jeweiligen politischen und wirtschaftlichen Rahmenbedingungen geprägt (Schweppenhäuser, 2000, S. 285). Im Besonderen gilt diese Wechselbeziehung für den Bereich der Stadtentwicklung. Kunst- und Kulturprojekte können wertvolle Impulse für die kulturelle, städtebauliche, wirtschaftliche und soziale Entwicklung von Städten und Stadtteilen geben. Der Ansatz, Kunst- und Kulturprojekte als

Katalysatoren für die Stadtentwicklung einzusetzen, wird als *Cultural Urbanism* (Ward, 2006, S. 272ff.) bzw. als kulturelle Stadtentwicklung bezeichnet.

Wesentlichster Vorreiter der kulturellen Stadtentwicklung war die im Osten der USA gelegene Stadt Baltimore. Ab den 1960er Jahren wurden mit dem Charles Center, einem multifunktionalen Bau im Stadtzentrum, dem weiteren Ausbau der *downtown area* und der Revitalisierung der zentrumsnah gelegenen *inner harbor area* wesentliche kulturelle Impulse für die Stadtentwicklung gesetzt. Im Rahmen der ab den 1970er Jahren umgesetzten Wiederbelebung des Hafens wurden u.a. Bürogebäude, ein Yachthafen, kleine Geschäfte, der *Harborplace festival marketplace*, eine Konzerthalle, Museen und andere Kultureinrichtungen errichtet. Durch diese Strategie wurde Baltimore zu einem wichtigen Modell der kulturellen Stadtentwicklung. In Europa stellt das von Peter Celsing entworfene und 1974 in Stockholm eröffnete *Kulturhuset* den ersten Neubau eines großen multifunktionalen Kulturzentrums dar (Wang, 2013, S. 90).

Auf der gesamtstädtischen Ebene dienen großdimensionierte Kulturprojekte wie Opernhäuser, Konzerthäuser, Museen und Bibliotheken im Kontext des Städtewettbewerbs v.a. dazu, neue und attraktive Images für Städte zu schaffen. Darüber hinausreichende Zielsetzungen sind die Anziehung von Investoren, Touristen und hochqualifizierten Arbeitskräften (Bianchini & Ghilardi, 2004, S. 243). Die prominentesten europäischen Beispiele für diese Strategie sind die aus Anlass des zweihundertsten Jahrestags der französischen Revolution in den 1980er Jahren in Paris errichteten Kulturbauten, Frank Gehrys Guggenheim-Museum in Bilbao (1997) und die Galerie Tate Modern in London (2000). Aktuelle Beispiele für repräsentative Kulturbauten sind das Centre Pompidou Metz, das Konzerthaus Harpa in Reykjavik, Oscar Niemeyers Centro Cultural im nordspanischen Avilés, der Ausbau des Tel Aviv Museum of Art, Daniel Libeskinds Erweiterung des Jüdischen Museums in Berlin und der Louvre Lens von den Sanaa Architekten (Rohn, 2013, S. 18f.).

Bei städtischen Teilräumen stehen besonders die Aufwertung von Stadtteilen, die Verbesserung der Lebensbedingungen und die Förderung von Integration und Partizipation im Mittelpunkt. Bei den ergriffenen Maßnahmen und den Auswirkungen der Projekte sind die Grenzen zwischen der gesamtstädtischen und der lokalen Ebene teilweise fließend. Unterscheidungen zwischen den beiden Ebenen sind v.a. im Hinblick auf die Größenordnungen der Projekte und den räumlichen Bezugsrahmen möglich.

Bianchini (1993, S. 200f.) arbeitet jene Widersprüche heraus, die kommunale Kulturpolitik auslösen kann: Konflikte können beispielsweise durch die Konkurrenz zwischen dem Stadtzentrum und den peripheren Zonen um die Zuteilung von Mitteln aus dem städtischen Kulturbudget entstehen. Eine weitere Trennlinie besteht zwischen der Unterstützung von konsumorientierten Strategien bzw. der Stimulierung der lokalen kulturellen Produktion. Ein zusätzlicher Widerspruch existiert zwischen Investitionen in prestigeträchtige Kulturbauten und der Förderung lokaler Kulturprojekte.

Mit dem Ansatz der kulturellen Planung legten Bianchini und Ghilardi (2004) ein ausgezeichnetes Konzept für kulturelle Stadtentwicklung vor. Dieses bietet eine ganzheitliche und räumliche Definition kultureller Ressourcen. Durch die umfassende Inwertsetzung des kulturellen Reichtums kann ein wesentlicher Beitrag zur integrierten Entwicklung eines Ortes (Stadtteil, Stadt usw.) geleistet werden. Unter den kulturellen Ressourcen eines Ortes subsumieren die beiden Autoren u.a.:

- die Kunst, die Medien und das kulturelle Erbe;
- die Kulturen von Jugendlichen, ethnischen Minderheiten und Interessengemeinschaften;
- örtliche Traditionen (einschließlich von Archäologie, örtlichen Dialekten und Ritualen);
- interne und externe Wahrnehmungen eines Ortes (in der Literatur, in Witzen, Liedern, Mythen, Reiseführern, Medienberichten sowie im Allgemeinwissen);
- die Topographie und die Qualitäten der natürlichen und gebauten Umwelt (einschließlich öffentlicher Plätze);
- die Vielfalt und Qualität von Freizeit- und Unterhaltungseinrichtungen, kulturellen Einrichtungen und Gaststätten sowie
- das Repertoire von lokalen Produkten und Fertigkeiten in Handwerks-, Fabrikations- und Dienstleistungsbetrieben (Bianchini & Ghilardi, 2004, S. 245).

Die Konzeption der kulturellen Planung basiert auf folgenden Grundsätzen: Indem kulturelle Ressourcen in den Mittelpunkt der Politik gestellt werden, können Zweiweg-Beziehungen zwischen diesen Mitteln und allen Formen von öffentlicher Politik hergestellt werden. Derartige mit Kultur in Beziehung zu setzende Teilbereiche sind zum Beispiel Stadtentwicklung, Architektur, Wohnbau, Bildung, Sozialwesen, Wirtschaft und Tourismus. Die Strategie des *Cultural Planning* umfasst den öffentlichen, privaten und ehrenamtlichen Bereich. Wesentlich ist es, die Konzeption der kulturellen Planung als einen kulturellen Zugang zu Stadtentwicklung und kommunaler Politik zu verstehen und nicht als Planung von Kultur (Bianchini & Ghilardi, 2004, S. 246).

4.   Aktuelle Kulturszene der Wiener Außenbezirke

Die folgenden Ausführungen basieren im Wesentlichen auf den Ergebnissen des am Institut für Stadt- und Regionalforschung der Österreichischen Akademie der Wissenschaften durchgeführten und vom Kulturamt der Stadt Wien mitfinanzierten Forschungsprojekts „Die neue Kultur am Rand der Städte" (vgl. Rohn, 2013). Den ersten Schwerpunkt der Forschungstätigkeit repräsentierte die Untersuchung von Kulturinitiativen in drei Wiener Außenbezirken, dem 16., 19. und 21. Gemeindebezirk, und in einem Bezirk am Pariser Stadtrand, dem 20. Arrondissement. Die in Wien durchgeführte Befragung von namhaften Experten in den Bereichen Kultur, Stadtentwicklung und Stadtverwaltung bildete die Basis für die nächsten beiden Kernbereiche, die Analyse der möglichen Auswirkungen von dezentralen Kulturprojekten auf die Stadtentwicklung und die Ausarbeitung einer kulturpolitischen Konzeption für die Peripherie der Stadt Wien. Der vierte Schwerpunkt lag beim Vergleich der kulturpolitischen Konzeptionen der Metropolen Berlin, Paris und Zagreb in Bezug auf ihre städtischen Randzonen.

Unter Kulturinitiativen werden im Folgenden Veranstaltungsorte und Festivals für Musik, Theater, Kabarett, Literatur, Bildende Kunst und Film sowie multifunktionale Einrichtungen verstanden. Der Begriff ist hier breit gefasst und schließt auch Multiplexkinos ein. An der Wende vom 20. zum 21. Jahrhundert setzte in den Wiener Außenbezirken eine bis dato anhaltende Welle der Gründung neuer Kultureinrichtungen ein. Für die Schaffung dieser Locations sind Privatpersonen wie Künstler und Bezirksbewohner, Unternehmen wie die Betreiber von Kinoketten, institutionelle Akteure wie die Caritas sowie die Stadt Wien verantwortlich. Nachstehend werden schwerpunktmäßig Projekte mit einem regelmäßigen Programmangebot dargestellt.

An sozioökonomischen, demographischen und städtebaulichen Indikatoren kann abgelesen werden, dass die Wiener Außenbezirke keinen homogenen Stadtraum darstellen, sondern vielmehr durch sehr unterschiedliche Lebensbedingungen geprägt sind. Zu Beginn der 2000er Jahre boten besonders die zentrumsnahen Teile der Bezirke 15 bis 19 am äußeren Westgürtel günstige Bedingungen für das Entstehen von lokalen Kultureinrichtungen und Kulturszenen. Zu diesem Zeitpunkt bestanden in den dicht bebauten Gebieten mit gründerzeitlichem Baubestand aufgrund von leerstehenden Geschäftslokalen sowie vergleichsweise moderaten Mieten und Objektpreisen günstige Bedingungen für die Ansiedelung von Kulturprojekten.

Aufgrund der vorteilhaften Rahmenbedingungen bildete der 16. Gemeindebezirk Ottakring den Nukleus der Herausbildung neuer Kulturprojekte in den Wiener Außenbezirken. Flaggschiffprojekt des 16. Bezirks ist bis dato das 1999 von Ula Schneider gegründete Kunstfestival Soho in Ottakring. Bis 2010 fand das Festival einmal im Jahr, im Frühjahr statt. 2011 vollzogen die Verantwortlichen einen Relaunch und wandelten Soho in eine ganzjährige Veranstaltungsreihe mit einem alle zwei Jahre terminisierten Festival um. 2014 übersiedelte Soho vom angestammten Terrain rund um den Yppenplatz und den Brunnenmarkt in den weiter stadtauswärts gelegenen Sandleitenhof. Eine Reihe weiterer Kulturinitiativen des 16. Bezirks ist in dem nach der gleichnamigen Gasse benannten Verein Grundstein zusammengefasst. Ein besonderes Projekt repräsentiert die 2007 am Yppenplatz gegründete interkulturelle Brunnenpassage (Abb. 1) (Soho in Ottakring, 2015).

In Form eines Spill-over griff die Gründung neuer Kulturinitiativen von Ottakring auf die benachbarten Bezirke über. Die an den Westgürtel angrenzenden Bezirke bilden bis heute den räumlichen Schwerpunkt dezentraler Kulturprojekte. Prominente Beispiele für Kultureinrichtungen sind hier die Musikeinrichtungen Sargfabrik (14.) und Local (19.) sowie die multifunktionale Halle F der Wiener Stadthalle (15.). Die historischen Veranstaltungssäle Casino Baumgarten (14.) und Residenz Zögernitz (19.) werden wieder für Kulturveranstaltungen genutzt. In dem an den 19. Bezirk angrenzenden 20. Bezirk ist der Aktionsradius Wien hervorzuheben.

Darüber hinaus wurden auch in anderen Teilen Wiens neue Kultureinrichtungen etabliert: Im Nordosten und Osten Wiens sind das u.a. das von Gerald Pichowetz geführte Gloria Theater und das Musiklokal Davis (beide 21.) sowie das Kabarettlokal Orpheum (22.). Der kulturellen Entwicklung der derzeit im Entstehen befindlichen Seestadt Aspern (22.) dienen temporäre Projekte wie Hubsi Kramars Aufführung des Theaterstücks „Warten auf Godot", das „Kranensee" betitelte Ballett der Kräne oder der Kunstsalon Salotto (Publik, 2013; Salotto Vienna, 2015; St. Stephens, 2015).

Abb. 1: Brunnenpassage am Yppenplatz in 1160 Wien (Fotos: Walter Rohn/2013)

Abb. 2: Brotfabrik in der Absberggasse in 1100 Wien (2015)

Für den Süden Wiens sind zunächst die Bank Austria Halle im Gasometer und das Schloss Neugebäude mit seinem Open-Air-Kino anzuführen (beide 11.). Die Brotfabrik repräsentiert einen neuen Hotspot im bis dato kulturell unterversorgten 10. Bezirk (Abb. 2). Die Loft City GmbH & Co. KG erwarb einen großen Teil der früheren Ankerbrotfabrik und begann 2009 mit der Renovierung des Areals, die 2015 abgeschlossen wurde. Mit Hilger Brotkunsthalle, Hilger Next, Ostlicht, Anzenberger Gallery und dem Atelier 10 der Caritas sind bereits einige renommierte Einrichtungen auf dem Areal vertreten. Der interkulturelle Stand 129 auf dem Viktor-Adler-Markt (ebenfalls 10., Abb. 3) ist ein Spin-off der Brunnenpassage (Brotfabrik, 2015; Caritas, 2015).

Abb. 3:   Stand 129 am Viktor-Adler-Markt in 1100 Wien (2015)

Das seit den späten 1990er Jahren von Künstlern wie Hubsi Kramar bespielte frühere Siemens-Kabelwerk im 12. Bezirk erfuhr in den vergangenen Jahren zwei Umstrukturierungen. Für das 2009 eröffnete Palais Kabelwerk wurden ein neuer großer Theatersaal und eine Studiobühne gebaut. 2014 übernahmen Ali M. Abdullah und Harald Posch, die Protagonisten der Garage X am Petersplatz im ersten Bezirk, das Theater und positionierten es unter dem Titel Werk X neu. An das Werk X (Abb. 4) ist das von Asli Kişlal geleitete DiverCityLab angeschlossen (DiverCityLab, 2015; Werk X, 2015).

Abb. 4: Werk X in der Oswaldgasse in 1120 Wien (2015)

In jüngerer Vergangenheit wurde in den Wiener Außenbezirken mit den Hollywood-Megaplex-Kinos im Gasometer (11.) und im Shopping Center Nord (21.), den Cineplexx-Kinos Wienerberg (10.), Wien Auhof (14.) und Donauplex (22.), der Lugner Kino City (15.) sowie der UCI Kinowelt Millenium City (22.) eine Reihe von Multiplex-Kinos errichtet.

Auf die teilweise sehr schwierigen Arbeits- und Produktionsbedingungen in den Wiener Randbezirken weist die Fluktuation bei den Kulturprojekten hin. In den vergangenen Jahren mussten u.a. das Architekturzentrum West (15.), die Galerie Art & Weise (16.), das Gschwandner (17.), das Theater des Augenblicks (18.), die Galerie purpur 19 (19.) und das Heizhaus Stammersdorf (21.) ihren Betrieb einstellen. Wegen Problemen mit den Anrainern war Stefan Stürzer gezwungen, mit seinem Projekt Werk vom 16. in den 9. Bezirk zu übersiedeln, und der Salon 5 im 15. Bezirk fusionierte mit dem Theater Hamakom im Nestroyhof im 2. Bezirk (Gschwandner, 2015; Salon 5, 2015).

Trotz der in den vergangenen Jahren erfolgten Gründung vieler Kultureinrichtungen ist die kulturelle Infrastruktur der Wiener Außenbezirke heute immer noch vergleichsweise schwach ausgeprägt. In diesen Stadtteilen besteht daher ein erhebliches Optimierungspotenzial.

5.   Kulturpolitik für städtische Randgebiete

Wie im 3. Kapitel ausgeführt, können Kulturprojekte auf verschiedenen räumlichen Ebenen als Katalysatoren der Stadtentwicklung dienen. Im Besonderen sind Kulturinitiativen in der Lage, Impulse für die kulturelle, städtebauliche, wirtschaftliche und soziale Entwicklung von peripheren Stadtteilen zu setzen. Spezifische positive Effekte von Kulturprojekten sind in Hinblick auf den Ausbau der kulturellen Infrastruktur der Randbezirke, eine verstärkte Demokratisierung von Kultur, die Förderung der städtebaulichen Entwicklung und die Verbesserung der Lebensbedingungen zu erwarten. Weitere stimulierende Effekte von Kulturprojekten beziehen sich auf das Generieren von Arbeitsplätzen und die Förderung der Kreativwirtschaft. Darüber hinaus können Kulturinitiativen die Partizipation an politischen Prozessen und die Integration unterschiedlicher Bevölkerungsgruppen fördern sowie zur Stärkung der Identität von Stadtteilen und zur Intensivierung der Identifikation der Bewohner mit ihrem Stadtviertel beitragen.

Um die belebende Wirkung von unterschiedlich dimensionierten Kulturprojekten ausschöpfen zu können, sind ein entsprechendes *commitment* der zuständigen Stadtverwaltung – in diesem Fall der Stadt Wien – für die städtische Peripherie, eine adäquate finanzielle Unterstützung der Initiativen und konkrete Maßnahmen, d.h. eine spezifische kulturpolitische Konzeption, erforderlich.

Ein kulturpolitisches Konzept für städtische Randzonen kann u.a. folgende Maßnahmen umfassen:

1. Errichtung von Flaggschiffprojekten wie Opernhäusern, Konzertsälen, Museen und Bibliotheken in den Stadtrandbezirken;
2. Förderung bestimmter Kunstsparten in den Außenbezirken;
3. forcierte Unterstützung jugendspezifischer Kunst- und Kulturformen wie Hip-Hop, Slam, Break Dance, Graffiti usw.;
4. Bereitstellung geeigneter Räume und Flächen für Kulturprojekte;
5. Einrichtung eines Pools von Experten für die Kultur am Stadtrand;
6. Unterstützung der Netzwerkbildung und des Clusterings von Kulturinitiativen;
7. Förderung der Public-Relations-Aktivitäten von Kultureinrichtungen sowie
8. Akquisition zusätzlicher finanzieller Ressourcen von öffentlichen und privaten Geldgebern.

Gemeinsam mit den von Künstlern und Bezirksbewohnern sowie von institutionellen und privatwirtschaftlichen Akteuren gesetzten Aktivitäten können die angeführten Maßnahmen die Basis für eine adäquate kulturelle Infrastruktur an der städtischen Peripherie und damit für die Kulturstadt der Zukunft bilden.

6.   Dezentrale Kulturstadt der Zukunft

Gemäß dem Titel des vorliegenden Bandes wird nun ein Zeitsprung vollzogen und das zukünftige Bild der Stadt Wien im Kulturbereich gezeichnet. Die dezentrale Kulturstadt der Zukunft kann folgendermaßen imaginiert werden:

Die Wiener Außenbezirke sind nun ausreichend mit kleinen und großen Kultureinrichtungen ausgestattet. Es gibt Theater, Kabarettlokale, Kinos, Musikclubs, Galerien, Ausstellungsräume, Museen und multifunktionale Zentren. Der Jugendkultur wird breiter Raum gewidmet und einzelne Bezirke haben sich auf spezifische Kunstformen spezialisiert. Die meisten Veranstaltungsorte sind via Internet mit einem breiteren Publikum verbunden. Von dem Modell Neustart Schweiz ausgehend, pflegen die Kulturinitiativen eine enge Kooperation mit Partnern im lokalen Umfeld. Partizipative Organisationsformen wie die von Greenfield (2014) angeregten fördern den Zusammenhalt. Im Sinne der Stadt der kurzen Wege sind die örtlichen Kultureinrichtungen zu Fuß, mit dem Fahrrad oder den öffentlichen Verkehrsmitteln gut erreichbar.

Die Bezirke am Stadtrand verfügen auch über genügend Kultureinrichtungen, die der Diversität Rechnung tragen. Diese Initiativen bieten eine vielfältige Mischung aus interkulturellen Programmen und Veranstaltungen zum Kulturaustausch. Darüber hinaus sind auch die Kulturvereine von Bevölkerungsgruppen mit Migrationshintergrund in die lokalen Aktivitäten eingebunden.

Besonderes Augenmerk wird auf Kultureinrichtungen in den rasch wachsenden Bezirken Favoriten, Brigittenau, Floridsdorf, Donaustadt und Liesing gelegt. In den zahlreichen neuen Wohngebieten dieser Stadtteile dienen auch multifunktionale Einrichtungen als Anlaufstellen. Vorbild für diese Locations ist der Salon am Park am Nordbahnhofgelände, im 2. Bezirk, der eine Kombination von Greißlerei, Kaffeehaus, Treffpunkt und Veranstaltungsort (Abb. 5) repräsentiert (Salon am Park, 2015).

Abb. 5: Salon am Park in der Krakauer Straße in 1020 Wien (2014)

In Anlehnung an das französische Konzept der Kultur der Nähe (Mairie de Paris, 2011) bieten die Kulturinitiativen Programme an, die die Bewohner der Bezirke und Grätzel ansprechen, die einfach und niederschwellig gestaltet sind sowie an Geschichte und Gegenwart der Stadtteile anknüpfen. Die Kultureinrichtungen wirken in das jeweilige Grätzel hinein. Vor dem Hintergrund von rasch voranschreitenden Globalisierungstendenzen und von wirtschaftlicher Instabilität bieten sie den Menschen Verankerung, Nähe und Geborgenheit, d.h. so etwas wie eine Heimat (Camartin, 2007).

Darüber hinaus dienen die Kulturinitiativen auch als Anlaufstellen für die Artikulation gesellschaftlicher Anliegen. Darunter sind sowohl Fragen, die die Lebensbedingungen in dem jeweiligen Stadtviertel betreffen, als auch allgemeine politische Themen zu verstehen. In diesem Kontext kommt soziokulturellen Projekten ein hoher Stellenwert zu. Zu den bereits seit längerem bestehenden Einrichtungen Soho in Ottakring, Brunnenpassage und Aktionsradius Wien ist eine Reihe weiterer Initiativen hinzugekommen, die eine Verbindung von Kultur und Politik herstellen. Von Vorbildern wie dem von Didi Macher geführten Gemeindehoftheater der 1980er und 1990er Jahre, Projekten wie „Guter Morgen Marienthal" der Theatergruppe 13. Januar (2011) und der Veranstaltungsreihe „Truth Is Concrete – die Wahrheit ist konkret" des Steirischen Herbstes (2012) geprägt, hat die politische Kunst wieder an Terrain gewonnen (Kulturwoche, 2012; Pfeiffer, 2009; Steirischer Herbst & Malzacher, 2014).

Neben Einrichtungen der Kultur der Nähe weisen die Wiener Außenbezirke auch mehrere hochrangige Orte wie das Werk X auf, die avancierte künstlerische Programme bieten. Das sind innovative Kultureinrichtungen, die ein Publikum aus der ganzen Stadt und darüber hinaus auch Touristen anziehen. Große im Wiener Stadtzentrum angesiedelte Häuser wie Theater, Konzerthäuser, Museen usw. haben in den Bezirken am Stadtrand Dependancen eingerichtet und zeigen ihre Aufführungen und Ausstellungen vor Ort. Die ersten Kultureinrichtungen, die den Schritt in die Vorstadt gewagt haben, waren das Volkstheater und die Galerien Westlicht und Hilger. Letztere sind mit Ostlicht, Hilger Brotkunsthalle und Hilger Next in der Brotfabrik präsent (Brotfabrik Wien, 2015). Im Sinne einer Smart City bzw. der Stadt der kurzen Wege leisten diese Projekte einen Beitrag zur Verringerung des Personenverkehrs und tragen damit zum Umweltschutz bei.

Gemäß dem Ansatz der kulturellen Planung von Bianchini und Ghilardi (2004) wurde für jeden Peripheriebezirk ein spezifisches Konzept entwickelt, das sich daran orientiert, alle kulturellen Ressourcen des jeweiligen Stadtteils auszuschöpfen. Die Initiativen knüpfen an der historischen Entwicklung der Bezirke und Grätzel an. In der Seestadt Aspern wurde z.B. ein Museum errichtet, das an das frühere Flugfeld Aspern und die auf diesem ausgetragenen Autorennen informiert. Projekte wie die in der Gebietsbetreuung für den 10. Bezirk (GB*10) präsentierte Ausstellung „Wien und die ,Ziegelböhm'" arbeiten die Geschichte der Zuwanderung in die Bezirke auf (Wohnservice Wien, 2015).

Soweit das Szenario für Wien als dezentrale Kulturstadt der Zukunft. Nun bedarf es bloß eines Transfers des Modells in die Realität. Im Sinne des Rechts auf Stadt (Lefebvre, 2009) ist es erforderlich, auch den in den Wiener Außenbezirken lebenden Menschen eine adäquate kulturelle Infrastruktur zu bieten. Gleichzeitig trägt die kulturelle Nahversorgung der Menschen dem Umweltschutz Rechnung. Es liegt an der Wiener Stadtverwaltung, den zivilgesellschaftlichen und den privatwirtschaftlichen Akteuren, die Chance zu nützen und Wien zu einer attraktiven Kulturstadt der Zukunft zu machen.

Literatur

Bell, D. & Jayne, M. (Hrsg.). (2004). *City of Quarters: Urban Villages in the Contemporary City*. Aldershot: Ashgate.

Bianchini, F. (1993). Culture, Conflict and Cities: Issues and Prospects for the 1990s. In F. Bianchini & M. Parkinson (Hrsg.), *Cultural Policy and Urban Regeneration: The West European Experience* (S. 199–213). Manchester/New York: Manchester University Press.

Bianchini, F. & Ghilardi, L. (2004). The Culture of Neighbourhoods: A European Perspective. In D. Bell & M. Jayne (Hrsg.), *City of Quarters: Urban Villages in the Contemporary City* (S. 237–248). Aldershot: Ashgate.

Bianchini, F. & Parkinson, M. (Hrsg.). (1993). *Cultural Policy and Urban Regeneration: The West European Experience*. Manchester/New York: Manchester University Press.

Brotfabrik Wien (Hrsg.). (2015). *Brotfabrik Wien*. Verfügbar unter: http://www.brotfabrik. wien/ [17.05.2015].

Camartin, I. (2007). *Heimat* (Schriftenreihe Vontobel-Stiftung 1770). Zürich: Vontobel-Stiftung.

Caritas (Hrsg.). (2015). *Stand 129. Kunst- und Kulturraum am Viktor Adler Markt*. Verfügbar unter: http://www.caritas-wien.at/hilfe-einrichtungen/kunst-soziales/stand-129/ [17.05.2015].

DiverCityLab (Hrsg.). (2015). *Team*. Verfügbar unter: http://divercitylab.at/team-2/ [17.05.2015].

Greenfield, A. (2014). The smartest cities rely on citizen cunning and unglamorous technology. *The Guardian*, 22.12.2014. Verfügbar unter: http://www.theguardian. com/cities/2014/dec/22/the-smartest-cities-rely-on-citizen-cunning-and-unglamorous-technology?CMP=share_btn_tw [17.05.2015].

Gschwandner (Hrsg.). (2015). **gschwandner*. Verfügbar unter: http://www.gschwandner. at/ [17.05.2015].

Kemper, F.-J., Kulke, E. & Schulz, M. (Hrsg.). (2012). *Die Stadt der kurzen Wege. Alltags- und Wohnmobilität in Berliner Stadtquartieren*. Wiesbaden: VS Verlag für Sozialwissenschaften.

Kulke, E. (2012). Stadt der kurzen Wege – Einführung in das Forschungsprojekt. In F.-J. Kemper, E. Kulke & M. Schulz (Hrsg.), *Die Stadt der kurzen Wege. Alltags- und Wohnmobilität in Berliner Stadtquartieren* (S. 9–14). Wiesbaden: VS Verlag für Sozialwissenschaften.

Kulturwoche (Hrsg.). (2012). *Ein Stück Arbeit: Guter Morgen Marienthal – die Premierenkritik*. Verfügbar unter: http://www.kulturwoche.at/index.php?option=com_content &task=view&id=2780&Itemid=1 [17.05.2015].

Laimer, C. (2014). Smart Cities. Zurück in die Zukunft. *dérive, 56* (Juli–September), 4–9.

Lefebvre, H. (2009). *Le droit à la ville*. Paris: Economica.

MA 18 – Stadtentwicklung und Stadtplanung (Hrsg.). (2014). *Smart City Wien. Rahmenstrategie*. Wien: Magistrat der Stadt Wien.

MA 23 – Wirtschaft, Arbeit und Statistik (Hrsg.). (2014). *Wien wächst... Bevölkerungsentwicklung in Wien und den 23 Gemeinde- und 250 Zählbezirken* (Statistik Journal Wien 1/2014). Wien: Magistrat der Stadt Wien.

Mairie de Paris (Hrsg.). (2011). *Politique culturelle de la ville de Paris*. Paris.

Monclús, J. & Guàrdia, M. (Hrsg.). (2006). *Culture, Urbanism and Planning*. Aldershot: Ashgate.

Neustart Schweiz (Hrsg.). (2013). *Nachbarschaften entwickeln. Mit multifunktionalen Nachbarschaften die Vision der 2000-Watt-Gesellschaft übertreffen und unsere Lebensqualität erhöhen*. Zürich. Verfügbar unter: http://neustartschweiz.ch/userfiles/file/Praesentationen/Broschuere_CH_lowres.pdf [17.05.2015].

Pfeiffer, G.C. (2009). *Kommt herbei! Comœdianten sind da. Ich erzähle Euch die Geschichte vom Dario-Fo-Theater in den Arbeiterbezirken. Eintritt frei*. Wien: Mandelbaum.

Publik (Hrsg.). (2013). *Hubsi Kramars Theatergruppe 3raum unterwegs spielt Samuel Beckett: „Warten auf Godot" in Aspern Seestadt*. Verfügbar unter: http://www.aspernseestadt.at/resources/files/2014/4/14/3239/medieninfo-publik-warten-auf-godot-hubsi-kramer-130620.pdf [17.05.2015].

Rohn, W. (2013). *Die neue Kultur am Rand der Städte: Wien und Paris*. Wien: Praesens.

Salon 5 (Hrsg.). (2015). *Partnerschaft*. Verfügbar unter: http://salon5.at/partnerschaft/ [17.05.2015].

Salon am Park (Hrsg.). (2015). *Salon am Park*. Verfügbar unter: http://www.salonampark.at/ [17.05.2015].

Salotto Vienna (Hrsg.). (2015). *Salotto. Aspern Seestadt. Das neue Kulturformat*. Verfügbar unter: http://www.salotto-vienna.net/aspern/ [17.05.2015].

Schnell, R. (Hrsg.). (2000). *Metzler Lexikon Kultur der Gegenwart. Themen und Theorien, Formen und Institutionen seit 1945*. Stuttgart/Weimar: Metzler.

Schweppenhäuser, G. (2000). Kunst und Gesellschaft. In R. Schnell (Hrsg.), *Metzler Lexikon Kultur der Gegenwart. Themen und Theorien, Formen und Institutionen seit 1945* (S. 285–286). Stuttgart/Weimar: Metzler.

Soho in Ottakring (Hrsg.). (2015). *Soho in Ottakring*. Verfügbar unter: http://www.sohoinottakring.at/ [17.05.2015].

Steirischer Herbst & Malzacher, F. (Hrsg.). (2014). *Truth is Concrete. A Handbook for Artistic Strategies in Real Politics*. Berlin: Sternberg Press.

St. Stephens (Hrsg.). (2015). *Kranensee. Ein Ballett der Kräne in der Seestadt*. Verfügbar unter: http://www.st-stephens.at/neues/kranensee-ein-ballett-der-kraene-der-seestadt/ [17.05.2015].

Wang, W. (Hrsg.). (2013). *Kultur:Stadt*. Zürich: Akademie der Künste und Lars Müller Publishers.

Ward, S.V. (2006). „Cities are Fun!": Inventing and Spreading the Baltimore Model of Cultural Urbanism. In J. Monclús & M. Guàrdia (Hrsg.), *Culture, Urbanism and Planning* (S. 271–285). Aldershot: Ashgate.

Werk X (Hrsg.). (2015). *Werk X*. Verfügbar unter: http://werk-x.at/ [17.05.2015].

Wikipedia (2015). *Stadt der kurzen Wege*. Verfügbar unter: https://de.wikipedia.org/wiki/Stadt_der_kurzen_Wege [17.05.2015].

Wohnservice Wien (Hrsg.). (2015). *Wien und die „Ziegelböhm". Zur Alltagsgeschichte der Wiener ZiegelarbeiterInnen*. Wien: Wohnservice Wien Ges.m.b.H.

Die kooperative Stadt der Zukunft?
Stadt-Umland-Zusammenarbeit am Beispiel der Stadtregion Wien

Peter Görgl und Elisabeth Gruber

Wien, Wien, nur du allein?

Wien wächst. Diese statistische Feststellung ist inzwischen in aller Munde, die zunehmende Menge an thematisch immer differenzierteren Medienberichten zu diesem Thema sind Beleg dafür, dass auch die damit verbundenen Herausforderungen für die Raumordnung und die Politik stärker wahrgenommen werden.

Wien wächst über sich hinaus. So steht es im aktuellen Stadtentwicklungsplan (STEP 2025) der Bundeshauptstadt geschrieben (siehe Rosenberger, 2014). Damit soll zum Ausdruck gebracht werden, dass man in gut zwei Jahrzehnten, den gängigen Prognosen folgend, mehr als drei Millionen Einwohnerinnen und Einwohner in der Stadtregion zählen wird. Aber es drängt sich der Verdacht auf, dass es viel zu kurz gegriffen ist, dass allein die Großstadt „über sich hinaus" wächst und sich in ihr Umland ausbreitet. Deswegen stellt sich die Frage:

Wien, Wien, nur du allein? Nein. In den letzten Jahrzehnten haben sich die Umlandgemeinden so weit entwickelt und von der Großstadt „emanzipiert", dass sie nicht mehr alleine durch das Überschwappen von Bevölkerung und Unternehmen aus der Großstadt Wien heraus wachsen. Viele der Städte und Dörfer, die in der Nachkriegszeit und den Jahren des Wiederaufbaus noch ein beschauliches Dasein geführt haben, sind heute ebenso „über sich hinaus" gewachsen und haben sich zu selbstbewussten Standorten innerhalb des „Netzwerks Stadtregion" entwickelt und können auf ihre eigene Attraktivität und Anziehungskraft bauen. Nicht zuletzt deshalb, weil sie im Gegensatz zur Großstadt über große Flächenreserven verfüg(t)en und auf diesen oft eigene regionalökonomische Nischen gefunden haben: Diese reichen von den bekannten Erscheinungen wie den großen Shopping-Centern (z.B. G3-Gerasdorf oder SCS) über Businessparks (z.B. Schwechat oder Brunn am Gebirge) hin zu ganz speziellen Wohnangeboten („Fontana" in Oberwaltersdorf). Und so gilt für die Metropolregion Wien das, was die aktuellere Stadt-Umland-Forschung für nahezu alle west- und mitteleuropäischen Verdichtungsräume festgestellt hat: Aus dem ehemaligen Abhängigkeitsverhältnis zwischen Stadt und Umland ist ein komplexes funktionales und raumstrukturelles Netzwerk geworden, in dem die „Kernstadt" wohl in den allermeisten Fällen einen zentralen Knotenpunkt darstellt, der aber ohne die anderen Knoten kaum „funktionieren" würde (z.B. Beier & Mater, 2007, S. 1ff.).

Ein einfaches Beispiel illustriert diese Situation gut: Die Rush-Hours in der Stadtregion der 1970er und 80er Jahre waren geprägt von zäh fließendem Verkehr und Staus, morgens in die Großstadt hinein und abends auf der anderen Fahrbahn dasselbe Bild hinaus – während in der Gegenrichtung kaum nennenswerter Verkehr zu beobachten war. Dies entsprach weitgehend dem Bild vom „Wohnen im Grünen" und „Arbeiten in der Stadt". Gegenwärtig aber wohnen, arbeiten, erholen und versorgen wir uns über die gesamte Stadtregion verteilt – immer dort, wo das für uns beste und attraktivste Angebot zu finden ist. Die Großstadt dient dabei oftmals nur als Verteilerknoten oder wird auf tangentialen Verkehrsverbindungen nur noch „gestreift".

Die Stadt Wien, das sollte hier bereits deutlich geworden sein, kann schon heute nicht mehr ohne ihr Umland gedacht werden. Das Umland muss dementsprechend auch bei zukünftigen Fragen die Stadt betreffend eingeschlossen werden: Die Stadt der Zukunft ist eine kooperative Stadt.

Bevor deutlich gemacht wird, was mit Kooperation genau gemeint ist, betrachten wir aber zuerst einige der wichtigsten Eckpunkte der Entwicklung im Wiener Umland seit den 1960er Jahren. Das erleichtert das Verständnis für die Situation, die wir heute beobachten – und mit der sich Planung, Politik und auch die Bürgerinnen und Bürger auseinandersetzen müssen.

Von „Suburbia" zu „Postsuburbia"

„Suburbanisierung" in der österreichischen Ostregion war ab den 1960er Jahren, quantitativ bedeutsam aber vor allem ab den frühen 70er Jahren die Siedlungsdynamik, die die Stadtregion nachhaltig prägen würde – in nahezu allen Gemeinden des (zunächst näheren und dann immer weiteren) Umlands, gleich welcher Größe, wurden in diesen Jahrzehnten die siedlungsstrukturellen Grundsteine gelegt, die das Bild dieser Orte auch heute noch bestimmen. Auf der einen Seite war es der vielbeworbene „Traum vom Wohnen im eigenen Haus in grüner Umgebung", auf der anderen der schiere Platzbedarf einer wachsenden Wirtschaft, deren Flächenansprüche in der Großstadt immer schlechter befriedigt werden konnten. Die sich kontinuierlich verbessernde Mobilität breiter Bevölkerungsschichten, vor allem im Individualverkehr, war für diese Entwicklung eine Grundvoraussetzung. Nur dadurch war es möglich, die neuen Distanzen zwischen Wohn- und Arbeitsplatz zu überwinden. Dies erklärt auch, weshalb sich die „erste Welle" der Suburbanisierung zu großen Teilen entlang der Südachse, also entlang der Südautobahn und der Südbahnstrecke der ÖBB konzentrierte: Hier waren preiswerte Baugründe (= eigenes Haus) in landschaftlich reizvoller Umgebung (= Wohnen im Grünen) mit guter Anbindung an Wien zunächst in ausreichendem Maße gegeben. Zugleich bot (und bietet) diese Gegend auch genügend Flächenpotenzial für großflächige Industrie-, Gewerbe- und Einzelhandelsbetriebe. Die Entwicklungsdynamik verlagerte sich dann, nachdem die starke Nachfrage zu entsprechender Angebotsverknappung und Preisanstiegen führte, in den 1980er, verstärkt aber ab den 1990er Jahren in die bis dato weniger nachgefragten Teilgebiete im Wiener Becken (etwas abseits der großen und leistungsfähigen Verkehrsachsen) oder eben auch in das nördliche Umland, wo heute in gewisser Weise die Suburbanisierung „nachgeholt" wird, die man im Süden von Wien bereits vor Jahrzehnten erlebt hat. Die Wachstumseffekte reichen seit gut 15 Jahren sogar bis ins nördliche Burgenland – und das kann als Beleg für die hohe Attraktivität und Entwicklungsdynamik innerhalb der gesamten Stadtregion gedeutet werden. Dort sind die Gemeinden Parndorf und Neusiedl inzwischen nicht mehr nur bekannt für überregional bedeutsame Shoppingcenter, sie haben sich (ebenso wie viele andere zahlreiche nordburgenländische Gemeinden) auch als attraktive Wohnstandorte mit guter Anbindung an die Bundeshauptstadt etabliert. Die nach wie vor ungebrochene Entwicklung in der Stadtregion spiegelt sich auch in einer

– inzwischen etwas älteren – Untersuchung, die am Institut für Geographie und Regionalforschung der Universität Wien im Auftrag der Planungsgemeinschaft Ost durchgeführt wurde, wider: In den Jahren 2004 bis 2008 verzeichneten von den 272 Städten und Gemeinden in der Stadtregion 240 ein positives Wachstum und nur 32 Gemeinden eine Bevölkerungsabnahme (vgl. Faßmann & Görgl, 2010, S. 187). Das Wachstum im Umland brachte charakteristische Siedlungsstrukturen mit sich, wie etwa homogene und weitgehend monofunktional strukturierte Einfamilienhaussiedlungen, die sich um die alten Ortskerne herausgebildet haben. An den Ortsrändern haben sich in der jüngeren Vergangenheit verschiedene Formen des großflächigen Einzelhandels niedergelassen. Vor allem Fachmarktzentren prägen vielerorts um Wien herum das Landschaftsbild. Im Laufe der Jahrzehnte haben sich darüber hinaus zahlreiche Gewerbe- und Shoppingstandorte etabliert, das Shopping-Center-Süd (SCS) ist der Kristallisationskern im Süden der Stadtregion, während das relativ neue „G3" das neueste große „Shoppingparadies" im niederösterreichischen Umland ist (und nach den geltenden raumordnungsrechtlichen Grundlagen auch das letzte seiner Art), während man in und um das burgenländische Parndorf ein bekanntes Factory-Outlet-Zentrum mit überregionaler und aufgrund seiner Lage auch internationaler Attraktionskraft findet. Die landläufigen Bilder, die man also gemeinhin mit „Suburbia", dem „Speckgürtel" oder welche Bezeichnung der/die Einzelne auch immer für angemessen hält, verbindet, treffen also weitgehend zu – nur darf man die Augen nicht davor verschließen, dass es sich auch im Umland nicht um statische Strukturen handelt, sondern sich diese ebenso wandeln und weiterentwickeln, wie es in Städten der Fall ist. Und so ist es angemessen, im wissenschaftlichen Diskurs eher von „Postsuburbia" zu sprechen, um diese Weiterentwicklung und die damit verbundenen qualitativen Veränderungen im Verdichtungsraum zu beschreiben. Dies kann hier nur anhand weniger Beispiele passieren (hierzu ausführlich Görgl, 2008, S. 14ff.).

Es gibt heute wahrscheinlich keinen Ort im Wiener Umland mehr (falls es ihn jemals gab), auf den der Titel „Schlafstadt" zutreffen würde. Die klassische Aufteilung zwischen „Arbeiten in der Stadt" und „Wohnen in Suburbia" trifft heute längst nicht mehr zu. Denn die Orte im Wiener Umland haben sich im Laufe der Jahre weiterentwickelt und sind nur mehr selten reine Wohnstandorte, sondern haben (größere oder kleinere) regionalökonomische Nischen gefunden, die sie mehr und mehr zu eigenständigen Standorten innerhalb des stadtregionalen Geflechts werden ließen: Brunn am Gebirge mit seinem (zur Zeit seiner Eröffnung) hochmodern konzipierten Businesspark „Campus 21" ist ein sehr gutes Beispiel dafür, wie eine bis vor einigen Jahrzehnten regional eher „unauffällige" Gemeinde zu einem Top-Standort für global agierende Unternehmen werden kann. Der Wohnpark „Fontana" in Oberwaltersdorf ist auf der anderen Seite ein Beispiel dafür, wie man – mit einem an angloamerikanischen Vorbildern angelehnten Siedlungskonzept – auch das Wohnen in der Stadtregion abseits des gängigen Einfamilienhaus-Klischees erfolgreich neu interpretiert hat. Insgesamt zeichnen sich also viele Städte und Gemeinden dadurch aus, dass sie sich immer mehr „trauen" und ihre Entwicklung – auch dank vergleichsweise solider kommunaler Haushalte – mehr und mehr selbst in die Hand nehmen. Dadurch entstand und entsteht auch fortwährend eine neue Qualität post-suburbaner Siedlungsformen und regionalökonomischer Bedeutung einzelner Gemeinden oder Teilbereiche in der Stadtregion, die man oftmals auch als einen *filtering-up-*

Prozess bezeichnen kann, der auch Ausdruck eines damit verbundenen gewachsenen Selbstbewusstseins der kommunalen Akteure ist (Faßmann, 2004, S. 117).

Konsequenzen dieser Entwicklung

Damit deutet sich hier schon an, worin die Herausforderungen einer kooperativen und aufeinander abgestimmten Planung innerhalb der Stadtregion Wien liegen: Die Städte und Gemeinden um Wien herum können heute ökonomisch und auch politisch-planerisch immer selbstbewusster agieren. Dies spiegelt sich auch in einer oft neuen, selbstbewussteren und weitsichtigeren Generation von Bürgermeisterinnen und Bürgermeistern wider, die einen klaren Blick auf die Entwicklungsprobleme und -chancen haben, die die Lage in der Boomregion Wien mit sich bringt. Verkehr, die demographische Entwicklung (z.B. demographische Alterung in den Einfamilienhausgebieten der 1960er und 1970er Jahre), Ausbau oder Standortsuche großflächiger Ver- und Entsorgungsinfrastrukturen, die Aufrechterhaltung von regional bedeutsamen Freiraumachsen, umweltpolitisch und ökonomisch negative Folgen von zunehmender Zersiedelung oder das Spannungsverhältnis zwischen der Situation in den Ortskernen und den Einzelhandelsballungen an den Ortsrändern sind nur einige der Herausforderungen, vor denen sehr viele Gemeinden im Umland stehen – und: die man gemeinsam einfacher lösen kann. Diese Erkenntnis setzt sich, nicht zuletzt aufgrund des vielerorts zunehmenden Leidensdrucks in den Gemeinden – immer mehr durch. Wie stellt sich die Ausgangslage für Kooperation in der Stadtregion um Wien genau dar? Welche Schwierigkeiten treten auf und wo liegen die größten planerischen Notwendigkeiten bzw. schon realisierte Ansätze für eine neuartige kooperative Planungskultur?

„Die Stadt" und „das Umland"

Dass Kooperation zwischen den Umlandgemeinden auf der einen Seite und der Stadt Wien und dem Umland auf der anderen gerade im Hinblick auf das zukünftig prognostizierte Wachstum und die daraus entstehenden Herausforderungen ein zukunftsbringendes Unterfangen darstellt, ist aus wissenschaftlich-planerischer Perspektive keine Frage. Dennoch stellt die Zusammenarbeit zwischen Gemeinden nach wie vor oft eine Schwierigkeit dar. Unterschiedliche Interessenslagen, Konkurrenzverhalten, (fachliche) Kapazitäten, die den Blick über die Gemeindegrenzen ermöglichen und nicht zuletzt auch persönliche oder politische Animositäten können dafür sorgen, dass im Prinzip einfache interkommunale Absprachen erschwert werden. Und hier geht es nicht nur um Fragen, die seit vielen Jahren durch unsere Medien kreisen, wie die, weshalb es immer noch keine Verlängerung der Linie U6 zur SCS in Vösendorf gibt.

Das Stadtumland von Wien setzt sich – je nach Definition und Abgrenzungskriterien – aus mehr als 260 Gemeinden (Abgrenzung durch die Planungsgemeinschaft Ost, PGO) zusammen. Die Städte und Gemeinden unterscheiden sich dabei stark in der Einwohnerzahlen und Größe der Gemeindeflächen, durch deren wirtschaftliche Strukturen (industriell, „gewerblich", durch Dienstleistungsbetriebe oder durch Landwirtschaft geprägt) und demzufolge existiert auch eine große Bandbreite an verschiedenen Interessenslagen innerhalb der Bevölkerung und respektive bei den verschiedenen kommunalen Oberhäuptern. Ein einfaches Beispiel, das aber weitreichende raumordnerische Konsequenzen für die gesamte Stadtregion hat, ist in diesem Kontext der Umstand, dass einige Gemeinden im Umland von Wien weiterhin (stark) wachsen wollen, wohingegen andere Ortschaften am Zuzug neuer Bevölkerung nicht interessiert sind und sich – trotz guter Lage am hochrangigen ÖV-Netz – gegen Zuzug von außen verschließen. Während einige Städte und Gemeinden sogar über 10.000 Einwohner haben und Sitz von Unternehmenszentralen sind (obiges Beispiel Brunn am Gebirge oder Korneuburg), gibt es auch Kleinstgemeinden, die nahezu ausschließlich landwirtschaftlich geprägt sind (z.B. Großhofen mit weniger als 100 Einwohnern im Norden Wiens). Die Kooperation zwischen Stadt und Umland fällt also allein deshalb schwer, weil es „das eine Stadtumland" nicht gibt.

Grundsätzlich stehen Gemeinden in Österreich zueinander in Konkurrenz, was Einwohnerzahlen und Unternehmensansiedlungen betrifft: Steuerzuweisungen können einerseits durch den Länderfinanzausgleich erfolgen, der sich an der Hauptwohnsitzbevölkerung der Gemeinden orientiert. Je mehr Einwohner eine Gemeinde beherbergt, desto mehr Zuschüsse stehen ihr auch zu, um die Bewohner versorgen zu können. Große Gemeinden mit einer regionalen Funktion erhalten verhältnismäßig mehr Zuweisungen als kleine Gemeinden. Demnach sind Gemeinden in Österreich auch daran interessiert zu wachsen. Steuereinnahmen können aber auch über die Kommunalsteuer erhöht werden: Unternehmen müssen in Österreich die Steuern dort abführen, wo sie ihren Sitz haben, weshalb Gemeinden zum Teil stark davon profitieren, Betriebe in den eigenen Grenzen zu halten. Demnach wundert es nicht, dass die Wiener Umlandgemeinden Interesse zeigen, wenn ein Unternehmen den Standort von Wien in das mit der Autobahn gut erreichbare Umland verlagern möchte und dabei auch Anreize für die Unternehmen schaffen, sich vor Ort anzusiedeln (großzügige Baulandausweisungen, kostenlose Bereitstellung notwendiger Infrastrukturen etc). Hinzu kommen auch vom Bundesland Niederösterreich bereitgestellte Ansiedlungshilfen oder -anreize: Der bereits erwähnte Campus 21 in Brunn am Gebirge oder das in Wiener Neudorf gelegene Industriezentrum Niederösterreich-Süd sind Beispiele für Standorte, die von „Eco Plus", der Niederösterreichischen Wirtschaftsförderungsagentur, mit entwickelt und gefördert wurden. Einkaufszentren wie die eingangs erwähnten in Parndorf, Vösendorf oder Gerasdorf bedeuten für die Kommunen ebenfalls Zuwächse in der Gemeindekasse. Die Bauwerke und entsprechend großflächige Parkplätze sowie die notwendige Verkehrserschließung, die oftmals auf der grünen Wiese realisiert werden, gehen aber in den meisten Fällen mit hohem Flächenverbrauch und einem erhöhten Verkehrsaufkommen – vor allem motorisiertem Individualverkehr – einher.

Aus wissenschaftlicher Perspektive ist dieses Phänomen von Elinor Ostrom als „The Tragedy of the Commons" oder zu Deutsch als das Dilemma der Allmende bezeichnet worden (Ostrom, 1990). Ostrom beschreibt dabei, dass der Nutzen des Einzelnen oftmals in Widerspruch zum gemeinschaftlichen Nutzen steht. So bringen Einkaufszentren auf der grünen Wiese zwar teilweise gutes Geld für die Gemeinden, doch entstehen für andere Orte in deren (un)mittelbarer Nachbarschaft negative Effekte, etwa durch das erhöhte Verkehrsaufkommen oder einen entsprechenden Kaufkraftabfluss.

Neben der Konkurrenz zwischen den Gemeinden um neue Bevölkerung und Unternehmen kommt im Fall von Wien und seinem Stadtumland die Besonderheit hinzu, dass hier nicht nur Gemeindegrenzen einander begegnen, sondern auch Bundesländergrenzen – und eine nahezu schon „traditionelle" politische Polarität. Kooperationsmöglichkeiten zwischen den Umlandgemeinden und der Bundeshauptstadt werden dadurch erschwert, dass unterschiedliche und vielfältige Akteure in die Planungs- und Entscheidungsprozesse miteingebunden werden müssen: Gerade bei strategischer und themenübergreifender Planung sind in der Stadt Wien fast immer mehrere Magistratsabteilungen zu berücksichtigen. Eine große Akteursbeteiligung bedeutet erhöhte Komplexität für Prozesse der Konsensbildung und Interessensfindung. Zudem hat Wien als eigenständiges Bundesland im direkten Vergleich mit den umliegenden Gemeinden eine eindeutig andere (Ausgangs-)Position in Verhandlungen und Absprachen aufgrund des immensen Größenunterschiedes und des damit verbundenen Spielraums und Wissens seines Verwaltungsapparates. Diese eklatante Asymmetrie in den Machtverhältnissen trägt ebenfalls stark dazu bei, dass Kooperation erschwert wird und in der Vergangenheit entsprechend wenig „konkret" praktiziert wurde. Auch abgesehen von den unterschiedlichen politischen Ideologien trägt das Nebeneinander bzw. Aufeinandertreffen der beiden Bundesländer zu einer erschwerten Zusammenarbeit im Vergleich zu „normaler" interkommunaler Kooperation bei.

Aspekte der Planung liegen in Österreich im Handlungsbereich der Bundesländer bzw. ganz stark bei den einzelnen Gemeinden, die auf Rechtsgrundlage der kommunalen Planungshoheit auch kaum „beschnitten" werden können. Neben wenigen sektoralen Bereichen mit einer räumlichen Dimension, die auf nationaler Ebene gesetzlich verankert sind (wie etwa das Eisenbahnwesen, die Luftfahrt, Bundesstraßen oder militärische Anlagen) sind somit die Gemeinden oberste Instanz, wenn es um die Widmung von Flächen geht. Die Regionalplanung wird am ehesten als Instanz auf Landesebene vor allem dann sicht- und spürbar, wenn es um die Festlegung von Siedlungsgrenzen geht oder Eignungszonen für Windkraft bestimmt werden. Auch die Gesetze, die den Bau von Einkaufszentren regulieren, sind nur bundeslandweit verankert, denn ein nationales Raumordnungsrecht, wie es das in Deutschland oder der Schweiz gibt, fehlt in Österreich. Umso wichtiger ist es deshalb, dass andere Formen der Absprache und Koordination geschaffen werden, um Herausforderungen, die über Landes- und Gemeindegrenzen hinausgehen, auch bewältigen zu können.

Kooperationen in der Stadtregion

Kooperationsformen und -möglichkeiten sind – in der Theorie – vielfältig. Kooperation in der Planung beschreibt unterschiedliche Formen des Miteinanders: vom simplen Informationsaustausch, der Schaffung von Zweckverbänden, bis hin zur Absprache und zur gemeinsamen Verwirklichung von Projekten – das alles ist Kooperation. Kooperation kann dabei unterschiedlich organisiert sein, etwa über informelle Absprachen oder gesellschafts- oder vereinsrechtlich geregelt und *top down* oder *bottom up* organisiert sein.

In Österreich gibt es verschiedene Formen der formellen und informellen Zusammenarbeit zwischen Gemeinden, die auch durch entsprechende EU-Fördermittel in den letzten Jahrzehnten stärker angewendet wurden. Im Rahmen der EU-Strukturfonds werden neben grenzüberschreitender Zusammenarbeit auch inner-österreichische Projekte gefördert, viele davon auf einer regionalen Ebene, die wiederum die Kooperation zwischen kleineren Gebietseinheiten voraussetzen. Neben EU-Fördergeldern sind es aber auch Aspekte der Sparsamkeit und der Effizienz, die Gemeinden immer häufiger dazu bringen, miteinander zu kooperieren. Im Bereich der Daseinsvorsorge, die in vielen Fällen im Wirkungsbereich der Gemeinde liegt, gibt es vermehrt Beispiele, die bei Zusammenarbeit eine finanzielle Erleichterung ergeben. Als Beispiele können hier etwa die Abfallentsorgung, Bauhofkooperationen, Kooperationen der Feuerwahr oder des Winterdienstes, aber auch Kooperationen im sozialen Bereich (Schulen, Kindergärten, Kinderbetreuung) sowie im öffentlichen Personenverkehr genannt werden.

Während interkommunale Kooperation, gerade auch im ländlich-peripheren Raum, durch stagnierende Einwohnerzahlen und Verknappung der Gemeindebudgets immer populärer wird, sind es in den Ballungsräumen wie bereits erwähnt die Herausforderungen des Wachstums und der damit verbundene „Leidensdruck", die es zu bewältigen gilt:

> Während in den 1970er und 1980er Jahren innovative Ansätze zur regionalen Kooperation vor allem aus den ländlichen Räumen und dem Kontext der eigenständigen Regionalentwicklung stammten, hat sich seit Mitte der 1980er Jahre die Aufmerksamkeit auf die Zusammenarbeit in Verdichtungsräumen verschoben. (Baier & Mater, 2007, S. 26)

Der finanzielle Druck ist dabei oft nicht der entscheidende Faktor, was auch dazu führt, dass Kooperation nicht immer als zwingend erforderlich gesehen wird – oft erst dann, wenn Flächenreserven knapp werden, die Ortszentren an Attraktivität verlieren oder die (selbstgemachte) Verkehrsproblematik überhandnimmt, wird Kooperation ins Spiel gebracht. Wie bereits zu Beginn dargestellt, ist zudem die Zusammenarbeit in der Stadtregion nicht nur zwischen einzelnen Gemeinden notwendig, sondern auch über die Grenzen der Bundesländer hinweg. Die Kooperation wird dadurch komplexer und lässt sich nicht so leicht bewerkstelligen wie etwa eine Bauhofkooperation zwischen zwei Kommunen innerhalb desselben Bundeslandes.

Bereits in den 1970er Jahren wurden Schritte gesetzt, um die Kooperation zwischen den einzelnen Bundesländern bei raumrelevanten Fragen zu fördern. Im Jahr 1971 wurde die Österreichische Raumordnungskonferenz (ÖROK) ins Leben gerufen. Die ÖROK ist eine von Bund, Ländern und Gemeinden getragene Einrichtung, die Raumentwicklung auf gesamtstaatlicher Ebene koordinieren soll, etwa durch die Erarbeitung des Österreichischen Raumordnungskonzeptes, das zuletzt im Jahr 2011 erschienen ist (vgl. ÖROK, 2015). Damit die Ziele des Konzeptes auch in der Praxis umgesetzt werden, wurden ab dem Jahr 2011 erstmals „Umsetzungspartnerschaften" erarbeitet, um besonders relevante Fragestellungen der räumlichen Entwicklung in Österreich konkret anzupacken. Eine ÖROK-Partnerschaft beschäftigt sich dabei auch mit dem Thema Kooperation in Stadtregionen. Die „Kooperationsplattform Stadtregion" soll dabei einen regelmäßigen Erfahrungsaustausch zwischen interessierten Akteurinnen und Akteuren in den österreichischen Stadtregionen koordinieren. Gemeinsame Frage- und Problemstellungen werden unter anderem im Rahmen der „Stadtregionstage", die seit 2013 stattfinden, diskutiert. Die Plattform dient vor allem zum Informationsaustausch sowie der Vorstellung von Kooperationsmodellen und Best-Practice-Beispielen (vgl. ÖROK, 2013).

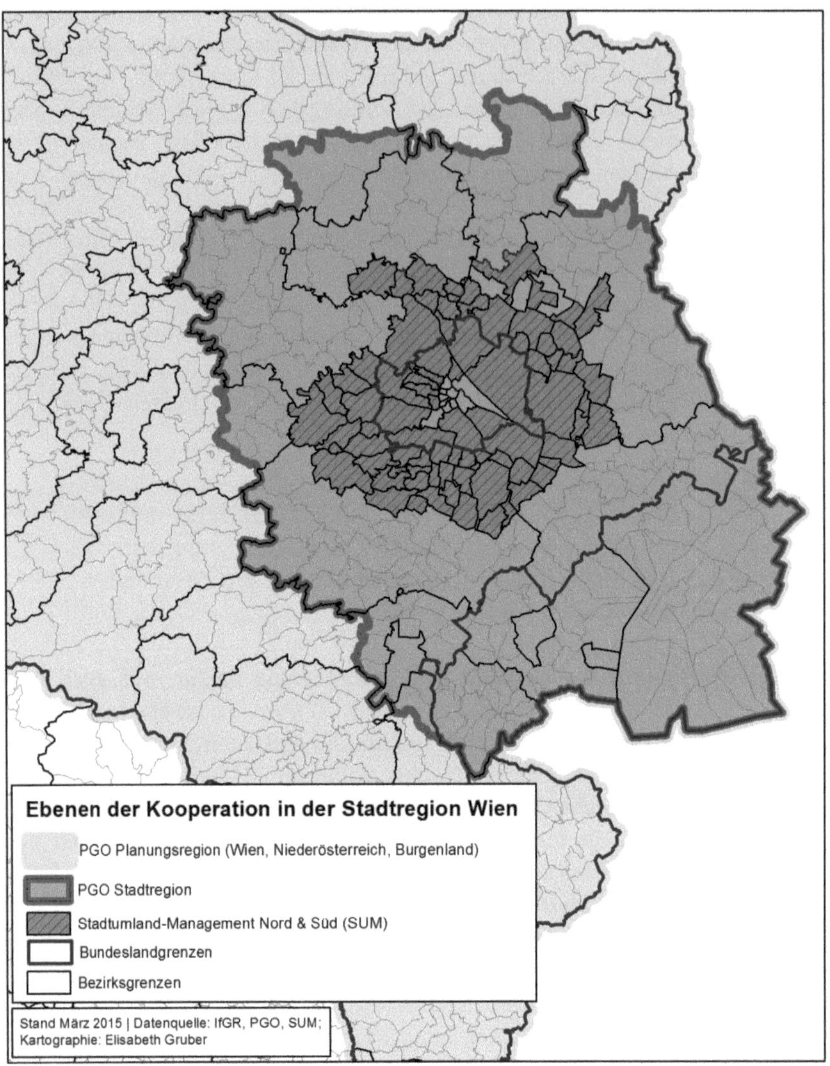

Mit direktem Bezug zur Stadtregion Wien wurde neben der ÖROK im Jahre 1978 die sogenannte „Planungsgemeinschaft Ost" (PGO) als eine gemeinsame Organisation der Länder Wien, Niederösterreich und Burgenland gegründet, um raumrelevante Aktivitäten in den Bundesländern vorzubereiten und zu koordinieren. Die PGO wurde als ein 15a-Abkommen im Bundes-Verfassungsgesetz festgehalten. Damit ist die Kooperation der Bundesländer im Rahmen der PGO auf nationalstaatlicher Ebene gesetzlich verankert. Im Vordergrund der PGO stehen die Themen Siedlungsentwicklung, Verkehr und Grünraum. Im Rahmen der PGO werden vor allem Grundlagen, Gutachten und Konzepte erstellt, an denen sich die Bundesländer im Weiteren orientieren können. Im Rahmen des Projekts „Strategien zur räumlichen Entwicklung der Ostregion (SRO)" wurden so z.B. mit Beteiligung des Instituts für Geographie und Regionalforschung der Universität Wien die zukünftige Bevölkerungs- und Siedlungsentwicklung in den Bundesländern analysiert und planerische Leitideen für eine „strukturierte Stadtregion" entwickelt. Als Hauptprodukt des Projektes können der „Atlas der wachsenden Stadtregion" und die bewusstseinsbildende und auf die gemeinsamen stadtregionalen Herausforderungen hinweisende Publikation „Stadtregion+" genannt werden. „Stadtregion+" soll in diesem Kontext signalisieren, durch Kooperation Mehrwerte in der Stadtregion zu schaffen:

> Wohnen und Arbeiten an gut erreichbaren und gut ausgestatteten Standorten, regionale Wirtschaftskraft und Wettbewerbsfähigkeit, Verkehrsentlastung und Energieeinsparungen, gesunde Umwelt, Naherholung und Nahversorgung sowie Schönheit und Vielfalt der Natur und Kulturlandschaft. (PGO, 2011, S. 3)

Der im Jahr 2011 veröffentlichte Bericht wurde dabei von allen drei Landeshauptleuten unterzeichnet und kann, diese vorsichtige Hoffnung scheint berechtigt, als ein Beleg für den gegenwärtig kräftigeren politischen Willen gewertet werden, strategische Zusammenarbeit zu forcieren. Dies bedeutet aber auch, dass auf man nun auf politisch-planerischer Seite umso mehr gefordert ist, auf der Umsetzungsseite kooperative Ansätze zu konzipieren und anzuwenden.

Dass Kooperation in und um Wien generell an Bedeutung gewonnen hat, zeigt sich darüber hinaus auch durch die erst vor gut zehn Jahren gegründete Institution des „Stadtumland-Managements", kurz SUM. Das SUM wurde im Rahmen des Vereins „Niederösterreich/Wien – gemeinsame Entwicklungsräume" verankert und fördert die regionale Zusammenarbeit zwischen der Stadt Wien und den sie umgebenden Umlandgemeinden auf verschiedene Art und Weise. Neben Informationsarbeit und Vermittlung (z.B. die alljährliche SUM-Konferenz mit einem stadtregional bedeutsamen Themenschwerpunkt) hat das SUM auch eine Managementaufgabe und versucht, Prozesse und Projekte zu koordinieren. Ein prominentes Beispiel dafür ist die „regionale Leitplanung" im Bezirk Mödling – hier übernimmt ein Mitarbeiter des SUM moderierende und koordinierende Aufgaben. (vgl. SUM, 2014)

Der Ansatz der „regionalen Leitplanung" ist ein Weg, der von politisch-planerischer Seite des Bundeslands Niederösterreich entwickelt und im Jahr 2012 erstmals im Norden der Stadtregion zum Einsatz kam. Ziel des Konzeptes ist, dass Städte und Gemeinden, die innerhalb eines Teilraums mit denselben raumordnerischen Herausforderungen konfrontiert sind, in enger Zusammenarbeit und Abstimmung untereinander sowie mit den beteiligten Fachabteilungen der Landesregierung „auf Augenhöhe" und mit Unterstützung von Fachbüros Problemfelder analysieren und gemeinsam Lösungsansätze erarbeiten – und dies nicht nur „ex post", sondern auch „ex ante", also bevor gewisse strukturelle oder demographische Gegebenheiten zu einem Problem werden können. Hierbei geht es also einerseits darum, gemeinschaftlich ein Bewusstsein für interkommunale Kooperation zu entwickeln, die „heißen Eisen" der Siedungsentwicklung zu identifizieren und sich gemeinsam zu überlegen, wie man diesen begegnen kann. Neuartig an diesem Konzept ist in diesem Zusammenhang zum Beispiel, dass man Festlegungen erarbeitete, welche Kommunen das im Teilraum zu erwartende Wachstum aufgrund besser geeigneter siedlungsstruktureller Voraussetzungen überwiegend „übernehmen" sollten und welche Gemeinden sich auf „Eigenentwicklung" beschränken sollten. Alleine über ein Thema wie dieses interkommunalen Konsens herzustellen, ist, wie die alltägliche Arbeit in diesem Bereich bestätigt, ein großer Fortschritt – trotz der bislang fehlenden rechtlichen Verbindlichkeit der bis dato getroffenen Entscheidungen. Das Beispiel des Konzeptes der regionalen Leitplanung zeigt auch eines deutlich: Die Kooperation zwischen der Stadt Wien und den Umlandgemeinden kann nur dann gelingen, wenn man es davor geschafft hat, die oftmals diffuse und stets sehr komplexe und heterogene Raumplanungssituation im Umland selbst zu entwirren, eine gemeinsame interkommunale Diskussionsbasis zu schaffen und sich zunächst „ohne Wien" auf eine untereinander abgestimmte Entwicklung zu einigen.

Mit PGO und SUM sowie dem Ansatz der Regionalen Leitplanung wurden drei der wichtigsten Kooperationsansätze knapp skizziert – natürlich existieren darüber hinaus noch eine Vielzahl anderer (mehr oder weniger stark institutionalisierter) Herangehensweisen. Aber eines ist Faktum: Es gibt nach wie vor Handlungsbedarf, die Zusammenarbeit innerhalb des Umlands und zwischen Stadt und Umland zu erweitern und zu intensivieren.

Die kooperative Stadt-Region der Zukunft: eine Schlussbetrachtung

Natürlich liegt es nahe, sich international einen Überblick zu verschaffen und zu überlegen, ob es in anderen europäischen Metropolregionen etablierte und erfolgreiche Ansätze und Konzepte gibt, an denen sich Planung und Politik in und um Wien orientieren könnten (siehe dafür z.B. Priebs, 2002). Dabei ist aber stets zu bedenken, dass internationale Beispiele immer auch in ihren eigenen und speziellen historischen, verfassungsrechtlichen und raumstrukturellen Kontext eingebunden sind – und sie deshalb nie eins zu eins übernommen werden können. Deswegen ist es notwendig, die raumstrukturellen Herausforderungen sowie die jeweiligen regionalen Ausgangsbedingungen zunächst einmal zu systematisieren und deren Wirkungsweise zu analysieren (vgl. Jung, 2007, S. 140ff.), bevor Instrumente und Konzepte angedacht werden können. Es lassen sich so folgende Gemeinsamkeiten feststellen, die in den meisten ähnlich dynamischen Stadtregionen ebenfalls wirken:

1) Die planerischen Probleme und Herausforderungen sind thematisch oft dieselben (Wohnraumbedarf, Innenentwicklung vor Außenentwicklung, demographische Situation).
2) Die Bevölkerung nimmt die Stadtregion weitgehend als „Einheit" wahr, administrative Grenzen spielen entsprechend eine geringe Rolle bei alltäglichem Verhalten.
3) Diese bei Unternehmen und Bevölkerung vorhandene „gesamtregionale Sicht" entspricht oft nicht der Innenwahrnehmung der betroffenen Gebietskörperschaften – ein großer Hemmschuh und zugleich Erklärung für Vorbehalte gegenüber intensiverer interkommunaler Kooperation.
4) Eine übergeordnete Institution (wie etwa die PGO) ist notwendig, um Austausch auf regional- und landesplanerischer Ebene zu institutionalisieren – und um entsprechende raumplanerische Forschungsaufträge u.ä. zu vergeben, die als Grundlage für interkommunal-kooperative Ansätze unerlässlich sind.

5) Konzepte wie die beschriebene regionale Leitplanung bauen auf diesen Gedanken, Überlegungen und Vorarbeiten auf und sind selbst wiederum ein entscheidender Schritt hin zu einem regionalen Leitbild, an dessen Formulierung und Umsetzung alle Betroffenen beteiligt sind – und das schließlich im Idealfall auch eine raumordnungsrechtlich fixierte Verbindlichkeit erlangt.

Aus den vorangegangenen (allgemeinen) Überlegungen kann für die Stadtregion Wien eine – aus Sicht der Autoren notwendige – „Kooperationskaskade" angedacht werden, die für das Erreichen des Ziels einer kooperativen Wiener Stadtregion sehr nützlich erscheint: Zunächst einmal muss auf kommunaler Ebene flächendeckend die Sensibilität für Raumplanungsthemen allgemein hergestellt werden, in der lokalen Politik genauso wie in der angegliederten Verwaltung und bei der Bevölkerung. In einem nächsten Schritt sollten sich jene Gemeinden und Städte innerhalb eines Bundeslandes zu gemeinsamen Projekten wie der erwähnten regionalen Leitplanung zusammenschließen, die dieselben teilräumlichen Ausgangspositionen und raumplanerischen Herausforderungen zu meistern haben. Aufbauend darauf ist es dann besser möglich, die (formellere und verbindlichere) Abstimmung zwischen der Großstadt Wien und den „kleinen" Umlandgemeinden zu ermöglichen: Die „Kleinen" sprechen mit gemeinsamer Stimme, ein Dialog auf Augenhöhe ist wichtige Voraussetzung für vertrauensvolle Kooperation. Aufgrund der funktionalen Struktur und Ausdehnung der Metropolregion Wien liegt der nächste und letzte Schritt darin, diesen Dialog und diese Abstimmung nicht nur zwischen zwei, sondern sogar zwischen drei Bundesländern zu managen – und auch unterhalb der Ebene, auf der die Planungsgemeinschaft Ost angesiedelt ist, zu institutionalisieren. Im Idealfall steht so am Ende ein verbindliches, über die kommunalen und Bundesländergrenzen hinweg gültiges, regionales Entwicklungskonzept, das zumindest die „großen" Themen wie Verkehr, Siedlungsentwicklung (oder -grenzen), Freiraumachsen und Ver- und Entsorgungsinfrastrukturen regional betrachtet und in gewisser Weise auch lenkt. Nicht zuletzt werden, um diesen Prozess steuern zu können, auch die Planer und Planerinnen gefragt sein, ihre Kompetenzen hinsichtlich Moderation und Mediation vermehrt zu erweitern.

Raumordnung hat das Ziel, Interessen auszugleichen und eine nachhaltige Siedlungsentwicklung zu steuern: Gerade bei starkem Wachstum wie in und um Wien und bei entsprechender Nachfrage nach immer knapper werdenden Flächenreserven müssen unüberlegte planerische Schnellschüsse vermieden werden – das betrifft sowohl die städtebauliche Qualität als auch die Vermeidung von Zersiedelung auf übergeordneter Ebene. Das Leitbild der „strukturierten Stadtregion" sollte als Titel für ein Leitmotiv dienen – und würde damit auf entsprechenden Vorüberlegungen, die im Rahmen verschiedener Projekte, die von der PGO in Auftrag gegeben wurden, aufbauen können. Nicht oft genug erwähnt werden kann, dass eine nachhaltige Raumordnung nur durch Kooperation erreicht werden kann: Es geht nicht, dass sich eine Stadt oder Gemeinde nur die „Rosinen" (z.B. zahlungskräftige Unternehmen oder sozioökonomisch gut gestellte Bevölkerung) aus dem stadtregionalen Angebot herauspickt und die Belastungen oder Ausgaben, die mit Wachstum verbunden sind, an irgendeine, manchmal nicht einmal näher definierte übergeordnete Ebene abgeben will – auf dass sich „jemand beim Land" darum kümmern möge. Siedlungsformen an Ortsrändern zuzulassen, die mehr und mehr Individualverkehr evozieren (sowohl in der eigenen Gemeinde als auch in der gesamten Stadtregion) und sich im selben Atemzug über den drohenden „Verkehrskollaps" in der Stadtregion zu beklagen, sind Beispiele für kommunalpolitische Denk- und Handlungsmuster, die in Anbetracht der nur gemeinsam bewältigbaren Planungsaufgaben der Vergangenheit angehören müssen. Ebenso hilft es einer Gemeinde wenig, wenn sie sich gegen die Ausweisung von Fachmarktzentren auf der grünen Wiese ausspricht, aber die Nachbargemeinde genau ein solches – aus kommunalem Egoismus heraus und ohne interkommunale Abstimmung – an der gemeinsamen Ortsgrenze bewilligt.

Kooperation aus Perspektive der Raumordnung bedeutet also, dies sei ein abschließender Gedanke, durchaus auch so etwas wie „intraregionaler Lastenausgleich". Verzicht auf Wachstum muss den Gemeinden, die zum Beispiel einen solchen Schritt tätigen, auf anderem Wege (fiskalisch) ausgeglichen werden. Das ist natürlich noch Zukunftsmusik, sollte aber zumindest als Vision allen Kooperationsansätzen und -bemühungen zugrunde liegen: Die regionale Leitplanung ist innerhalb des niederösterreichischen Teils der Stadtregion ein guter und wichtiger Schritt in Richtung nachhaltiger und wirkungsvoller Kooperation – das Ziel muss allerdings sein, dass solche Formen der Zusammenarbeit und gemeinsamen Planung auch über alle anderen stadtregionalen Grenzen und damit auch zwischen den „kleinen" Gemeinden und der „Großstadt" Wien umgesetzt werden. Nur so wird die Stadtregion Wien langfristig auch im internationalen Wettbewerb der Metropolregionen ihre große Bedeutung halten bzw. ausbauen können.

Literatur

Akademie für Raumforschung und Landesplanung (ARL) (2007). *Stadt-Umland-Prozesse und interkommunale Zusammenarbeit. Stand und Perspektiven der Forschung*. Hannover.

Beier, M. & Matern, A. (2007). *Stadt-Umland-Prozesse und interkommunale Zusammenarbeit. Stand und Perspektiven der Forschung* (Arbeitsmaterial der Akademie für Raumforschung und Landesplanung 332). Hannover.

Faßmann, H. (2004). *Stadtgeographie I. Allgemeine Stadtgeographie*. Braunschweig: Westermann.

Faßmann, H. & Görgl, P. (2010). Wachsende Stadtregion – Modellrechnungen zum Bevölkerungswachstum in der Stadtregion Ost. *Mitteilungen der Österreichischen Geographischen Gesellschaft, 152*, 183–200.

Görgl, P. (2008). *Die Amerikanisierung der Wiener Suburbia? Der Wohnpark Fontana. Eine sozialgeographische Studie*. Wiesbaden: Verlag für Sozialwissenschaften.

Jung, W. (2007). Systematisierung der Instrumente räumlicher Planung. In Akademie für Raumforschung und Landesplanung (ARL) (Hrsg.), *Stadt-Umland-Prozesse und interkommunale Zusammenarbeit. Stand und Perspektiven der Forschung* (S. 140–152). Hannover.

ÖROK (Geschäftsstelle der Österreichischen Raumordnungskonferenz) (2011). Österreichisches Raumentwicklungskonzept ÖREK 2011. Wien.

ÖROK (2013). *ÖREK-Partnerschaft „Kooperationsplattform Stadtregion". Mehrwert stadtregionaler Kooperation* (Expertenpapier im Auftrag der Partnerschaft).Wien. Verfügbar unter: http://www.oerok.gv.at/fileadmin/Bilder/2.Reiter-Raum_u._Region/1.OEREK/OEREK_2011/PS_Stadtregionen/%C3%96REK-PS_Stadtregionen_Expertenpapier.pdf [03.04.2015].

ÖROK (2015). *Österreichisches Raumentwicklungskonzept*. Verfügbar unter: http://www.oerok.gv.at/raum-region/oesterreichisches-raumentwicklungskonzept.html [03.04.2015].

Ostrom, E. (1990). *Governing the Commons: The Evolution of Institutions for Collective Actions*. Cambridge: Cambridge University Press.

PGO (Planungsgemeinschaft Ost) (2011). *Stadtregion+. Zwischenbericht. Planungskooperation zur räumlichen Entwicklung der Stadtregion Wien Niederösterreich Burgenland*. Wien.

PGO (Planungsgemeinschaft Ost) (o.J.). *Atlas der wachsenden Stadtregion*. Verfügbar unter: http://planungsgemeinschaft-ost.at/download/PGO_Atlas%20der%20wachsenden%20Stadtregion.pdf [03.04.2015].

Priebs, A. (2002). Die Bildung der Region Hannover und ihre Bedeutung für die Zukunft stadtregionaler Organisationsstrukturen. *Die Öffentliche Verwaltung, 4*, 144–151.

Rosenberger, M. (2014). *STEP 2025. Stadtentwicklungsplan Wien. Mut zur Stadt*. Wien: Magistrat der Stadt Wien.

SUM (Stadt-Umland-Management Wien/Niederösterreich) (2015). *Regionale Leitplanung Mödling*. Verfügbar unter: http://www.stadt-umland.at/index.php?id=133 [03.04.2015].

Autorinnen und Autoren

Nenad BUZJAK, *Dr. sc.*, Associate Professor at the Department of Geography, Faculty of Science, University of Zagreb. Member of the Croatian Geographical Society, the Croatian Geomorphological Society, the International Geographical Union – Karst Commission and the International Association of Geomorphologists – Working Group on Geomorphosite. Main research interests: geomorphology, karstology, speleology, geoecology, landscape ecology and nature protection.

Heinz FASSMANN, *Univ.-Prof. Dr.*, Professor für Angewandte Geographie, Raumforschung und Raumordnung, Vizerektor für Personalentwicklung und Internationale Beziehungen an der Universität Wien, Obmann der Kommission für Migrations- und Integrationsforschung, Direktor des Instituts für Stadt- und Regionalforschung an der ÖAW, Vorsitzender des Expertenrats für Integration am BMEIA, Mitglied des Sachverständigenrats deutscher Stiftungen für Integration und Migration (SVR). Forschungsschwerpunkte: Stadtgeographie, Demographie, Migration, Transformationsforschung, Raumordnung in Österreich.

Yvonne FRANZ, *Dr.*, Post-Doc-Wissenschaftlerin am Institut für Stadt- und Regionalforschung der Österreichischen Akademie der Wissenschaften sowie Lehrbeauftragte an der Universität Wien. Forschungsschwerpunkte: Stadtaufwertungsprozesse und -praktiken, Diversität und Living Labs als methodologisches Konzept in der Stadtforschung.

Rudolf GIFFINGER, *Univ.-Prof. Dr.*, Leiter des Fachbereichs Stadt- und Regionalforschung im Department für Raumplanung, Fakultät für Architektur und Raumplanung der TU Wien, Leiter des Doktoratskollegs „EWARD – Energy Awareness in Urban and Regional Development" an der TU Wien, Vorsitzender der Österreichischen Gesellschaft für Raumplanung (ÖGR). Forschungsschwerpunkte: Theorie zur Stadt- und Regionalentwicklung, Wohnungsmarktdynamik und Segregation, Smart City, Positionierung und strategische Konzepte zur Stadtentwicklung.

Peter GÖRGL, *Dr.*, Mitarbeiter am Institut für Geographie und Regionalforschung der Universität Wien im Fachbereich Angewandte Geographie, Raumforschung und Raumordnung, Lehrbeauftragter und wissenschaftlicher Leiter zahlreicher Forschungsprojekte, die sich mit der Entwicklung in der Stadtregion Wien beschäftigen, Geschäftsführer von „modul5 – Raumforschung und Raumkommunikation". Forschungsschwerpunkte: Suburbanisierung, Strategien zur Entwicklung peripherer Räume, Flächenmanagement und Innenentwicklung, Wahrnehmung und Nutzung von Architektur und Städtebau im Alltag.

Elisabeth GRUBER, *Mag.*, wissenschaftliche Mitarbeiterin sowie Doktorandin am Institut für Geographie und Regionalforschung der Universität Wien in der Arbeitsgruppe Angewandte Geographie und Raumforschung. Forschungsschwerpunkte: Migration und Wanderungen, Raumordnung und Siedlungsentwicklung, Regionalentwicklung und ländlicher Raum, demografischer Wandel.

Annegret HAASE, *Dr.*, wissenschaftliche Mitarbeiterin am Helmholtzzentrum für Umweltforschung – UFZ, Leipzig, Department Stadt- und Umweltsoziologie. Arbeitsschwerpunkte: vergleichende Stadtentwicklung in Europa, urbane Schrumpfung und Reurbanisierung, soziale Ungleichheit in Städten, urbane Governance, nachhaltige Stadtentwicklung, postsozialistische Stadt.

Udo W. HÄBERLIN, *Dipl.-Ing.*, Referent in der Stadt Wien, MA 18 Stadtentwicklung und Stadtplanung. Arbeitsschwerpunkte: Öffentliche Räume, Funktions-Sozialraumanalysen, persönliche Sicherheit, Integration und Diversität sowie Aspekte der Stadtsoziologie und Urbanität.

Gudrun HAINDLMAIER, *Mag. Dr.*, Projektassistentin für das EU-Projekt PLEEC am Fachbereich Stadt- und Regionalforschung an der TU Wien, Lektorin für Statistik an der Universität Wien und der Universität Salzburg. Forschungsschwerpunkte: Stadt und Netzwerkgesellschaft, evidenzbasierte Planung, Image und Positionierung von Städten.

Dirk HEINRICHS, *Univ. Prof. Dr.-Ing. habil. MA Dipl.-Ing. (FH)*, Leiter der Abteilung Mobilität und Urbane Entwicklung am Institut für Verkehrsforschung des Deutschen Zentrums für Luft- und Raumfahrt (DLR) in Berlin, Professor für Stadtentwicklung und Urbane Mobilität am Institut für Stadt- und Regionalplanung der TU Berlin. Forschungsschwerpunkte: Mobilitätsverhalten und Raumstrukturen, Informeller Verkehr, Megastädte, Steuerung urbaner Entwicklungsprozesse.

Herbert HEMIS, *Dipl-Ing.*, Studium der Raumplanung und Raumordnung an der Technischen Universität Wien, freier Experte für die Stadt Wien, MA 20 –Energieplanung, vormals: Fachbereich Stadt- und Regionalforschung, Department Raumplanung, Technische Universität Wien (bis Juni 2014). Arbeitsschwerpunkte: Energieraumplanung, Stadt- und Quartiersentwicklung, Smart Cities, Nachhaltige Raumentwicklung.

Wolfgang HESOUN, *Ing.*, Präsident der Industriellenvereinigung Wien, Mitglied des Bundesvorstandes der Industriellenvereinigung, Vorsitzender des Vorstandes der Siemens AG Österreich mit Verantwortlichkeit für 18 Länder Süd- und Osteuropas und Israel.

Christof ISOPP und Roland GRUBER, aufgewachsen in Kärntner Tourismusorten, widmen sich Baukultur, Bürgerbeteiligung und Kommunalentwicklung im ländlichen Raum als Partner in Planungsbüros, Vorstände im Verein „LandLuft", Initiatoren von „Zukunftsorte", „Kommunalkonsulat" und „Landinger" sowie als „Die Verknüpfer".

Martina JAKOVČIĆ, *Dr.*, Assistenz-Professorin am Institut für Geographie an der Universität Zagreb. Forschungsschwerpunkte: Konversionsprozesse postindustrieller Flächen, innerstädtische Mobilitäts- sowie Transportveränderungen und Einzelhandelsstrukturen. Einer ihrer methodischen Schwerpunkte liegt in der GIS-Dokumentation und Analyse von innerstädtischen Transformationsprozessen.

Robert KOGLER, *Mag.*, Büroleiter des Beauftragten der Stadt Wien für Universitäten und Forschung. Davor u.a. Projektkoordinator am Austrian Center for Country of Origin and Asylum Research and Documentation (ACCORD), Senior Information Officer des Democratisation Department der OSZE Mission in Bosnien und Herzegowina. Vorstandsmitglied der Gesellschaft für Masse- und Macht-Forschung.

Peter MAYERHOFER, *Dr.*, wissenschaftlicher Mitarbeiter am Österreichischen Institut für Wirtschaftsforschung (WIFO) und Lehrbeauftragter an der Donau-Universität Krems. Forschungsschwerpunkte: Stadt- und Regionalökonomie, insbesondere im Zusammenhang von Strukturwandel und Regionalentwicklung, den räumlichen Wirkungen von Integrationsprozessen, der regionalen Konjunkturentwicklung sowie den Bestimmungsgründen regionalen Wachstums.

Robert MUSIL, *Dr.*, wissenschaftlicher Mitarbeiter am Institut für Stadt- und Regionalforschung an der Österreichischen Akademie der Wissenschaften, Lektor und Gastprofessor an der Universität Wien, an der Wirtschaftsuniversität Wien sowie an der Universität Salzburg. Forschungsschwerpunkte: Finanzzentren, internationale Stadtsysteme und regionale Disparitäten in der Europäischen Union, insbesondere vor dem Hintergrund der Finanzkrise.

Henning NUISSL, *Univ. Prof. Dr. habil. Dipl.-Ing. Dipl. Soz.*, Professor für Angewandte Geographie und Raumplanung an der Humboldt-Universität zu Berlin. Arbeitsschwerpunkte: Planungstheorie und Urban Governance, Suburbanisierung und Flächenverbrauch, Migration und Stadtentwicklung, Geographie als Beruf.

Walter ROHN, *Dr.*, wissenschaftlicher Mitarbeiter am Institut für Stadt- und Regionalforschung an der Österreichischen Akademie der Wissenschaften in Wien. Forschungsschwerpunkte: Kultur und Stadtentwicklung, Wiener Kunstavantgarde nach 1945, Kunst und Migration.

Johanna ROLSHOVEN, *Univ.-Prof. Dr.*, Leiterin des Grazer Instituts für Volkskunde und Kulturanthropologie an der Karl Franzens Universität, Gastprofessorin an den Universitäten Hamburg, Innsbruck und Marburg. Sie vertritt eine kritische Alltagskulturwissenschaft, namentlich in den Bereichen: Stadt-Raum-Kulturforschung, kulturwissenschaftliche Mobilitätsforschung, Visual Studies, Cultural Studies in Architecture.

Johannes SUITNER, *Dr.*, Raumplaner, lehrt und forscht am Department für Raumplanung der Technischen Universität Wien zu Urban Imaginaries, Kultur und Stadtentwicklung, Metropolenentwicklung, Stadtpolitik und strategischer Planung, Planungskultur und Planungstheorie.

Alexander VAN DER BELLEN, *Univ.-Prof. Dr.*, Beauftragter der Stadt Wien für Universitäten und Forschung, Gemeinderat. Davor u.a. Professor für Volkswirtschaftslehre an der Universität Wien, Abgeordneter zum Nationalrat und Bundessprecher der Grünen.

Andreas VOIGT, *ao. Univ.-Prof. Dr.*, Leiter des Fachbereichs Örtliche Raumplanung, Department für Raumplanung, TU Wien, Sprecher des Internationalen Doktorandenkollegs „Forschungslabor Raum", Curriculum 2013–2016, Mitbegründer des Stadtraum-Simulationslabors [simlab], TU Wien, Ingenieurkonsulent für Raumplanung. Forschungsschwerpunkte: Raumbezogene Simulation und Örtliche Raumplanung, nachhaltige Stadt- und Raumentwicklung.

Herausgeber

Judith Fritz ist Projektmanagerin am Postgraduate Center der Universität Wien. Nach ihrem Studium der Geschichte an der Universität Wien, der Karl-Franzens-Universität Graz und der Universidade Nova de Lisboa ist sie seit mehreren Jahren im Bereich der universitären Weiterbildung tätig. Neben der Konzeption und Koordination von Projekten zur Förderung des Lifelong Learning begleitet sie Vernetzungsaktivitäten zwischen Wissenschaft, Wirtschaft und Gesellschaft.

Nino Tomaschek ist Leiter des Postgraduate Centers der Universität Wien. Er ist Privatdozent für Wissenschaftstheorie und habilitierte über Systemisches Transformationsmanagement an der Universität Augsburg, wo er auch die Augsburger Schule des Innovations-Coachings mitbegründete. Er ist Autor von zahlreichen Fachbüchern und als Berater für Unternehmen und Organisationen tätig. Seit Jänner 2012 ist er Sprecher der österreichischen Vernetzungsplattform „AUCEN" (Austrian University Continuing Education and Staff Development Network).

Nino Tomaschek,
Andreas Streinzer
(Hrsg.)

Verantwortung
Über das Handeln
in einer komplexen Welt

*Band 3, 2014, 158 Seiten, br.,
24,90 €, ISBN 978-3-8309-3163-8
E-Book: 21,99 €,
ISBN 978-3-8309-8163-3*

Verantwortung ist ein zentrales Konzept für die Betrachtung von Gegenwartsgesellschaften. In einer hochkomplexen Welt bekommt die Frage nach der Eigenverantwortung von Individuen und der Verantwortung von Unternehmen, Gruppen und Gesellschaften immer mehr Bedeutung. Doch wie lässt sich Verantwortung fassen? Wer muss, soll oder darf in welchem Ausmaß Verantwortung übernehmen? Wie können verschiedene Gruppen die Verteilung von Verantwortung produktiv aushandeln?

Diese und weitere Fragen diskutieren die Autorinnen und Autoren des dritten Bandes der „University – Society – Industry"-Reihe. Mit neun disziplinübergreifenden Beiträgen bietet der Band ein breites Panorama zum Thema Verantwortung und vereint Perspektiven aus Wissenschaft und Praxis. Im ersten Teil werden Begriffe und Betrachtungsweisen diskutiert. Im zweiten Teil geht es um Verantwortung, Risiko und Innovation in Organisationen. Im dritten Teil thematisieren die Autorinnen und Autoren die Übernahme von Verantwortung und Eigenverantwortung in und durch Unternehmen.

www.waxmann.com